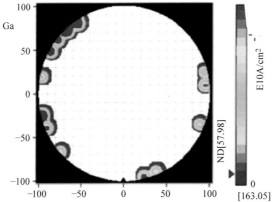

图 3.16　与 MOCVD 外延工具卡盘接触后的 Si 晶圆表面 TXRF 分析

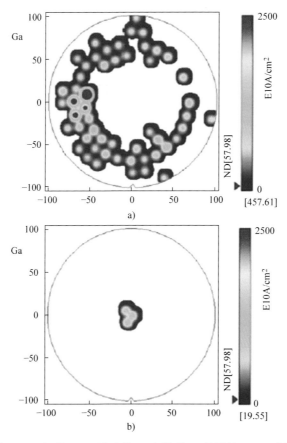

图 3.19　a）基于 HF 清洗前 Ga 污染的 Si 晶圆的 TXRF 分析
b）基于 HF 清洗后 Ga 污染的 Si 晶圆的 TXRF 分析

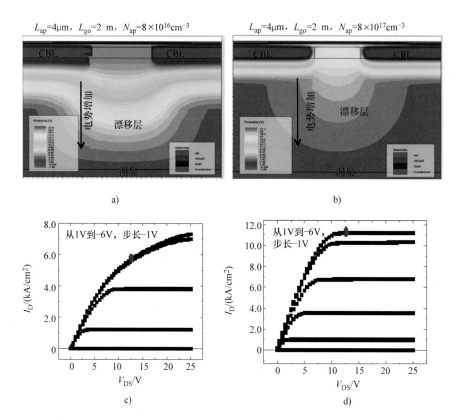

$L_{ap}=4\mu m$, $L_{go}=2$ m, $N_{ap}=8\times10^{16}cm^{-3}$

$L_{ap}=4\mu m$, $L_{go}=2$ m, $N_{ap}=8\times10^{17}cm^{-3}$

a)

b)

c)

d)

图 5.7 a) 用 Silvaco ATLAS 仿真的具有电阻孔径的 CAVET。b）a）的 CAVET 中孔径具有增加的电导率。随着孔径区域的电阻减小，从 c）中 $I-V$ 曲线可以看出具有电阻孔径的 CAVET会导致缓慢的饱和，电流的饱和如图 d 所示。电压分布显示在等电位线中，如上面的仿真截图所示。图中的灰点表示截取上述图片时的偏压条件

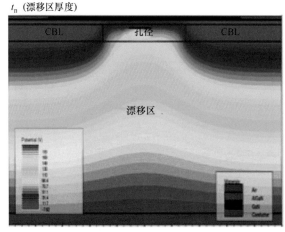

图 5.8 关断状态下 CAVET 中的等电位线显示了漂移区内的大部分电压的下降

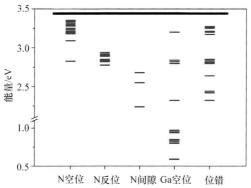

图 9.1　由本征缺陷、位错及其复合体在 GaN 禁带内引起的允许能级。零能量对应于价带的上边界，黑色粗线对应于导带的下边界，蓝线对应于可接受的确定的深能级，而红色能级则暂时归因于它们的特定原因

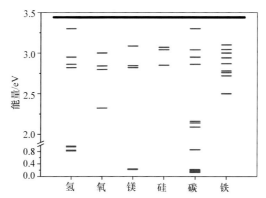

图 9.2　由本征缺陷、位错及其复合体引起的 GaN 禁带内的允许能级。零能量对应于价带的上边界，黑色粗线对应于导带的下边界，蓝线对应于可接受的确定的深能级，而红色能级则暂时归因于它们的特定原因

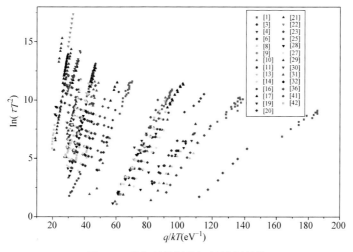

图 9.3　采集到的深能级的特征总结

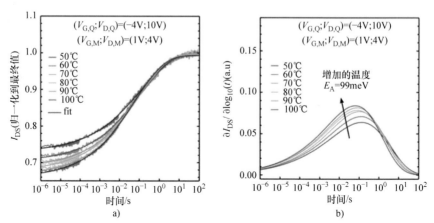

图 9.5 非钝化 HEMT 在多个温度下得到的 a）漏极电流瞬态特性和 b）相关光谱。
高拉伸指数行为和非常低的热激活表明，控制表面态释放和恢复原始电学性能的
主要机制不是 SRH 热电子发射，而是从表面陷阱态向栅／漏接触（通过表面传导）
或朝向 2DEG（通过 AlGaN 势垒的陷阱辅助传输机制）的传输机制

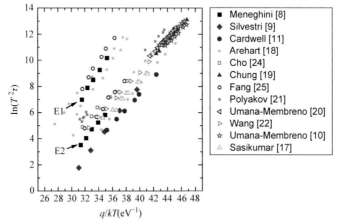

图 9.7 Meneghini 等人 [62] 检测到的深能级 E1 和 E2 的 Arrhenius 图。
外推激活能分别为 0.82eV 和 0.63eV。Meneghini 等人 [62] 检测到的
深能级与文献中报道的有意或无意掺杂铁的器件的研究进行比较

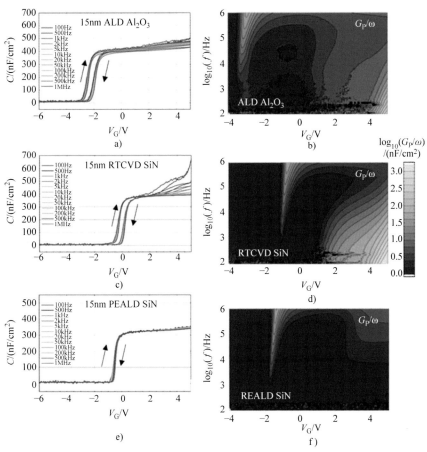

图 9.19　三个被测晶圆 a）~c）*C*-*V*-*f* 测量和 d）~f）归一化平行电导随频率和栅极电压的函数变化。参考文献［131］转载需经 @2015 Elsevier 有限公司许可

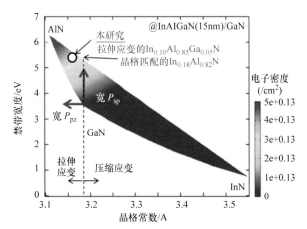

图 11.20　InAlGaN 四元合金系统的带隙与晶格常数的函数关系

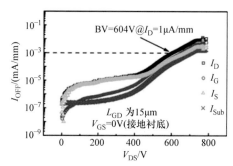

图 12.13 当 $V_{GS} = 0V$ 且衬底接地时，关断态的击穿/泄漏特性。
漏极泄漏电流为 $1\mu A/mm$ 时，击穿电压为 604V

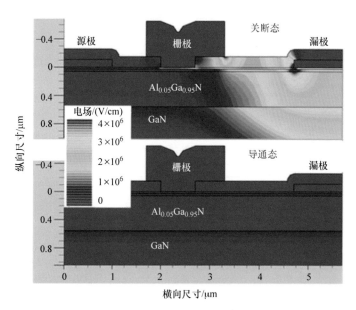

图 13.4 GaN 功率晶体管从关断态切换到导通态后内部电场的可
视化分布（另参见文献 [2，16]）：关断态条件：反向偏置和漏
极电压为 300V 时 GaN HFET 的场分布仿真。2DEG 完全耗尽。
导通态条件：稳态导通态（漏电压 0V）下电场分布的仿真。在
这种情况下，2DEG 是完全导电的

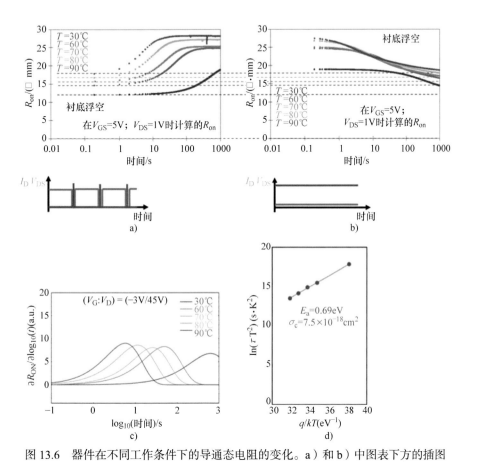

图 13.6　器件在不同工作条件下的导通态电阻的变化。a）和 b）中图表下方的插图显示了所使用的特定表征序列。a）俘获条件：器件在 45V 关断态漏极偏压下工作，在 V_{GS}=5V；V_{DS}=1V，持续 50ms 下进行中间脉冲 R_{on} 测量。从 30℃到 90℃的温度依赖性测量。b）释放条件：器件在 V_{GS}=5V；V_{DS}=1V 下工作，在 V_{GS}=5V；V_{DS}=1V，持续 50ms 下进行中间脉冲 R_{on} 测量。从 30℃到 90℃的温度相关性测量。c）根据 a）的俘获曲线的导数。d）根据 a）中温度相关测量值测定的陷阱激活能

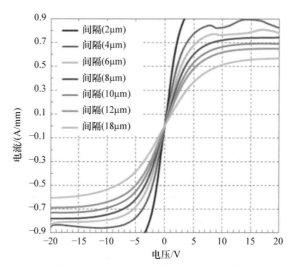

图14.2 在室温下测量的不同间距（2~18μm）的TLM
结构的电学特性

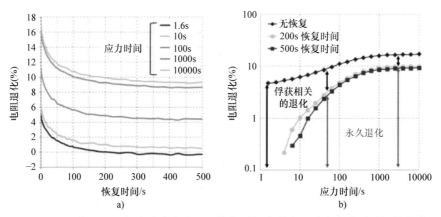

图14.4 a）在1.25W恒定功率应力下，恢复时间内总电阻随应力阶跃时间的变化
b）应力时间内总电阻随恢复时间的相应时间演化（125℃时，6μm的接触间距）

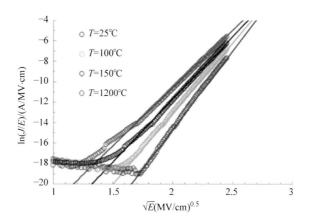

图 14.14 不同环境温度,正向偏压条件下的 Poole-Frenkel(P–F)曲线。符号表示实验数据,实线表示 PF 模型的拟合,通过电容结构上得到的数据(见图 14.11)

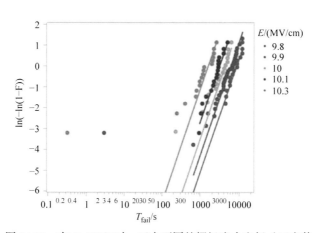

图 14.21 在 T=150℃时,五个不同的栅极应力电场(正向传导)的 Weibull 分布和模型拟合。使用的电场外推模型是 P–F

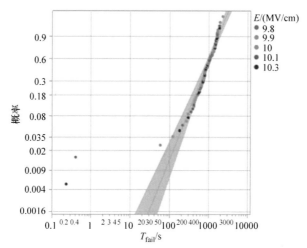

图 14.22　使用 P–F 电场加速模型将图 14.21 的 TDDB
数据归一化为一个应力电场。Weibull 斜率 β=2.35

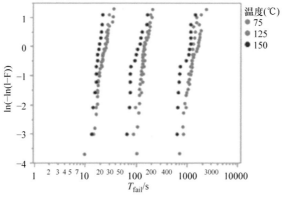

图 14.23　三种不同环境温度下三种不同应力电场（正
向栅极应力）的 TDDB 数据

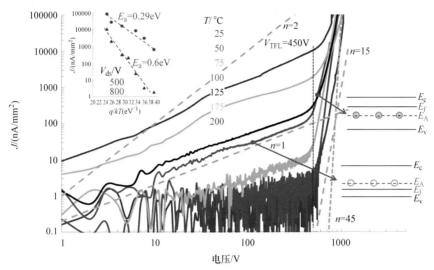

图 14.24 垂直泄漏电流 $\ln(J)$-$\ln(V)$ 特性是关于温度的函数。陷阱填充电压 V_{TFL} 是所有受主陷阱电离的电压（见参考文献 [28]），导致费米能级的变化。注意欧姆传导（$n=1$）直到 $V=V_{TFL}$。在 V_{TFL} 以上，通过缓冲层的电流迅速增加。电子通过热离子发射从 Si 衬底注入，$E_a=0.6eV$

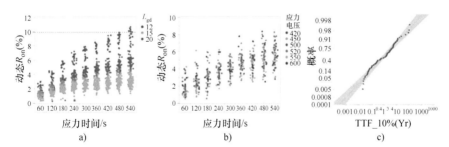

图 14.25 在 $T=150℃$ 下对 100mΩ 功率晶体管的测量。a）对于不同的 L_{gd}，在 $V_{ds}=520V$ 下，测量的动态 R_{on} 增加是关于 HTRB 应力时间的函数。b）当 $L_{gd}=20μm$，应力电压在 420~600V 时，动态 R_{on} 随 HTRB 应力时间的增加而增加。动态 R_{on} 在漏极应力条件下进行测量。c）在 $T=150℃$、$V_{ds}=520V$ 下，动态 R_{on} 的失效时间的失效标准是动态 R_{on} 退化 10%。通过使用 $\ln(t)$ 外推图 14.25a 中每个器件的结果（仅 $L_{gd}=15μm$）获得数据。这些数据表明，在 $V_{ds}=520V$，$T=150℃$ 的应力下，半数器件可以工作 1 年，动态 R_{on} 的变化小于 10%

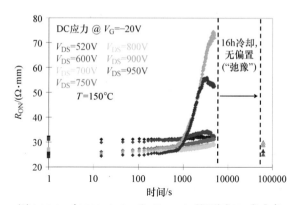

图 14.26　在 520~950V 和 T=150℃的不同 V_{ds} 应力条件下，R_{on} 随应力时间的函数变化。应力在 6000s 后停止，之后器件冷却(弛豫)。弛豫 16h 后器件完全恢复。注意 V_{ds}=900V 和 950V 时静态 R_{on} 的动态行为，显示出即使在关态应力下也有部分恢复

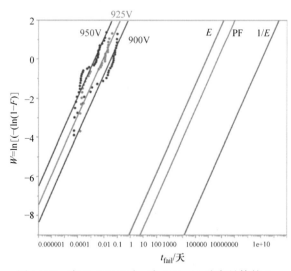

图 14.27　在 T=200℃时，在 100mΩ 功率晶体管上，V_{ds}=900V、925V 和 950V 时的高压关断状态应力。数据绘制在 Weibull 图上；使用了三种不同的外推模型：E、$1/E$ 和 Poole-Frenkel，外推到 V_{ds}=600V

微电子与集成电路先进技术丛书

氮化镓功率器件——材料、应用及可靠性

马特奥·梅内吉尼 (Matteo Meneghini)

[意]　高登齐·蒙哥赫索 (Gaudenzio Meneghesso)　编著

恩里科·扎诺尼 (Enrico Zanoni)

杨兵　译

机械工业出版社

本书重点讨论了与氮化镓（GaN）器件相关的内容，共 15 章，每一章都围绕不同的主题进行论述，涵盖 GaN 材料、与 CMOS 工艺兼容的 GaN 工艺、不同的 GaN 器件设计、GaN 器件的建模、GaN 器件的可靠性表征以及 GaN 器件的应用。

本书的特点是每一章都由全球不同的从事 GaN 研究的机构的专家撰写，引用了大量的代表最新成果的文献，适合于从事 GaN 技术研究的科研人员、企业研发人员，以及工程师阅读，也可作为微电子及相关专业的高年级本科生、研究生和教师的参考用书。

First published in English under the title

Power GaN Devices：Materials，Applications and Reliability

edited by Matteo Meneghini，Gaudenzio Meneghesso and Enrico Zanoni，edition：1

Copyright © Springer International Publishing Switzerland，2017

This edition has been translated and published under licence from

Springer Nature Switzerland AG.

北京市版权局著作权合同登记　图字：01-2020-7096 号

图书在版编目（CIP）数据

氮化镓功率器件：材料、应用及可靠性/（意）马特奥·梅内吉尼（Matteo Meneghini）等编著；杨兵译. —北京：机械工业出版社，2022.2（2023.11 重印）

（微电子与集成电路先进技术丛书）

书名原文：Power GaN Devices：Materials，Applications and Reliability

ISBN 978-7-111-69755-8

Ⅰ.①氮…　Ⅱ.①马…②杨…　Ⅲ.①氮化镓-功率半导体器件

Ⅳ.①TN303

中国版本图书馆 CIP 数据核字（2021）第 248386 号

机械工业出版社（北京市百万庄大街 22 号　邮政编码 100037）

策划编辑：江婧婧　　　　　责任编辑：江婧婧

责任校对：郑　婕　张　薇　封面设计：鞠　杨

责任印制：李　昂

北京中科印刷有限公司印刷

2023 年 11 月第 1 版第 3 次印刷

169mm×239mm·21.5 印张·6 插页·418 千字

标准书号：ISBN 978-7-111-69755-8

定价：125.00 元

电话服务　　　　　　　　网络服务

客服电话：010-88361066　机　工　官　网：www.cmpbook.com

　　　　　010-88379833　机　工　官　博：weibo.com/cmp1952

　　　　　010-68326294　金　　书　　网：www.golden-book.com

封底无防伪标均为盗版　机工教育服务网：www.cmpedu.com

译者序 »

目前，全球温室气体排放量主要来自能源，而电力大约占到世界能源消耗总量的约三分之一。由于硅基半导体性能正接近物理极限，MOS 器件面临着无法继续降低导通损耗的问题。全球走向碳中和，能带来节能效果的第三代半导体氮化镓（GaN）和碳化硅（SiC）无疑是未来的希望。第三代半导体能源转换效率能达到 95% 以上，在阳光能源、数据中心、5G、汽车电子等市场的应用值得期待，引起了学术界和产业界的高度重视，我国也将第三代半导体写入了"十四五"规划当中，因而本书的翻译对于国内 GaN 方面的研究会起到积极的作用。

本书分为 15 章，第 1 章和第 2 章讨论了对 GaN 和相关材料的基本特性以及 GaN 的制备。第 3 章介绍了硅上 GaN 的 CMOS 兼容工艺。第 4~6 章讨论了横向和垂直 GaN 器件以及 GaN 基纳米线晶体管原理及设计问题。第 7 章讨论了用于表征 GaN 中深能级的电学和光学方法。第 8~10 章介绍了功率 GaN HEMT 建模、缺陷特性以及共源共栅 GaN HEMT。第 11 章和第 12 章介绍了栅注入晶体管的主要结构和问题以及常关工作的进一步策略。第 13 章介绍了限制 GaN 基功率晶体管性能的漂移效应。第 14 章描述了 650V GaN 功率器件的可靠性问题。第 15 章讨论了与 GaN 晶体管开关相关的系统级问题。本书涵盖了材料、工艺、器件结构、仿真、可靠性及应用，每一部分内容都代表了全球不同研究机构的最新成果，因而可以作为研究机构、企业和高校了解和研究 GaN 方面的参考书籍。

本书由北方工业大学杨兵老师翻译，中国科学院微电子研究所康玄武研究员给予了诸多帮助，同时得到了机械工业出版社江婧婧编辑的支持，在此一并表示感谢！

由于能力和水平所限，加上时间仓促，本书虽经反复审校，翻译中一定还有不妥之处，恳请读者批评指正。

杨　兵

2021 年 10 月

原书前言 »

近年来，氮化镓（GaN）已经成为制造功率半导体器件的优选材料。高临界电场（3.3MV/cm）的特性使得利用 GaN 可以制造出击穿电压高于 1kV 的晶体管。此外，二维电子气（2DEG）的高迁移率使得 GaN 的导通电阻可以达到非常低的值（对于 30A 的器件，小于 50mΩ）。最后，低导通电阻与栅极电荷的乘积（$R_{on} \times Q_g$）可以显著降低开关损耗。已经证明基于 GaN 的变换器效率可以超过 99%，并且市场上已经出现了一些 GaN 产品。

本书对 GaN 基器件的特性和问题，包括面向应用的结果给出了一个详尽的概述。为此目的，我们采用了自下而上的方法，包括与材料方面相关的内容介绍，对主要器件特性和问题的全面描述，以及对系统级方面的讨论。

在第 1 章中，从对 GaN 和相关材料的基本特性的一般性介绍开始，给出了初步的设计考虑。介绍了不同的器件结构，包括标准 FET 和天然超结器件，并与标准硅器件进行了比较。

第 2 章讨论了与材料和衬底相关的问题。概述了可用于 GaN 生长的各种衬底，并详细介绍了金属有机化学气相沉积的原理。接着描述了半绝缘 AlGaN 层的制备、掺杂的相关问题，以及用于横向和垂直器件的异质结构的制备。

第 3 章介绍了一种 Si 上 GaN 的 CMOS 兼容工艺。概述了 Si 上 GaN 外延，并详细介绍了 Si 上 GaN 无 Au 工艺。详细介绍了 AlGaN 势垒层凹槽、欧姆合金优化和镓污染问题。讨论中采用了大量的实验数据。

在第 4 章中，U. K. Mishra 和 M. Guidry 讨论了材料以及各种器件的设计，这些对于在功率应用中的横向 GaN 器件来说非常重要。在介绍了 AlGaN/GaN HEMT 的发展历程之后，讲述了 N 极性器件和 Ga 极性器件的工作原理。此外，还讨论了 GaN 横向器件在功率变换器中应用的主要问题以及现有的技术解决方案。

第 5 章专门介绍了垂直功率器件，从材料到应用。在介绍了其潜在的应用后，从性能和结构上对垂直器件和横向器件进行了比较。本章以电流孔径垂直结

构晶体管 (CAVET) 为代表，讨论了各种概念。描述了设计考虑以及和结构相关的各种问题，以提供一个关于该问题的综合概述。

第6章概述了 GaN 基纳米线晶体管的工作原理。通过将文献中的实验数据与结果进行比较，给出一个对 GaN 基纳米线晶体管完整的概述。本章第一部分回顾了自下而上的纳米线；而第二部分则介绍了自上而下的纳米线在电力电子器件中的应用；最后，讨论了纳米线在 RF 领域的应用。

第7章讨论了用于表征 GaN 中深能级的电学和光学的方法。在简要介绍了 DLTS 和 DLOS 的基本原理之后，介绍了 DLTS 和 DLOS 的相关理论。然后，对光谱技术在 GaN HEMT 分析中的应用进行了综述。

第8章介绍了一种功率 GaN HEMT 建模方法，旨在通过器件、封装和应用的并行仿真实现全系统优化。对在实际开关应用中常开的绝缘栅 GaN HEMT 和常关的 pGaN 器件的仿真结果与实验结果进行了比较。

第9章介绍了限制 GaN 基晶体管性能的缺陷特性。本章第一部分根据80多篇讨论缺陷的论文，总结了 GaN 中最常见缺陷的特性；本章的第二部分介绍了近期实验中常见的本征缺陷（空位、表面态等）和杂质（如 Fe 和 C）对 GaN HEMT 动态性能影响的实验结果。

第10章讨论了 Si 上共源共栅 GaN HEMT。在讨论了共源共栅 GaN HEMT 的工作原理和结构之后，详细介绍了共源共栅 GaN HEMT 的关键应用和性能优势。同时对商用的产品及其相关优点进行了综述。最后，对共源共栅 GaN HEMT 的性能和可靠性进行了评述。

在第11章介绍了栅注入晶体管的主要结构和问题，以及提高这些器件性能的各种技术。总结了包括电流崩塌在内的可靠性研究现状，并介绍了 GIT 在实际高效率开关电源电路中的应用结果。此外，本章还介绍了进一步提高性能的一些新兴技术。

第12章介绍了常关工作的进一步策略。介绍了氟离子注入增强型晶体管，全面讨论了氟注入的物理机制，包括原子仿真和实验研究。介绍了氟注入技术的进一步发展及其与其他先进技术如凹槽、AlN 钝化等的结合。最后，总结了氟注入技术的鲁棒性。

在第13章中，J. Wuerfl 介绍了最主要的限制 GaN 基功率晶体管性能的漂移效应。在介绍漂移效应的物理机制之后，描述了 GaN 功率开关晶体管中最重要的漂移现象及其对器件性能的影响。此外，本章还讨论了已被验证的减少器件漂移效应的技术概念。

第14章描述了650V GaN 功率器件的可靠性。广泛研究了栅极欧姆接触的可靠性、栅极介质可靠性和缓冲层堆叠可靠性。强调了基于大面积的功率晶体管（100^+mm 栅极宽度）统计数据而不是基于小的测试结构进行可靠性研究的必要性。同时讨论了加速模型和统计分布模型（Weibull）。

最后，第 15 章回顾了与 GaN 晶体管开关相关的系统级问题。描述了与共源共栅 GaN HEMT 相关的具体问题。对基于降压变换器的共源共栅 GaN 在硬开关和软开关两种模式下的性能进行了评估，说明了共源共栅 GaN 器件在高频下进行软开关的必要性。此外，本章还介绍了 GaN 的一系列新兴应用。

读者将会对 GaN 电子学令人难以置信的性能和潜力留下深刻印象，正如 U. K. Mishra 和 M. Guidry 在第 4 章中总结的那样，GaN 基电子产品的市场规模有望在 2022 年超过 10 亿美元，并在那之后持续增长。与此同时，光子市场的规模目前已超过 100 亿美元，且呈急剧增长态势。从学术和研究的角度来看，目前在氮化物中探索出的有限的科学知识可以提供这样一个值得关注的市场。在社会各界的共同努力下，以及对材料和器件科学更全面的了解，未来将会更加光明。

Matteo Meneghini
Gaudenzio Meneghesso
Enrico Zanoni
于意大利帕多瓦

目 录 »

第1章 »

GaN的特性及优点

Daisuke Ueda

1.1 总体背景

现代人类的生活和工业生产都离不开能源。由于人们已经投入了大量的精力进行太阳能、风能、地热能和生物能源等可再生能源的开发，因此需要各种电源转换系统。利用宽禁带半导体对传统电源系统进行改造已成为一个具有挑战性的课题。宽禁带半导体将是突破阻断电压和转换效率的关键。在这一点上，回顾 Si 功率器件技术的发展历程是很有意义的，因为它们一直在调整结构以满足应用的需求。我相信，宽禁带半导体可能会在它们过去的足迹中寻找到一个技术方向。

早期的半导体晶体管，从点接触型到合金型晶体管，很快就用于电源应用中。因此，提高电流处理能力、击穿电压和开关频率的技术是人们从半导体技术发展初期就一直关注的焦点。

目前，根据所需的电压范围，功率半导体器件被划分为三个主要的应用层，如图 1.1 所示。这些层，即基础设施、家庭和个人应用层，意味着应用/市场的划分。最近，一部分低压电源应用出现在了个人层。这源于以移动通信为代表的个人信息系统市场的不断扩大。该层的电源电压接近 1V，但需要极大的电流处理能力，例如 10A 的数量级。其中一个电源转换系统被称为负载点（POL），使不断增长的应用层成为低压电源层[1]。这一层的出现源于按比例缩小的 CMOS 器件工作电压降低的趋势。众所周知，目前的系统级的大规模集成电路有数以亿计的晶体管，消耗的电流很大，但击穿电压很低。

在阐述了Ⅲ族氮化物半导体的基本材料特性之后，介绍了基于应用层的器件设计准则。最后，结合 Si 的发展，展望 GaN 基功率器件未来的发展方向。

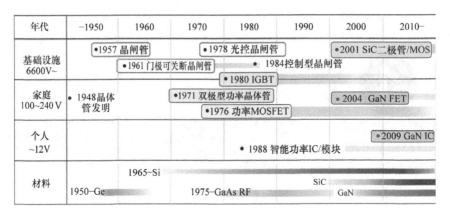

年代	—1950	1960	1970	1980	1990	2000	2010—
基础设施 6600V~		•1957 晶闸管		•1978 光控晶闸管		•2001 SiC二极管/MOS	
		•1961 门极可关断晶闸管			• 1984控制型晶闸管		
				•1980 IGBT			
家庭 100~240 V	• 1948晶体管发明		•1971 双极型功率晶体管			• 2004 GaN FET	
				•1976 功率MOSFET			
个人 ~12V					• 1988 智能功率IC/模块		•2009 GaN IC
材料		1965—Si				SiC	
	1950—Ge			1975—GaAs RF		GaN	

图 1.1　功率半导体器件在基础设施、家庭和个人应用层的演变

1.2　GaN 材料

GaN 材料的研究来源于 Akasaki、Amano 和 Nakamura 的成果，例如晶体生长、表征和实现蓝光 LED 的制造工艺[2]。GaN 及相关半导体材料的物理特性如表 1.1 所示。除了光学应用外，氮化物半导体材料还具有优良的电子传输特性、较高的击穿电压和较高的热导率。为了利用这些优势，人们开始研究和开发能够实现突破的电子器件。

同时，通信系统的广泛应用要求在微波频率范围内提高功率传输能力，而 GaAs 或 InP 器件在微波频段发挥着重要作用。在极小的芯片尺寸下具有较高的输出功率和较大的增益，这种情况加速了 GaN 基微波功率器件的发展。

为了实现高频工作，需要缩短间距 l 之间的载流子渡越时间 τ。相反，由于电极之间的电场增加，可施加的电压降低，导致可用功率降低。这是击穿电压 B_V 和截止频率 f_T 之间的主要折中问题，它采用电子路径间距 l 中临界电场 E_c 和载流子饱和速度 v_{sat} 来描述。关系式如下：

$$B_V = E_c \cdot l \tag{1.1}$$

考虑到电子在 l 路径上的渡越时间，截止频率描述为

$$f_T = \frac{1}{2\pi\tau} = \frac{v_{sat}}{2\pi l} \tag{1.2}$$

那么，f_T 和 B_V 的乘积变成与间距 l 无关的常数

$$B_V \cdot f_T = \frac{E_c \cdot v_{sat}}{2\pi} \tag{1.3}$$

目前的折中意味着当你想增加工作高频时，必须降低击穿电压。这个乘积由具体材料决定。该指数是被用作材料的 FOM（品质因数）之一，称为 Johnson 极

表 1.1　氮化物半导体材料参数

参数	符号	单位	Si	GaAs	AlN	InN	GaN	SiC	金刚石
晶体结构	—	—	金刚石结构	闪锌矿结构	纤锌矿结构	纤锌矿结构	六方、立方结构	六方、立方结构	金刚石结构
密度	—	g/cm³	2.328	5.32	3.26	6.81	6.1	3.21	3.515
摩尔质量	—	g/mol	28.086	144.64	40.9882	128.83	83.73	40.097	12.011
原子密度	—	atom/cm³	5.00E+22	4.42E+22	4.79E+22	3.18E+22	4.37E+22	4.80E+22	1.76E+23
晶格常数	—	Å	5.43095	5.6533	3.1114/a, 4.9792/c	3.544/a, 5.718/c	Hex 3.189/a, 5.185/c, cubic 4.52	(6H)3.086/a, 15.117/c, (4H)3.073/a, 10.053/c, (3C)4.3596/a, 3.073/c	3.567
熔点	—	℃	1415	1238	2200	1100	2573, @60 kbar	2830	4373, @125 kbar
比热	—	J(g·℃)	0.7	0.35	0.748	0.296	0.431	0.2	0.52
线性热膨胀系数	—	℃⁻¹	2.60E-06	6.90E-06	5.27E-6/a, 4.15E-6/c	3.8E-6/a, 2.9E-6/c	5.6E-6/a, 3.2E-6/c	大约为5E-6	8.00E-07
热导率	—	W/(cm·℃)	1.5	0.46	2.85		2.1	2.3~4.9	6~20
跃迁类型	—	—	间接	直接	直接	直接	直接	间接	间接
带隙	E_g	eV	1.12	1.42	6.2	0.65	3.39(H)	3.02/6H 3.26/4H 2.403/3C	5.46~5.6

（续）

参数	符号	单位	Si	GaAs	AlN	InN	GaN	SiC	金刚石
分离能	$\Gamma-L$, $\Gamma-X$	eV	间接	$\Gamma-L0.29$, $\Gamma-X0.48s$	$\Gamma-ML0.7$, $\Gamma-K1.0$	$\Gamma-A>0.7$, $\Gamma-\Gamma>1.1$, $\Gamma-K>2.7$	$\Gamma-\Gamma1.9$, $\Gamma-M2.1$	间接	间接
介电常数	ε_r	—	11.7	12.9, 10.89@RF	8.5	15.3	12	10.0(6H), 9.7(4H)	5.7
电子亲合势	χ	eV	4.05	4.07	1.9	5.8	3.4	4	(NEA)
本证载流子浓度	n_i	cm^{-3}	1.45E+10	1.79E+06	9.40E-34	9.20E+02	1.67E-10	1.16E-8(6H), 6.54E-7(4H)	1.00E-26
有效态密度	N_c	cm^{-3}	2.80E+19	4.70E+17	4.10E+18	1.30E+18	2.24E+18	4.55E+19(6H), 1.35E+19(4H), 1.53E+19(3C)	1.00E+20
有效态密度	N_v	cm^{-3}	1.04E+19	7.00E+18	2.84E+20	5.30E+19	1.16E+19	1.79E+19	1.00E+19
有效质量	m_c^*	m*el/m$_0$, m*et/m$_0$	0.9163/1, 0.1905/t	0.067	0.4	0.1~0.05	0.2	1.5/1, 0.25/t	1.4/1, 0.36/t
有效质量	m_h^*	m*lh/m$_0$, m*hh/m$_0$	0.16/1, 0.49/h	0.082/1, 0.45/h	0.6	1.65	0.6/h	0.8	0.7/1, 2.1/h
电子迁移率	μ_e	cm^2/(V·s)	1500	8500	300	3200	1000	460~980	2200
空穴迁移率	μ_h	cm^2/(V·s)	450	400	14	220	~5	20	1800
晶格匹配	—	—	~SiGe	AlAs, InGaP	~GaN	—	~SiC, 蓝宝石	~GaN, IN	—

限[3]。宽禁带材料具有极高的 E_c，因为在热载流子获得与带隙相等的能量而产生电子 - 空穴对之前，不会发生碰撞电离。碰撞电离最终导致雪崩击穿。Si 和 GaN 材料的指数分别约为 300GHzV 和 90000GHzV。

此外，GaN 材料的饱和速度也比传统半导体材料高，这是由于在导带 Γ 和 L 谷之间电子的能量间隔相对较大。表 1.1 总结了理论计算的分离能。与传统的化合物半导体相比，GaN 相关材料相对较大的能量间隔抑制了高电场下的谷间跃迁[4]。因此，宽禁带器件由于其优越的材料特性可以同时实现大功率和高频的工作性能。

因此，GaN 基器件在微波和毫米波频率范围内具有理想的大功率放大特性。因此，GaN 基微波器件已经开始作为 PA（功率放大器）实际应用于移动通信系统的基站中[5]。

GaN 基器件除了具备高频功率特性外，还有望给传统的电源系统带来变革，提高转换效率。主要的动机是通过缩短阳极和阴极之间的间隔来降低电阻损耗，保持更高的阻断电压。此外，因为无源元件，如电感、电容和变压器的小型化，利用 GaN 器件较高的开关性能可以使传统的电源系统尺寸缩小。这意味着使用 GaN 基器件可以降低系统成本。宽禁带材料固有的高温稳定性也有利于简化高功率系统的附加冷却系统。

1.3　极 化 效 应

图 1.2 给出了Ⅲ - Ⅴ族化合物半导体的元素周期表，从中可以看到Ⅲ - N 族半导体的组合，如 GaN、AlN 和 InN。Ⅲ - N 族材料通常具有称为纤锌矿型的晶体结构，而典型的 GaAs 和 InP 晶体家族具有称为闪锌矿型的结构[6]。氮化物材料的带隙能量和晶格常数的关系如图 1.3 所示。

	Ⅱ	Ⅲ	Ⅳ	Ⅴ	Ⅵ
2	Be	B	C	N	O
3	Mg	Al	Si	P	S
4	Zn	Ga	Ge	As	Se
5	Cd	In	Sn	Sb	Te

图 1.2　构成化合物半导体的元素周期表

纤锌矿型 GaN、AlN 和 InN 具有六角晶体结构，其中六角柱的轴向称为 c 轴。GaN 晶体垂直于 c 轴有不同的面，如图 1.4 所示。聚焦于图中的弱断键，可以从左右的图中看到从 Ga 到 N 原子相反的键方向。这意味着 GaN 晶体的 c 面在切割面上既有 Ga 面，也有 N 面，这导致了不同的电学特性。据报道，Ga 面通常是在 c 面蓝宝石衬底上通过 MOCVD 生长获得的，而 N 面则可以通过 MBE 在某些特定的制备条件下生长[7]。

由于 N 比 Ga 具有更高的电负性，Ga 原子和 N 原子分别具有阴离子（+）和阳离子（-）特性，导致电极化。虽然材料内部的极化被消除了，但由于切割面处的不对称性，在 c 轴上产生了特定的极化，称为自发极化。据报道，对于Ⅲ-N 族材料 InN、GaN 和 AlN 的自发极化分别为 0.032、0.029 和 0.081C/m^2，从第Ⅲ列原子到 N 具有相同的方向[8]。

不同晶格常数外延层内部的机械应力引起了一种新型的极化，即

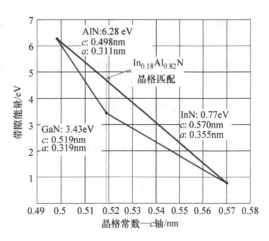

图 1.3 氮化物材料的带隙能量与晶格常数的关系。注意 c 轴用晶格常数表示

压电极化。图 1.5 解释了压电极化是如何在氮化物半导体中产生的。如图 1.5 左图所示，由于晶体对称性，合成的内部极化向量 $P_1 + P_2 + P_3 + P_4$ 在独立四面体结构中变为零。然而，当晶体因晶格失配而变形时，如图 1.5 右图所示，当施加拉应力时，θ 角变大。因此，内部电场变得不平衡，出现压电场 P_{PE}，其形式为 $P_1 + P_2 + P_3 + P_4 = P_{PE}$。Ambacher 等人详细研究了这种压电极化[9]。图 1.6 显示了 $Al_x Ga_{(1-x)} N$、$In_x Ga_{(1-x)} N$ 和 $Al_x In_{(1-x)} N$ 理论计算出的作为摩尔分数 x 函数的压电电荷密度，假设所有材料都生长在 GaN 衬底上，可以看到，由于晶格常数的不同，P_{PE} 的极性变为正或负，对应于压应力或拉伸应力。

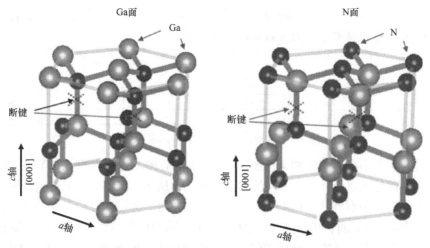

图 1.4 沿 c 轴的不对称六角 GaN 晶体结构，其中 Ga 面或 N 面出现在晶体表面

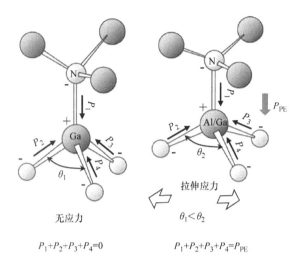

拉伸应力

无应力　　　　　　　　$\theta_1 < \theta_2$

$P_1 + P_2 + P_3 + P_4 = 0$　　　$P_1 + P_2 + P_3 + P_4 = P_{PE}$

图 1.5　四面体形状（左图）离子键的平衡极化导致底层材料的晶格常数差异而引起的应力作用下极化场的不平衡，由此产生的电场称为压电电场，如右图中 P_{PE} 所示

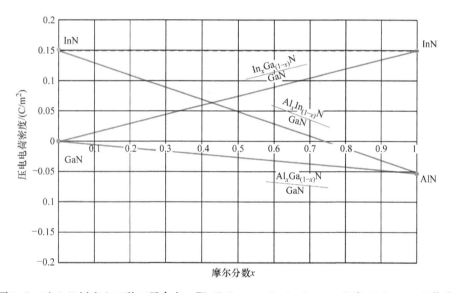

摩尔分数 x

图 1.6　对 GaN 衬底上三种三元合金，即 $Al_xGa_{(1-x)}N$、$In_xGa_{(1-x)}N$ 和 $Al_xIn_{(1-x)}N$ 作为摩尔分数 x 的函数的压电极化电荷密度进行了理论计算。该计算基于 Ambacher 等人发表的文章[9]

　　氮化物半导体最显著的特点是在异质界面产生自由载流子，以中和固定的自发极化和压电极化。图 1.7 显示了在 GaN 层上叠加生长的三种三元半导体层理论计算得到的 2DEG（二维电子气）密度[10]。可以看到 InAlN/GaN 组合明显可

以得到较高的载流子面密度。同时注意到，$In_{0.16}Al_{0.84}N$ 可以与 GaN 晶格匹配，保持较高的 2DEG 密度而不存在压电效应，这一点目前正在研究中。

典型的氮化物基 HEMT 可以使用这种 2DEG，它在异质界面表现出较高的迁移率。这是 GaN 基 FET 最显著的特点。

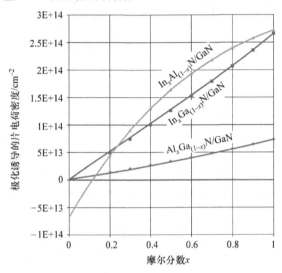

图 1.7　在 GaN 上生长的三种三元合金 $Al_xGa_{(1-x)}N$、$In_xGa_{(1-x)}N$ 和 $Al_xIn_{(1-x)}N$ 的
异质结构上理论计算的载流子密度是由自发极化和压电极化引起的，
是关于摩尔分数 x 的函数[10]

1.4　GaN 基 FET

虽然 Ga 表面衬底上生长的 AlGaN/GaN HEMT 是目前研究最为广泛的，但材料系统通常表现出常开特性。这意味着负的阈值电压。通过使用图 1.8 所示的电势图，阈值电压 V_T 表示如下：

$$V_T = \phi_b - \Delta E_c - V_{AlGaN} = \phi_b - \Delta E_c - \frac{qN_s d_{AlGaN}}{\varepsilon_0 \varepsilon_{AlGaN}} \qquad (1.4)$$

式中，ϕ_b、ΔE_c、N_s、d_{AlGaN}、ε_{AlGaN} 和 q 分别表示肖特基势垒高度、GaN 和 AlGaN 之间的导带偏移、2DEG 密度、AlGaN 厚度、AlGaN 的相对介电常数和电子电荷。

为了在栅极驱动器发生失效时保持系统安全，开关器件必须具有常关特性。因此，实现 GaN 基器件的常关特性成为 GaN 基器件实际应用的重要任务之一。

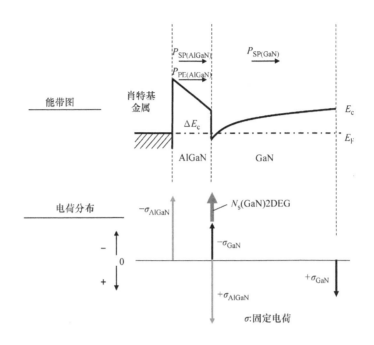

图 1.8　在 Ga 面 GaN 上生长的 $Al_{0.25}Ga_{0.75}N$ 形成的肖特基结的能带图

从上面的公式推断，以下器件设计方法可有效地获得正的阈值电压。

1）增加栅极材料的功函数；

2）通过降低 Al 的摩尔分数来降低 2DEG 的浓度；

3）使 AlGaN 层变薄。

提高栅极材料功函数的方法之一是使用 p 型 GaN 或 AlGaN，它们具有相当大的功函数。其中一些被称为 GIT（栅极注入晶体管）[11]，这将在第 11 章中详细解释。降低 Al 的摩尔分数也能有效降低 2DEG 密度，或者减薄 AlGaN 层也可以有效地降低 2DEG 载流子浓度[12]，尽管这两种方法都会降低电流处理能力。除了这些方法之外，将氟引入 AlGaN/GaN 界面[13]可以有效地将阈值电压转换为增强模式，这在第 12 章中也会进行解释。

由于非极性或半极性平面在异质界面上几乎没有自发极化或压电极化，因此在界面处没有产生自由载流子。如图 1.9 所示，在晶体结构中获得非极性平面和半极性平面。注意到在非极性平面上的 Ga 和 N 原子位于同一平面上，而半极性平面的平均极化接近于零[14]。在这些平面上成功制造出了增强模式 GaN/AlGaN FET[15]。

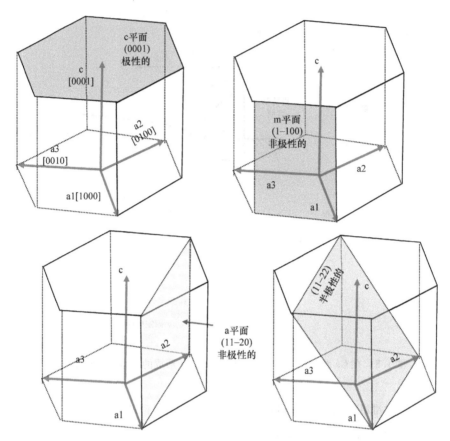

图 1.9　极化效应较小的代表性晶面。注意，a 平面和 m 平面称为非极性平面，
而（0012）平面称为半极性平面

1.5　天然超级结（NSJ）结构

如图 1.10a 所示，当两种不同极化的氮化物层交替生长时，在异质界面产生相同数量的电子和空穴。虽然目前的多层结构是横向导电的，但在零偏压条件下，该结构被认为是具有预存电荷的多层电容器。对于电子和空穴，如果采用适当的电学接触，则可以耗尽预存的电荷，如图 1.10b、c 所示。耗尽电压 V_0 表示如下：

$$V_0 = \frac{N_s}{C_0} = \frac{N_s C_{\text{GaN}} C_{\text{AlGaN}}}{C_{\text{GaN}} + C_{\text{AlGaN}}} \qquad (1.5)$$

式中，N_s、C_0、C_{GaN} 和 C_{AlGaN} 分别是预存电荷密度、阳极和阴极之间的电容、GaN 层电容和 AlGaN 层电容。

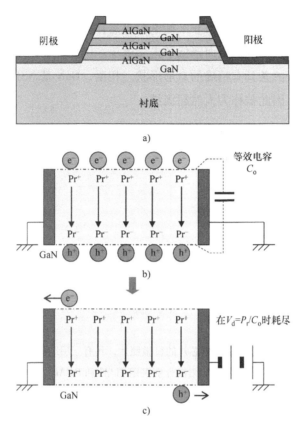

图 1.10　a）NSJ（天然超级结）结构　b）特定层中的电子和空穴分布
c）基于预存电荷为 N_s 的平行板电容器模型的耗尽条件

当电容完全耗尽时，该结构被视为绝缘体。因此，可达到的击穿电压由临界电场与阳极和阴极之间的间距的乘积决定。由于耗尽条件与层间距或层数无关，因此可以通过增加层数来降低导通电阻。由 GaN 基材料组合而成的 NSJ 可以在不牺牲导通电阻的情况下实现无限的击穿电压，克服了阻断电压和导通电阻之间的折中问题。

图 1.11a 显示了制造的带有 NSJ 结构的芯片照片，其中，Ti/Al 和 Pt/Au 分别用作阴极和阳极。得到的击穿电压与电极间距的函数关系如图 1.12[16]所示。

目前的 NSJ 结构类似于硅功率器件中著名的"超级结"[17]。硅超级结二极管的结构如图 1.13 所示。可以看到同样的载流子耗尽机制也可以通过使用条形 PN 结来建立，在条形 PN 结中施主和受主电荷数量相等。可获得的阻断电压也由图 1.13 中所示的距离 d 决定。需要指出的是，硅超级结的制备存在着施主和受主电荷精确控制的问题。如果非平衡电荷仍然存在于结中，这就变成了与电荷差相对应的平均掺杂浓度，从而降低了击穿电压。因此，在硅超级结的制造工艺中，要求精确掺杂的条具有精确的盒形形状。相反，GaN 基 NSJ 结构具有相同数量的电子和空穴，因此被称为天然超级结。

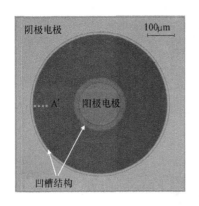
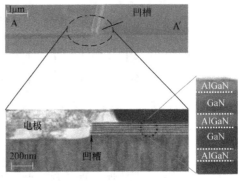

图 1.11　制造的 NSJ 二极管的芯片的显微照片，具有三层结构的 SEM 横截面。
图中阴极和阳极分别采用 Ti/Al 和 Pt/Au

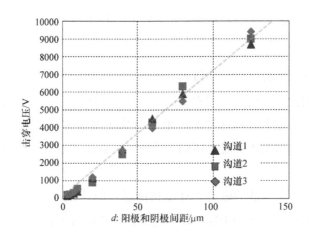

图 1.12　实验获得的 NSJ 二极管的击穿电压与阳极和阴极间距的函数关系。
注意击穿电压与层数无关

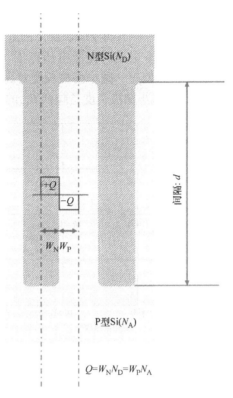

图 1.13 精确电荷控制结构下典型的 Si 超级结结构，其中精确的平行条几何结构和每层的精确掺杂，使 p 区和 n 区的电荷 + Q 和 − Q 相等

1.6 导通电阻和击穿电压

GaN 基横向器件利用极化产生的载流子，其击穿电压根据 NSJ 原理由电极之间的间距决定。由于导通电阻与间距成正比，因此与击穿电压呈线性关系。

GaN 基 FET 的 R_{on}（导通电阻）可用 R_{ch}（沟道电阻）和 R_d（漂移区电阻）之和来表示。注意漂移区是用来支撑漏极电压的，关系式如下：

$$R_{on} = R_{ch} + R_d \tag{1.6}$$

$$R_{ch} = \frac{L_g}{W_g} \frac{1}{q\mu N_s} \tag{1.7}$$

$$R_d = \frac{L_d}{W_g} \frac{1}{q\mu N_s} = \frac{1}{W_g} \left(\frac{B_V}{E_c} \frac{1}{q\mu N_s} \right) \tag{1.8}$$

式中，W_g 为栅极宽度；L_g 为栅极长度；L_d 为漂移区长度；N_s 为片载流子密度；μ 为 2DEG 迁移率。

图 1.14 显示了计算出的 R_{on}，它是关于单位栅极宽度的 GaN HEMT 击穿电压的函数，图 1.14 中分别绘制了三种不同栅极长度下的 R_{ch}、R_d 和 R_{on} 曲线。在图 1.14 中可以看到 R_{ch} 等于 R_d 的平衡点。在低电压范围，R_{on} 渐近地接近 R_{ch}，而在高电压范围，R_{on} 接近 R_d。很明显，减小栅极长度对高压器件的设计是没有用的，但对于低压器件的设计，减小栅极长度是降低 R_{on} 的唯一途径。

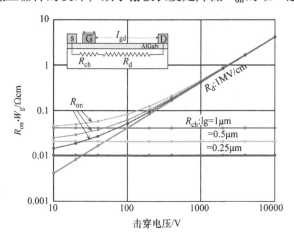

图 1.14　计算了栅极长度为 1.0、0.5 和 0.25μm 的典型 GaN/AlGaN FET 的 $R_{on} \cdot W_g$，它是击穿电压的函数。需要指出的是 R_{on} 是 R_{ch} 和 R_d 之和。计算是在 2DEG 迁移率为 1500cm²/(V·s)、临界电场为 1MV/cm 的条件下进行的，比理论预测值小了几倍

值得注意的是，现在的体 GaN 材料具有超过 1MV/cm 的 E_c（临界电场）[18]，应根据器件制造工艺和晶体生长技术的成熟程度，对所用参数进行更新，以确定相同设计准则下的平衡点。

1.7　低压器件

考虑到个人家用电器层的器件设计，在典型的阻断电压低于 100V 的情况下，降低 R_{ch} 是最重要的。表 1.2 给出了一个大家熟悉的按比例缩小规则，它一直是 Si MOSFET 技术的指导原则。对于这个电压范围内的电源转换系统，由于 Si 的临界电场约为 30V/μm，因此对 Si MOSFET 小型化有一个按比例缩小的极限。这意味着在 MOSFET 结构中源极-漏极间距需要具有一定的长度，以满足所需的阻断电压。相反，宽禁带器件在保持相同电压的情况下仍然有小型化的空间。表 1.3 给出了对器件尺寸、预期性能和芯片尺寸的估计。可以看到以相同的导通电阻在低压下工作时，芯片尺寸大约是原来的 1/40。同时注意到，由 $R_{on} \cdot Q_g$ 决定的开关损耗是 Si 器件的损耗的 1/40。这些估计意味着在低压范围，宽禁

带功率器件可以在极小的器件尺寸下实现优越的转换效率。

在低压应用中引入垂直结构也是有效的，因为可以通过增加栅极宽度来降低 R_{on}。目前，Si 沟槽功率 MOSFET 广泛应用于低压领域。图 1.15 显示了低压 Si 功率 MOSFET 提高封装密度的演化路径[19]。器件的制造工艺逐渐向自对准方向发展，主要应用于低压领域。如果自对准结构可用于宽禁带器件，则横向和垂直结构的预期封装密度在图 1.16 中进行了示意性的比较。如图所示，垂直结构可以实现比横向结构高 9 倍的封装密度，这意味着使用相同的芯片尺寸可以进一步减小 R_{on}。

然而，由于寄生电容的增大对开关损耗产生的负面影响，仅通过降低 R_{on} 来提高总转换效率是不够的。总能量损耗由 DC 损耗（R_{on} 损耗）和 AC 损耗（开关损耗）之和确定。图 1.17 显示了功率 FET 的典型开关波形，在这里可以看到导通状态下的 DC 损耗和瞬态下的 AC 损耗。通过对栅极电流进行积分，可以提取开启器件的栅极电荷 Q_g。可以看到导通时栅极电压的斜率变小，这是由漏极电压降低时反馈（密勒）电容引起的。

表 1.2　典型的按比例缩小规则、预期性能和芯片尺寸

器件尺寸缩小了 $1/k$	$1/k$
阻断电压	$1/k$
R_{on}	1
电容	$1/k^2$
芯片面积	$1/k^2$
开关损耗（$R_{on} \cdot Q_g$）	$1/k^2$
芯片成本	$1/k^2$

表 1.3　对于三种材料，根据应用电压（如 12V 和 100V）的要求估计的器件尺寸

阻断电压/V	所需尺寸		
	Si	SiC	GaN
12	400nm	60nm	60nm
100	3.3μm	0.5μm	0.5μm

基于以下事实

$$\text{Loss}_{DC} \propto R_{on} \cdot W_g \qquad (1.9)$$

而

$$\text{Loss}_{AC} \propto \frac{Q_g}{W_g} \qquad (1.10)$$

$R_{on} \cdot Q_g$ 的乘积成为与器件尺寸无关的器件固有参数，能够用来估计开关效率。降低 $R_{on} \cdot Q_g$ 是器件工程中提高电源转换效率的重要目标。图 1.18 显示了使用三种不同 $R_{on} \cdot Q_g$ 的 GaN FET 实验获得的半桥转换效率。可以看到，使用较小的

$R_{on} \cdot Q_g$可以获得更高的效率[20]。

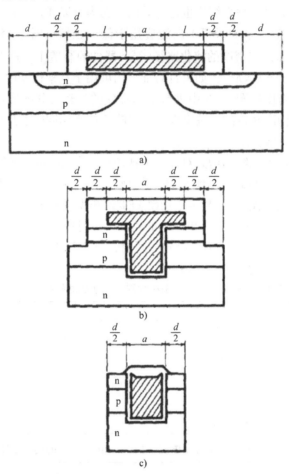

图 1.15　低压 Si 功率 MOSFET 的 R_{on} 降低的演化路径，即 a）DMOS、b）早期沟槽和 c）完全
自对准沟槽结构。注意，全自对准 Si 沟槽功率 MOSFET（图 c）的广泛应用是因为 R_{on} 是
由低压应用的封装密度决定的

　　还应注意到，对于开关电源系统，存在一个获得最大转换效率的最佳器件尺
寸。图 1.19 显示了估计的作为栅极宽度函数的 DC 和 AC 能量损耗。可以看到，
在最佳的栅极宽度下，总能量损耗最小，此时 DC 损耗等于 AC 损耗。此外，最
佳的器件尺寸也由开关频率决定。

　　按比例缩小技术是降低宽禁带器件中 $R_{on} \cdot Q_g$ 的有效方法，而 Si 的按比例缩
小是有一个底线的。因此，GaN 功率器件有可能通过使用更小的芯片尺寸来获
得比 Si 功率器件更高的转换效率。

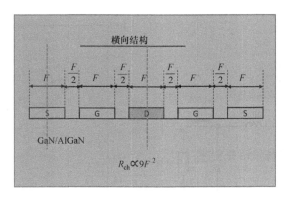

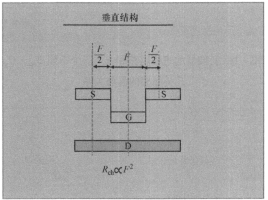

图 1.16　对横向和垂直结构，使用最小设计规则 F 估算的沟道电阻比较

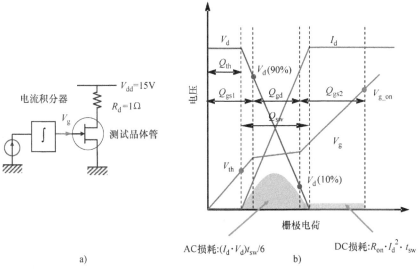

图 1.17　$R_{on} \cdot Q_g$ 的典型测量系统和开关过程中观察到的电流/电压波形，其中 Q_g 代表 G_{gs1}、Q_{sw} 和 Q_{gs2} 之和

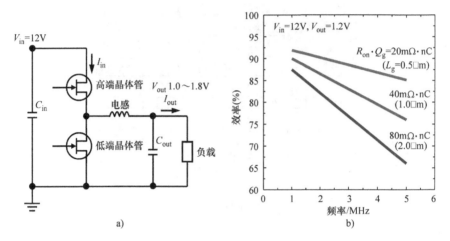

图 1.18 a）制作 DC – DC 变换器的半桥电路和 b）三个不同 $R_{on} \cdot Q_g$ 器件的转换效率与
开关频率的函数关系

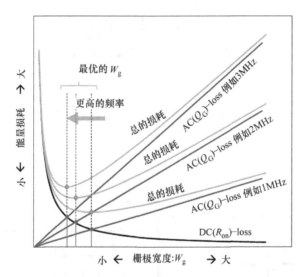

图 1.19 确定开关 FET 最佳栅极宽度以最小化能量损耗的概念图。
结果表明，随着开关频率的增加，相对较小的栅极宽度成为最佳的选择

1.8 高 压 器 件

　　根据 NSJ 结构原理，AlGaN/GaN FET 的击穿电压与漂移区的间距成正比。用蓝宝石衬底制备的器件的击穿电压超过 9000V[21]。近年来，Si 衬底上 GaN/AlGaN FET 因其降低了材料成本而备受关注。然而，在 Si 衬底上制作的器件通

常会出现由 GaN 外延层厚度决定的过早击穿。这是因为当导电的 Si 衬底接地时，垂直电场增大。

由于 n^+ 型体 GaN 衬底的商用化，垂直 GaN 基功率器件被认为是未来高压大电流功率器件的一个候选器件。其示意图如图 1.20 所示。值得注意的是，由于漂移区的掺杂，垂直功率器件的 R_{on} 与 B_V 的关系不同于横向功率器件。这是 Si 垂直功率 MOSFET 中所熟知的关系，其导通电阻与击穿电压的二次方成正比。假设外延生长的漂移区掺杂浓度为 N_d，并且在临界电场 E_c 下耗尽宽度增加到 W_d，一维结构的关系式如下：

$$E_c = \frac{qN_d}{\varepsilon_{GaN}}W_d \tag{1.11}$$

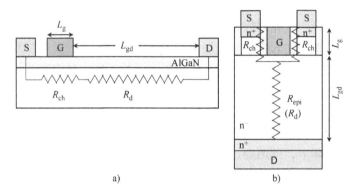

图 1.20　a) 横向和 b) 垂直 GaN 功率器件的示意图，图中标示了主要的电阻分量

上述情况下的阻断电压简单地表示为

$$B_V = \frac{1}{2}E_cW_d \tag{1.12}$$

由于外延漂移区的电阻 R_{epi} 与 $W_d/(\mu N_d)$ 成正比，因此得到的 R_{epi} 如下所示：

$$R_{epi} \propto \frac{W_d}{\mu N_d} = \frac{B_V^2}{\mu\varepsilon_{GaN}E_c^3} \tag{1.13}$$

可以看到 R_{epi} 与 B_V 的二次方成正比。式（1.11）中的主要因子有时被用作材料[22]的 Baliga 的 FOM（品质因数），这意味着宽禁带材料可以实现极低的 R_{epi}，这与 E_c^3 成反比。注意到 GaN 和 Si 的典型临界电场 E_c 分别为 300V/μm 和 30V/μm。还需要注意的是，实际获得的 Si 功率器件的阻断电压有时与 $B_V^{2.0-2.5}$ 成正比，因为实际器件中还存在边缘终端不足和/或外延层相对较薄等因素。

虽然横向结构可以通过扩大漂移区的间距来获得较高的击穿电压，但在相同芯片尺寸的情况下，由此而产生的栅极宽度减小，电流处理能力下降。因此，

氮化镓功率器件——材料、应用及可靠性

GaN 基的垂直功率器件有望提供较高的阻断电压和较大的电流处理能力。如前一节所述，在高电压范围，增加封装密度对降低 R_{on} 几乎没有影响，因为 R_{on} 是由外延生长漂移区的电阻决定的。降低 R_{epi} 是垂直 GaN 功率器件的首要任务。

为了提高 Si 功率器件的电流处理能力，在导通状态下采用电导率调制技术动态地增加漂移区的载流子密度。图 1.21 显示了引入电导率调制的三种 Si 功率器件。这些器件被命名为 GTO（门极可关断）晶闸管[23]、SI（静电感应）晶闸管[24]和 IGBT（绝缘栅双极型晶体管）[25]。这三种结构通常都有重掺杂的 p 型衬底，可以在漂移区注入少数载流子，从而降低漂移区电阻。这些结构具有相似的工作机制，采用不同的上端结构，使电子进入漂移区，触发电导率调制。可以看出，GTO 晶闸管、SI 晶闸管和 IGBT 分别采用 BJT、JFET 和 MOSFET 的上部器件结构来传导电子。

由于在漂移区产生相同数量的电子和空穴，因此可以导致漂移区 R_{epi} 急剧地下降。注意到，部分注入空穴与上层器件结构所传导的电子复合，其余注入空穴流入上层的 p 型区。这意味着内置 pnp 双极型开始工作，其中底部 p 型层在等效电路中起发射极的作用。这种注入机制有助于增加可用电流。

虽然 Si IGBT 具有很大的电流处理能力，但由于 Si 具有间接复合过程，使得少数载流子寿命长而导致开关速度较慢。在漂移区引入复合中心是缩短 Si 寿命的必要手段。实际上，使用金、铂扩散和/或电子束辐照的"杀手掺杂"可缩短寿命[26]。杀手掺杂还有另一个优点，它通过降低双极型工作的电流增益来抑制不希望出现的寄生晶闸管的闩锁。虽然 GIT 采用了电导率调制技术，但由于 GaN 基材料的直接复合过程，注入载流子的寿命很短，无法完全扩散到漂移区。

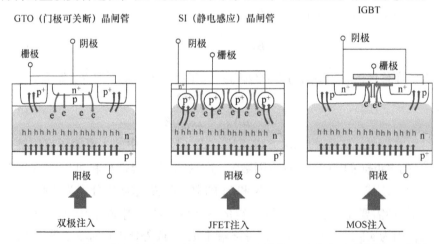

图 1.21　在漂移区使用电导率调制的典型 Si 功率器件。可以看到不同的电子传导
结构进入漂移区，从底部 p 区发生空穴注入

— 20 —

1.9　GaN 垂直功率器件的未来研究

近年来，报道了一些在 GaN 基器件中引入少数载流子注入的结构，通过电导率调制技术降低漂移区电阻的实验。Mochizuki 等人提出在 GaN pin 二极管中的光子循环拓宽了电导率调制的空间，如图 1.22 所示。他们报告了实验制造的 GaN pin 二极管显著降低了串联电阻，如图 1.23[27] 所示。

Makimoto 等人也研究了将双极性机制引入 GaN 基材料中[28]。它们的 DHBT 器件结构如图 1.24 所示，其中使用了 InGaN 重掺杂 p 型基区。他们报告了使用 DHBT 结构可以获得非常大的电流处理能力，其超过 $100A/cm^2$。通过使用 DHBT 结构获得的 $I-V$ 特性和实现的电流处理能力如图 1.25a、b 所示。

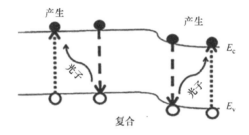

图 1.22　光子循环的概念性说明，它可以扩大电导率调制的区域

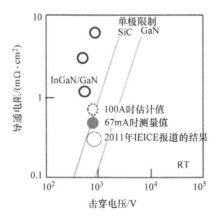

图 1.23　由 Mochizuki 等人通过实验获得的作为 GaN pin 二极管击穿电压函数的 $R_{on} \cdot A$ 乘积，其中乘积可以低于单极极限[27]

基础设施应用层同时需要极高的阻断电压和较大的电流处理能力。如前所述，在高压应用中，减小漂移区电阻是最重要的。因此，了解由材料参数如寿命和少数载流子的扩散长度决定的电导率调制的条件将是最重要的。

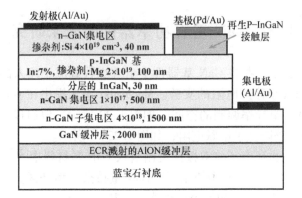

图 1.24　实验制备的具有再生 P – InGaN 基区接触层的 GaN/InGaN DHBT 结构

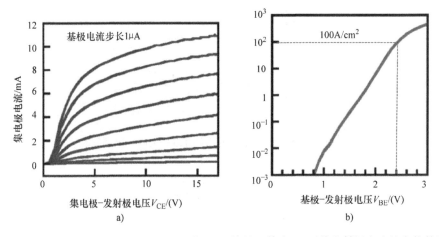

图 1.25　a）得到的 GaN/InGaN DHBT 的 $I–V$ 特性，其中 hfe（共发射极电流放大倍数）

超过 1000，b）得到的集电极电流密度是关于基极发射极电压（V_{BE}）的函数，

其电流处理能力超过 100A/cm² [28]

参 考 文 献

1. Lee FC et al (2013) High-frequency integrated point-of-load converters: overview. IEEE Trans PE 28(9):4127–4136

2. Nakamura S, Chichibu SF (2000) Introduction to nitride semiconductor blue lasers and light emitting diodes. CRC Press

3. Johnson EO (1965) Physical limitations on frequency and power parameters of transistors. RCA Rev 163–177

4. O'Leary K, Fout BE, Shur MS, Eastman LF (2006) Steady-state and transient electron transport within the III–V nitride semiconductors, GaN, AlN, and InN: a review. J Mat Sci Mater Electron 17(2):87–126

5. Pengelly RS, Wood SM, Milligan JW, Sheppard ST, Pribble WL (2012) A review of GaN on SiC high electron-mobility power transistors and MMICs. IEEE Trans MTT 60(6):1764–1783

6. Yao T, Hong SK (2009) Oxide and nitride semiconductors. Springer, Berlin
7. Sumiya M, Fuke S (2004) Review of polarity determination and control of GaN. MRS Internet J Nitride Semicond Res 9:e1
8. Wood C, Jena D (2008) Polarization effects in semiconductors. Springer, Berlin
9. Ambacher O, Majewski J, Miskys C, Link A, Hermann M, Eickhoff M, Stutzmann M, Bernardini F, Fiorentini V, Tilak V, Schaff B, Eastman LF (2002) Pyroelectric properties of Al (In)GaN/GaN hetero- and quantum well structures. J Phys Condens Matt 14:3399–3434
10. Ambacher O, Foutz B, Smart J, Shealy J, Weimann N, Chu K, Murphy M, Sierakowski A, Schaff W, Eastman L, Dimitrov R, Mitchell A, Stutzmann M (2000) Two-dimensional electron gases induced by spontaneous and piezoelectric polarization in undoped and doped AlGaN/GaN heterostructures. J Appl Phys 87(1):334–344
11. Uemoto Y, Hikita M, Ueno H, Matsuo H, Ishida H, Yanagihara M, Ueda T, Tanaka T, Ueda D (2006) A normally-off AlGaN/GaN transistor with $R_{on}A$ = 2.6 mΩcm2 and BV_{ds} = 640 V using conductivity modulation. IEEE IEDM Tech Digests 907–910
12. Ohmaki Y, Tanimoto M, Akamatsu S, Mukai T (2006) Enhancement-mode AlGaN/AlN/GaN high electron mobility transistor with low on-state resistance and high breakdown voltage. JJAP 45 Part 2(44):L1168–1170
13. Chen KJ, Zhou C (2011) Enhancement-mode AlGaN/GaN HEMT and MIS-HEMT technology. Phys Stat Sol (a) 208(2):434–438
14. Schwarz UT, Kneissl M (2007) Phys Stat Sol (RRL) 1:A45
15. Kuroda M, Ishida1 H, Ueda1 T, Tanaka T (2007) Nonpolar (11–20) plane AlGaN/GaN heterojunction field effect transistors on (1–102) plane sapphire. J Appl Phys 102:093703. doi:10.1063/1.2801015
16. Ishida H, Shibata D, Yanagihara M, Uemoto Y, Matsuo H, Ueda T, Tanaka T, Ueda D (2008) Unlimited high breakdown voltage by natural super junction of polarized semiconductor. IEEE EDL 29(10):1087–1089
17. Lorenz L, Marz M, Deboy G (1998) COOLMOS—an important milestone towards a new power MOSFET generation. Proc Power Convers 151–160
18. Otoki Y, Tanaka T, Kamogawa H, Kaneda N, Mishima T, Honda U, Tokuda Y (2013) Impact of crystal-quality improvement of epitaxial wafers on RF and power switching devices by utilizing VAS-method grown GaN substrates with low-density and uniformly distributed dislocations. In: CS MANTECH conference digest, pp 109–112
19. Ueda D, Takagi H, Kano G (1987) An ultra-low on-resistance power MOSFET fabricated by using fully self-aligned process. IEEE T-ED ED-34(4):926–930
20. Umeda H, Kinoshita Y, Ujita S, Morita T, Tamura S, Ishida M, Ueda T (2014) Highly efficient low-voltage DC-DC converter at 2–5 MHz with high operating current using GaN gate injection transistors. PCIM Europe Digest 1025–1032
21. Uemoto Y, Shibata D, Yanagihara M, Ishida H, Matsuo H, Nagai S, Batta N, Li M, Ueda T, Tanaka T, Ueda D (2007) 8300 V blocking voltage AlGaN/GaN power HFET with thick poly-AlN passivation. IEEE IEDM Digest 861–864
22. Baliga BJ (1989) Power semiconductor device figure of merit for high-frequency applications. IEEE EDL 10(10):455–457
23. Wolley ED (1966) Gate turn-off in p-n-p-n devices. IEEE T-ED ED-13(7):590–597
24. Nishizawa J, Nakamura K (1977) Characteristics of new thyristors. Jpn J Appl Phys 16:541–544
25. Scharf BW, Plummer JD (1978) A MOS-controlled triac devices. In: IEEE International solid-state circuits conference, SESSION XVI FAM 16.6
26. Baliga BJ (1983) Fast-switching insulated gate transistors. IEEE EDL 4(12):452–454
27. Mochizuki K, Mishima T, Ishida Y, Hatakeyama Y, Nomoto K, Kaneda N, Tshuchiya T, Terano A, Tsuchiya T, Uchiyama H, Tanaka S, Nakamura T (2013) Determination of lateral extension of extrinsic photon recycling in p-GaN by using transmission-line-model patterns formed with GaN p–n junction epitaxial layers. JJAP 52(8S52):8JN2
28. Makimoto T, Yamauchi Y, Kumakura K (2004) High-power characteristics of GaN/InGaN double heterojunction bipolar transistors. APL 84(11):1964–1966

第 2 章 »

衬底和材料

Stacia Keller

GaN 基开关功率晶体管对衬底的选择和材料的要求很大程度上取决于器件的结构。到目前为止，大部分的研究都集中在横向器件的制造上，最近在更大尺寸的体 GaN 衬底发展的推动下，垂直器件引起了人们的兴趣。垂直器件的优点在于其高电场位于体材料内部，而不是在表面。然而，大面积 GaN 衬底仍然非常昂贵，在诸如硅这样的晶圆尺寸可达 12in$^{\ominus}$ 的外来衬底上进行垂直器件布局，目前更具吸引力。

与器件布局无关，开关功率器件工作在较大电流密度下，并要求在低导通电阻和低开关损耗下具有较高的击穿电压。因此，如本书前几章所述，GaN 基器件利用了 GaN 的高击穿电场、高电子迁移率和高饱和漂移速度特性。在 $4 \times 10^{16} \mathrm{cm}^{-3}$ 的自由载流子浓度下，已经报道了高达 1265 $\mathrm{cm}^2/(\mathrm{V \cdot s})$ 的电子迁移率[1]，对于载流子浓度约为 $3 \times 10^{15} \mathrm{cm}^{-3}$ 的材料，从 $I-V$ 曲线中得到的电子迁移率大约为 1750 $\mathrm{cm}^2/(\mathrm{V \cdot s})$，这两个值都是在体 GaN 衬底上生长的外延层上测定的[2]。在 GaN 基异质结构中可以实现更高的电子迁移率，在室温下 AlGaN/AlN/GaN 异质结构的电子迁移率高达 2200 $\mathrm{cm}^2/(\mathrm{V \cdot s})$，这在异质的衬底上得到了证明[3]。

对于电源开关应用，优选增强模式（E 模式）器件，要么使用本征的 E 模式晶体管，要么在共源共栅结构中利用耗尽模式（D 模式）器件[4]。D 模式和 E 模式晶体管结构可使用 GaN 与（Al，Ga）N 和/或 p-（Al，Ga）N 层的组合来设计，其生长将在下面的章节中做更详细的讨论（见图 2.1）。

虽然用于高频应用的 GaN 基晶体管所采用的较薄 GaN 基底层是通过分子束外延（MBE）[5] 和金属有机化学气相沉积（MOCVD）来制造的，但到目前为止，用于电源开关应用的晶体管主要是使用后一种方法制造的，利用 MOCVD 工艺中较快的生长速率。此外，大型的 MOCVD 反应器具有外延结构生长的成本效益，

$\ominus$　1in = 0.0254m。

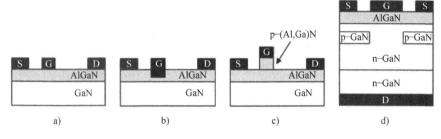

图 2.1　不同 AlGaN/GaN 晶体管示意图

a）D—模式结构和 E—模式结构　b）凹槽栅　c）p–（Al, Ga）N 帽层　d）垂直晶体管（CAVET）。S 源、D 漏、G 栅

这一发展很大程度上是由 GaN 发光二极管（LED）的生产需求推动的。在大多数应用中，基于典型（0001）或 c 方向生长的 Ga 极性 GaN 外延层结构用于器件的制造。

2.1　衬底概述

由于天然 GaN 衬底的长期缺乏，GaN 外延最初是在异质衬底上形成的[6]。历史上，第一批用于电源开关应用的 GaN 基晶体管是在（0001）c 面蓝宝石和（0001）碳化硅（6H–SiC 和 4H–SiC）上实现的[7]，而最近，大多数研究都是在硅衬底上进行的。通常，使用（111）Si 平面是因为其三角对称性，支持（0001）GaN[8] 的外延生长。（0001）GaN 与 c 面蓝宝石和（111）Si 的晶格失配非常大，分别为 16.1% 和 –16.9%（见表 2.1）。复杂的生长方案的发展使得在这三种衬底上都能沉积出线位错密度为 $10^8 cm^{-2}$ 的 GaN 薄膜。通过插入氮化硅中间层[9] 和实施外延横向过生长技术[10]，可以进一步降低线位错密度。

除了晶格失配外，外延层与衬底之间热膨胀系数的差异在外延过程中起着重要作用。蓝宝石比 GaN 具有更高的热膨胀系数，导致外延 GaN 层中的残余压应力，而 SiC 和 Si 的热膨胀系数较小，导致残余张应力[11]。这一问题在硅的情况下尤其具有挑战性，并且已经开发了各种应变控制技术来减缓 GaN 外延层在冷却到室温后形成的裂纹，这将在本章中针对衬底的内容中进行讨论。

器件应用的另一个关键参数是衬底的热导率。当器件效率 <100% 时，在器件工作过程中能量转换为热量，为了防止过热和器件失效，确保冷却元件的良好传热是至关重要的。在这三种异质的衬底中，SiC 是热导率最高的一种（见表 2.1），这使其成为晶体管应用中最具吸引力的衬底。虽然蓝宝石的热导率很低，但通过倒装芯片连接到具有高热导率的材料上，器件的发热问题仍然可以得

到缓解[12]。

此外，为了实现高效的器件制造，优选大面积衬底。虽然（111）Si 衬底的尺寸可达 12in，但（0001）SiC 晶圆目前的直径只能达到 6in。（0001）蓝宝石直径很大，但由于冷却后晶圆弯曲强烈，使得大面积衬底上的薄膜生长具有挑战性。与硅相比，蓝宝石衬底上的弯曲处理要求外延层在生长温度下承受拉伸应力，这通常会导致开裂，使得通过外延解决该问题变得困难[13]。

同样重要的还有衬底本身的成本。在所讨论的异质衬底中，Si 衬底的单位面积晶圆成本最低，而 SiC 衬底的单位面积晶圆成本最高。半绝缘（S. I.）SiC 衬底尤其昂贵。虽然电阻性的（111）Si 衬底是可用的，但其电阻率通常不高，不足以保证 GaN 器件的应用。蓝宝石是天然绝缘的。

表 2.1　GaN 外延不同衬底的性能和顶部生长的 GaN 外延层的线位错密度[6,8,18]

	蓝宝石	SiC	Si	GaN
晶格失配（%）	16	3.1	-17	0
线性热膨胀系数/（$\times 10^{-6} \mathrm{K}^{-1}$）	7.5	4.4	2.6	5.6
热导率/（$\mathrm{W} \cdot \mathrm{cm}^{-1} \cdot \mathrm{K}^{-1}$）	0.25	4.9	1.6	2.3
成本	便宜	昂贵	便宜	非常昂贵
在衬底上生长的 GaN 薄膜的线位错密度（优化的）/cm^{-2}	低 10^8	低 10^8	低 10^8	$10^4 \sim 10^6$

到目前为止，最昂贵的是天然 GaN 衬底，目前可获得的晶圆直径可达 4in。典型的制造方法有氢化物气相外延、氨热生长和钠助溶剂生长[14,15]。GaN 衬底中的线位错密度不同，典型值在 $10^6 \sim 10^7 \mathrm{cm}^{-2}$ 范围内，最佳值为 $10^4 \mathrm{cm}^{-2}$。低线位错密度的体 GaN 衬底对于垂直 GaN 功率器件尤其有吸引力，因为线位错会显著地增加泄漏电流[16]。尽管具有线位错密度 $> 10^8 \mathrm{cm}^{-2}$ 的 GaN 薄膜的击穿电压通常低于在低线位错密度体衬底上生长的 GaN 薄膜[17]，但对于在异质的衬底上生长的 GaN 薄膜，也已经证明了具有相当高的击穿电压，这将在下面的章节中进行更详细的讨论。

2.2　金属有机化学气相沉积

在 MOCVD 工艺中，金属有机物金属前驱体如三甲基镓（TMGa）和三甲基铝（TMAl）在 H_2 或 N_2 中作为载气被输送到生长室，在那里它们与加热的衬底表面和 N 前驱体反应，通常是 NH_3，形成 GaN 或 AlN，如 brutto 反应所描述的那样。

(1) $Ga(CH_3)_3 + NH_3 \rightarrow GaN + 3CH_4$

(2) $Al(CH_3)_3 + NH_3 \rightarrow AlN + 3CH_4$

典型的（Al, Ga）N 生长温度超过 1000℃，尽管特定层，例如成核层，可以在较低温度下沉积[19,20]。MOCVD 反应室压力可在 20 ~ 760Torr⊖ 变化。为了抑制气相中金属物质与 NH₃ 之间的预反应，较低的反应室压力尤其用于沉积含铝层[21,22]。与（Ga – N）键合强度相比，（Al – N）键合强度更高，导致 Al 发生预反应的趋势更明显[23]。对于 AlGaN 层的沉积，需要相应地调整 TMGa 和 TMAl 的比率，以达到所需的合金成分[24]。（Al，Ga）N 系统具有从 3.41eV（GaN）到 6.1eV（AlN）的直接带隙[23]。

　　高温（Al，GaN）薄膜的晶体质量主要取决于其线位错密度。当沉积在异质衬底上时，由于外延层与衬底之间的晶格失配，形成了线位错。因此，观察到了不同的位错类型：纯螺旋位错、混合位错和纯边缘位错[25]。例如，在（0002）衍射峰附近，纯边缘位错只影响离轴峰值的宽度，如（10$\bar{2}$1）或（20$\bar{2}$1）[26]。随着非对称平面倾角的增加，纯边缘位错密度变得更加明显[27]。混合位错影响轴上和轴外峰值的宽度。虽然已经研究了几种方法来将 X 射线衍射峰的半最大宽度（FWHM）与薄膜中的线位错密度联系起来，但是只有通过透射电子显微镜（TEM）的样品评估才能准确确定线位错类型及其密度。关于用 X 射线衍射表征Ⅲ族氮化物薄膜的综述，见参考文献［28］。由于纯螺旋位错和混合螺旋 – 边缘位错导致晶体表面台阶终止，因此也可以通过原子力显微镜（AFM）观察到，如图 2.2 所示。纯边缘位错（不会导致台阶终止）与晶体表面的交叉也经常可以被观察到[29]。

　　无意掺杂（u. i. d.）的（Al，Ga）N 层的电导率受几个因素的控制。①外延层中残留杂质的浓度，最常见的是氧和碳，可能来自前驱体或载气中的残余杂质或小的泄漏。碳是金属有机物前驱体本身的一种成分。氧在 GaN 晶格中占据 N 的位置，充当浅施主[30,31]。在 $Al_xGa_{1-x}N$ 薄膜中，氧在 $x = 0.6$ 处转变为 DX 中心[32]。碳在 GaN 中优先占据 N 晶格位，作为深受主，电离能为 0.9eV[33,34]。参考文献［35］提出了碳杂质在极轻碳掺杂 GaN[（1 ~ 2）× 10¹⁶ cm⁻³）] 中更为复杂的作用。②含金属空位和氮空位的天然缺陷在 n 型和 p 型材料中分别具有最低的形成能。当 N 空位作为浅施主时，金属空位产生具有受主性质的深能级[32]。众所周知，金属空位与 O 或 C 杂质形成络合物[36]，也可作为深陷阱[37]。与孤立空位相比，络合物的形成能通常较低。镓空位和 C 掺杂都有助于 GaN 中所谓的黄光发射[38]。③外延层中的线位错也形成受主态[39-41]。此外，线位错可能被缺陷包围[42,43]。在高质量的材料中，②和③只起次要作用。

　　至于残留的 O 和 C 杂质，它们的掺入很大程度上取决于具体的生长条件[44,45]。由于二者优先占据氮化物晶体中 N 的位置，当应用更高的 V/Ⅲ比时，它们的吸收被抑制（见图 2.3）。O 和 C 的掺入效率也随着生长温度的升高而降

⊖　1Torr = 133. 322Pa。

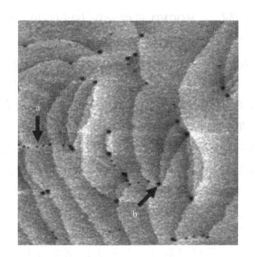

图 2.2 蓝宝石上生长的 GaN 薄膜的原子力显微镜图像。表面台阶为一层 0.26nm 高的
GaN 单层膜。黑点对应于线位错与薄膜表面的交点；a 为纯边缘位错和
b 为具有螺旋性质的线位错

低，这是由于金属氧化物的热稳定性低于相应的氮化物，并且金属－C 键的解理效率更高[46]。较低的生长速率，允许有更长的时间从表面解吸 C，这也是有利的[45]。此外，金属有机前驱体分子在反应器热区的停留时间较长，例如在较高的反应器压力下，通常会导致 C 杂质的掺入减少[44]。总的来说，在 $Al_xGa_{1-x}N$ 层中，随着 Al 含量的增加，O 和 C 杂质的掺入效率增加，这是因为相对于 Ga 原子[47]，Al 与 C 和 O 形成的键更强[47]。C 和 O 杂质的浓度可以用二次离子质谱（SIMS）进行评估，在典型的测量条件下，本底浓度约为 1×10^{16} cm^{-3}。

2.2.1 半绝缘（S. I.）的（Al，Ga）N 层的制备 ★★★ ◀

虽然高纯度本征（Al，Ga）N 层的 C 掺入量应保持在最小值，但可通过选择有利于 TMGa 和 TMAl 前驱体分子甲基碳的 MOCVD 工艺条件，将其用于制造绝缘的（Al，Ga）N 薄膜。这些包括高生长速率、低 V/Ⅲ 比、低压力和外延生长期间较低的温度。通过调整这些参数，可以将 C 浓度调节几个数量级，从 $\leqslant 10^{16} cm^{-3}$ 到 $10^{20} cm^{-3}$，如图 2.3 所示。报道的最佳 C 掺杂水平约为 $10^{19} cm^{-3}$ 左右[48]。

正如 Sugiyama 等人[49]所报道的，除了工艺调整外，碳可以通过 C 前驱体，如 C_2H_2 引入。

作为 C 的替代品，Fe 被用作制备 S. I.（Al，Ga）N 薄膜的掺杂剂[50,51]。Fe 被掺入 Ga 亚晶格，在 GaN 带隙内形成多个态。Fe^{3+}/Fe^{2+} 电荷转移能级位于价带上方 2.86eV 处[52]。与 C 类似，Fe 补偿晶体中的自由电子。然而，与 Fe 作为

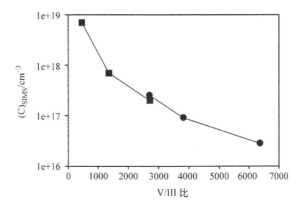

图 2.3　在生长过程中，通过改变 NH_3 流量和 f_{TMGa} = 常数（二次方）
以及在恒定 NH_3 流量下改变 TMGa 流量/生长速率（圆圈），
GaN 层中 C 浓度对 V／Ⅲ 比的依赖关系

掺杂剂相比，使用 C 可以获得更高的垂直阻断电压[53,54]。

　　除了 C 或 Fe 掺杂水平外，垂直击穿电压很大程度上取决于掺杂层的厚度，期望的击穿电压越高，要求的层越厚[48,55,56]。

2.2.2　n 型和 p 型掺杂　★★★

　　通常，（Al，Ga）N 层中的 n 型电导率是通过向气体混合物中添加硅烷或二硅烷来掺杂硅而建立的[57,58]。硅与金属晶格结合，是 GaN 中的浅施主。然而，在 $Al_xGa_{1-x}N$ 薄膜中，随着 x 的增加，Si 施主能级向带隙深处移动[32]。n 型 GaN 薄膜中的电子迁移率随着载流子密度 n 的增加而降低，这是由于电离施主的散射增强，从 $n = 4 \times 10^{16} cm^{-3}$ 时高达 $1265 \ cm^2/(V \cdot s)$ 到 $n = 1 \times 10^{19} cm^{-3}$ 时为 $200 cm^2/(V \cdot s)$[1]。此外，电子迁移率随着晶体中线位错密度（TDD）的增加而降低[39]。在 TDD 约为 $2 \times 10^6 cm^{-2}$ 的体 GaN 衬底上得到的值为 $1265 \ cm^2/Vs$，而在 TDD 约为 $5 \times 10^8 cm^{-2}$ 的蓝宝石基底层上 GaN 得到的对应值仅仅 $966 cm^2/(V \cdot s)$[1] 左右。与垂直器件中漂移层所需的极低 n 型掺杂的相关问题将在第 2.5 节中讨论。

　　（Al，Ga）N 层最常见的 p 型掺杂剂是 Mg，由前驱体环戊二烯镁 $(C_5H_5)_2Mg$ 提供[59]。Mg 在 GaN 中以 $110 \sim 160 \ meV$ 的激活能在金属位上结合形成受主能级[60,61]。当 GaN：Mg 层在使用 H_2 作为载体气体的 GaN 的典型条件下生长，所有的 Mg 原子都被氢钝化，在 $600 \sim 850 ℃$ 的温度下无氢和无氨的气氛中进行生长后热处理时，氢会从晶体中被移除[59]。当 GaN：Mg 层以 N_2 而不是 H_2 作为载体气体沉积时，可以观察到 Mg 受主的部分激活[62]。与 Mg 有关的受主能级的高激活能

（仍低于 Zn，通常用于 GaAs 和 InP 及相关材料的受主）限制了在 p – GaN: Mg 层中可达到的空穴数量，约为 1×10^{18} cm^{-3}。在更高的 Mg 浓度下，由于极性反转和/或 Mg 团簇形成而产生的缺陷，空穴浓度会降低[63]。GaN 中的空穴迁移率值为 $5 \sim 25$ cm^2/(V·s)。在 InGaN 中可以获得更高的空穴浓度，因为随着带隙的减小，Mg 受主能级更接近价带边缘[64]。相反，随着铝成分的增加，当 Mg 受主能级向带隙深处移动时，在 AlGaN 薄膜中观察到的空穴浓度更低[65]。

当需要突变的 p 掺杂分布时，会出现其他的挑战。Mg 的前驱体类型倾向于粘附在管壁和生长室壁上，如果不考虑的话，会导致延迟掺入外延层。此外，在 Mg 掺杂层的生长过程中，Mg 原子倾向于在表面聚集，甚至在 Mg 前驱体流被关断后也会"附着"在表面上，导致 Mg 掺入后续层中[66]。当在 GaN: Mg 层沉积后生长工艺中断，以及在后续沉积 n – GaN 层之前在酸中刻蚀样品时，携带 Mg 原子进入下一层的量会大大减少[66]。在没有任何生长中断的情况下，插入低温 GaN[66] 或 AlN 层也可以抑制 Mg 的再分布[67,68]。

作为 p – GaN 外延层的替代方案，Mg 也可以通过注入被引入到晶体中。在进一步生长和加工工艺中使用该技术时，注入物激活和 Mg 注入分布的稳定性至关重要[69]。最近，有报道称，对 Mg 注入的 GaN 薄膜进行高温高压处理可以获得较高质量的 p – GaN 层[70]。这种工艺非常有吸引力，因为 Mg 注入可以在晶圆的局部进行，这样消除了复杂的刻蚀和再生长工艺（见第 2.5 节）[71]。进一步的研究将显示这一工艺能否成功地被转移到大规模生产环境中。

除了典型的施主或受主元素掺杂外，在典型 c 方向生长的 III 族氮化物中，可以通过极化掺杂形成 n 型和 p 型导电性[72]。与突变的 AlGaN/GaN 异质结相比，例如，由于晶体中的内部电场，在异质界面形成二维电子气（2DEG）[73]，在 Al$_x$Ga$_{1-x}$N 层的组成从 $x = 0$ 到某个 x 值的结构中，建立了体电子电荷，即与梯度的宽度和斜率成正比[74,75]。类似地，当 Al 成分梯度向下时形成 p 型层[76]，或者 In$_y$Ga$_{1-y}$N 层中的 In 成分从 $y = 0$ 梯度向上到给定的 y 值[77]。极化掺杂层的特性是相对较高的载流子迁移率，与没有带电的施主或受主有关，并且在低温下不存在载流子冻结。关于极化掺杂的更多细节见参考文献 [76] 和 [78]。

2.2.3 AlGaN/GaN 异质结构 ★★★ ◀

对 Al$_x$Ga$_{1-x}$N/GaN 2DEG 结构的生长已经进行了广泛的研究[79]。由于 AlN 和 GaN 之间存在 3% 的晶格失配，Al$_x$Ga$_{1-x}$N 层的厚度需要随着 x 的增大而减小，以避免开裂。通过在顶部生长非常薄的 GaN 帽层可以抑制 AlGaN 层的弛豫[80]。在完成 Si$_3$N$_4$ 层的生长时，会观察到类似的影响，尽管影响较小[81]。由于基于（0001）GaN[72] 的异质结构中存在内部电场，因此在 GaN/AlGaN 界面形成 2DEG 不需要额外的掺杂，并且 2DEG 片载流子密度 n_s 可以通过 $Al_xGa_{1-x}N$ 层的组成和厚度 d（$n_s \sim x$, d）进行调节[73]。为了进一步提高电子迁移率，通常在 GaN 和 AlGaN 层之间插入一层薄的 AlN 中间层以减轻合金的散射[82]，例如，在片载流子密度为 9×10^{12} cm^{-2} 时，电子迁移率从大约 1400cm^2/（V·s）增加到大约 2100cm^2/（V·s）。注意，最近的原子探针层析成像研究表明，在 MOCVD 生长的 AlN 中间层中存在残余的镓，然而，这并不影响通常用于晶体管的片载流子密度约为 1×10^{13} cm^{-2} 的异质结构的电学性质[83]。当位错密度为 10^8 cm^{-2} 或以下时，电子迁移率受线位错的影响很小，较高的位错密度会导致电子迁移率的降低[84]。

2.3　陷阱和色散

色散是 GaN 基晶体管中的一种常见的现象，它可以由体外延层中的陷阱状态引起[85]，也可以由表面陷阱引起[86]。因此，陷阱不仅影响开关速度，还影响器件的击穿电压[7,87]。表面陷阱源自于在典型的 c 方向生长的Ⅲ族氮化物薄膜中的自发极化和压电极化[72]，其形成是为了确保结构中的电中性。它们的影响可以通过表面钝化[88]或外延帽层的实现[89,90]来减轻。如前所述，外延层中陷阱态的存在可能与杂质、掺杂剂、本征缺陷和位错有关。通过仔细优化外延工艺以及在 S. I. 缓冲层和有源器件层之间保持足够的空间间隔，可以将其影响降至最低[91]。有关陷阱相关问题的详细讨论，请参阅本书第 7 章。

2.4　横向功率开关器件外延结构的制备

横向功率晶体管已经在蓝宝石、碳化硅和硅衬底上得到了验证。在这种布局中，器件必须承受沿表面的强电场，击穿电压随着栅极与漏极间距的增大而增大。基于这个原因，横向器件通常相对较大，而硅成为三种衬底中最具吸引力的，因为硅衬底价格便宜，直径可达 12in。

用于这些器件的电流阻挡基底层的垂直击穿电压由其电阻率和厚度决定[48,55,56]。如第 2.2.1 节所述，外延层的电阻率取决于 C 和/或 Fe 的掺杂、残余杂质和固有缺陷的存在，以及线位错。后者的影响是双重的。线位错可以引入具有受主特征的附加缺陷（第 2.2 节），但也可以作为泄漏路径[16]。螺旋位错尤其有害，而边缘位错和混合位错问题较少[92,93]。因此，与异质外延生长层相比，在低线位错密度的体 GaN 衬底上通常观察到更高的击穿电压[17]。虽然阻断层设计和生长工艺的细节取决于衬底的类型，但外延工艺的设计通常是这样的，即随着外延层厚度的增加，线位错密度降低，从而能够在所有三个衬底上沉积位

错密度为 10^8 cm^{-2} 的 GaN 层。随着（Al，Ga）N 电流阻断层厚度的增加，线位错密度的降低，击穿电压随薄膜厚度的增加而增大（见图 2.4）[55,56]。

为了使色散最小化，通常在（Al，Ga）N：C，Fe 基底层上，完成 GaN 沟道和（Al，Ga）N 栅控层之前沉积 u. i. d. GaN 层。因此，沟道和栅控层设计在衬底之间是可互换的（第 2.4.4 节）。

注意，器件击穿电压也可以使用非外延技术来提高，例如通过过孔实现[94,95]。

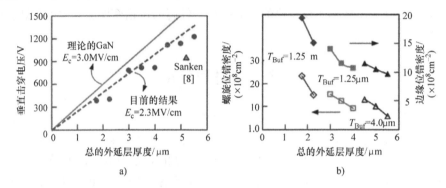

图 2.4　a）垂直击穿电压与总外延层厚度的函数关系　b）螺旋（空心符号）和边缘（实心符号）位错密度由不同总厚度的 Si 上生长的（Al，Ga）N 外延层的 XRD 测量得出

2.4.1　硅衬底上电流阻挡层的沉积 ★★★

在 6in 和 8in（111）Si 衬底上成功地实现了 GaN 晶体管。通常情况下，导电的 Si 衬底无法被用作高阻 Si 衬底。除了 -16.9% 的大晶格失配之外，在硅上生长 GaN 的挑战还包括镓硅化物的形成，以及硅与 GaN 之间较大的热失配，如果不考虑的话，会导致 GaN 薄膜在晶圆冷却过程中开裂[8]。为了防止镓硅化物的形成，通常被称为回熔刻蚀，Si 上的生长通常由 AlN 层开始。研究表明，初始 AlN 层的生长条件和性质对最终的 GaN 薄膜质量有很大影响[96]。参考文献[97] 详细研究了 AlN/Si（111）界面的原子排列。为了减轻冷却过程中的薄膜开裂，外延层堆叠以这样一种方式生长，最终的堆叠在生长温度下处于加压状态。已经开发了几种应变管理方法，例如将成分从 AlN 梯度变化到 GaN[98,99]，插入一个 AlN - GaN 超晶格[100,101]，沉积 AlN 夹层[102]，或用 AlN 成核，然后在 AlGaN 层生长之后逐步减少成分（见图 2.5）[103]。所有这些方法都需要严格的工艺控制来保证晶圆的最终弯曲最小化。此外，必须防止硅衬底中的缺陷形成，例如滑移[104]。最先进的原位控制系统允许监控整个外延生长过程中的晶圆弯曲，如图 2.6 所示[104-106]。因此，应变和弯曲的演化受线位错及其在生长过程

中的湮灭的强烈影响。特别是在不同成分的层间界面[103]或在线位错与样品表面相交处形成的小凹槽中，可以观察到位错弯曲增强了线位错的湮灭[107]。虽然能够生长出低线位错密度的顶层，位错湮灭过程会产生张力[108]，抵消由阶梯级AlGaN 层或 AlN 层间引入的压应变。

对于附加位错滤除，可以用 Si_3N_4 中间层实现[109]。在这一工艺中，Si_3N_4 沉积在样品表面上，在以下（Al，Ga）N 生长步骤中过度生长[9]。Si_3N_4 阻止了位错在连续层中的传播。如前所述，为了达到绝缘的目的，底部（Al，Ga）N 层通常掺杂碳。

尽管已经成功地在 Si 衬底上实现了高达 $14\mu m$ 厚的（Al，Ga）N 层[110]，但随着层厚的增加，应变管理的挑战显著增大，所需的生长时间和由此产生的晶圆成本也是如此。$3 \sim 5\mu m$ 厚的基底层已用于工作在 600V 以下的器件[55,56,111]。与 GaN 相比，AlGaN 基底层具有更大的带隙，因此可以支撑更高的电压[112,113]。初始 AlN 层的厚度和特性也影响垂直击穿[101,111,113]。

2.4.2　碳化硅衬底上电流阻挡层的淀积　★★★

第二个广泛使用的功率晶体管衬底是 SiC。因此，4H - 和 6H（0001）- SiC 衬底均可使用，两者皆可用作导电或高阻衬底。虽然 S.I. 衬底是优选的，但是对于在 n 型和 S.I. SiC 衬底上制造的具有厚 S.I. GaN 基底层（≥6μm）的器件，已经报道了类似的性能[48]。GaN 与 4H - SiC 或 6H - SiC 的晶格失配约为 3%（见表 2.1），而与 AlN 的失配量小于 1%。由于减少的晶格失配和较好的润湿性行为，SiC 上的生长通常也由 AlN 开始[114]。报道的 AlN 层厚度值在几十到几百纳米之间变化。因此，在沉积小于 50nm 的 AlN 后可以获得平整的 AlN 层[115]。对于大多数应用，接下来的 GaN：C 层直接沉积在初始的 AlN 层上。通常，在GaN 沉积过程中，GaN 重新核化形成岛并结合[116]。U. i. d. GaN 和（Al，Ga）N 栅控层的沉积与在 Si 衬底上描述的工艺相似。由于 GaN 和 SiC 之间的热失配较小，因此可以在 SiC 上沉积较厚的 GaN 层而不开裂。在硅衬底上，器件的垂直击穿电压随着电阻缓冲层的厚度的增加而增大[48]。

2.4.3　蓝宝石衬底上电流阻挡层的沉积　★★★

C 面蓝宝石是 GaN 基 LED 中应用最广泛的衬底，也是历史上第一个通过引入低温 AlN 或 GaN 成核层而在其上展示了薄的、高质量 GaN 层的衬底[19,20]。在典型的 2 步生长工艺中，在 $550 \sim 700℃$ 下沉积约 20nm 厚的成核层后，晶圆温度升高至 1000℃ 左右，以利于主要 GaN 层的生长。在初始阶段，Volmer - Weber GaN 岛在成核层上形成，其直径和高度在凝聚成平面薄膜之前增加[117]。GaN 层的质量受高温岛的大小和密度的强烈影响，其密度越小，薄膜中的线位错密度越小[27]。

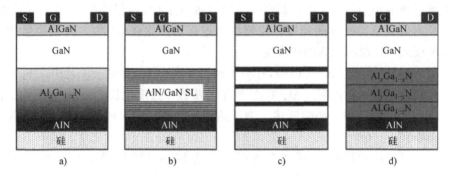

图2.5 用于Si衬底应变管理的不同基底层晶体管示意图（其中 $x < y < z$）

a) 渐变 AlGaN 层 b) AlN/GaN 超晶格（SL） c) AlN 夹层 d) 阶梯 $Al_xGa_{1-x}N$ 层

当在蓝宝石衬底上生长时，通常在 GaN 生长的早期阶段观察到氧掺入的增强。氧源主要是蓝宝石衬底本身。出于清洁的目的，在沉积氮化物层之前，衬底通常在温度超过 1000℃ 的 H_2 中加热，从而形成挥发性的 Al 和 O 物质。由于高温 GaN 岛的半极性侧壁上的氧掺入效率比平面 Ga 极性 GaN 高一个数量级[118]，因此剩余的氧很容易掺入非平面薄膜中。一旦高温岛结合[119]，氧浓度就会降低到典型的低本底水平（大约为 $1 \times 10^{16} cm^{-3}$，对应于 SIMS 检测极限），并且随着 GaN 厚度的增加，氧浓度进一步下降[120]。同时，线位错密度降低（见图 2.7）[120]。在 GaN 生长的早期阶段，用 Fe 反掺杂已经成为补偿氧掺入增加的标准方法，从而能够在蓝宝石衬底上制备高质量的半绝缘 GaN 薄膜[50,51]。由于蓝宝石衬底便宜且容易获得，最初的器件开发通常在蓝宝石衬底上进行，并在后期

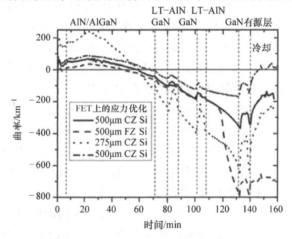

图2.6 不同 Si 衬底上生长的晶体管结构的原位曲率测量

转移到更昂贵的 SiC 或更具挑战性的硅衬底上生长。如前所述，GaN 层也可以通过掺杂碳来实现半绝缘（第 2.2.1 节）。

2.4.4 栅控层生长 ★★★

第 2.2.3 节已经讨论了 AlGaN/GaN 异质结构的生长。对于 D 模式器件，栅控层通常由厚度为 $25 \sim 30nm$ 的 $Al_x Ga_{1-x} N$ 层组成，其中 $0.2 < x < 0.3$。在 GaN 沟道和 AlGaN 层之间插入一层厚度约 1nm 的 AlN 层，以提高电子的迁移率。对于（0001）GaN 增强模式器件的制造（Al, Ga）N 层要么生长得非常薄[121,122]，要么使用刻蚀技术嵌入栅极下方[123]。或者，使用氟等离子体处理[124]和外延 p - （Al, Ga）N 帽层来消除栅极下的电荷（见图 2.1）[125]。

目前，硅衬底上的横向功率开关器件的发展最为活跃，然而，在 SiC 衬底上也报道了优异的结果。工作于 600V 的晶体管在这两种衬底上都已经得到证明，并且有几个小组报告了击穿电压 >1kV 的实验结果[55,56,111]。由于尚未确定对于击穿测量的标准化程序，因此直接比较不同来源的数据通常很困难。具体器件的性能将在本书中与器件相关的章节中进行详细讨论。值得注意的是，也有报道称蓝宝石具有很好的研究结果，这使得它成为一种很有吸引力的衬底，特别是对于工作电压在 $300 \sim 600V$ 的器件来说，当衬底加热不是个很大的问题时[126-128]。

2.5 垂 直 器 件

在垂直器件中，强电场存在于氮化物晶体中而不是仅沿着表面，使得这种器件结构具有承受非常强的电场的潜力。由于电相关的有源器件面积等于几何芯片面积，因此与横向器件相比，芯片尺寸可以显著减小。由于关断态下的电压保持在垂直方向上，因此它们极大地得益于使用极低的线位错密度的体 GaN 衬底。然而，对于在异质的衬底上制作的伪垂直器件，也获得了相当高的击穿电压。

第一个 GaN 基垂直晶体管于 2002 年问世，被称为电流孔径垂直结构晶体管（CAVET）[129,130]。类似于硅双扩散金属氧化物半导体（DMOS）结构，CAVET 包括一个源区和一个漏区，由一个包含填充导电材料的窄孔径的绝缘层分隔开来（见图 2.1d）。源区由 AlGaN/GaN 异质界面形成的 2DEG 组成，漏区由 n 型 GaN 组成。由于虚拟漏极位于栅极下方，电荷不会在栅极边缘（如在横向器件中）积聚，并且栅极附近没有大的电场存在。高场区掩埋在栅极金属下面的体区域中，当消除表面相关的击穿时，给 CAVET 提供了具有支撑非常大的源漏电压的潜力。然而，与 Si - DMOS 相比，CAVET 是一种常开的晶体管。此后，人们探索了各种代替常关垂直器件的设计，例如金属 - 绝缘体 - 半导体场效应晶体管

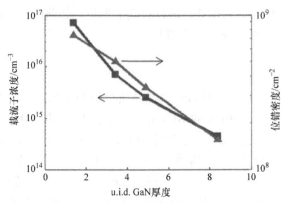

图 2.7　蓝宝石衬底上生长的 p‑n 二极管上用 Hg C‑V 测量的载流子浓度（正方形）和
位错密度（三角形）与 u.i.d. GaN 厚度的关系

（MISFET）和结型场效应晶体管（JFET）（见图 2.8）[131,132]，以及遵循硅超结
晶体管概念的极化工程结构[133-135]，也研究了 p‑n 二极管和肖特基二极管。

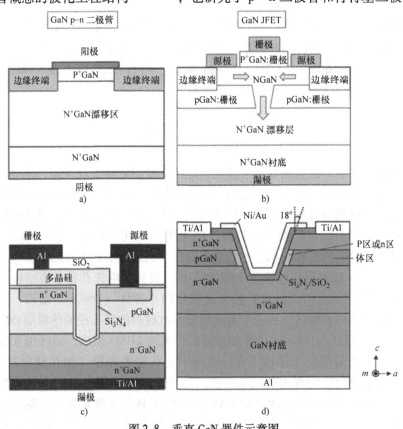

图 2.8　垂直 GaN 器件示意图

a）p‑n 二极管　b）JFET　c）和 d）MISFET

为了同时实现低导通电阻、快速开关和高击穿电压，这些器件中的漂移区需要在大约 $1 \times 10^{16}\,cm^{-3}$ 或更低的水平上进行 n 型掺杂，并且必须足够厚（见图2.9）。因此，这些器件利用了在体 GaN 衬底上生长的 GaN 层的高电子迁移率，在 $n = 3.7 \times 10^{16}\,cm^{-3}$ 时测量值为 $1265\,cm^2/(V \cdot s)$，而对于自由电子浓度为 $3 \times 10^{15}\,cm^{-3}$ 的层，从 $I - V$ 曲线提取值为 $1750\,cm^2/(V \cdot s)$[1,2]。

被控制的具有低补偿率的 n 型掺杂在 $n \leqslant 1 \times 10^{16}\,cm^{-3}$ 范围内，以实现电子迁移率的最大化，这对 GaN 晶体生长工艺，以及测量这种低浓度的分析方法提出了新的挑战。

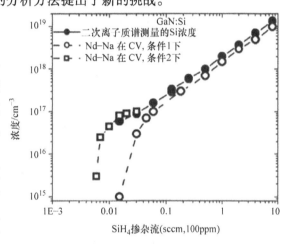

图2.9　漂移层厚度为 $1 \sim 100\,\mu m$ 时的击穿电压与漏区掺杂浓度的关系

如前所述，u. i. d. 材料中的自由电子浓度对应于晶体中剩余施主和受主之间的差异（第2.2节）。在典型条件下进行的 SIMS 测量中，C 和 O 杂质的本底浓度约为 $1 \times 10^{16}\,cm^{-3}$。虽然较低的净载流子浓度可以在电学测量中确定，但剩余施主和受主的性质仍然未知。为了实现稳定和可重复的掺杂水平，依赖残余杂质掺杂是不可取的。相反，应通过引入 n 型掺杂剂，例如硅来主动控制掺杂，同时将无意掺杂剂 C 和 O 的浓度抑制到至少比目标的 n 型掺杂低一个数量级的理想水平。生长条件和相关的剩余杂质掺入对 n 型掺杂可控性的影响如图2.10所示。参考文献［2］中报道的 $n = 3 \times 10^{15}\,cm^{-3}$ 层的高电子迁移率暗示 GaN 层中的补偿比很低，这表明薄膜中的 C 和 O 浓度可能确实低于 $1 \times 10^{15}\,cm^{-3}$。分析技术的进步将大大有助于理解这些现象。

图2.10　净掺杂和硅浓度随硅烷流量的变化

GaN 的同质外延虽然名义上看起来很直接，但并非没有问题。这取决于衬底特性，如表面光洁度和无意的错切割，厚 GaN 外延层的性质可以改变，如图 2.11 所示。通常，在稍微错切割的衬底（$1° \sim 2°$）[136]上获得更平整的薄膜，优

先朝向 m 平面[2]。表面粗糙的 GaN 薄膜制成的器件显示出明显降低的击穿电压，这归因于顶部金属接触产生的电场峰值[2,137]。

在优化的条件下，具有 $40\mu m$ 厚漂移层的 p-n 二极管的击穿电压高达 $3.7kV$[2,138]。在器件的 $0.5\mu m$ 厚的 p-GaN 层中，Mg 的掺杂为 $2\times10^{19}cm^{-3}$。在另一项研究中发现击穿电压随着 p-GaN 层中 Mg 掺杂的减少而升高[139]。最近，有报道称，p-GaN 薄膜中空穴浓度仅为 $7\times10^{16}cm^{-3}$ 的二极管取得了优异的结果，对于具有 $8\mu m$ 厚的 n-GaN 层的器件，其雪崩击穿电压 $>1.4kV$[140]。

如前所述（第2.2.2节），经典掺杂的 n 型层和 p 型层可以被极化掺杂层取代，对高压极化引起的垂直异质结 p-n 结二极管的研究已经开始（见第2.2.2节）[133,141]。

与在低位错密度体 GaN 衬底上生长的具有更低的击穿电压的类似结构相比，蓝宝石衬底上生长的伪垂直 p-n 二极管也显示出相对较高的击穿电压[142]，对于具有 $5\mu m$ 漂移区的器件，软击穿电压为 $730V$[120,143]。与先前的报告[144]相反，蓝宝石薄膜上 GaN 中的杂质浓度可以与在体 GaN 衬底上观察到的杂质浓度一样低[120]。对于具有 $1.5\mu m$ 厚度的漂移层的 Si 上 GaN p-n 二极管，测量到了高于 $300V$ 的软击穿电压，对应于 $2.9MV/cm$ 的峰值电场[145,146]。另外，制造的肖特基二极管的击穿电压为 $205V$。其他学者也报道过肖特基二极管比 p-n 二极管具有更低的击穿电压[143]。

对于带孔径的垂直晶体管（见图2.1和图2.8），在器件制造过程中会遇到额外的挑战，由于需要局部阻挡横向电流路径，通常在刻蚀表面上可能需要多次再生长步骤。例如，在一个外延 CAVET 结构中，生长在 p-GaN 层生长之后中断，通过刻蚀局部去除 p-GaN 层，并与 GaN 孔径和 HEMT 顶部部分继续生长（见图2.12a）[130,147]，或在沉积 n 漂移层后刻蚀表面并再生长 p-GaN 阻挡层和 HEMT 器件顶部结构（见图2.12b）[71,148]。制造 JFET 需要类似的工艺步骤（见图2.8）。

注意，在过去，为了减轻 p-GaN:Mg 层在随后的 MOCVD 生长步骤（第2.2.2节）中的再钝化作用，也使用了 NH_3-MBE 来完成 CAVET 层结构[148]。

众所周知，干法刻蚀工艺会破坏氮化物晶体，因此需要仔细优化工艺，以将危害降至最低[149]。为了修复刻蚀相关的损伤，采用了氮等离子体处理[150,151]和在氨/氮混合物中退火[152,153]等方法。参考文献 [154] 研究了退火条件对再生长 AlGaN 晶体管层 2DEG 特性的影响。将干法刻蚀和湿法刻蚀相结合也可以获得非常好的效果[146,155]。

光电化学湿法刻蚀技术也被用于 CAVET 中的孔径制造[156]。

图 2.11　GaN 衬底上生长的（Al，Ga）N 薄膜的 a）平整表面和 c）粗糙表面的 Normaski
图像，以及相应的 b）平整表面和 d）粗糙表面的原子力显微镜图像

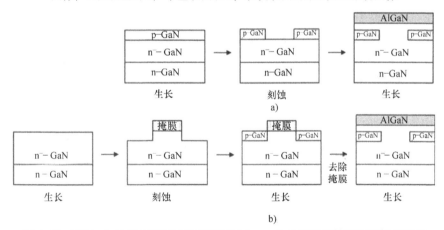

图 2.12　通过 a）孔径和顶部 HEMT 以及 b）p-GaN 电流阻挡区和顶部 HEMT
再生长制造垂直 FET（CAVET）的工艺流程

2.6　展　　望

2.6.1　InAlN 和 AlInGaN 垫垒层 ★★★

通过用 InAlN 或 AlInGaN 层代替 $Al_x Ga_{1-x} N$ 层，可以克服器件设计中与

$Al_xGa_{1-x}N$ 和 GaN 之间晶格失配相关的限制。InAlN 以大约 18% 的铟组成与 GaN 晶格匹配，并提供高自发极化电荷和带隙[157]，从而能够制造出在非常大的电流下工作的器件[158,159]。有关 InAlN 的 MOCVD 生长的细节可以在参考文献 [160] 和 [161] 中找到，例如参考文献 [162] 中关于 InAlN/AlN/GaN 异质结的沉积。注意，在 InAlN 异质结中，AlN 中间层的插入甚至比 AlGaN 异质结更为关键，因为 InAlN/GaN 异质结由于 InAlN 层中合金涨落引起的散射而表现出非常低的电子迁移率[163]，类似于 InGaN[164] 中的观察结果。

除了对 AlInGaN 晶体管的探索，对栅控层的研究也已经开始[165]。在具有四元层的异质结中，自发极化和压电极化可以在很宽的范围内调节[78]，允许设计耗尽模式和增强模式晶体管[166]。有趣的是，即使在四元薄膜中的低 Ga 浓度下，具有四元 AlInGaN 层的异质结中的电子迁移率也高于 InAlN/GaN 异质结[167,168]。此外，与具有 InAlN 层的器件相比，具有四元栅控层的器件表现出更小的栅极泄漏，这也有助于提高晶体管的性能[169]。关于利用四元层的极化工程的晶体管的设计空间的详细讨论，见参考文献 [133]。

2.6.2 基于非 c 面 GaN 的器件 ★★★

虽然到目前为止讨论的所有器件结构都是基于典型 (0001) 或 c 面 GaN 的生长，但增强模式器件的另一种方法是基于非极性 a 面或 m 面 GaN 上的异质结。在没有自发极化和压电极化的情况下，这些 AlGaN/GaN 异质结中的 2DEG 只有在 n 型掺杂提供电子的情况下才能形成，通常使用 Si 作为掺杂剂，众所周知，这是基于 GaAs 和 InP 的晶体管。首先，对基于 $m-GaN$[171] 和 $a-GaN$[172] 的增强模式晶体管进行了研究。在异质的衬底上生长的非极性 GaN 的高缺陷密度以及现有的本征 m 面和 a 面 GaN 衬底的较小的尺寸，阻碍了其广泛的研究和应用。进一步的发展可以克服这些局限性。未来的研究还必须证明在 $m-GaN$ 或 $a-GaN$ 上制造垂直晶体管是否有任何好处。

另一个有吸引力的替代品是基于 (0001) 或 N 极性 GaN 的晶体管。与 Ga 极性 GaN 异质结相比，N 极性的内部电场方向相反，因此具备一些优点[173]。由于 2DEG 现在在 (Al, Ga, In) N 势垒层的顶部形成 (见图 2.13)，后者类似于导致载流子约束改善的背势垒。此外，当在 GaN 沟道顶部添加薄的 AlGaN 帽层时，与 GaN 沟道相比，帽层中的电场方向与 GaN 沟道相反，阻止电子从栅极泄漏[174]。此外，在夹断条件下不会发生势垒变薄。通过实现较厚的 AlGaN 或 p 型 GaN：Mg 帽层，可以很容易地设计增强模式器件 (见图 2.13)[175]。

为了解决先前报告中描述的 N 极性生长问题，在过去的几年中，高质量和高纯度的 N 极性 (Al, Ga, In) N 异质结得到了实现[176]，从而能够制造出高性能的 N 极性 RF 和高频晶体管[173]，并为探索用于功率开关应用的 N 极性晶体管

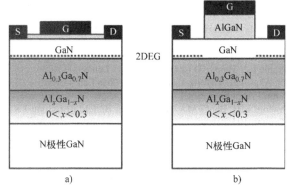

图 2.13　N 极性晶体管结构示意图：a）具有薄 AlGaN 帽层的耗尽模式
结构和 b）栅极下有厚 AlGaN 层的增强模式结构

铺平了道路。

　　在横向和垂直（Al，Ga）N 异质结的生长方面还有待进一步的发展。虽然在过去的几十年里，LED 的生产工艺已经非常成熟，GaN 基蓝光和白光 LED 已经成为商业产品，但是 GaN 基晶体管在功率开关领域的研究和应用还处于起步阶段。本章希望向读者介绍这些器件的外延工艺中的关键部分。

　　作者想指出的是，本章中的参考资料并不完整，在许多情况下应被视为例子。在 UCSB 的工作得到了 Harry Dietrich 博士、Paul Macki 博士、Gerald Witt 博士和 Timothy Heidel 博士负责的 DARPA、ONR、AFOSR 和 DoE 提供的项目支持。此外，作者还要感谢 Brian Swenson 博士和 Matthew Laurent 博士对手稿的严格审阅。

参 考 文 献

1. Kyle E, Kaun SW, Burke PG, Wu F, Wu YR, Speck JS (2014) J Appl Phys 115:193702
2. Kizilyalli IC, Edwards AP, Aktas O, Prunty T, Bour D (2015) IEEE Trans Electron Devices 62:414
3. Chen Z, Pei Y, Newman S, Chu R, Brown D, Chung R, Keller S, DenBaars SP, Nakamura S, Mishra UK (2009) Appl Phys Lett 94:112108
4. Kachi T (2014) Jpn J Appl Phys 53:100210
5. Kaun SW, Wong MH, Mishra UK, Speck JS (2013) Semicond Sci Technol 28:074001
6. Liu L, Edgar JH (2002) Mater Sci Eng R 37:61
7. Zhang NQ, Moran B, DenBaars SP, Mishra UK, Wang XW, Ma TP (2001) IEDM 01-589
8. Krost A, Dadgar A (2002) Mater Sci Eng B 93:77
9. Lahreche H, Vennegues P, Beaumont B, Gibart P (1999) J Cryst Growth 205:245
10. Beaumont B, Vennegues P, Gibart P (2001) Phys Stat Sol (B) 227:1
11. Choi S, Heller E, Dorsey D, Vetury R, Graham S (2013) J Appl Phys 113:093510
12. Xu JJ, Wu YF, Keller S, Parish G, Heikman S, Thibeault BJ, Mishra UK, York RA (1999) IEEE Microwave Guided Wave Lett 9:277
13. Dadgar A, Hums C, Dietz A, Schulze F, Bläsing J, Krost A (2006) Proc SPIE 6355:63550R
14. Paskova T, Evans KR (2009) IEEE J Sel Top Quantum Electron 15:1041

15. Kawamura F, Umeda H, Morishita M, Kawahara M, Yoshimura M, Mori Y, Sasaki T, Kitaoka Y (2006) Jpn J Appl Phys 45:L1136
16. Kozodoy P, Ibbeston JP, Marchand H, Fini PT, Keller S, Speck JS, DenBaars SP, Mishra UK (1998) Appl Phys Lett 73:975
17. Cao XA, Hu H, LeBoeuf SF, Cowen C, Arthur SD, Wang W (2005) Appl Phys Lett 87:053503
18. Mion C, Muth JF, Preble EA, Hanser D (2006) Appl Phys Lett 89:092123
19. Amano H, Sawaki N, Akasaki I, Toyoda Y (1986) Appl Phys Lett 48:353
20. Nakamura S (1991) Jpn J Appl Phys 30:L1705
21. Han J, Figiel JJ, Crawford MH, Banas MA, Bartram ME, Biefeld RM, Song YK, Nurmikko AV (1998) J Cryst Growth 195:291
22. Zhao DG, Zhu JJ, Jiang DS, Yang H, Liang JW, Li XY, Gong HM (2006) J Cryst Growth 289:72
23. Edgar J (ed) (1994) Properties of group-III nitrides, INSPEC
24. Koide Y, Itoh H, Khan MRH, Hiramatsu K, Sawaki N, Akasaki I (1987) J Appl Phys 61:4540
25. Wu XH, Brown LM, Kapolnek D, Keller S, Keller B, DenBaars SP, Speck JS (1996) J Appl Phys 80:3230
26. Heying B, Wu XH, Keller S, Li Y, Kapolnek D, Keller BP, DenBaars SP, Speck JS (1996) Appl Phys Lett 68:643
27. Fini PT, Wu X, Tarsa EJ, Golan Y, Srikant V, Keller S, DenBaars SP, Speck JS (1998) Jpn J Appl Phys 37:4460
28. Moram MA, Vickers ME (2009) Rep Prog Phys 72:036502
29. Kapolnek D, Wu XH, Heying B, Keller S, Keller BP, Mishra UK, DenBaars SP, Speck JS (1995) Appl Phys Lett 67:1541
30. Zywietz TK, Neugebauer J, Scheffler M (1999) Appl Phys Lett 74:1695
31. Wetzel C, Suski T, Ager JW III, Weber ER, Haller EE, Fischer S, Meyer BK, Molnar RJ, Perlin P (1997) Phys Rev Lett 78:3923
32. Gordon L, Lyons JL, Janotti A, Van de Walle CG (2014) Phys Rev B 89:085204
33. Lyons JL, Janotti A, Van de Walle CG (2010) Appl Phys Lett 97:152108
34. Lyons JL, Janotti A, Van de Walle CG (2014) Phys Rev B 89:035204
35. Tanaka T, Kaneda N, Mishima T, Kihara Y, Aoki T, Shiojima K (2015) Jpn J Appl Phys 54:041002
36. Tuomisto F, Makkonen I (2013) Rev Mod Phys 85:1583
37. Armstrong A, Arehart AA, Moran B, DenBaars SP, Mishra UK, Speck JS, Ringel SA (2004) Appl Phys Lett 84:374
38. Armitage R, Hong W, Yang Q, Feick H, Gebauer J, Weber ER, Hautakangas S, Saarinen K (2003) Appl Phys Lett 82:3457
39. Weimann NG, Eastman LF, Doppalapudi D, Ng HM, Moustakas TD (1998) J Appl Phys 83:3656
40. Look DC, Sizelove JR (1999) Phys Rev B 82:1237
41. Albrecht M, Cremades A, Krinke J, Christiansen S, Ambacher O, Piqueras J, Strunk HP, Stutzmann M (1999) Phys Stat Sol B 216:409
42. Li G, Chua SJ, Xu SJ, Wang W, Li P, Beaumont B, Gibart P (1999) Appl Phys Lett 74:2821
43. Lei H, Leipner HS, Schreiber J, Weyher JL, Wosinski T, Grzegory I (2002) J Appl Phys 92:6666
44. Koleske DD, Wickenden AE, Henry RL, Twigg ME (2002) J Cryst Growth 242:55
45. Stringfellow GB (1989) Organometallic vapor phase epitaxy. Academic Press, San Diego
46. Parish G, Keller S, DenBaars SP, Mishra UK (2000) J Electron Mater 29:15
47. Kuech, TF, Wolford DJ, Veuhoff E, Deline V, Mooney PM, Potemski R, Bradley J (1987) J Appl Phys 62:632
48. Bahat-Treidel E, Brunner F, Hilt O, Cho E, Würfl J, Tränkle G (2010) IEEE Trans Electron Devices 57:3050
49. Sugiyama T, Honda Y, Yamaguchi M, Amano H, Imade M, Mori Y (2012) International workshop on nitride semiconductors, Sapporo, Japan, 14–19 Oct 2012
50. Heikman S, Keller S, DenBaars SP, Mishra UK (2002) Appl Phys Lett 81:439

51. Heikman S, Keller S, Mates T, DenBaars SP, Mishra UK (2003) J Cryst Growth 248:513
52. Malguth E, Hoffmann A, Gehlhoff W (2006) Phys Rev B 74:165202
53. Würfl J, Hilt O, Bahat-Treidel E, Zhytnytska R, Kotara P, Krüger O, Brunner F, Weyers M (2013) Phys Stat Sol C 10:1393
54. Würfl J, Bahat-Treidel E, Brunner F, Cho M, Hilt O, Knauer A, Kotara P, Krueger O, Weyers M, Zhytnytska R (2012) ECS Trans 50:211
55. Ikeda N, Niiyama Y, Kambayashi H, Sato Y, Nomura T, Kato S, Yoshida S (2010) Proc IEEE 98:1151
56. Rowena IB, Selvaraj SL, Egawa T (2011) IEEE Electron Device Lett 32:1534
57. Koide N, Kato H, Sassa M, Yamasaki S, Manabe K, Hashimoto H, Amano H, Hiramatsu K, Akasaki I (1991) J Cryst Growth 115:639
58. Rowland LB, Doverspike K, Gaskill DK (1995) Appl Phys Lett 66:1495
59. Nakamura S, Iwasa N, Sehoh M, Mukai T (1992) Jpn J Appl Phys 31:1258
60. Kozodoy P, Xing H, DenBaars SP, Mishra UK, Saxler A, Perrin R, Elhamri S, Mitchel WC (2000) J Appl Phys 87:1832
61. Tanaka T, Watanabe A, Amano H, Kobayashi Y, Akasaki I, Yamazaki S, Koike M (1994) Appl Phys Lett 65:593
62. Keller S, Kozodoy P, Mishra UK, DenBaars SP (1999) US patent 5891790
63. Fichtenbaum NA, Schaake C, Mates TE, Cobb C, Keller S, DenBaars SP, Mishra UK (2007) Appl Phys Lett 91:172105
64. Kumakura K, Makimoto T, Kobayashi N (2003) J Appl Phys 93:3370
65. Suzuki M, Nishio J, Onomura M, Hongo C (1998) J Cryst Growth 189/190:511
66. Xing H, Green DS, Yu H, Mates T, Kozodoy P, Keller S, DenBaars SP, Mishra UK (2003) Jpn J Appl Phys 42:50
67. Tomita K, Itoh K, Ishiguro O, Kachi T, Sawaki N (2008) J Appl Phys 104:014906
68. Chowdhury S, Swenson BL, Lu J, Mishra UK (2011) Jpn J Appl Phys 50:101002
69. Chowdhury S (2010) PhD thesis, University of California, Santa Barbara
70. Feigelson BN, Anderson TJ, Abraham M, Freitas JA, Hite JK, Eddy CR, Kub FJ (2012) J Cryst Growth 350:21
71. Chowdhury S, Swenson BL, Wong MH, Mishra UK (2013) Semicond Sci Technol 28:074014
72. Bernardini F, Fiorentini V, Vanderbilt D (1997) Phys Rev B 56:R 10024
73. Ambacher O, Foutz B, Smart J, Shealy JR, Weimann NG, Chu K, Murphy M, Sierakowski AJ, Schaff WJ, Eastman LF, Dimitrov R, Mitchell A, Stutzmann M (2000) J Appl Phys 87:334
74. Jena D, Heikman S, Green D, Buttari D, Coffie R, Xing H, Keller S, DenBaars SP, Speck JS, Mishra UK, Smorchkova I (2002) Appl Phys Lett 81:4395
75. Rajan S, Xing H, DenBaars SP, Mishra UK, Jena D (2004) Appl Phys Lett 84:1591
76. Simon J, Protasenko V, Lian C, Xing H, Jcna D (2010) Science 237:60
77. Enatsu Y, Gupta C, Laurent M, Keller S, Nakamura S, Mishra UK. Submitted for publication
78. Jena D, Simon J, Wang A, Cao Y, Goodman K, Verma J, Ganguly S, Li G, Karda K, Protasenko V, Lian C, Kosel T, Fay P, Xing H (2011) Phys Stat Sol A 208:1511
79. Keller S, Parish G, Fini PT, Heikman S, Chen CH, Zhang N, DenBaars SP, Mishra UK (1999) J Appl Phys 86:5850
80. Li H, Keller S, DenBaars SP, Mishra UK (2014) Jpn J Appl Phys 53:095504
81. Derluyn J, Boeykens S, Cheng K, Vandersmissen R, Das J, Ruythooren W, Degroote S, Leys MR, Germain M, Borghs G (2005) J Appl Phys 98:054501
82. Smorchkova IP, Chen L, Mates T, Shen L, Heikman S, Moran B, AKeller S, DenBaars SP, Mishra UK (2002) Appl Phys Lett 81:439
83. Mazumder B, Kaun SW, Lu J, Keller S, Mishra UK, Speck JS (2013) Appl Phys Lett 102:111603
84. Kaun SW, Burke PG, Wong MH, Kyle ECH, Mishra UK, Speck JS (2012) Appl Phys Lett 101:262102
85. Binary SC, Ikossi K, Roussos JA, Kruppa W, Park D, Dietrich HB, Koleske DD, Wickenden AE, Henry RL (2001) IEEE Trans Electron Devices 48:465
86. Vetury R, Zhang NQ, Keller S, Mishra UK (2001) IEEE Trans Electron Dev 48:560

87. Hinoki A, Kikawa J, Yamada T, Tsuchiya T, Kamiya S, Kurouchi M, Kosaka K, Araki T, Suzuki A, Nanishi Y (2008) Appl Phys Express 1:011103
88. Green BM, Chu KK, Chumbes EM, Smart JA, Shealy JR, Eastman LF (2000) IEEE Electron Device Lett 21:268
89. Shen L, Coffie R, Buttari D, Heikman S, Chakraborty A, Chini A, Keller S, DenBaars SP, Mishra UK (2004) IEEE Electron Device Lett 25:7
90. Coffie R, Buttari D, Heikman S, Chini A, Keller S, DenBaars SP, Mishra UK (2002) IEEE Electron Device Lett 23:588
91. Poblenz C, Waltereit P, Rajan S, Heikman S, Mishra UK, Speck JS (2004) J Vac Sci Technol B 22:1145
92. Simpkins BS, Yu ET, Waltereit P, Speck JS (2003) J Appl Phys 94:1448
93. Shiojima K, Suemitsu T (2003) J Vac Sci Technol B 21:698
94. Yanagihara M, Uemoto Y, Ueda T, Tanaka T, Ueda D (2009) Phys Stat Sol (a) 206:1221
95. Umeda H, Suzuki A, Anda Y, Ishida M, Ueda T, Tanaka T, Ueda D (2010) IEEE, IEDM 10-480
96. Lahreche H, Vennegues P, Totterau O, Laüt M, Lorenzini P, Leroux M, Beaumont B, Gibart P (2000) J Cryst Growth 217:13
97. Liu R, Ponce FA, Dadgar A, Krost A (2003) Appl Phys Lett 83:860
98. Marchand H, Zhao L, Zhang N, Moran B, Coffie R, Mishra UK, Speck JS, DenBaars SP (2001) J Appl Phys 89:7846
99. Raghavan S, Redwing J (2005) J Appl Phys 98:023515
100. Feltin E, Beaumont B, Laügt M, de Mierry P, Vennéguès P, Lahrèche H, Leroux M, Gibart P (2001) Appl Phys Lett 79:3230
101. Arulkumaran S, Egawa T, Matsui S, Ishikawa H (2005) Appl Phys Lett 86:123503
102. Reiher A, Bläsing J, Dadgar A, Diez A, Krost A (2003) J Cryst Growth 248:563
103. Cheng K, Leys M, Dergoote S, Van Daele B, Boeykens S, Derluyn J, Germain M, Van Tendeloo G, Engelen J, Borghs G (2006) J Electron Mater 35:592
104. Clos R, Dadgar A, Krost A (2004) Phys Stat Sol A 201:R75
105. Dadgar A, Schulze F, Zettler T, Haberland K, Clos R, Strassburger G, Bläsing J, Dietz A, Krost A (2004) J Cryst Growth 272:72
106. Schulz O, Dadgar A, Henning J, Krumm O, Fritze S, Bläsing J, Witte H, Dietz A, Krost A (2014) Phys Stat Sol (c) 11:397
107. Cantu P, Wu F, Waltereit P, Keller S, Romanov AE, DenBaars SP, Speck JS (2005) J Appl Phys 97:103534
108. Raghavan S, Redwing J (2005) J Appl Phys 98:023514
109. Dadgar A, Poschenrieder M, Bläsing J, Fehse K, Dietz A, Krost A (2002) Appl Phys Lett 80:3670
110. Krost A. Personal communication
111. Cheng K (2015) www.compoundsemiconductor.net, p 36, Mar 2015
112. Visalli D, Van Hove M, Derluyn J, Degroote S, Leys M, Cheng K, Germain M, Borghs G (2009) Jpn J Appl Phys 48:04C101
113. Cheng K, Liang H, Van Hove M, Geens K, DeJaeger B, Srivastava P, Kang X, Favia P, Bender H, Decoutere S, Dekoster J, del Agua Borniquel JI, Jun SW, Chung H (2012) Appl Phys Express 5:011002
114. Weeks TW, Bremser MD, Ailey KS, Carlson E, Perry WG, Davis RF (1995) Appl Phys Lett 67:401
115. Moe CG, Wu Y, Keller S, Speck JS, DenBaars SP, Emerson D (2006) Phys Stat Sol (a) 203:1708
116. Moran B, Wu F, Romanov AE, Mishra UK, DenBaars SP, Speck JS (2004) J Cryst Growth 273:38
117. Wu XH, Fini P, Keller S, Tarsa EJ, Heying B, Mishra UK, DenBaars SP, Speck JS (1996) Jpn J Appl Phys 35:L1648
118. Cruz S, Keller S, Mates T, Mishra UK, DenBaars SP (2009) J Cryst Growth 311:3817

119. Popovici G, Kim W, Botchkarev A, Tang H, Morkoc H, Solomon J (1997) Appl Phys Lett 71:3385
120. Gupta C, Enatsu Y, Gupta G, Keller S, Mishra UK (2016) Phys Stat Sol (a) 213:878
121. Khan MA, Chen Q, Sun CJ, Yang JW, Blasingame M, Shur MS, Park H (1996) Appl Phys Lett 68:514
122. Ohmaki Y, Tanimoto M, Akamatsu S, Mukai T (2006) Jpn J Appl Phys 45:L1168
123. Lanford WB, Tanaka T, Otoki Y, Adesida I (2005) Electron Lett 41:449
124. Cai Y, Zhou Y, Chen KJ, Lau KM (2005) IEEE Electron Device Lett 26:435
125. Hu X, Simin G, Yang J, Khan MA, Gaska R, Shur MS (2000) Electron Lett 36:753
126. Saito W, Kuraguchi M, Takada Y, Tsuda K, Omura I, Ogura T (2004) IEEE Trans Electron Devices 51:1913
127. Matocha K, Chow TP, Gutmann RJ (2005) IEEE Trans Electron Devices 52:6
128. Shi J, Eastman LF, Xin X, Pophristic M (2009) Appl Phys Lett 95:042103
129. Ben-Yaacov I, Sek YK, Heikman S, DenBaars SP, Mishra UK (2002) In: Device research conference, Santa Barbara, USA (Cat. No.02TH8606), p 31–32
130. Ben-Yaacov I, Sek YK, Heikman S, DenBaars SP, Mishra UK (2004) J Appl Phys 95:2073
131. Otake H, Chikamatsu K, Yamaguchi A, Fujishima T, Ohta H (2008) Appl Phys Express 1:011105
132. Kizilyalli IC, Aktas O (2015) Semicond Sci Technol 30:124001
133. Ueda T, Murata T, Nakazawa S, Ishida H, Uemoto Y, Inoue K, Tanaka T, Ueda D (2010) Phys Stat Sol (b) 247:1735
134. Song B, Zhu M, Hu Z, Nomoto K, Jena D, Xing HG (2015) In: Proceedings of IEEE 27th international symposium on power semiconductor devices & ICs (ISPSD), Hong Kong, China, p 273, May 2015
135. Li Z, Chow TP (2013) IEEE Electron Device Lett 60:3230
136. Xu X, Vaudo RP, Flynn J, Dion J, Brandes GR (2005) Phys Stat Sol (a) 202:727
137. Tanabe S, Watanabe N, Uchida M, Matsuzaki H (2016) Phys Stat Sol (a) 213:1236
138. Kizilyally IC, Edwards AP, Nie H, Bour D, Prunty T, Disney D (2014) IEEE Electron Device Lett 35:247
139. Yoshhizumi Y, Hashimoto H, Tanabe T, Kiyama M (2007) J Cryst Growth 298:875
140. Hu Z, Nomoto K, Song B, Zhu M, Qi M, Pan M, Gao X, Protasenko V, Jena D, Xing HG (2015) Appl Phys Lett 107:234501
141. Qi M, Namoto K, Zhu M, Hu Z, Zhao Y, Song B, Li G, Fay P, Xing H, Jena D (2015) In: 73rd Annual device research conference, Columbus, OH, USA, 21–24 June 2015
142. Alquier D, Cayrel F, Menard O, Bazin AE, Yvon A, Collard E (2012) Jpn J Appl Phys 51:01AG08
143. Zhang AP, Dang GT, Ren F, Cho H, Lee KP, Pearton SJ, Chyi JI, Nee TE, Chuo CC (2001) IEEE Trans Electron Devices 48:407
144. Hashimoto S, Yoshizumi Y, Tanabe T, Kiyama M (2007) J Cryst Growth 298:871
145. Zhang Y, Sun M, Ppiedra D, Azize M, Zhang X, Fujishima T, Palacios T (2014) IEEE Electron Device Lett 35:618
146. Zhang Y, Sun M, Wong HY, Lin Y, Srivastava P, Hatem C, Azize M, Piedra D, Yu L, Sumitomo T, de Braga NA, Mickevicius RV, Palacios T (2015) IEEE Trans Electron Devices 62:2155
147. Kanachika M, Sugimoto M, Soejima N, Ueda H, Ishiguro O, Kodama M, Hayashi E, Itoh K, Uesugi T, Kachi T (2007) Jpn J Appl Phys 21:L503
148. Yeluri R, Lu J, Hurni CA, Browne DA, Chowdhury S, Keller S, Speck JS, Mishra UK (2015) Appl Phys Lett 106:183502
149. Haberer ED, Chen CH, Hansen M, Keller S, DenBaars SP, Mishra UK, Hu EL (2001) J Vac Sci Technol B 19:603
150. Lee J-M, Chang K-M, Kim S-W, Huh C, Lee I-H, Park S-J (2000) J Appl Phys 87:7667
151. Mouffak Z, Bensaoula A, Trombetta L (2004) J Appl Phys 95:727
152. Moon Y-T, Kim D-J, Park J-S, Oh J-T, Lee J-M, Park S-J (2004) J Vac Sci Technol B 22:489

153. Keller S, Schaake C, Fichtenbaum NA, Neufeld CJ, Wu Y, McGroddy K, David A, DenBaars SP, Weisbuch C, Speck JS, Mishra UK (2006) J Appl Phys 100:054314
154. Chan SH, Keller S, Tahhan M, Li H, Mishra UK (2016) Semicond Sci Technol 31:065008
155. Kodama M, Sugimoto M, Hayashi E, Soejima N, Ishiguro O, Kanechika M, Itoh K, Ueda H, Uesugi T, Kachi T (2008) Appl Phys Express 1:021104
156. Gao Y, Ben-Yaacov I, Mishra UK, Hu EL (2004) J Appl Phys 96:6925
157. Kuzmık J (2001) IEEE Electron Device Lett 22(11):510
158. Medjdoub F, Ducatteau D, Gaquière C, Carlin J-F, Gonschorek M, Feltin E, Py MA, Grandjean N, Kohn E (2007) Electron Lett 43:309
159. Sarazin N, Jardel O, Morvan E, Aubry R, Laurent M, Magis M, Tordjman M, Alloui M, Drisse O, Di Persio J, di Forte Poisson MA, Delage SL, Vellas N, Gaquière C, Théron D (2007) Electron Lett 43:1317
160. Sadler T, Kappers M, Oliver R (2009) J Cryst Growth 311:3380
161. Chung RB, Wu F, Shivaraman R, Keller S, DenBaars SP, Speck JS, Nakamura S (2011) J Cryst Growth 324:163
162. Gonschorek M, Carlin JF, Feltin E, Py MA, Grandjean N, Darakchieva V, Monemar B, Lorenz M, Ramm G (2008) J Appl Phys 103:093714
163. Kaun SW, Ahmadi E, Mazumder B, Wu F, Kyle ECH, Burke PG, Mishra UK, Speck JS (2014) Semicond Sci Technol 29:045011
164. Wu YR, Shivaraman R, Wang KC, Speck JS (2012) Appl Phys Lett 101:083505
165. Reuters B, Wille A, Holländer B, Sakalauskas E, Ketteniss N, Mauder C, Goldhahn R, Heuken M, Kalisch H, Vescan A (2012) J Electron Mater 41:905
166. Reuters B, Wille A, Ketteniss N, Hahn H, Holländer B, Heuken M, Kalisch H, Vescan A (2013) J Electron Mater 42:826
167. Ketteniss N, Khoshroo LR, Eichelkamp M, Heuken M, Kalisch H, Jansen RH, Vescan A (2010) Semicond Sci Technol 25:075013
168. Wang R, Li G, Verma J, Sensale-Rodriguez B, Fang T, Guo J, Hu Z, Laboutin O, Cao Y, Johnson W, Snider G, Fay P, Jena D, Xing H (2011) IEEE Electron Device Lett 32:1215
169. Makiyama K, Ozaki S, Ohki T, Okamoto N, Minoura Y, Niida Y, Kamada Y, Joshin1 K, Watanabe K, Miyamoto Y (2015) IEDM
170. Fujiwara T, Keller S, Higashiwaki M, Speck JS, DenBaars SP, Mishra UK (2009) Appl Phys Express 2:061003
171. Fujiwara T, Rajan S, Keller S, Higashiwaki M, Speck JS, DenBaars SP, Mishra UK (2009) Appl Phys Express 2:011001
172. Kuroda M, Ishida H, Ueda T, Tanaka T (2007) J Appl Phys 102:093703
173. Wong MH, Keller S, Nidhi, Dasgupta S, Denninghoff D, Kolluri S, Brown DF, Lu J, Fichtenbaum NA, Ahmadi E, Singisetti U, Chini A, Rajan S, DenBaars SP, Speck JS, Mishra U (2013) Semicond Sci Technol 28:074009
174. Wienecke S, Romanczyk B, Guidry M, Li H, Zheng X, Ahmadi E, Hestroffer K, Megalini L, Keller S, Mishra UK. Submitted for publication
175. Singisetti U, Wong MH, Mishra UK (2013) Semicond Sci Technol 28:074006
176. Keller S, Li H, Laurent M, Hu Y, Pfaff N, Lu J, Brown DF, Fichtenbaum NA, Speck JS, DenBaars SP, Mishra UK (2014) Semicond Sci Technol 29:113001

第3章

Si上GaN CMOS兼容工艺

Denis Marcon & Steve Stoffels

3.1 Si 上 GaN 外延

为了在 CMOS 晶圆厂中加工 Si 上 GaN 晶圆,需要满足晶圆弯曲的基本标准。然而,由于 (Al) GaN 和 Si 之间存在较大的晶格失配和热失配,在 200mm Si 衬底上生长高质量的无裂纹 GaN 外延层需要对外延进行严格的优化[1]。

实际上,外延层的主要挑战是获得较高质量且均匀的外延,并具有足够低的晶圆弯曲度,低于 50μm,以满足在 CMOS 晶圆厂中进行加工。通过使用减轻应力的缓冲层,以及用厚度为 1.15mm 的 Si 衬底代替标准的厚度为 0.725 mm 的衬底,成功地将晶圆弯曲度控制在 ±50μm 以内。

图 3.1 中报告了减轻应力的缓冲层的例子。在这种情况下,缓冲层由渐变的 AlGaN 层组成,在生长 GaN 沟道层之前,Al 的成分从 100% (AlN 成核层) 下降到 25% (见图 3.1)。此外,缓冲层的设计是为了降低器件有源区中的位错密度,在图 3.1 中可以注意到,大多数位错结束于 Al (Ga) N 缓冲层,而只有少数位错到达表面,即有源区。关于 Si 上 GaN 外延的更多细节可以在其他文献中找到[1,2]。

晶圆的可重复性也是 GaN 大批量制造技术的另一个关键方面。这已经在许多相同的晶圆中进行了评估,这些晶圆显示出均匀且可再现的 2DEG 方块电阻 (见图 3.2a),以及低于 ±50μm 规格的弯曲度 (见图 3.2b),这是在 CMOS 晶圆厂中要加工的晶圆典型的最大允许弯曲度。

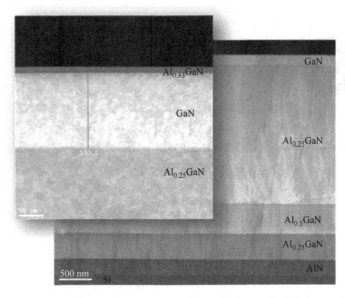

图 3.1　完整的 Si 上 GaN 外延层堆叠的 TEM 图像。上部分，即堆叠的有源区的放大视图

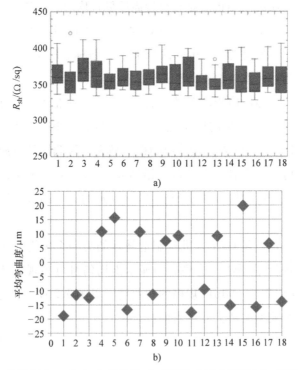

图 3.2　在 18 个一组的 200mm Si 上 GaN 晶圆 a）2DEG 方块电阻和 b）晶圆弯曲度的可重复性

3.2 Si 上 GaN 无 Au 工艺

传统的Ⅲ－Ⅴ族工艺包括由剥离形成的含 Au 金属化方案。显然，这些金属化方案与 CMOS 晶圆厂不兼容。为此，在标准 CMOS 工艺上开发了一种无 Au 工艺，其中金属通过干法刻蚀步骤形成图形[3]。

在加工之前，已经评估过，较厚和较重的 Si 上 GaN 晶圆可以在大多数生产工艺上进行加工，而无需对硬件或工艺进行重大修改。有时，由于较厚 Si 衬底的较大惯性，晶圆传送系统的机器人速度必须降低。

一般来说，器件加工从沉积一层厚的高质量 Si_3N_4 层开始（见图 3.3 中的步骤 2）。这一步需要在工艺流程的早期钝化 AlGaN 表面，以保护其免受下一阶段工艺的影响。事实上，AlGaN 表面的缺陷经常会导致所谓的 Rdson 色散现象[4]。或者，AlGaN 的表面可以用 MOCVD 室中原位生长的 Si_3N_4 钝化（见图 3.3 中的步骤 1）[5]，因此不需要或仅部分需要上述第一步来使 Si_3N_4 层变厚（见图 3.3 中的步骤 2）。

在 MOCVD 反应器中原位生长的 Si_3N_4 位于 AlGaN 层的顶部，没有任何外延生长的中断，因此与 AlGaN 形成高质量结晶的界面[6]。这是因为原位 Si_3N_4 使 AlGaN 表面自然延续，并且它提供了 AlGaN 表面的氮（N）终止，否则将导致 Al 或 Ga 悬挂键。因此，原位 Si_3N_4 比原位层更适合钝化 AlGaN 表面。

下一个加工步骤包括用于器件到器件隔离的 N_2 注入，即破坏有源器件区域外的 2DEG（图 3.3 中的步骤 3）。

反应离子刻蚀（RIE）用于在栅区域上刻蚀 Si_3N_4 层（图 3.3 中的步骤 4）。这里的主要挑战是开发一种对 AlGaN 势垒层具有高选择性的刻蚀步骤，以确保最大限度地减少对非常敏感的 AlGaN 表面的不可控的损伤[4]。低偏置功率下的 SF_6 等离子体已被证明满足这些要求[3]。此外，在去除栅区域中的 Si_3N_4 层之后，还可以使 AlGaN 势垒层形成凹槽以获得常关（增强模式）晶体管（图 3.3 中的步骤 5）[6]。AlGaN 凹槽的形成需要一个高度可控的工艺。因此，已经开发出了基于氧化循环和基于 BCl_3 基刻蚀的原子层刻蚀（ALE）工艺（见图 3.4）。该工艺可精确且可重复地以 1.1nm/循环的刻蚀速率刻蚀 AlGaN 势垒层（见图 3.4）。

AlGaN 势垒层可以部分或全部凹陷到 GaN 沟道。对于可制造性，最好是对 AlGaN 势垒层进行全凹槽刻蚀。事实上，通过这种方式，可以获得具有大工艺窗口的稳健工艺，克服诸如晶圆上残留的非均匀 AlGaN 势垒层导致的不同阈值电压分布等问题。事实上，在部分 AlGaN 凹槽的情况下，AlGaN 势垒层的均匀性需要低于 1nm 才能获得在晶圆上的阈值电压较小的波动分布，因为晶体管与晶

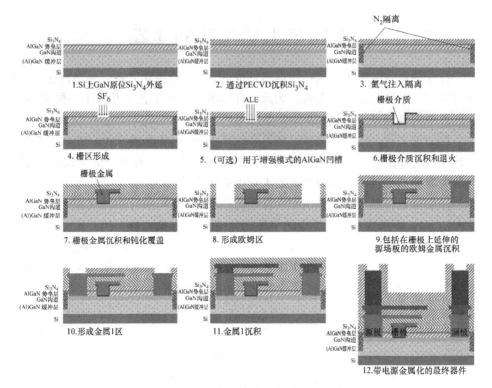

图3.3　获得 GaN 基功率晶体管的主要工艺步骤示意图

体管之间的 AlGaN 势垒层仅仅几微米的差异便会导致显著不同的 V_{th}。在 AlGaN 势垒层凹槽完全形成后，获得了非常密集的 V_{th} 分布，如图3.5所示。

然后，栅极刻蚀步骤之后，在栅极介质沉积之前进行表面清洗。这一步是保证 $I_{DS} - V_{GS}$ 传输特性低迟滞的基础。清洁步骤之后是栅极介质沉积，随后在形成的气体中进行退火（图3.3中的步骤6）。

电介质及其退火的选择是至关重要的，因为它严重影响最终器件的最大击穿电压和俘获现象方面的性能[7]。栅极由 TiN/Ti/Al/Ti/TiN 堆叠组成，以 TiN 为功函数金属。该金属堆叠层由具有 $Cl_2/BCl_3/N_2$ 等离子体的 RIE 形成图形（图3.3中的步骤7）。然后将栅极金属用等离子体增强化学气相沉积（PECVD）的 Si_3N_4 层覆盖。

对 Si_3N_4 层进行图形化后得到欧姆接触。为了获得低欧姆接触值，随后将该刻蚀延伸至 AlGaN 凹槽（图3.3中的步骤8）。该步骤之后，沉积 Ti/Al 基欧姆金属堆叠，在500℃下合金化（图3.3中的步骤9）。通过对欧姆接触进行适当优化，可获得低于 $0.5\Omega \cdot mm$ 的接触电阻，如下一段所述。与栅极金属一样，欧姆金属也被 PECVD 形成的 Si_3N_4 层覆盖。

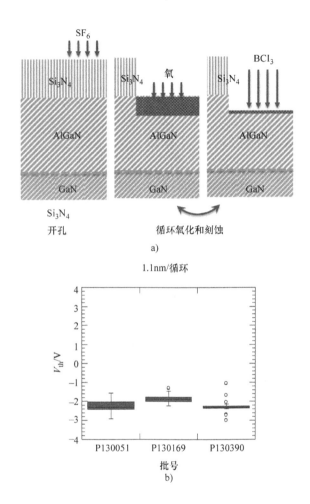

图 3.4　a）ALE 法形成 AlGaN 势垒层凹槽的工艺流程示意图　b）在相同 ALE 凹槽处理的不同批次的晶体管上测量的阈值电压。V_{th} 的变化很可能是由外延引起的

器件加工继续进行，伴随着所谓的金属 1 层的图形化和沉积，该层由 Ti/Al/Ti/TiN 组成（图 3.3 中的步骤 10 和 11）。在欧姆金属层和金属 1 层中都可以定义能降低电场峰值的源场板。器件加工以厚的 Al 和 Cu 互连金属化层结束，这些金属化层在 Si_3N_4 层中图形化，并被厚 PECVD 形成的 Si_3N_4 划痕保护层覆盖（图 3.3 中的步骤 12）。

图 3.6 显示了完全加工的 200mm Si 上 GaN 晶圆的照片，并且在图 3.7 中报告了芯片的细节。图 3.8 显示了晶体管栅极至源极区域的横截面 SEM 图像。

必须强调的是，上述过程与特定的耗尽模式或增强模式结构有关。然而，也

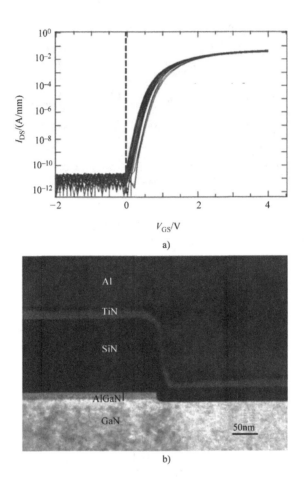

图 3.5　a）$I_{DS} - V_{GS}$ 传输特性分布　b）200mm Si 上 GaN
晶圆上全凹陷 MISHEMT 栅区的 TEM 图像

可以通过在 AlGaN 势垒层顶部生长 p 型层、沉积和图形化栅极金属，然后在 Al-GaN 势垒层上选择性地形成 p - GaN 层凹槽来获得增强模式器件[6]。在这种情况下，最关键的步骤是生长 p - GaN 层并控制 p - GaN 层在通道区的 AlGaN 势垒层上方的凹槽。详细说明增强模式器件的这一替代工艺超出了本章的范围。更多信息见参考文献［6］。

　　在 200mm Si 上 GaN 晶圆上，可以获得增强模式和耗尽模式功率晶体管以及功率二极管[6]。图 3.9 报告了增强模式器件的输出特性。

图 3.6　加工的 200mm Si 上 GaN 晶圆的照片

图 3.7　在 200mm Si 上 GaN 晶圆上加工的功率晶体管的芯片照片

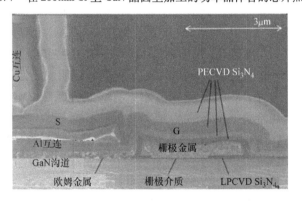

图 3.8　在 200mm Si 上 GaN 晶圆上加工的功率器件栅极
至源极区域的横截面 SEM 图像

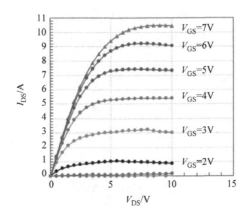

图 3.9　CMOS 晶圆厂中在 200 mm Si 上 GaN 晶圆上加工的增强模式
功率器件的 $I_{DS} - V_{DS}$ 输出特性曲线

3.3　无 Au 欧姆接触

获得无 Au 欧姆接触是实现 CMOS 晶圆厂高性能器件加工的一个关键方面，因此，本主题需要在本节进行专门讨论。用于 AlGaN/GaN 器件源/漏极的低阻欧姆接触的制备并不常见。历史上，最成功的金属化方案是使用在相对高温（≥800℃）下合 Au 化的含金金属堆叠，实现低于 $1\Omega \cdot mm$ 的典型接触电阻（R_C）值。然而，如上所述，需要实现用于 GaN 标准 CMOS 兼容的金属化方案，而对于这种类型的金属化方案，由于 Au 作为 Si 污染物的问题，需要避免使用 Au。除此之外，较低的合金化温度（限制在≤600℃）也更为可取，因为它可以实现最大程度的加工灵活性，并能够实现先栅极工艺的结构。

近年来，人们提出了几种无 Au 接触方案。最常被引用的金属化方案是 Ti/Al 基，如 Ti/Al/W[8] 和 Ti/Al/Ni/Ta/Cu/Ta[9]。在这些情况下，R_C 低于 1.0Ω·mm 仅在相对较高的退火温度（≥800℃）下得到了证明。已经发布了低 R_C 和低退火温度的无 Au 方案，但通常金属方案不直接兼容标准 CMOS 工艺平台。例如，使用 Ta/Al 金属堆叠，报告的 R_C 值为 $0.06\Omega \cdot mm$[10]。在 GaN 和/或 AlGaN 层中引入 Si 掺杂也可以获得较低的 R_C 值。然而，这可能导致功率器件的击穿电压问题，并且 GaN 基层中的 Si 注入通常需要在非常高的温度（>1000℃）下退火，这与工艺流程不兼容。

一个有趣的与 CMOS 兼容的金属堆叠是 Ti/Al。对于这些 Ti/Al 基金属堆叠，有几个因素可能会影响与横向 AlGaN/GaN HEMT 器件形成良好的欧姆接触，本节将讨论其中的一些问题。这些因素包括：AlGaN 势垒层的凹槽、合金温度、

Ti/Al 厚度比和金属堆叠内 Si 的夹杂。每一个都将在本节中进行重点介绍。

3.3.1　AlGaN 势垒层凹槽　★★★

在没有 AlGaN 势垒层凹槽的情况下，可获得较高且不可复制的 R_C 值（介于 $5 \sim 50\Omega \cdot mm$）。AlGaN 势垒层在欧姆金属和下面的 2DEG 之间形成势垒，很难通过简单的合金化步骤来降低势垒。势垒层凹槽可以降低势垒，但同时也会降低接触以下的 2DEG 浓度；另一方面，如果势垒层变得足够薄或完全凹陷，则可以实现更可靠的接触。在这种情况下，存在低电位势垒以形成朝向 2DEG 的横向接触。这一事实在图 3.10 和图 3.11 中得到了说明，其中观察到局部凹槽处的 R_C 增加（剩余大约 8nm 的势垒层），而当剩余的势垒层为大约 4nm 或更薄时会得到更低的 R_C。

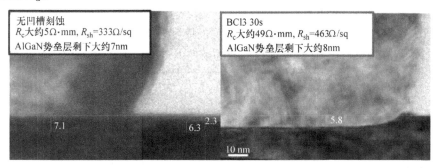

图 3.10　高 R_C 的欧姆区上的 TEM

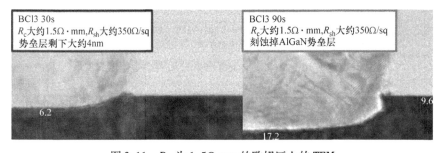

图 3.11　R_C 为 $1.5\Omega\ mm$ 的欧姆区上的 TEM

3.3.2　欧姆合金优化　★★★

如前几段所述，最佳合金温度非常重要，在执行优先栅极工艺时，要求温度为 600℃。在 200 mm Si 上 GaN 晶圆上验证了 Ti/Al 堆叠的最佳合金温度，用于具有 AlGaN 势垒层凹槽和 Ti/Al/Ti/TiN 欧姆金属堆叠的欧姆区域。采用快速热退火（RTA）系统在 N_2 气氛下制备了欧姆合金。温度在 $550 \sim 850$℃ 变化，步长为 50℃。

最低退火温度为550℃时，R_C值最低，且分布最密集（见图3.12）。该最佳温度明显低于参考文献［8，9］中普遍报道的相对较高的欧姆合金温度（≥800℃）。

3.3.3 Ti/Al 比 ★★★◀

如果想进一步降低接触电阻，Ti/Al比是另一个重要因素。Ti被认为是一种吸气剂，可以减少半导体表面的氧化，这有助于减少R_C。此外，参考文献［11］还表明，在GaN上Ti合金化过程中，从GaN向Ti方向发生N萃取，以促进TiN的形成。然而，这种反应会导致不良影响，在接触合金后会导致空洞的形成；另一方面，Al对GaN有自限性反应，但不像Ti那样起到氧化物吸气剂的作用。同时，Al的加入降低了Ti与GaN表面的反应速率，避免了空洞的形成。因此，当采用双层金属堆叠时，存在一个最佳的Ti/Al比。根据这一点，低Ti/Al比是最好的。图3.13证实了这一趋势，其中将Ti/Al比视为进一步的优化参数，改变Ti/Al/Ti/TiN欧姆金属底部Ti和Al层的厚度。将AlGaN势垒层凹槽和合金工艺条件固定在最佳值。Ti/Al厚度比最低的条件下，R_C值为$0.65 \pm 0.07\Omega \cdot mm$。

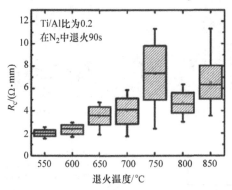

图3.12 Ti/Al比为0.2的金属堆叠的R_C与合金温度的关系

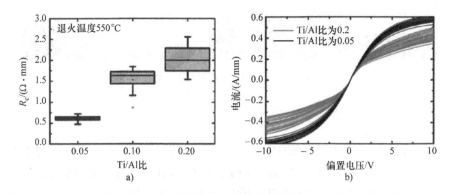

图3.13 a）接触电阻与Ti/Al比的关系 b）两种
不同Ti/Al比的金属堆叠的最大TLM电流

3.3.4　欧姆金属堆叠底部的 Si 层　★★★

另一个可以进行的优化是在金属堆叠中引入 Si。因此，在较低的温度下，Si 的熔化会促进共晶的形成。在一个专门的实验中，直接比较了不含 Si 和含 Si 接触的 R_C 值（见图 3.14）。不含 Si 接触的 R_C 值为 $(0.63 \pm 0.11)\,\Omega \cdot mm$（2 片晶圆）。含 Si 接触的 R_C 值明显较低，为 $(0.30 \pm 0.04)\,\Omega \cdot mm$（6 片晶圆）。间距为 $12\mu m$ 的 2 个欧姆接触（通常主要受 2DEG 电阻限制）之间 10V 下的饱和电流不受引入 Si 的影响，如图 3.15 所示。Si 厚度差别（2、5、10 和 20nm）对 R_C 值没有显著影响，这表明对该参数有一个大的工艺窗口。为了最大化工艺窗口，在 Ti 层下方引入 Si 层有助于显著放宽要求。

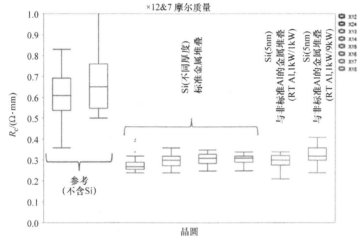

图 3.14　一个专用实验中不含 Si 和含 Si 接触的 R_C 值

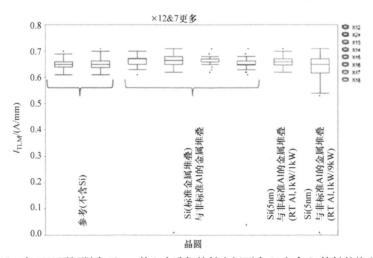

图 3.15　在 10V 下间距为 $12\mu m$ 的 2 个欧姆接触之间不含 Si 和含 Si 接触的饱和电流

3.4 Ga 沾污问题

由于 Ga 是 Si 的 p 型掺杂剂，因此在 CMOS 晶圆厂中加工 GaN 晶圆的主要问题之一就是 Ga 的污染。因此，这一问题需要专门讨论。

Ga 污染的第一个来源是 MOCVD 外延工具卡盘上存在的微量 Ga。与卡盘接触的晶圆会沾污部分杂质。通过对与卡盘接触的裸硅晶圆进行的 TXRF（全反射 X 射线荧光）分析证实了这一点（见图 3.16）。同样，在 MOCVD 外延工具中生长（Al）GaN 层之后，Si 上 GaN 晶圆的背面受到 Ga 污染。必须注意的是，XSEM 分析可以检测到在 Si 上 GaN 晶圆的背面没有（Al）GaN 层生长（见图 3.17）。观察到（Al）GaN 薄膜厚度沿晶圆斜面减小，然后突然下降，通常大约在晶圆顶点处几乎为零（见图 3.17 插图）。

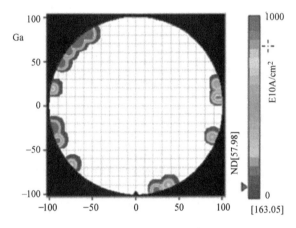

图 3.16　与 MOCVD 外延工具卡盘接触后的 Si 晶圆表面 TXRF 分析（彩图见插页）

在对一套严格定义的工艺进行初始加工测试循环期间，可以观察到 Si 上 GaN 晶圆背面所携带的 Ga 沾污确实从这些晶圆扩散到工艺的传输系统和处理室（见图 3.19）。在大多数情况下，Ga 沾污水平超过 Si 上 GaN 晶圆加工后在这些工艺中循环的裸硅晶圆上的最大容许水平 $10^{11} at/cm^2$（见图 3.18）。

为了避免 Ga 沾污，开发了一种基于 HF/H_2O_2 的清洗步骤，用于 Si 上 GaN 晶圆的背面。在建议的清洁步骤（见图 3.19b）证明其有效性后，Si 晶圆（见图 3.19a）的 Ga 沾污水平降低到接近 TXRF 检测极限的水平。

GaN 沾污的第二个来源与刻蚀步骤有关。在最初的加工测试循环中，当刻蚀 Ga 基层时，每个刻蚀工艺都受到严重沾污（见图 3.20）。由于传统的含 F 清

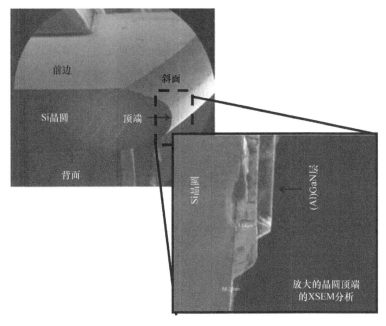

图 3.17　晶圆片生长后 Si 上 GaN 衬底的斜面和背面的 XSEM 分析。插图显示放大的晶圆顶端

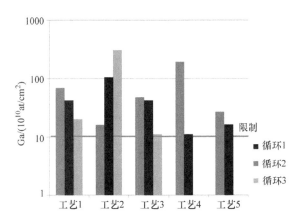

图 3.18　Si 上 GaN 晶圆三个循环加工过程中，5 个加工工艺（不包括刻蚀工艺）上 Ga
　　　　沾污的监测。允许的最大沾污水平如图所示

洁配方可形成非挥发性 GaFx 物质（即 GaFx 在低于 800℃时不易挥发），因此开
发了一种新的基于 Cl$_2$ 的清洗剂，其在较低的温度，大约 200℃下形成挥发性
GaCl$_3$。在整个监测期间，该清洗程序有效地将 Ga 沾污水平保持在最大允许水平
以下（见图 3.20）。

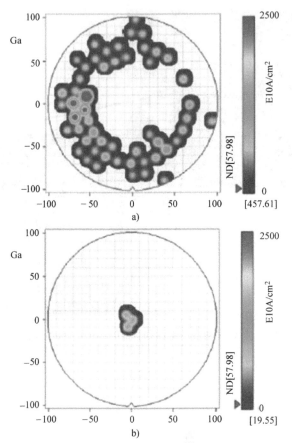

图 3.19　a）基于 HF 清洗前 Ga 沾污的 Si 晶圆的 TXRF 分析　b）基于
HF 清洗后 Ga 沾污的 Si 晶圆的 TXRF 分析（彩图见插页）

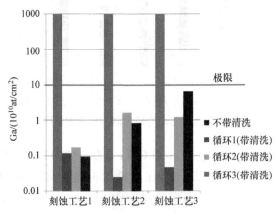

图 3.20　在 Si 上 GaN 晶圆加工的三个循环过程中，3 个蚀刻工艺上的 Ga 的沾污监测。
还报告了没有特殊清洗程序的每个工艺的沾污情况。图中显示了允许的最大沾污水平

3.5　结　　论

综上所述，本章论证了在 CMOS 晶圆厂中加工高质量 200mm Si 上 GaN 晶圆的可行性。对 CMOS 兼容工艺步骤进行了说明和讨论，特别是针对无 Au 欧姆接触的形成。

此外，已经表明，通过衬底和刻蚀工艺的清洁步骤，可以避免 Ga 沾污问题。这为下一代高效率 GaN 基功率器件的 CMOS 晶圆厂的大批量生产铺平了道路，与传统的 Si 功率 MOSFET 或 IGBT 相比具有成本竞争力。

参 考 文 献

1. Cheng K et al (2012) AlGaN/GaN/AlGaN double heterostructures grown on 200 mm silicon (111) substrates with high electron mobility. Appl Phys Express 5:011002
2. Marcon D et al (2015) Proceeding of IEDM
3. De Jaeger B et al (2012) Au-free CMOS-compatible AlGaN/GaN HEMT processing on 200 mm Si substrates. In: Proceeding of ISPSD, pp 49–52
4. Mishra UK et al (2002) AlGaN/GaN HEMTs: an overview of device operations and applications. Proc IEEE 90(6):1022–1031
5. Derluyn J et al (2005) J Appl Phys 98:054501
6. Marcon D et al (2015) Proceedings of SPIE 9363, Gallium nitride materials and devices X, 936311 (13 Mar 2015)
7. Van Hove M et al (2012) CMOS process-compatible high-power low-leakage AlGaN/GaN MISHEMT on silicon. IEEE Electr Device Lett 33(05):667–669
8. Lee HS et al (2011) AlGaN/GaN high-electron-mobility transistors fabricated through a Au-free technology. IEEE Electr Device Lett 32:623
9. Alomari M et al (2009) Au free ohmic contacts for high temperature InAlN/GaN HEMT's. ECS Trans 25:33
10. Malmros A et al (2011) Electrical properties, microstructure, and thermal stability of Ta-based ohmic contacts annealed at low temperature for GaN HEMTs. Semicond Sci Technol 26:075006
11. Van Dacle B, Van Tendeloo G, Ruythooren W, Derluyn J, Leys MR, Germain M (2005) The role of Al on ohmic contact formation on n-type GaN and AlGaNGaN. Appl Phys Lett 87 (6):11–13. doi:10.1063/1.2008361

第 **4** 章 »

横向GaN器件的功率应用(从kHz到GHz)

Umesh K. Mishra & Matthew Guidry

4.1 简 介

GaN 和相关材料因其广泛的应用而在半导体领域崭露头角。最明显的是,它开启了固态照明的革命,GaN 基 LED 现在取代了白炽灯和荧光灯,由于它们节能和高效的特性,因而具有较低的成本和较高的投资回报率。GaN 还实现了从手机到体育馆的全彩色显示器,汽车和飞机座舱照明到基于 LED 和最近的激光前灯。这些只是创造了超过 100 亿美元并迅速扩张的市场应用中的一小部分。随着光子学应用的兴起,GaN 电子应用正以其自身的优势,服务于从手机基础设施到雷达和通信,以及到电源转换应用的数十亿美元市场。用于电子应用的主要器件是 AlGaN/GaN HEMT。本章将简要地介绍材料方面以及在不同应用中有价值的各种器件设计。

4.2 AlGaN/GaN HEMT 的历史

AlGaN/GaN HEMT 在 1993 年由 Asif Khan 等人首次实现[1]。该结构含有 14% 的 Al,生长在蓝宝石衬底上。Khan 于 1994 年首次实现了微波小信号性能,其 f_T 为 11GHz,f_{max} 为 35GHz[2]。这两个基本的结果证明了 AlGaN/GaN HEMT 在微波应用中的可行性。下一个大的障碍是微波功率的实现。这在 1995 年通过加州大学圣巴巴拉分校的 Wu 等人得到了解决[3]。这是一个关键的结果,因为实现的 1.1W/mm 的功率密度首次证明了 GaN 相对于 GaAs 和 InP 等竞争材料的技术的优势。在证明了 GaN 的潜力的同时,这一结果也说明了一个主要问题,即 AC/DC 色散或电流崩塌。图 4.1 比较了蓝宝石上的 AlGaN/GaN HEMT 的 DC $I-V$ 曲线与通过将 HEMT 从关断状态进行切换而得到的 AC 曲线;曲线上的 A 点到 B 点。显而易见存在两个问题:器件的最大可用电流减小(电流崩塌),而器件在电流饱和时的膝电压增加(膝电压漂移)。主要原因是在关断状态(A 点)

下，器件处于反向偏置状态，电子被注入器件表面或体层的可用电子态中。这些效应降低了 HEMT 的 RF 输出功率密度和效率。

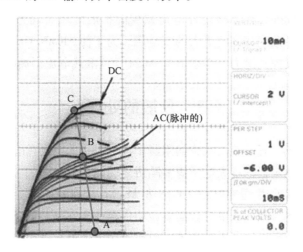

图4.1　器件色散的 I – V 曲线。从 A 点到 B 点进行脉冲测量，可以看出，
最大电流和膝电压都比 C 点处的 DC I – V 曲线预期得要差

图4.2 展示了表面充电的过程。缓冲层中陷阱的充电过程也是类似的。当电子在反向偏压下被注入并被表面态俘获时，AlGaN/GaN 界面上的正电荷不仅与在栅极中的负电荷形成镜像，而且也与表面（和体）中的俘获电荷形成镜像。当器件开启时，只有可动电荷可以自由地瞬间响应（ps），而俘获的电荷保持俘获的时间与陷阱的发射时间（μs）相关。因此，在微波开关频率下，由于固定

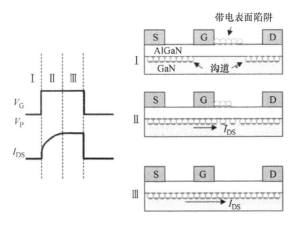

图4.2　当器件被夹断时发生的表面电荷俘获的示意图，它在一段时间内限制了
沟道中的电流，直到陷阱能够响应

电荷部分地满足了电中性，在导通状态下 2DEG 沟道中感应的负电荷减少了。这降低了 RF 最大电流，因为最大电流是由栅极的源边缘下/附近沟道中移动电子的数量控制的。此外，在栅极之外电荷减少的扩展区域表现为沟道中电阻的增大，这反过来又导致观察到的更大的膝电压。为了使 AlGaN/GaN HEMT 在 RF 和电源转换应用中发挥其潜力，必须解决 AC/DC 色散或电流崩塌的问题。

4.3 色散的处理

为了抑制色散，有必要①减少向陷阱中注入电子的电场；②减少可向陷阱中注入电荷的陷阱数量；③增大电子源和陷阱之间路径的电阻。

第一步是确保 GaN 缓冲层和 AlGaN 材料具有较高的质量。这个问题将在本书的另一章中论述，因此这里只做简要说明。在蓝宝石上，必须优化低温（LT）成核层条件，并调整后续的生长条件，以最大限度地提高晶粒尺寸并减小位错密度。目前，通常的位错密度为 $5 \times 10^8 \sim 10^9 \, cm^{-2}$，这对于可靠的高性能 AlGaN/GaN HEMT 是足够的。然而，杂质如 C 或 Fe 被添加到缓冲层中以使缓冲层电阻更大。这样做的不良后果是电子陷阱的增加，这会导致色散。因此，控制陷阱密度以及陷阱与沟道的物理隔离是至关重要的。在 RF 应用的首选衬底 SiC 上，成核层是高温 AlN，在其上生长 LT GaN 层以实现 GaN 沟道（类似于蓝宝石衬底的情况）。与蓝宝石上的高质量 GaN 相比，在这种情况下获得了类似的位错密度。Si 上 GaN 是电源开关应用的首选材料，其生长也是通过使用 AlN 成核层开始的，随后是一个缓冲层，用于控制 Si 上 GaN 生长过程中遇到的热应变和晶格应变。这些缓冲层基于渐变 AlGaN 层、AlN/GaN 超晶格层或其变体。

在优化了缓冲层以最小化色散之后，现在重要的是减少 HEMT 表面的陷阱，这通常是 AlGaN。Keller 等人[4] 和 Wu 等人[5] 通过在蓝宝石衬底上向 AlGaN 层中进行 Si 掺杂获得了首次成功，并通过该技术实现了 4.6W/mm 的最大功率密度。下一个突破是通过断开从栅极到表面态的路径来实现的。这是通过在 HEMT 表面层，通常是 AlGaN 上应用表面钝化层 SiN 来实现的。Green 等人[6] 和 Wu 等人[7] 在 2001 年分别使用 PECVD SiN 和溅射 SiN 证明了这一点。这一创新还消除了对掺杂 AlGaN 层的需要。采用 SiN 钝化层可使生长在 SiC 衬底上的 HEMT 在 8.2GHz 下的功率密度提高到 9W/mm 以上[8]，与现有的 GaAs 相比，进一步证明了 AlGaN/GaN HEMT 是微波大功率通信和放大的首选材料。

最后一个可能导致该技术消亡的技术障碍是 HEMT 的可靠性。需要考虑两个问题。一个问题是较大的位错密度会导致器件失效。以 SiC 中的微管密度和双极性 SiC 中的基面缺陷为例进行了讨论。GaN 的 2H 器件结构和 c 平面不是线位错的滑移面，这样有利于该技术的发展。而且，非常重要的是，电流和阻断电压主要保持垂直于位错的方向，从而将它们从临界失效路径中消除。

第二个问题是由于施加在器件上的高电压而在栅极的漏边缘产生的较强的电场。这可能导致 AlGaN 层[9] 和/或周围电介质断裂，这是不可接受的。事实上，这种担心变成了现实。解决方案是应用场板来减轻栅极的漏边缘电场，Ando 等人[10] 在 2003 年第一次通过栅极金属与钝化层交叠进行了证明，第二次由 Chini 等人[9] 采用单独的场板金属沉积进行了证明，同时也降低了栅极电阻。结果表明，即使在蓝宝石衬底上，器件的可用 RF 功率密度也惊人地跃升至 12W/mm。优化场板的几何形状，结合栅极连接场板和源极连接场板，取得了如图 4.3 和图 4.4 所示的显著进展，最终达到了 41.4W/mm[11-14]。

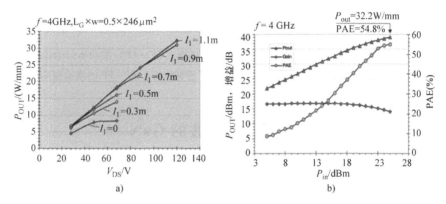

图 4.3　a）输出功率与漏极偏置对不同场板尺寸 L_F 的影响显示了场板在高漏极偏置下降低色散的有效性　b）最大场板的功率扫描显示出创纪录的 32.2W/mm 的功率密度[11]

GaN 的材料特性（对位错的相对不敏感性）与通过场板的电场控制相结合，使得具有优异电学性能的高可靠性 GaN RF 器件得以发展。基于这些突出的成果，美国国防部根据《国防生产法》第三章计划资助了多家微波 GaN 芯片厂，在 2013 ~ 2014 年成功地将其制造准备水平（MRL）提高到 8 级或更高水平[15-22]，奠定了将 GaN 作为一种可靠的、可制造的微波应用技术的地位。这些器件已经被许多公司使用，包括用于蜂窝基站的 SEDI[23]，以及用于雷达和电子战争等国防应用的 Raytheon 公司。2016 年，Raytheon 公司宣布发布使用 GaN 的"爱国者"反导雷达系统的升级版本[24]，基于 GaN 的 4G LTE 蜂窝基站的商业部署正在加速。

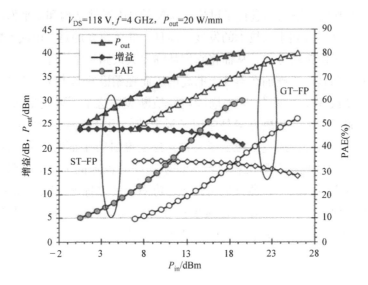

图 4.4 源终止的场板 (ST–FP) 和栅终止的场板 (GT–FP) 的功率扫描显示了两种场板设计之间的折中，由于这种方法降低了栅漏电容，ST–FP 的增益更高[12,13]

4.4 用于毫米波的 GaN

有一个问题决定了 GaN 是否能够在毫米波应用中发挥作用。现有的仍然是高达 60GHz 的 GaAs 基 HEMT 以及 60GHz 及以上的 InP 基 HEMT 和 HBT。产生这种怀疑的原因是预期的热声子散射会限制具有高电子密度的 GaN 沟道中的速度[25,26]。这个复杂的问题仍在研究中[27]，而 HEMT 器件结构的解决方案仍有待确定。在缺乏确凿证据的情况下，在 ONR 的赞助下在加州大学圣巴巴拉分校 (UCSB) 进行了一项研究，结果清楚地表明 AlGaN/GaN HEMT 完全能够在毫米波频率下工作。UCSB 开发的器件满足毫米波功率性能的三个必要标准：高速、高击穿和低色散。2005 年实现了几个重要的 GaN 毫米波里程碑，Palacios 等人[28]报道在 40GHz 下，Ka 波段功率密度达到创纪录的 10.5W/mm，相关的 PAE 为 33%，其中 PAE 主要受到 6dB 的低线性增益的限制。HRL 实验室的 Moon 等人[29]报道了在 5.7W/mm 输出功率下，GaN–Ka 波段效率达到 45% 的记录，具有更高的效率和更高的增益。Cree 公司的 Wu 等人[30]报道了在 1.5mm 总栅极宽度的大面积器件上，在 30GHz 和 31% 的 PAE 下毫米波 GaN 器件总功率创记录地达到了 8W。在这一点上，GaN 器件在 Ka 波段的效率接近当代 GaAs 器件和 MMIC 结果[31,32]，但功率密度要高一个数量级。

研究继续将 GaN 器件的性能扩展到 W 波段 (75~110GHz)。在这一频率范围内的应用包括多个频段的宽带高数据速率通信[33]，以及高分辨率和紧凑孔径成像和雷达。图 4.5 总结了得到的具有良好附加功率效率（PAE）的出色功率密度。这是通过遵循由 GaAs 和 InP 建立的毫米波器件的规则来实现的，包括超短的栅极长度、垂直按比例缩小的沟道设计，较小的沟道和接触电阻，以及提高输出电阻的缓冲层和背势垒层设计。GaN – W 波段的功率特性是由 HRL 实验室 Micovic 等人在 2006 年的首次报道的[34]，其输出功率密度为 2.1W/mm，相关的 PAE 为 14%。图 4.6 显示了 HRL 达到创纪录的 GaN 器件速度而采用的最先进的器件横截面和外延层设计[35]。栅极长度为 20nm，采用 3.5nm 的 AlN 势垒层和 2.5nm 的 GaN 栅极帽层来保持良好的长宽比。AlGaN 缓冲层利用 AlGaN/GaN 界面的负极化电荷为电子注入缓冲层提供了一个势垒。这提供了一个较大的输出电阻，当结合极端的横向和垂直的器件按比例缩小时，可以同时实现具有 454GHz 的 f_T 和 444GHz 的 f_{max} 的出色的小信号性能，这是一个 GaN 器件的记录。2014 年一个类似的 40nm 栅极长度的 GaN 器件设计证明，在 1.7W/mm 的输出级功率密度下，83 GHz 下的 W 波段放大器级 PAE 达到了创纪录的 27%[36]。

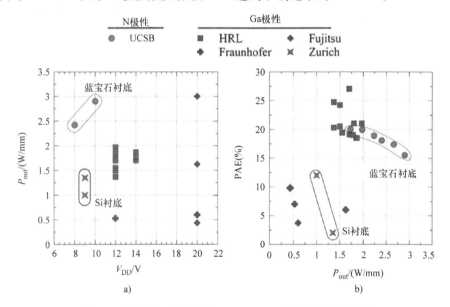

图 4.5　报道的 W 波段（75～110GHz）功率器件结果总结

a）输出功率密度与漏极偏置的关系　b）输出功率密度与相关附加功率效率（PAE）的关系

（除了 UCSB 为蓝宝石和 ETH Zurich 为硅外，衬底材料均为减薄的 SiC。

来自 UCSB、ETH Zurich 和 Fujitsu 的结果是负载牵引，HRL 实验室和 Fraunhofer 的

结果是匹配的器件或多级放大器[34,36,39,93,104–115]）

W 波段 GaN MMIC 输出功率从 2006 年的 320mW 的初始值稳步提高到 2015

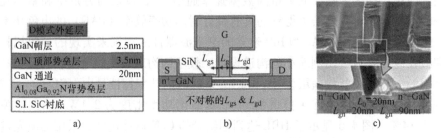

图 4.6　能够记录 GaN 的 f_T 和 f_{max} 的 20nm 栅极长度的 HRL Gen – IV 器件

a) 外延设计　b) 器件截面示意图　c) TEM 图像[35]

年 CW 工作的 2.5W 和脉冲工作的 3.6W，如图 4.7b 所示。器件增益和效率也从不足 15% 提高到 25% 以上。通过增加总输出级栅极宽度和实现更大规模的片上功率组合，实现了 MMIC 功率的按比例变化。迄今为止报告的最大功率 MMIC 总共使用了 3.75mm 的栅极宽度，包括驱动级[37]，这表明制造成熟度的不断提高。它大大超过了 800mW GaAs pHEMT MMIC 输出功率[38]，它使用了 4.8mm 的栅极宽度，显示了 GaN 在较大功率 W 波段应用的能力。然而，自 2006 年的第一次报告以来，Ga 极性的 GaN 器件一直难以将 W 波段器件级功率密度提高到 2W/mm以上，所报告的功率密度与年份的关系如图 4.7a 所示。Fujitsu 在 2015 年报道了Ga 极性创纪录的 3W/mm 的功率密度[39]，但它需要使用四元的 AlInGaN 势垒层。

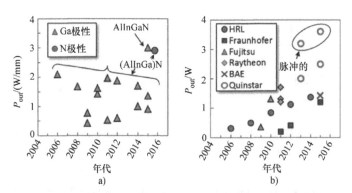

图 4.7　报告的 W 波段（75 ~ 110GHz）GaN 功率器件性能的年度进展，

包括 MMIC 和单器件结果[34,36,37,39,104 – 115]

a) Ga 极性材料与 N 极性材料的最大 GaN 输出功率密度。

材料技术被标记为（Al，Ga）N，指的是 AlGaN/GaN 和 AlN/GaN 器件。b) 最大的单芯片输出功率水平，一些测量值（加标记的）是在低占空比下施加脉冲，以减少自加热效应，从而提高输出功率

　　下面列出了进一步提高 Ga 极性的 HEMT 中毫米波性能的障碍：

1）在沟道中击穿电压和电荷之间的折中非常严峻，这限制了可达到的器件击穿电压。

2）随着器件增益的降低，可用于减小电场的场板范围受到限制。

3）由于器件中的较高的电场而导致的色散，限制了有用的 $I - V$ 工作空间。

4）这些都限制了毫米波 Ga 极性的 GaN HEMT 的输出功率、效率和可靠性。

4.5　N 极性 GaN 发展的历史回顾

GaN 在固态照明（LED）、微波和毫米波电子学以及电源转换等领域所引起的革命都使用了在 c 轴方向上生长的 GaN，这个方向导致了与生长方向平行的强极化。这种极化可以用来在未掺杂的 GaN HEMT 中形成高迁移率的二维电子气（2DEG）沟道[40-42]。由于材料的极性，沿该轴有两种可能的取向，它们的极化场方向相反：镓极性（Ga 极性）名义上有一个以镓原子终止的表面，而 N 极性则有一个名义上以氮原子终止的表面。迄今为止所有的商业活动都是利用 Ga 极性晶体取向生长的 GaN，因为这是第一个以高结构质量和低杂质生长的取向。提高材料的质量是促成 GaN 革命的最关键的因素之一。得益于 Stacia Keller 在 2014 年总结的改进方法，现在可以生长出的 N 极性与 Ga 极性具有相同的质量，但最初的较差结果解释了为什么 N 极性器件没有更早的被开发。本节将讨论 N 极性 GaN 器件的发展历史，以及显示其相对于 Ga 极性 GaN 改进潜力的最新研究成果，特别是对于毫米波功率方面的应用。

2DEG 总是在具有净正极化的 AlGaN/GaN 界面的一侧形成，这自然导致了两种不同的 HEMT 结构，如图 4.8 所示。可以看出基本的 N 极性 HEMT 结构有几个可能的优点。首先，当沟道下方的 AlGaN 势垒层产生 2DEG 时，接触电阻可以小于 Ga 极性，而去除宽禁带 AlGaN 势垒层也会消除接触下方的 2DEG；其次，在沟道的正下方有一个势垒层，作为背势垒层的 AlGaN 的 N 极取向有一个更强烈受限的 2DEG；第三，由于减小的垂直栅极到 2DEG 的厚度，以适应更高速度工作的较短的栅极，电荷诱导势垒层材料的厚度可以保持不变，而在 Ga 极性中，电荷诱导层也决定了 2DEG 和栅极之间的间隔。

Ga 极性和 N 极性取向 GaN 薄膜的生长在 20 世纪 80 年代和 90 年代的关于 GaN 材料生长和电子器件的早期研究中进行了探索，本书的另一章以及 Wong[44] 和 Keller[43] 的阐述中更全面地涵盖了这些研究的历史。早期对 N 极性 GaN 的研究得到的材料质量远低于同时代的 Ga 极性 GaN。通过 MBE[46] 和 MOCVD[47,48] 得到的材料的杂质浓度更高[45]，形貌更差，后者具有特征性的六边形小丘。由于 N 极性表面会在碱性溶液中被刻蚀[47]（包括光刻胶

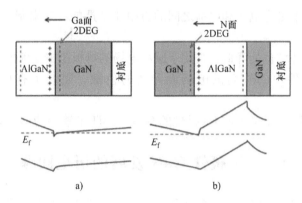

图 4.8　a）Ga 极性 HEMT 和 b）N 极性 HEMT 结构示意图。
被标注的净极化电荷以及由此产生的 2DEG 位置

显影剂），因此在制造过程中必须保护其表面[49]，因此器件制造也更加困难。

1999 年在康奈尔大学（Cornell）展示了由等离子体诱导的 MBE 生长的 N 极性 HEMT 外延结构中的第一个 2DEG[45,46,50,51]。根据电容 - 电压的电荷分布显示了基于极化的 GaN/AlGaN 界面的 2DEG 及其预期顶部的位置。然而，虽然在这些报告中显示了 Ga 极性晶体管的作用，但是 N 极性晶体形态极其糟糕，并且没有显示 N 极性晶体管的工作。正如本章前面所述，由于已经使用 Ga 极性 AlGaN/GaN 结构制造出了高性能器件，大多数观点认为[46,47,52] N 极性 GaN/AlGaN HEMT 不值得大量投资。

然而，随着 Ga 极性器件的成熟和优化过程中固有的折中使得进一步的改进更加难以实现，UCSB 的一些关注点转移到了 N 极性 GaN 上。在 2000 ~ 2005 年期间，已经报道了一些改进的 MBE[53,54] 和 MOCVD[55,56] 的 N 极性 GaN 生长技术。2005 年，UCSB 的 S. Rajan 开发了[57] 改进的 N 极性 GaN 材料，通过使用新开发的两步缓冲层方法在 SiC 上用等离子体辅助 MBE 生长出具有低位错密度和平整表面形貌的薄膜。用该两步缓冲层方法在 HEMT 结构中首次获得了高质量的 N 极性 2DEG，其电子密度为 $1 \times 10^{13} cm^{-2}$，而迁移率为 $1020 cm^2/Vs$。2007 年和 2008 年，S. Keller 和 D. Brown 报道了在氮化的蓝宝石（向 a 平面错切了几度）[58] 和 C 面 SiC（向 M 平面错切）[59] 衬底上生长的研究，使得通过 MOCVD 能够平整地生长 N 极性 GaN 薄膜。这些开发为器件研究提供了高质量的材料来源。随着条件的进一步优化和反应器纯度的提高，通过 MOCVD 生长的 N 极性 GaN 薄膜中的杂质掺入量将降低到 2×10^{16} 的水平[43]，与 Ga 极性相当。通过改进的生长技术和外延设计，N 极性的室温迁移率现在可以超过 $2000 cm^2/Vs$[60,61]，可以与最好的 Ga 极性结果相竞争。

UCSB 开发了一种制造工艺，其中包括一层 Ge 牺牲层以保护 N 极性 GaN 表面免受刻蚀，Rajan 采用该工艺于 2007 年首次展示了 N 极性 GaN HEMT[49]。即使经过钝化处理，在这个器件中也可以观察到明显的色散，这显然是由位于背势垒层下方的 AlGaN/GaN 界面的价带附近非常深的类施主态或空穴陷阱引起的[62]。在具有净负极化电荷的界面处的众多 Ga 极性和 N 极性的电子和光电结构中观察到了这种类型的陷阱效应[49,62-66]，但它不影响典型的 Ga 极性 AlGaN/GaN HEMT，因为费米能级没有临近陷阱的能级，所以这个陷阱是不带电的。这种陷阱的物理成因仍在研究中，但实验表明，通过对 AlGaN 背势垒层缓变掺杂，使价带和相关陷阱能级进一步低于费米能级，这种陷阱引起的色散和其他不良影响可以得到缓解，通过与传统的 PECVD 表面钝化相结合，可以制备出低色散的 N 极性 GaN HEMT。

随着对 N 极性 HEMT 的基本物理和设计的理解，微波性能和制造技术在随后的几年里得到了改进。M. H. Wong 在 2009 ~ 2011 年报道了 MBE 生长的 HEMT[67,68]，它将 N 极性大信号性能提高到10GHz，微波功率密度为6.7W/mm，但受到击穿电压的限制。S. Kolluri 进一步提高了大信号性能[69]。首先，虽然 AlGaN 帽层已用于先前的 N 极性器件中以增加击穿电压，但 Kolluri 证明，一个非常薄但高 Al 成分的 AlGaN 帽层（2nm，60%）具有抑制栅极泄漏的反向极化，可用来获得超过 150 V 的非常高的击穿电压。其次，栅极嵌入 PECVD - SiN 钝化层，集成的倾斜场板进一步提高了击穿电压和色散控制。该器件如图 4.9a 所示。这些改进使得 2012 年实现了在 70V 偏置下功率密度为 20.7W/mm，PAE 为 60%

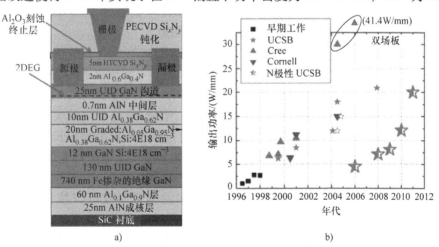

图 4.9　a）展示了输出功率密度为 20.7W/mm 的 N 极性 MISHEMT（非按比例）的横截面（Kolluri[69] 提供的图）。b）Ga 极性和 N 极性 GaN 器件的最大 RF 输出功率密度（附在 S. Keller 图之后）

的器件。这些结果可与具有类似场板方案的 Ga 极性器件相比较[70]，由此得出的 N 极性功率结果以及 Ga 极性结果汇总在图 4.9b 中。

N 极性 GaN 的下一步是通过减小栅极长度来大幅提高器件的速度，从而实现毫米波的工作。随着栅极长度（L_G）的减小，垂直栅极到沟道的距离（a）也必须减小，以保持足够高的长宽比（L_G/a）。这是为了保持栅极对沟道的静电控制，以实现高功率增益（f_{max}）所需的低输出电导，并在栅极长度大比例减小时保持电流增益（f_T）（见图 4.10）[71-74]。N 极性 HEMT 结构的不同之处在于形成 2DEG 的背势垒层厚度与长宽比无关，而 Ga 极性中形成 2DEG 势垒层的厚度和长宽比直接相互影响。在 Ga 极性中，为了在（Al,Ga）N 材料系统中获得较大长宽比

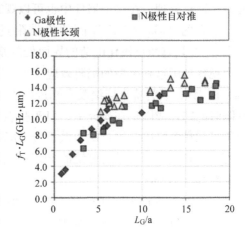

图 4.10　到 2012 年，$f_T \cdot L_G$ 乘积与长宽比（L_G/a）的关系表明，在给定的栅极长度下，高长宽比可以提供更高的 f_T

的高电荷密度，必须使用非常高的铝成分；在某些情况下将使用纯 AlN，这是一种高应变材料。在 N 极性中，诱导电荷的背势垒层还可以进一步限制电荷靠近栅，根据物理模型，这将减少相对于没有背势垒层的 Ga 极性器件的短沟道效应[72,73]。因此，随着 GaN 器件的工作频率增加到 W 波段（75~110GHz），N 极性 HEMT 的垂直按比例变化优势有望变得更加明显。

UCSB 在 2009 年使用 AlGaN 背势垒层材料，首次将 GaN 器件的沟道厚度按比例缩小到 10nm，这一材料与超低寄生电阻和电容一起提供了 16.8GHz · μm 的最新 $f_T \cdot L_G$ 乘积，120nm 栅极长度的 f_T 为 132GHz[75]。这些结果是通过结合较大长宽比，创记录的 23Ω · μm 低电阻欧姆接触，生成 3D 电子气的缓变 InGaN 一起使用，覆盖一个薄的 InN 帽层[76]，以及自对准栅极的欧姆再生长实现较大的按比例缩小的源和漏通道区域获得的。在 N 极性中，由于表面钉扎位置的原因，使沟道厚度和电子密度仅部分解耦，在 2DEG 密度和迁移率与沟道厚度之间达到一个折中[77]。虽然使用 AlGaN 背势垒层技术的沟道厚度可以按比例减小到 10nm 以下，但当时并没有将其用于器件开发。

使用 $In_xAl_{1-x}N$ 材料寻找到了更薄沟道的替代路径。当铟的组分（x）为 17% 时，这种材料的晶格与 GaN 相匹配[78,79]，因此可以在不考虑开裂的情况下生长厚的材料层。此外，它的极化电荷和导带偏移量都大于厚 AlGaN 层所实现的值[80]，这使得更薄的沟道具有更高的电荷密度。在 UCSB 的 Brown[81,82] 等人

于 2010 年以及 Dasgupta[83] 等人于 2011 年先后报道了分别采用 MOCVD 和 MBE 的 N 极性取向的 InAlN 薄膜生长和初始器件。Nidhi 在 2012 年报道了最先进的 DC 器件性能[84]，包括2.8A/mm的电流密度，0.29Ω·mm 的导通电阻和1.1 S/mm 的跨导，这些指标由高 2DEG 密度和薄的沟道实现。这些自对准器件的 f_T 高达 155GHz，但由于用于自对准工艺的高电阻栅，f_{max} 仍然较低。MBE 材料具有显著的横向成分波动，导致迁移率降低。进一步提高器件性能首先需要材料改进和更先进的 T 型栅制造工艺。2014 年 Ahmadi[85] 报道了改进的 MBE 材料，优化了生长条件以减少波动，并使用MOCVD 生长的缓冲层降低了位错密度，2015 年在 n_s 为 1.1×10^{13} cm² 的情况下 N 极性 InAlN 基 HEMT 迁移率达到了创纪录的 1850cm²/(V·s)[60]。对于 MOCVD 生长的材料，J. Lu 通过开发在渐变 AlGaN 层上由 InAlN 薄膜组成的两阶背势垒层实现了改进[86]。垂直沟道按比例缩小极值可以使沟道厚度减小到 3.3nm，其电荷密度为 1.8×10^{13} 而方块电阻为329Ω/方块[87]。图 4.11 显示了基于 N 极性 InAlN 的 HEMT 沟道按比例缩小的总结。D. Denninghoff 开发了一种长颈 T 型栅工艺，通过横向按比例缩小的栅和凹槽区尺寸，以最小化栅极电阻和寄生电容。使用 MOCVD 生长的具有 5.4nm GaN 沟道厚度的外延层制造工艺，Denninghoff 展示了最先进的器件 DC 和 RF 性能，在 $V_{GS} = 1.5V$ 时电流密度为 4A/mm，$V_{GS} = 0V$ 时电流密度为 2.35A/mm，f_T 为 204GHz 而 f_{max} 为 405GHz[88]（见图 4.12）。

这有力地证明了 N 极性 GaN/In-

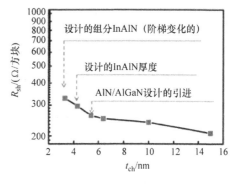

图 4.11　基于 InAlN 背势垒层的 HEMT 的方块电阻与沟道厚度的变化趋势，以及用于减小更薄沟道的方块电阻的设计特征，在 3.3nm 的沟道中达到329Ω/方块的电阻[87]

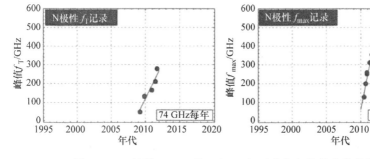

图 4.12　N 极性 HEMT 的 f_T 和 f_{max} 记录值与年份的变化趋势

AlN HEMT 在极端垂直按比例缩小和超高速运行方面的能力。然而，与 AlGaN 背势垒层相比，N 极性 InAlN 背势垒层 HEMT 仍然存在一些未解决的缺陷。2DEG 的迁移率较低，这是由于在 InAlN 薄膜中杂质的掺入量较大，横向成分波动和合金散射造成的。为了提高 MOCVD 生长的外延层的迁移率并改善方块电阻，有必要设计一个 $2 \times 10^{13}\ cm^{-2}$ 左右的 2DEG 密度来屏蔽 2DEG。Denninghoff 和 Nidhi 指出，这样大的电荷密度能产生极高的电流密度，但也降低了击穿电压。由于多层背势垒层中存在多个界面，且难以在 AlGaN 和 InAlN 之间实现缓变，使得背势垒层的设计更加复杂。AlInGaN 的四元合金也有望实现 InAlN 背势垒层材料的一些优势（更低的应变，更大的势垒高度，更高的极化电荷)[39,89]，并且改进了材料质量和均匀性，这是目前正在开发的课题。

UCSB 的 N 极性 HEMT 研究转向了 AlGaN 背势垒层，因为这种材料足以在 W 波段获得优异的性能，而且材料设计更简单，生长技术也更成熟。N 极性 GaN 薄膜中的杂质掺入量已降低到约 2E16 cm^{-3}[43]，对于厚度为 20nm 的沟道[未发表]提供约 2000cm^2/Vs 的较高迁移率，因此，与早期研究相比，AlGaN 器件在迁移率与沟道厚度之间的折中更为宽松[77]。重点转移到优化整体器件设计和制造，以满足毫米波功率性能所需的所有指标，包括高速、击穿电压和低色散。这些度量标准可能彼此不一致。经典的场板色散处理方法和较厚的 PECVD-SiN 钝化层由于增加的电容，在毫米波频率下会带来显著的增益损失。因此，研究了另一种色散控制方法：一个栅极下深凹槽的厚 GaN 帽层，但它钝化了凹槽区域。

GaN 帽层的作用与 PECVD SiN 钝化的作用类似，使表面电子陷阱远离沟道，这样它们就不会影响器件的动态性能。SiN 钝化膜与底层器件之间仍有一些界面陷阱以及体陷阱。当 GaN 帽层在底层器件上原位生长时，在介质钝化膜中存在可忽略的界面陷阱或体陷阱。从 2004 年开始，Shen[90] 首次对 Ga 极性 HEMT 设计进行了研究，证明了使用凹槽的 GaN[91] 或 AlGaN[92] 帽层可以在不进行任何非原位钝化的情况下获得优异的大信号性能。然而，极化场的方向在 Ga 极性方向上导致了具有挑战性的折中问题。GaN 帽层耗尽了沟道，需要在栅极附近直接掺杂，在凹槽区电导率、漏电流和对击穿电压的色散控制之间进行折中[91]。对 AlGaN 帽层进行的研究也显示出减少的沟道电荷耗尽，但是材料应变和工艺参数空间（缺乏自然的刻蚀终止，使得可重复制造变得非常困难）极其有限。用于 X 波段应用的 0.5μm 栅极长度的深凹槽 GaN 技术的进一步开发返回到 GaN 帽层，在 AlGaN 势垒层提供精确的刻蚀终止，然后使用更短的时间和更精确的定时实现凹槽的进一步刻蚀[93]。

Ga 极性 HEMT 中的 GaN 帽层耗尽了 2DEG 电荷，在 N 极性中，由于反向极化场，它增强了栅极周围通道区域的 2DEG 密度[94,95]。栅极靠源极一侧的高密度电荷有助于提供非常高的漏极电流密度并使表面远离 2DEG，从而增加迁移率。这些结合在一起会导致非常低的通道电阻。2015 年对 N 极性深凹槽毫米波器件设计的初步研究已经提供了令人印象深刻的 94GHz 大信号结果，在 94GHz 下 15.5% 的 PAE 时，测得的功率密度为 2.9W/mm，通过被动负载拉动技术[97]测量的 PAE 峰值为 20%，相关的功率密度为 1.73W/mm[96]。较高的电流密度的结果在图 4.5 中显示得最清楚，其中 N 极性深凹槽器件在给定漏极偏置电压下比在 94GHz 下任何具有（Al，Ga）N 或（Al，In，Ga）N 势垒层材料的 Ga 极性器件具有更大的功率密度。高 RF 电流密度也已通过类似器件的 C 波段 RF - IV测量得到更直接的验证[61]（见图 4.13），显示了超过 2A/mm 的 RF 峰值电流。功率密度虽然已经很有吸引力，但目前在很大程度上由于使用具有低导热系数的蓝宝石衬底而受到限制，因此无法使用更高的漏极偏压。使用碳化硅衬底有望取得实质性的改进。在 10GHz 下进行的蓝宝石衬底器件的负载拉动测量显示，更高的效率减少了自加热，功率密度很好地按比例扩展到 14V 偏置和 4.5W/mm[61]（见图 4.15）。94GHz 的效率目前受到增益的限制，但在类似器件上的建模表明，除了在器件级仍然可能实现的实质性改进之外，还可以通过改进压焊点布局和后端工艺来实现实质性的改进[98]（见图 4.14）。

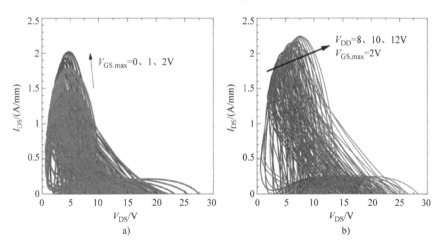

图 4.13　在 6GHz 的有源谐波矢量负载拉动下，在多个负载阻抗上测量的动态负载线系列

a）RF 循环期间，V_{DD} = 8V 偏置与 P_{IN} 对应最大 V_{GS} 为 0、1 或 2V 的关系曲线

b）RF 循环期间，对应于 2V 的 V_{GS} 峰值，V_{DD} = 8、10 和 12V 偏置时的关系曲线[61]。

N 极性深凹槽器件的高 RF 电流能力。测量由 Maury Microwave 提供

　　如前一节所述，Ga 极性 GaN HEMT 显示出了令人印象深刻的功率密度和足

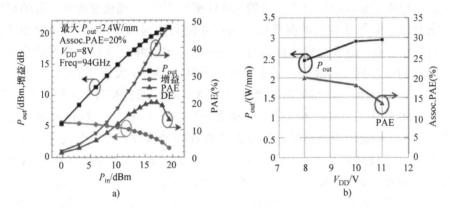

a)   b)

图 4.14 设计的栅极长度为 75nm 和在通道区有 110nm 的 GaN 帽层钝化的 N 极性深凹槽
器件在 94GHz 下的负载牵引

a）在 8V 的偏置下的功率扫描 b）最大功率以及 PAE 与漏偏压的关系，性能下降可能与自加热有关[96]

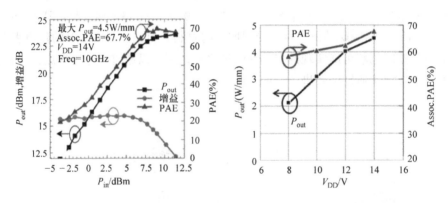

图 4.15 设计栅极长度为 150nm 和在通道区有 47nm 的 GaN 帽层钝化的 N 极
性深凹槽器件在 10GHz 下的负载牵引

a）在 14V 偏置下的功率扫描 b）最大功率以及相关的 PAE 与
漏偏压的关系显示出功率密度和 PAE 与漏极偏压的良好比例关系[61]

够的工艺成熟度，足以证明 MMIC 在超过 2W 的连续功率水平上是有用的，有望
在高功率 E 波段和 W 波段应用中取代 GaAs 和 InP MMIC。N 极性 GaN MISHEMT
的设计优势，特别是使用深凹槽的 GaN 帽层，似乎能够在 W 波段频率下获得更
高的性能，并且随着技术的成熟，可以在相同或更高的效率下提供比 Ga 极性
GaN 更高的功率水平。

4.6　电力电子中 GaN 的应用

GaN 电子器件最初是为了满足国防和商业需求，以提高无线应用包括雷达和通信的 RF 和微波发射机功率水平。GaN 材料体系中高临界击穿场与高电子速度和迁移率的结合为提高高功率微波放大提供了途径。

使 GaN 在高效率和高功率微波应用中如此有效的物理特性也使其适用于高效率和紧凑的电源转换应用。随着对微波技术的投资而建立的 GaN 工艺线，研究人员和公司开始开发低损耗功率的开关器件。与射频器件类似，有必要改进材料、设计和制造工艺，以最大限度地减少因电子俘获而引起的动态导通态电阻和电流的退化，但到 2009 年，这一点已在整个 600V 的范围内得到了实现（见图 4.16）。对于

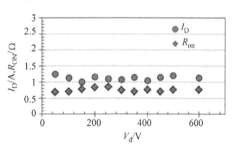

图 4.16　直接在 DC – DC 转换器中测量的动态电流和导通态电阻，显示了整个 600V 工作范围内的低色散

失效保护工作，电源开关必须常关。目前，增强模式工作有两种实现方式。一种是双芯片解决方案，使用耗尽模式器件与低压 Si MOSFET 的共源共栅连接，如图 4.17 所示；第二种是在图 4.18a 所示的 GaN HEMT 零偏压下使用 p 型栅耗尽沟道下的电荷的单芯片解决方案。

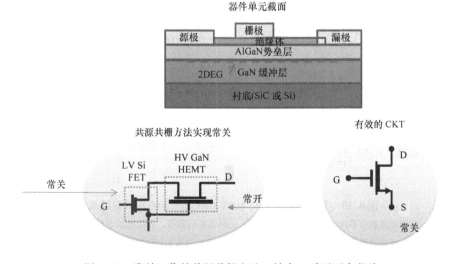

图 4.17　常关工作的共源共栅方法。缺点：需要两个芯片

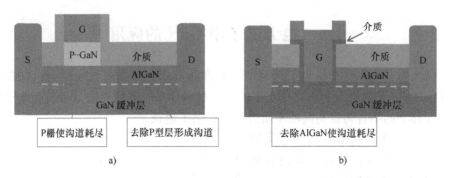

图 4.18 获得增强模式器件的方法

a) 结栅控的 HEMT（Panasonic，GaN systems）。缺点：阈值电压低

b) 沟道刻通的 MOSFET。缺点：器件和介质不合格

采用这两种方法实现的 600V 额定电压的器件已经进入了市场，第一种是 Transphorm 公司的产品[99]；第二种是 Panasonic 公司[100]（称为使用 AlGaN p 型层的栅注入晶体管或 GIT）和 GaN Systems 公司的产品[101]。200V 额定电压的器件已由 EPC 发布[102]。Transphorm 公司的共源共源产品通过严格的 JEDEC 标准，通过使用加速电场和温度应力提取了器件的寿命，如图 4.19 所示。600V 额定电压产品的寿命预计超过 1000 万 h，这使得该技术的可靠性与硅相当。p 型栅控的增强模式器件已显示出非常吸引人的性能，但目前还没有可用的器件寿命数据。图 4.20 显示了来自 Transphorm 公司的 310mΩ、600V 器件的典型性能，并与 385mΩ 的 CoolMOS 器件进行了比较。

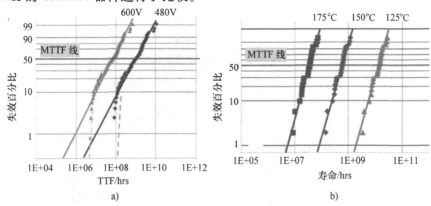

图 4.19 Transphorm 公司 600V GaN 加速的寿命试验结果

a) 电压加速的可靠性表征。在 900～1200V 之间收集的数据，并绘制的 600V 和 480V 下的数据曲线，使用逆幂律模型。在 600V MTTF 为 8×10^7 h　b) 温度加速的可靠性表征。从 318℃到 362℃在 T_J 处收集的数据显示激活能为 1.84eV，且没有早期失效模式的迹象。175℃时 MTTF 为 3×10^7 h

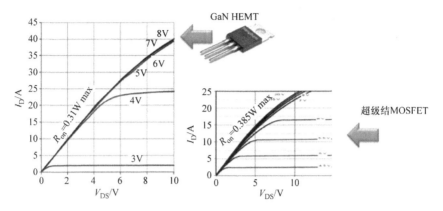

图 4.20 共源共栅器件与 Si – CoolMOS 的 IV 曲线比较

由于 HEMT 中电流的内在双向特性，采用 GaN 功率晶体管的新型结构是可行的，例如图 4.21a ~ d 中所示的 Diode – free™ 半桥结构。这消除了使用 MOS-FET 或 IGBT 的 Si 基半桥所需的整流二极管的成本和功率损耗（见图 4.21e）。此外，该器件的横向特性允许源极（半桥的低边）或漏极连接到所采用的封装的情况（半桥的高边），使得开关节点不具有与其相关联的封装外壳的电容（见图 4.22）。这样即使在较高开关速度下也能确保较低的 EMI 工作。

在高效率和低 EMI 下高频开关的能力使系统尺寸能够缩小，并降低无源元件和散热器的 BoM 成本。这些例子如图 4.23 中的 PFC 电路和图 4.24 中提供一

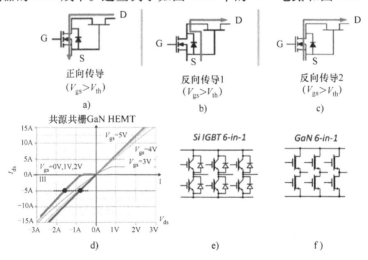

图 4.21 a) ~ c) Transphorm 公司共源共栅的正向和反向导通模式及 d) 其电流 – 电压特性，说明了这些器件的双向特性。一个三相逆变器具有 e) Si IGBT 器件和二极管，以及 f) 不需要外部高压二极管的双向 GaN 器件

个正弦电机驱动的带滤波器的紧凑型集成电机驱动器（TruSin™）所示。BoM 成本的节省抵消了诸如 GaN 晶体管之类的新技术的成本增加，并且允许以较低的系统成本实现更高的工作性能，如图 4.28 所示。

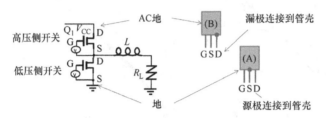

图 4.22　GaN 实现的较低 EMI 封装解决方案示意图

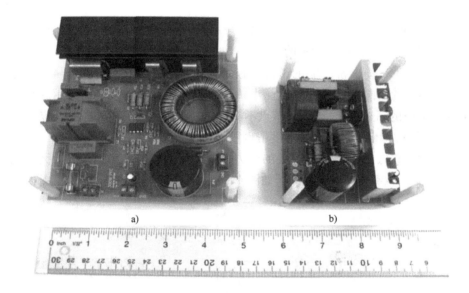

图 4.23　类似的 PFC 电路的比较

a）硅基，需要一个两级 EMI 滤波器和较大的电感

b）GaN 基，电感尺寸更小，EMI 滤波级少一级，由低损耗晶体管和二极管实现

　　此外，新型功率因数校正（PFC）拓扑，可由如图 4.25 所示的图腾柱结构实现，实际上是由 GaN 晶体管实现的，因为电流的双向特性和这种硬开关拓扑所需的低电容。使用这种无桥式拓扑（见图 4.26），在 385W 时效率超过 99%，这对于实现钛级功率转换性能至关重要。最后，GaN 晶体管能够在四象限开关（FQS）中双向阻断电压和传输电流。Si 器件的典型实现需要 4 个或 5 个独立的器件，如图 4.27a 所示。对于 GaN，这可以在一个器件中通过共用漂移区的两个栅极来实现，选择源极、漏极和栅极定义哪个器件可以阻断电压，如图 4.27 所

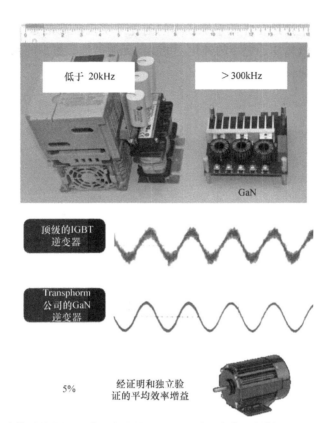

图 4.24 带正弦信号的电机驱动。左边是调整 Si 驱动器中使用的低于 20kHz PWM 信号所需
的滤波器，右边是用于 GaN 基电机驱动的 300kHz 信号调节所需的紧凑型滤波器。
由于未滤波的传统 IGBT 逆变器中的脉冲没有引起充/放电损耗，因此提高了电机效率

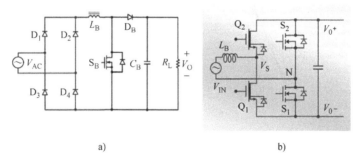

图 4.25　a）传统的带线性整流桥的 PFC 和 b）无二极管压降的图腾柱 PFC，Q_1 和
Q_2 为快速 PWM 开关，S_1 和 S_2 为 60Hz 慢开关。GaN 的低反向恢复
电荷（Q_{rr}）和双向能力使这种无桥 PFC 成为可能

示。GaN 的价值主张是在降低系统成本的前提下实现较高的系统性能，这是因为其具有更小的散热片、更小的钝化、更少的无源器件、更少的元器件数量和更小的外形尺寸（见图 4.28）。

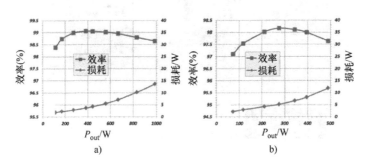

图 4.26　a）230V 输入和 b）115V 输入条件下，在 50kHz 开关频率和 390V 输出电压下，无桥 GaN 图腾柱 PFC 效率与输出功率的关系曲线

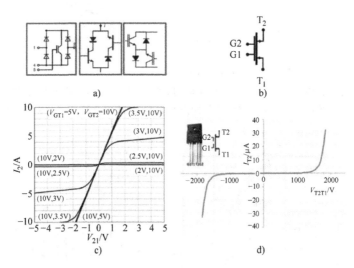

图 4.27　a）典型的四象限开关（FQS）的硅晶体管实现，需要 4 个或 5 个器件，b）GaN FQS 示意图，在单个器件中包含相同的功能，显示了在两个方向上具有低导通电阻和高电流和电压阻断能力的 GaN FQS 在 c）导通态和 d）关断态的 I - V 特性

— 82 —

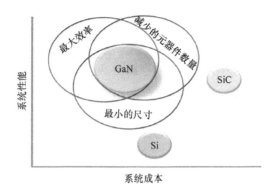

图 4.28 GaN 功率电子器件以较低的系统成本提供了更高的系统性能，这是因为通过在更高的频率下缩小无源元件，以及由于更高的效率而缩小的散热片，从而降低了 BoM 成本

4.7 结 论

氮化镓正逐渐成为未来几十年内与硅一起提供固态解决方案的下一个主要半导体材料。原因是基于氮化镓的解决方案的广泛性，从激光器到 LED，再到 RF 源和电源转换应用。一项新技术必须有广泛的应用，以便分摊技术成本，以可承受的成本提供更强大的功能。市场渗透率将与 GaN 基解决方案成本的降低成正比，其途径包括但不限于 Si 上 GaN 展现出了非凡的前景。到 2022 年，GaN 基电子产品的市场规模有望超过 10 亿美元，此后还将迅速增长。与此同时，如今的光电子市场规模已超过 100 亿美元，且增长势头迅猛。从学术和研究的角度来看，目前在氮化物方面有限的科学探索的情况下，这样一个市场是值得关注的。随着社会各界的努力和对材料与器件科学的更全面的了解，未来会更加光明。

致谢：感谢 ONR（Max Yoder、John Zolper、Harry Dietrich 和 Paul Maki）以及 DARPA 和 AFOSR 的持续资助。

参 考 文 献

1. Asif Khan M, Bhattarai A, Kuznia JN, Olson DT (1993) High electron mobility transistor based on a GaN Al$_x$Ga$_{1-x}$N heterojunction. Appl Phys Lett 63(9):1214–1215
2. Asif Khan M, Kuznia JN, Olson DT, Schaff WJ, Burm JW, Shur MS (1994) Microwave performance of a 0.25 μm gate AlGaN/GaN heterostructure field effect transistor. Appl Phys Lett 65(9):1121–1123
3. Wu YF, Keller BP, Keller S, Kapolnek D, Denbaars SP, Mishra UK (1996) Measured microwave power performance of AlGaN/GaN MODFET. IEEE Electron Device Lett 17 (9):455–457

4. Keller S, Wu YF, Parish G, Ziang N, Xu JJ, Keller BP, DenBaars SP, Mishra UK (2001) Gallium nitride based high power heterojunction field effect transistors: Process development and present status at UCSB. IEEE Trans Electron Devices 48(3):552–559

5. Wu YF, Keller BP, Keller S, Xu JJ, Thibeault BJ, Denbaars SP, Mishra UK (1999) GaN-based FETs for microwave power amplification. Ieice Trans Electron E82C(11): 1895–1905

6. Green BM, Chu KK, Chumbes EM, Smart JA, Shealy JR, Eastman LF (2000) Effect of surface passivation on the microwave characteristics of undoped AlGaN/GaN HEMT's. IEEE Electron Device Lett 21(6):268–270

7. Wu YF, Zhang N, Xu J, McCarthy L (2003) Group III nitride based FETs and HEMTs with reduced trapping and method for producing the same. US Patent 6 586 781

8. Wu Y, Kapolnek D, Ibbetson J (1999) High Al-content AlGaN/GaN HEMTs on SiC substrates with very high power performance. Electron Devices 20(4):925–927

9. Chini A, Buttari D, Coffie R, Heikman S, Keller S, Mishra UK (2004) 12 W/mm power density AlGaN/GaN HEMTs on sapphire substrate. Electron Lett 40(1):73

10. Ando Y, Okamoto Y, Miyamoto H, Nakayama T, Inoue T, Kuzuhara M (2003) 10-W/mm AlGaN-GaN HFET with a field modulating plate. IEEE Electron Device Lett 24(5):289–291

11. Wu Y-F, Saxler A, Moore M, Smith RP, Sheppard S, Chavarkar PM, Wisleder T, Mishra UK, Parikh P (2004) 30-W/mm GaN HEMTs by field plate optimization. IEEE Electron Device Lett 25(3):117–119

12. Wu Y-F, Moore M, Wisleder T, Chavarkar PM, Mishra UK, Parikh P (2004) High-gain microwave GaN HEMTs with source-terminated field-plates. IEDM Tech Dig IEEE Int Electron Devices Meet 25(3):1078–1079

13. Mishra UK, Shen L, Kazior TE, Wu Y-F (2008) GaN-based RF power devices and amplifiers. Proc IEEE 96(2):287–305

14. Wu Y-F, Moore M, Saxler A, Wisleder T, Parikh P (2006) 40-W/mm double field-plated GaN HEMTs. In: 2006 64th device research conference, pp 2005–2006

15. Lee C, Salzman K, Coffie R, Li V, Drandova G, Nagle T, Morgan D, Horng P, Hillyard S, Ruan J (2013) GaN on SiC HEMT process. In: Proceedings of the CS MANTECH conference, pp 91–94

16. Himes G, Maunder D, Kopp B (2013) Recent defense production act title III investments in compound semiconductor manufacturing readiness. In: Proceedings CS MANTECH conference, pp 83–86

17. Fury R, Sheppard ST, Barner JB, Pribble B, Fisher J, Gajewski DA, Radulescu F, Hagleitner H, Namishia D, Ring Z, Gao J, Lee S, Fetzer B, Mcfarland R, Milligan J, Palmour J (2013) GaN-on-SiC MMIC production for S-band and EW-band applications. In: 2013 international conference on compound semiconductor manufacturing technology CS MANTECH 2013, pp 95–98

18. Smolko J, Whelan CS, Macdonald C, Krause J, Mikesell B, Benedek M (2013) Raytheon title III gallium nitride (GaN) production program. In: 2013 International conference on compound semiconductor manufacturing technology CS MANTECH 2013, pp 87–90

19. US Government Honors Raytheon for Completing Title III GaN Production Improvement Program (2013) Semiconductor today [Online]. Available http://www.semiconductor/today. com/news_items/2013/JUN/RAYTHEON_130613.html. Accessed 05 Apr 2016

20. AFRL's Defense Production Act Title III Program for X-band GaN MMICs Completed A (2014) Semiconductor today [Online]. Available http://www.semiconductor/today.com/ news_items/2014/JAN/AFRL_020114.shtml. Accessed 05 Apr 2016

21. Cree earns US DoD MRL8 Designation After Completing Title III GaN-on-SiC Production Capacity Program (2014) Semiconductor today

22. Frye B (2014) TriQuint becomes first manufacturer to achieve MRL 9 for GaN (Press Release) [Online]. Available http://www.triquint.com/newsroom/news/2014/triquint-first-manufacturer-to-achieve-mrl-9-for-gan. Accessed 05 Apr 2016

23. http://www.sedi.co.jp/

24. Judson J (2016) GaN-based patriot prototype preps for public debut. Defense news [Online].

Available http://www.defensenews.com/story/defense-news/2016/02/27/gan-based-patriot-prototype-preps-public-debut/80999806/

25. Ridley BK, Schaff WJ, Eastman LF (2004) Hot-phonon-induced velocity saturation in GaN. J Appl Phys 96(3):1499–1502

26. Matulionis A (2006) Feature article: hot phonons in GaN channels for HEMTs. Phys Status Solidi Appl Mater Sci 203(10):2313–2325

27. Khurgin J, Ding YJ, Jena D (2007) Hot phonon effect on electron velocity saturation in GaN: a second look. Appl Phys Lett 91(25):2–4

28. Palacios T, Chakraborty A, Rajan S, Poblenz C, Keller S, DenBaars SP, Speck JS, Mishra UK (2005) High-power AlGaN/GaN HEMTs for Ka-band applications. IEEE Electron Device Lett 26(11):781–783

29. Moon JS, Wu S, Wong D, Milosavljevic I, Conway A, Hashimoto P, Hu M, Antcliffe M, Micovic M (2005) Gate-recessed AlGaN-GaN HEMTs for high-performance millimeter-wave applications. IEEE Electron Device Lett 26(6):348–350

30. Wu Y-F, Moore M, Saxler A, Wisleder T, Mishra UK, Parikh P (2005) 8-watt GaN HEMTs at millimeter-wave frequencies. In: IEEE international electron devices meeting. IEDM technical digest, vol 00, no c, pp 583–585

31. Smith PM, Dugas D, Chu K, Nichols K, Duh KG, Fisher J, Xu D, Gunter L, Vera A, Lender R, Meharry D (2003) Progress in GaAs metamorphic HEMT technology for microwave applications. In: 25th annual technical digest 2003. IEEE Gallium Arsenide integrated circuit (GaAs IC) symposium, pp 21–24

32. Chen S, Nayak S, Kao M-Y, Delaney J (2004) A Ka/Q-band 2 Watt MMIC power amplifier using dual recess 0.15 μm PHEMT process. In: 2004 IEEE MTT-S international microwave symposium digest (IEEE Cat. No. 04CH37535), pp 1669–1672

33. Federal Communications Commission (2003) In the matter of allocations and service rules for the 71-76 GHz, 81-86 GHz and 92-95 GHz Bands: Loea communications corporation petition for rulemaking. FCC 03-248, 4 Nov 2003

34. Micovic M, Kurdoghlian A, Hashimoto P, Hu M, Antcliffe M, Willadsen PJ, Wong WS, Bowen R, Milosavljevic I, Schmitz A, Wetzel M, Chow DH (2006) GaN HFET for W-band power applications. In: International electron devices meeting, pp 1–3

35. Shinohara K, Regan DC, Tang Y, Corrion AL, Brown DF, Wong JC, Robinson JF, Fung HH, Schmitz A, Oh TC, Kim SJ, Chen PS, Nagele RG, Margomenos AD, Micovic M (2013) Scaling of GaN HEMTs and schottky diodes for submillimeter-wave MMIC applications. IEEE Trans Electron Devices 60(10):2982–2996

36. Margomenos A, Kurdoghlian A, Micovic M, Shinohara K, Brown DF, Corrion AL, Moyer HP, Burnham S, Regan DC, Grabar RM, McGuire C, Wetzel MD, Bowen R, Chen PS, Tai HY, Schmitz A, Fung H, Fung A, Chow DH (2014) GaN technology for E, W and G-band applications. In: 2014 IEEE compound semiconductor integrated circuit symposium (CSICS), pp 1–4

37. Schellenberg JM (2015) A 2-W W-band GaN traveling-wave amplifier with 25-GHz bandwidth. IEEE Trans Microw Theory Tech 63(9):2833–2840

38. Camargo E, Schellenberg J, Bui L, Estella N (2014) Power GaAs MMICs for E-band communications applications. In: 2014 IEEE MTT-S international microwave symposium (IMS2014), pp 1–4

39. Makiyama K, Ozaki S, Ohki T, Okamoto N, Minoura Y, Niida Y, Kamada Y, Joshin K, Watanabe K, Miyamoto Y (2015) Collapse-free high power InAlGaN/GaN-HEMT with 3 W/mm at 96 GHz. In: 2015 IEEE international electron devices meeting, pp 213–216.

40. Yu ET, Sullivan GJ, Asbeck PM, Wang CD, Qiao D, Lau SS (1997) Measurement of piezoelectrically induced charge in GaN/AlGaN heterostructure field-effect transistors. Appl Phys Lett 71(19):2794

41. Bykhovski AD, Gaska R, Shur MS (1998) Piezoelectric doping and elastic strain relaxation in AlGaN-GaN heterostructure field effect transistors. Appl Phys Lett 73(24):3577–3579

42. Smorchkova I, Elsass C, Ibbetson J, Vetury R, Heying B, Fini P, Haus E, DenBaars S, Speck J, Mishra U (1999) Polarization-induced charge and electron mobility in AlGaN/GaN

heterostructures grown by plasma-assisted molecular-beam epitaxy. J Appl Phys 86(8): 4520–4526

43. Keller S, Li H, Laurent M, Hu Y, Pfaff N, Lu J, Brown DF, Fichtenbaum NA, Speck JS, Denbaars SP, Mishra UK (2014) Recent progress in metal-organic chemical vapor deposition of (000-1) N-polar group-III nitrides. Semicond Sci Technol 29:113001

44. Wong MH, Keller S, Dasgupta NS, Denninghoff DJ, Kolluri S, Brown DF, Lu J, Fichtenbaum NA, Ahmadi E, Singisetti U, Chini A, Rajan S, DenBaars SP, Speck JS, Mishra UK (2013) N-polar GaN epitaxy and high electron mobility transistors. Semicond Sci Technol 28(7):074009

45. Murphy MJ, Chu K, Wu H, Yeo W, Schaff WJ, Ambacher O, Smart J, Shealy JR, Eastman LF, Eustis TJ (1999) Molecular beam epitaxial growth of normal and inverted two-dimensional electron gases in AlGaN/GaN based heterostructures. J Vac Sci Technol B Microelectron Nanometer Struct 17(3):1252–1254

46. Dimitrov R, Murphy M, Smart J, Schaff W, Shealy JR, Eastman LF, Ambacher O, Stutzmann M (2000) Two-dimensional electron gases in Ga-face and N-face AlGaN/GaN heterostructures grown by plasma-induced molecular beam epitaxy and metalorganic chemical vapor deposition on sapphire. J Appl Phys 87(7):3375

47. Hellman ES (1998) The polarity of GaN: a Critical Review. MRS Internet J Nitride Semicond Res 3(1998):e11

48. Sasaki T, Matsuoka T (1988) Substrate-polarity dependence of metal-organic vapor-phase epitaxy-grown GaN on SiC. J Appl Phys 64(9):4531–4535

49. Rajan S, Chini A, Wong MH, Speck JS, Mishra UK (2007) N-polar GaNAlGaNGaN high electron mobility transistors. J Appl Phys 102(4):044501

50. Ambacher O, Smart J, Shealy JR, Weimann NG, Chu K, Murphy M, Schaff WJ, Eastman LF, Dimitrov R, Wittmer L, Stutzmann M, Rieger W, Hilsenbeck J (1999) Two-dimensional electron gases induced by spontaneous and piezoelectric polarization charges in N- and Ga-face AlGaN/GaN heterostructures. J Appl Phys 85(6):3222

51. Ambacher O, Foutz B, Smart J, Shealy JR, Weimann NG, Chu K, Murphy M, Sierakowski AJ, Schaff WJ, Eastman LF, Dimitrov R, Mitchell A, Stutzmann M (2000) Two dimensional electron gases induced by spontaneous and piezoelectric polarization in undoped and doped AlGaN/GaN heterostructures. J Appl Phys 87(1):334

52. Morkoç H, Di Carlo A, Cingolani R (2002) GaN-based modulation doped FETs and UV detectors. Solid State Electron 46(2):157–202

53. Kusakabe K, Kishino K, Kikuchi A, Yamada T, Sugihara D, Nakamura S (2001) Reduction of threading dislocations in migration enhanced epitaxy grown GaN with N-polarity by use of AlN multiple interlayer. J Cryst Growth 230(3–4):387–391

54. Monroy E, Sarigiannidou E, Fossard F, Gogneau N, Bellet-Amalric E, Rouvire JL, Monnoye S, Mank H, Daudin B (2004) Growth kinetics of N-face polarity GaN by plasma-assisted molecular-beam epitaxy. Appl Phys Lett 84(18):3684–3686

55. Zauner ARA, Weyher JL, Plomp M, Kirilyuk V, Grzegory I, Van Enckevort WJP, Schermer JJ, Hageman PR, Larsen PK (2000) Homo-epitaxial GaN growth on exact and misoriented single crystals: suppression of hillock formation. J Cryst Growth 210(4): 435–443

56. Zauner ARA, Aret E, Van Enckevort WJP, Weyher JL, Porowski S, Schermer JJ (2002) Homo-epitaxial growth on the N-face of GaN single crystals: the influence of the misorientation on the surface morphology. J Cryst Growth 240(1–2):14–21

57. Rajan S, Wong M, Fu Y, Wu F, Speck JS, Mishra UK (2005) Growth and electrical characterization of N-face AlGaN/GaN heterostructures. Japan J Appl Phys Lett 44, no 46–49

58. Keller S, Fichtenbaum NA, Wu F, Brown D, Rosales A, Denbaars SP, Speck JS, Mishra UK (2007) Influence of the substrate misorientation on the properties of N-polar GaN films grown by metal organic chemical vapor deposition. J Appl Phys 102(8):0–6

59. Brown DF, Keller S, Wu F, Speck JS, DenBaars SP, Mishra UK (2008) Growth and characterization of N-polar GaN films on SiC by metal organic chemical vapor deposition.

J Appl Phys 104(2):024301

60. Ahmadi E, Wu F, Li H, Kaun SW, Tahhan M, Hestroffer K, Keller S, Speck JS, Mishra UK (2015) N-face GaN/AlN/GaN/InAlN and GaN/AlN/AlGaN/GaN/InAlN high-electron-mobility transistor structures grown by plasma-assisted molecular beam epitaxy on vicinal substrates. Semicond Sci Technol 30(5):055012

61. Wienecke S, Romanczyk B, Guidry M, Li H, Zheng X, Ahmadi E, Hestroffer K, Keller S, Mishra U (2015) N-polar deep recess HEMTs for W-band power applications. In: Presented at 42nd international symposium on compound semiconductors

62. Chini A, Fu Y, Rajan S, Speck J, Mishra UK (2005) An experimental method to identify bulk and surface traps in GaN HEMTs. In: 32nd international symposium on compound semiconductors (ISCS), vol 1, pp 1–2

63. Wienecke S, Guidry M, Li H, Ahmadi E, Hestroffer K, Zheng X, Keller S, Mishra UK (2014) Optimization of back-barrier doping in graded AlGaN N-face MISHEMTs. In: (poster) 2014 IEEE lester eastman conference, New York, 5–7 Aug 2014

64. Grundman M (2007) Polarization-induced tunnel junctions in III-nitrides for optoelectronic applications. PhD Thesis, University of California

65. Wong MH, Singisetti U, Lu J, Speck JS, Mishra UK (2011) Anomalous output conductance in N-polar GaN-based MIS-HEMTs. In: 69th device research conference, pp 211–212

66. Schaake CA, Brown DF, Swenson BL, Keller S, Speck JS, Mishra UK (2013) A donor-like trap at the InGaN/GaN interface with net negative polarization and its possible consequence on internal quantum efficiency. Semicond Sci Technol 28(10):105021

67. Wong MH, Pei Y, Brown DF, Keller S, Speck JS, Mishra UK (2009) High-performance N-face GaN microwave MIS-HEMTs with >70 % power-added efficiency. IEEE Electron Device Lett 30(8):802–804

68. Wong MH, Brown DF, Schuette ML, Kim H, Balasubramanian V, Lu W, Speck JS, Mishra UK (2011) X-band power performance of N-face GaN MIS-HEMTs. Electron Lett 47(3):214

69. Kolluri S, Member S, Keller S, Denbaars SP, Mishra UK (2012) Microwave Power Performance N-Polar GaN MISHEMTs Grown by MOCVD on SiC Substrates Using an Al$_2$O$_3$ etch-stop technology. IEEE Electron Device Lett 33(1):44–46

70. Pei Y, Chu R, Fichtenbaum NA, Chen Z, Brown D, Shen L, Keller S, DenBaars SP, Mishra UK (2007) Recessed slant gate AlGaN/GaN high electron mobility transistors with 20.9 W/mm at 10 GHz. Jpn J Appl Phys 46(45):L1087–L1089

71. Guerra D, Akis R, Ferry DK, Goodnick SM, Saraniti M, Marino FA (2010) Cellular Monte Carlo study of RF short-channel effects, effective gate length, and aspect ratio in GaN and InGaAs HEMTs. In: 2010 14th international workshop computational electronics, IWCE 2010, vol 1, pp 105–108

72. Guerra D, Saraniti M, Faralli N, Ferry DK, Goodnick SM, Marino FA (2010) Comparison of N- and Ga-face GaN HEMTs through cellular Monte Carlo simulations. IEEE Trans Electron Devices 57(12):3348–3354

73. Park PS, Rajan S (2011) Simulation of Short-Channel Effects in N- and Ga-Polar AlGaN/GaN HEMTs. IEEE Trans Electron Devices 58(3):704–708

74. Denninghoff D, Lu J, Ahmadi E, Keller S, Mishra U (2012) N-polar GaN/InAlN/AlGaN MIS-HEMTs with highly scaled GaN channels. In: International symposium on compound semiconductors (ISCS)

75. Dasgupta NS, Brown DF, Keller S, Speck JS, Mishra UK (2009) N-polar GaN-based highly scaled self-aligned MIS-HEMTs with state-of-the-art fT-LG product of 16.8 GHz-μm. In: 2009 IEEE international electron devices meeting (IEDM), vol 805, pp 1–3

76. Dasgupta NS, Brown DF, Wu F, Keller S, Speck JS, Mishra UK (2010) Ultralow nonalloyed Ohmic contact resistance to self aligned N-polar GaN high electron mobility transistors by In (Ga)N regrowth. Appl Phys Lett 96(14):3–6

77. Singisetti U, Hoi Wong M, Mishra UK (2012) Interface roughness scattering in ultra-thin N-polar GaN quantum well channels. Appl Phys Lett 101(1):1–5

78. Carlin JF, Ilegems M (2003) High-quality AlInN for high index contrast Bragg mirrors lattice

matched to GaN. Appl Phys Lett 83(4):668–670

79. Lorenz K, Franco N, Alves E, Watson IM, Martin RW, O'Donnell KP (2006) Anomalous ion channeling in AlInN/GaN bilayers: determination of the strain state. Phys Rev Lett 97(8):1–4

80. Kuzmik J (2001) Power electronics on InAlN/(In)GaN: prospect for a record performance. IEEE Electron Device Lett 22(11):510–512

81. Brown DF, Keller S, Mates TE, Speck JS, Denbaars SP, Mishra UK (2010) Growth and characterization of In-polar and N-polar InAlN by metal organic chemical vapor deposition. J Appl Phys 107(3):1–8

82. Brown DF, Nidhi SR, Wu F, Keller S, DenBaars SP, Mishra UK (2010) N-Polar InAlN/AlN/GaN MIS-HEMTs. IEEE Electron Device Lett 31(8):800–802

83. Dasgupta S, Choi S, Wu F, Speck JS, Mishra UK (2011) Growth, structural, and electrical characterizations of N-polar InAlN by plasma-assisted molecular beam epitaxy. Appl Phys Express 4(4):045502

84. Dasgupta NS, Lu J, Speck JS, Mishra UK (2012) Self-Aligned N-polar GaN/InAlN MIS-HEMTs with record extrinsic transconductance of 1105 mS/mm. IEEE Electron Device Lett 33(6):794–796

85. Ahmadi E, Shivaraman R, Wu F, Wienecke S, Kaun SW, Keller S, Speck JS, Mishra UK (2014) Elimination of columnar microstructure in N-face InAlN, lattice-matched to GaN, grown by plasma-assisted molecular beam epitaxy in the N-rich regime. Appl Phys Lett 104(7):2014–2017

86. Lu J, Denninghoff D, Yeluri R, Lal S, Gupta G, Laurent M, Keller S, Denbaars SP, Mishra UK (2013) Very high channel conductivity in ultra-thin channel N-polar GaN/(AlN, InAlN, AlGaN) high electron mobility hetero-junctions grown by metalorganic chemical vapor deposition. Appl Phys Lett 102(23):16–21

87. Lu J, Zheng X, Guidry M, Denninghoff D, Ahmadi E, Lal S, Keller S, Denbaars SP, Mishra UK (2014) Engineering the (In, Al, Ga)N back-barrier to achieve high channel-conductivity for extremely scaled channel-thicknesses in N-polar GaN high-electron-mobility-transistors. Appl Phys Lett 104(9):092107

88. Denninghoff D, Lu J, Ahmadi E, Keller S, Mishra UK (2013) N-polar GaN/InAlN/AlGaN MIS-HEMTs with 1.89 S/mm extrinsic transconductance, 4 A/mm drain current, 204 GHz f T and 405 GHz f max, vol 33, no 7

89. Laurent MA, Gupta G, Suntrup DJ, DenBaars SP, Mishra UK (2016) Barrier height inhomogeneity and its impact on (Al, In, Ga)N Schottky diodes. J Appl Phys 119(6):064501

90. Shen L, Coffie R, Buttari D, Heikman S, Chakraborty A, Chini A, Keller S, DenBaars SP, Mishra UK (2004) High-power polarization-engineered GaN/AlGaN/GaN HEMTs without surface passivation. IEEE Electron Device Lett 25(1):7–9

91. Shen L, Pei Y, McCarthy L, Poblenz C, Corrion A, Fichtenbaum N, Keller S, Denbaars SP, Speck JS, Mishra UK (2007) Deep-recessed GaN HEMTs using selective etch technology exhibiting high microwave performance without surface passivation. IEEE MTT-S international microwave symposium digest, pp 623–626

92. Shen L, Palacios T, Poblenz C, Corrion A, Chakraborty A, Fichtenbaum N, Keller S, Denbaars SP, Speck JS, Mishra UK (2006) Unpassivated high power deeply recessed GaN HEMTs with fluorine-plasma surface treatment. IEEE Electron Device Lett 27(4):214–216

93. Chu R, Shen L, Fichtenbaum N, Brown D, Chen Z, Keller S, DenBaars SP, Mishra UK (2008) V-Gate GaN HEMTs for X-Band power applications. IEEE Electron Device Lett 29(9):974–976

94. Dasgupta NS, Keller S, Speck JS, Mishra UK (2011) N-polar GaN/AlN MIS-HEMT with fMAX of 204 GHz for Ka-Band applications. IEEE Electron Device Lett 32(12):1683–1685

95. Kolluri S, Brown DF, Wong MH, Dasgupta S, Keller S, Denbaars SP, Mishra UK (2011) RF performance of deep-recessed N-polar GaN MIS-HEMTs using a selective etch technology without Ex Situ surface passivation. IEEE Electron Device Lett 32(2):134–136

96. Wienecke S, Romanczyk B, Guidry M, Li H, Zheng X, Ahmadi E, Hestroffer K, Megalini L, Keller S, Mishra U (2016) N-polar deep recess MISHEMTs with record 2.9 W/mm at 94 GHz. IEEE Electron Device Lett 37(6):713–716. doi:10.1109/LED.2016.2556717

97. Guidry M, Wienecke S, Romanczyk B, Zheng X, Li H, Ahmadi E, Hestroffer K, Keller S, Mishra UK (2016) W-band passive load pull system for on-wafer characterization of high power density N-polar GaN devices based on output match and drive power requirements vs. gate width. In: 87th ARFTG Conference, San Fransisco, CA pp 1–4

98. Guidry M, Wienecke S, Romanczyk B, Li H, Zheng X, Ahmadi E, Hestroffer K, Keller S, Mishra UK (2016) Small-signal model extraction of mm-wave N-polar GaN MISHEMT exhibiting record performance: analysis of gain and validation by 94 GHz loadpull. In: International microwave symposium 2016 (IMS2016), San Fransisco, CA, (accepted)

99. http://www.transphormusa.com/

100. http://www.semicon.panasonic.co.jp/en/products/powerics/ganpower/

101. http://www.gansystems.com/

102. http://epc-co.com/epc

103. Zhang N (2002) High voltage GaN HEMTs with low on-resistance for switching applications", PhD dissertation. ECE Dept, Univ. of California, Santa Barbara

104. Quay R, Tessmann A, Kiefer R, Maroldt S, Haupt C, Nowotny U, Weber R, Massler H, Schwantuschke D, Seelmann-Eggebert M, Leuther A, Mikulla M, Ambacher O (2011) Dual-gate GaN MMICs for MM-wave operation. IEEE Microw Wirel Compon Lett 21(2):95–97

105. van Heijningen M, Rodenburg M, van Vliet FE, Massler H, Tessmann A, Brueckner P, Mueller S, Schwantuschke D, Quay R, Narhi T, IEEE (2012) W-band power amplifier MMIC with 400 mW output power in 0.1 μm AlGaN/GaN technology. In: 2012 7th European microwave integrated circuits conference, pp 135–138

106. Marti D, Tirelli S, Teppati V, Lugani L, Carlin JF, Malinverni M, Grandjean N, Bolognesi CR (2015) 94-GHz large-signal operation of AlInN/GaN high-electron-mobility transistors on silicon with regrown ohmic contacts. IEEE Electron Device Lett 36(1):17–19

107. van Heijningen M, Rodenburg M, van Vliet FE, Massler H, Tessmann A, Brueckner P, Mueller S, Schwantuschke D, Quay R, Narhi T, IEEE (2012) W-band power amplifier MMIC with 400 mW output power in 0.1 μm AlGaN/GaN technology. In: 2012 7th European microwave integrated circuits conference, pp 135–138

108. Makiyama K, Ozaki S, Okamoto N, Ohki T, Niida Y, Kamada Y, Joshin K, Watanabe K (2014) GaN-HEMT technology for high power millimeter-wave amplifier. In: Lester Eastman conference, pp 5–8

109. Masuda S, Ohki T, Makiyama K, Kanamura M, Okamoto N, Shigematsu H, Imanishi K, Kikkawa T, Joshin K, Hara N (2009) GaN MMIC amplifiers for W-band transceivers. In: Proceedings 39th European microwave conference EuMC, pp 1796–1799

110. Joshin K, Makiyama K, Ozaki S, Ohki T, Okamoto N, Niida Y, Sato M, Masuda S, Watanabe K (2014) Millimeter-wave GaN HEMT for power amplifier applications. IEICE Trans Electron E97.C(10):923–929

111. Makiyama K, Ohki T, Kanamura M, Joshin K, Imanishi K, Hara N, Kikkawa T (2009) High-power GaN-HEMT with high three-terminal breakdown voltage for W-band applications. Phys Status Solidi 6(S2):S1012–S1015

112. Micovic M, Kurdoghlian A, Moyer HP, Hashimoto P, Hu M, Antcliffe M, Willadsen PJ, Wong WS, Bowen R, Milosavljevic I, Yoon Y, Schmitz A, Wetzel M, McGuire C, Hughes B, Chow DH (2008) GaN MMIC PAs for E-band (71 GHz–95 GHz) radio. In: 2008 IEEE compound semiconductor integrated circuits symposium, pp 1–4

113. Micovic M, Kurdoghlian A, Shinohara K, Burnham S, Milosavljevic I, Hu M, Corrion A, Fung A, Lin R, Samoska L, Kangaslahti P, Lambrigtsen B, Goldsmith P, Wong WS, Schmitz A, Hashimoto P, Willadsen PJ, Chow DH (2010) W-band GaN MMIC with 842 mW output power at 88 GHz. In: 2010 IEEE MTT-S international microwave symposium, pp 237–239

114. Brown DF, Williams A, Shinohara K, Kurdoghlian A, Milosavljevic I, Hashimoto P, Grabar R, Burnham S, Butler C, Willadsen P, Micovic M (2011) W-band power performance of AlGaN/GaN DHFETs with regrown n + GaN ohmic contacts by MBE. In: 2011 international electron devices meeting, pp 19.3.1–19.3.4

115. Micovic M, Kurdoghlian A, Margomenos A, Brown DF, Shinohara K, Burnham S, Milosavljevic I, Bowen R, Williams AJ, Hashimoto P, Grabar R, C. Butler, A. Schmitz, P. J. Willadsen, and D. H. Chow, "92-96 GHz GaN power amplifiers," in *2012 IEEE/MTT-S International Microwave Symposium Digest*, 2012, pp. 1–3

116. Brown A, Brown K, Chen J, Hwang KC, Kolias N, Scott R (2011) W-band GaN power amplifier MMICs. In: 2011 IEEE MTT-S international microwave symposium, pp 1–4

117. Schellenberg J, Kim B, Phan T (2013) W-band, broadband 2 W GaN MMIC. In: 2013 IEEE MTT-S international microwave symposium digest (MTT), pp 1–4

118. Xu D, Chu KK, Diaz JA, Ashman M, Komiak JJ, Pleasant LM, Creamer C, Nichols K, Duh KHG, Smith PM, Chao PC, Dong L, Ye PD (2015) 0.1 μm atomic layer deposition Al_2O_3 passivated InAlN/GaN high electron-mobility transistors for E-band power amplifiers. IEEE Electron Device Lett 36(5):442–444

119. Lu J (2013) Design and epitaxial growth of ultra-scaled N-polar GaN/(In, Al, Ga) N HEMTs by metal organic chemical deposition and device characterization. PhD Dissertation, University of California, Santa Barbara

第5章 »

垂直GaN技术——材料、器件和应用

Srabanti Chowdhury

5.1 引 言

随着固态电力电子技术的普及，垂直 GaN 器件正成为下一代功率变换器的基本解决方案。从给手机充电到卫星电源系统，我们在现代世界所见到的几乎所有的电子应用中都需要进行功率变换。虽然这些应用背后的功率变换系统的复杂性和阶段可能大不相同，但基本构造模块是相似的。固态功率变换器由 boost 转换器（升压）、buck 变换器（降压）、逆变器（将 DC 电转换为 AC 电）、相变转换器（从单相变为三相）、功率因数控制器（用于降低输出无功功率）和整流器（AC—DC）等构造模块组成。固态电子器件，称为电力电子"开关"，以二极管和晶体管的形式存在，是这些功率变换器的组成部分。开关通常被称为变换器的"心脏"，在实现高效功率变换方面起着核心作用。图 5.1 显示了一个三相逆变电路，其中开关晶体管的作用是突出显示的。硅（Si）一直是半导体工业的支柱，与计算电子一起构成了电力电子。在金属氧化物半导体场效应晶体管（MOSFET）及其各种适应的形式，特别是 CoolMOSFET[1,2]、绝缘栅双极型晶体管（IGBT）[1]，双极结型晶体管（BJT）和二极管的形式中，Si 为电力电子行业提供了极为出色的服务，为电路和系统层面的创新创造了新的平台。然而，为了支持这些应用在工业和家庭中日益增长的多样性和功率需求，需要 Si 以外的其他解决方案。通过在更高频率或更高温度下驱动电路，在系统级获得的优势刺激了对宽禁带半导体的需求，而宽禁带半导体提供了支持此类工作所需的材料特性。SiC 和 GaN 已经成为下一代功率变换器的两大领先技术，推动着功率变换器朝着更高功率密度、更高效率和更大功能的方向发展。

就像其他能量转换一样，功率变换在所有阶段都会产生损耗。AlGaN/GaN HEMT 最近的创新表明，在中等功率变换领域，在器件（开关）级别实现的节能可以转化为系统级别的节能，这在能量和成本方面都是如此。从电源转换器的垂直器件技术可以预期类似或更多的结果。我们对数据服务器、移动计算、通信和自动化各个层面的日益依赖，使得无损耗功率变换的重要性更为显著。图5.2显示了目标应用的整个电源需求范围。GaN垂直器件将处于这些应用所要求的下一代电力电子器件的最前沿。

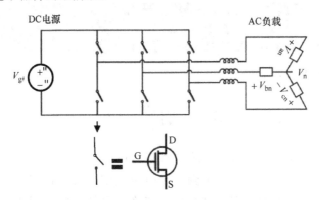

图5.1 三相逆变电路显示了 DC 到三相 AC 信号的变换，
图中所示的开关是固态功率变换器中的晶体管

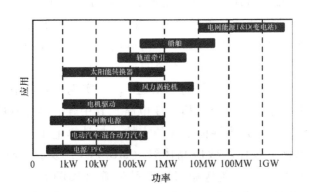

图5.2 各种应用的功率要求。垂直 GaN 器件将在 30kW 以上的功率变换中
发挥主要作用（图表基于 Yole 的开发报告[1]）

因此，实现"低损耗"系统的基本方法是从制造"零损耗"开关开始的。"低损耗"开关的关键在于半导体材料的可实现特性，以便在开关开启时实现低电阻的沟道。虽然有几种不同的半导体具有很好的材料性能，但除了高临界电场（3MV/cm）外，GaN（及其家族的其他成员，如 AlGaN）提供的主要优势是具有非常高的迁移率的沟道，至少比最大可实现的 MOSFET 沟道迁移率高 10 倍。通过适当设计 AlGaN 或其他 III-族氮化物，可以提高选择区的迁移率。利用这种

优势的一个典型例子是电流孔径垂直电子晶体管（CAVET），它将作为本章中讨论各种概念的代表。

图 5.3 CAVET 的示意图。虽然 CAVET 设计的独创性在于将横向沟道与垂直漂移区合并，但与大多数其他垂直器件类似，它依赖于孔径和漂移区。所有垂直器件的共同点是电流阻断层（CBL）用来阻止电流流入任何寄生泄漏路径，以及一个漂移区用来阻断关断态电压。

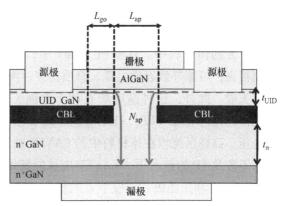

图 5.3　标记出关键参数的 CAVET 示意图。标记的五个参数，即 L_{ap}、L_{go}、N_{ap}、t_{UID} 和 t_n - 是最重要的，并作为仿真设计的基础参数

5.2　器件拓扑

5.2.1　垂直器件与横向器件的比较 ★★★

到目前为止，GaN 电力电子的大部分工作都致力于 HEMT 实现中的横向几何结构，这是正确的，因为 AlGaN/GaN 系统的主要好处（低比 R_{on}）在于 2DEG，它本质上是水平的[3-8]。然而，在高功率限制下，横向器件总是让位于垂直器件。DMOS、IGBT、HEXFET 和 CoolMOS 都具有垂直的拓扑结构，以减小给定的额定电流下的芯片面积。在高功率密度下对高频工作的需求不断增加，使得研究垂直方向上保持电压的器件变得至关重要。与 Si 和 SiC 不同，GaN 基器件具有独特的优势，即在 $Al_x Ga_y N$ 和 GaN 之间形成极化诱导的二维电子气（2DEG），从而提供高电荷密度和高迁移率沟道。为了降低导通态电阻（R_{ON}），CAVET 首先限制电子水平通过 2DEG，然后垂直通过一个厚漂移区。CBL 是 CAVET 和其他垂直器件的一个组成部分，其放置方式使得电子（电流反向流动）被引导通过一个孔径进入类似于 DMOS 的漂移区。在关断态下，通过耗尽漂移区来保持大部分电压，导致电场峰值出现在孔径内（如果 CBL 是 p 型层，则在 p - n 结处）。

CAVET 与 Si DMOSFET 在许多方面类似，但在一个主要方面 CAVET 与后者不同。图 5.3 中所示的 CAVET 是一个常开的器件，不同于 DMOSFET，DMOS-

FET 是常关的，并且传导只在正阈值电压下感应反型沟道层时开始。垂直器件如 CAVET 和其他 CAVET 的变体的最大优势在于，在这些器件中，高电场区域掩埋在栅极下方的体材料中。在横向 HEMT 中，栅极的靠漏边缘有一个高电场区，其峰值很高，可能导致表面电弧、介质击穿、沟道击穿和封装击穿，从而导致器件过早失效。此外，这种高电场有利于表面态的充电，导致 HEMT 中的色散。具有表面钝化的场板（FP）技术有助于减少色散，而形成的电场会导致更高的击穿电压。高场区掩埋在体材料中的 CAVET 被认为是不受表面态相关色散影响的。在不涉及 FP 的情况下，CAVET 应该能够维持与 GaN 临界电场相对应的高电压。CAVET 利用源极和漏极下方的整个区域来支撑电压，不像 HEMT 中从源极到栅极的区域不支撑任何有效电压。由于掩埋的电场，CAVET 每微米应提供更高的电压。图 5.4 概述了 CAVET（或其任何变体，如垂直 JFET 或 MOSFET）如何在不需要大量的 FP 要求的情况下提供电场管理的论点。CBL 对抑制关断状态下产生的电场起着至关重要的作用。对于更高的电压设计，需要适当的边缘和场终端，使得在漂移区 CBL 和孔径中的电场均匀分布。垂直结构使得电场分布比具有 FP 的 HEMT 更均匀，这是最大化"每微米伏特"的关键。

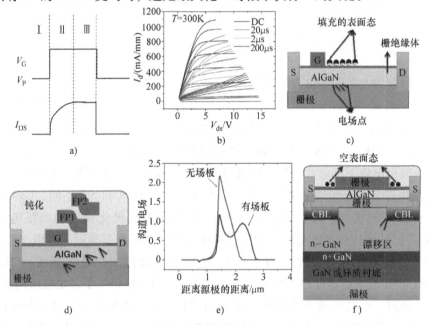

图 5.4　a) 色散器件的 $I-V$ 特性。色散会导致开关损耗　b) 没有场板的横向器件在栅极的漏边缘产生高电场，导致表面态被占据而引起色散　c) 采用场板来减小和控制峰值电场，以减小色散并提高击穿电压　d) 两个场板使出现在栅极的靠漏边缘的没有任何 FP 的单峰值变平　e) 垂直晶体管的峰值电场区掩埋在体材料中。这使得表面态未被占据，不会引起色散

5.3　CAVET 的演变

Ben Yaacov 等人[9]设计了具有 RF 功率性能的第一代 CAVET，并在 2000 ~ 2004 年期间成功地进行了演示，其结构在蓝宝石上生长，漂移区的生长厚度不超过 0.5μm。通过在 GaN 层中掺杂 Mg 来实现 CBL。任何 CAVET 的制造都需要 AlGaN/GaN 层的再生长，从而产生了 2DEG。在这个设计中，掺 Mg 的 GaN 形成了 CBL，孔径区域需要与沟道和 AlGaN 帽层一起重新生长。由于设计的目标是实现 RF 功率，因此栅极和孔径保持尽可能小，以最小化电容。这些器件成功地展示了 CAVET 的工作，验证了其概念和设计，但存在较高的泄漏。泄漏的一个主要原因是再生长孔径的技术。Gao 等人[10]报道的下一个设计采用光电化学（PEC）刻蚀技术刻蚀 InGaN 孔径层，形成空气间隙作为 CBL。这种方法不需要任何再生长，整个结构用 InGaN 孔径层生长，然后利用带隙选择性地将 InGaN 孔径层刻蚀掉而形成 CBL。由于 InGaN 和 GaN 之间的极化电荷对电子流形成了一个势垒，因此用这种技术制造的器件会受到开启电压下降的影响。采用 Si - delta 掺杂进行了大量的设计改进，可以降低势垒，但仍保持 0.7V 的电压降。虽然这是一个显著的改进，并且该方法避免了再生长的问题，但由于空气是一种较差的介质，因此将气隙作为电流阻断层在较高的电压下并不合适。

在 2004 年晚些时候，由离子注入产生的 CBL 被整合到 CAVET 中，这大大改善了结果。该技术涉及 AlGaN/GaN 层的再生长，而不是孔径。由于孔径不会再生长，许多早期出现在第一代 CAVET 中的问题得到了缓解。

2006 年，对 CAVET 进行了重新审视，预见到了不同的最终应用。用 CAVET 表示的类似 DMOSFET 结构的最终优势将在功率开关应用中得到最好的实现。以实现低损耗功率开关为目标，Chowdhury 等人[11,12]在 2006 ~ 2010 年开展了对高压 CAVET 的首次研究工作。

日本丰田汽车公司将他们的注意力集中在 GaN CAVET 和类似 CAVET 的器件上。在他们关于垂直绝缘栅 AlGaN/GaN - HFET 的报告中，Kanechika 等人 2007 年报道了体 GaN 衬底上的垂直绝缘栅 HFET[13]，其 R_{on} 为 2.6mΩ·cm²。采用掺 Mg 的 GaN 作为 CBL 包围 n 型 GaN 孔径，得到了类似于 CAVET 的器件结构。日本丰田汽车公司资助并支持 UCSB 的电力电子 CAVET 的开发，最终开发出了 CAVET 和类似 CAVET 的垂直器件，目标是 60kW 和更高功率的开关应用。

表 5.1 按时间顺序列出了垂直 GaN 器件研究的其他一些关键进展。

2007 年，Otake 等人[14]还报道了在体 GaN 上成功实现的阈值电压为 3.7V、

R_{on} 为 9.3mΩ·cm^2 的垂直 GaN 基沟槽栅金属氧化物半导体 FET。

2014 年。来自 Avogy 公司的 Nei 等人的报告显示，垂直 GaN 晶体管的饱和电流大于 2.3A，击穿电压为 1.5kV，R_{on} 为 2.2mΩ·cm^2[15]。

2015 年，Toyota Gosei 报告了基于 MOSFET 的垂直 GaN 器件，其 MOS 栅结构阻断电压超过 1.2kV，R_{on} 为 2mΩ·cm^2[16]。表 5.1 列出了过去几十年来 CAVET 和其他垂直器件的发展情况。

通过大量的仿真，分析了器件的各个组成部分，开发出了一种既能保持高电压又能提供低 R_{ON} 的合适的 CAVET 设计方案。在下面的章节中，我们将讨论 CAVET 工作所需的一些关键部分。

表 5.1　垂直 GaN 器件的主要成果（已发表在公共期刊上的）

年代	题目	团队	V_{br}/V	R_{on}/(mΩ·cm^2)	V_{th}/V
2004/2	AlGaN/GaN current aperture vertical electron transistors with regrown channels [9]	Ben Yaacov/ UCSB	65	–	– 6
2007/5	A vertical insulated – gate AlGaN/GaN heterojunction field – effect transistor [13]	Kanechika, Toyota Motor Corporation	–	2.6	– 16
2008/1	Vertical GaN – based trench gate metal – oxide – semiconductor field – effect transistors on GaN bulk substrates [14]	Otake, ROHM Co.	–	9.3	+ 3.7
2008/6	Enhancement and depletion mode AlGaN/GaN CAVET with Mg – ion – implanted GaN as current blocking layer [11]	Chowdhury, UCSB	Low	2(D – mode), 4(E – mode)	– 2, + 0.6
2010/6	Dispersion – free AlGaN/GaN CAVET with low Ron achieved with plasma MBE regrown channel with Mg – ion – implanted current blocking layer [12]	Chowdhury, UCSB	200	2.5	– 7
2010/10	Vertical heterojunction field – effect transistors utilizing regrown AlGaN/GaN two – dimensional electron gas channels on GaN substrates [17]	Okada, Sumitomo Electric Industries	672	7.6	– 1.1
2013/9	1000V Vertical JFET using bulk GaN [18]	Q. Diduck, Avogy Inc	1000	4.8	+ 1
2014/1	Vertical GaN – based trench metal – oxide – semiconductor field – effect transistors on a free – standing GaN substrate with blocking voltage of 1.6kV [19]	Oka, TOYODA GOSEI Co	775(noFP) 1605(FP)	12.1	+ 7

（续）

年代	题目	团队	V_{br}/V	$R_{on}/(mΩ \cdot cm^2)$	V_{th}/V
2014/6	Low on – resistance and high current GaN vertical electron transistors with buried p – GaN layers [20]	Yelluri, UCSB	–	0.37	–9
2014/9	1.5kV and 2.2mΩ · cm² vertical GaN transistors on bulk GaN substrates [15]	Nei, Avogy	1500	2.2	0.5
2015/4	1.8mΩ · cm² vertical GaN – based trench metal – oxide – semiconductor field – effect transistors on a free – standing GaN substrate for 1.2kV – class operation [16]	Oka, TOYODA GOSEI Co	1250	1.8	3.5

5.4　CAVET 设计

5.4.1　器件成功运行所需的关键部分的讨论　★★★

在讨论 CAVET 的设计空间之前，先对其应用空间进行概述，以便读者了解垂直器件中的设计约束。

为了实现下一代电力电子开关，需要具备以下性能。

1. 常关工作

GaN 基器件的大部分研究都是针对常开器件，而到目前为止，只报道了少数可靠的常关器件。在常关器件中，在 0V 的栅极电压下没有漏电流流动。目前功率变换器中使用的 Si – IGBT 通常是常关器件。同样，为了简化逆变电路并有效地利用逆变器的设计技术和安装技术，汽车（电动汽车和混合动力汽车）中也需要常关器件。GaN 要想进入传统的功率转换架构，常关工作是关键。AlGaN/GaN HEMT 本质上是常开工作的器件，因此需要在电路或器件级采用某些技术使其常关以适合 PE 应用。在 HEMT 中实践的一些方法也适用于垂直 GaN 器件，以在器件级实现常关工作：

（ⅰ）EPC 和 Panasonic 采用高功函数栅极材料实现了结型栅极控制器件沟道的夹断，而在没有 p 区的通道区域中保持沟道，后者为 GIT 或栅极注入晶体管[21]。

（ⅱ）东芝、富士通、NTT Transphorm 开发了一种具有两个 AlGaN/GaN 界面的多沟道晶体管[22]。这里，导电通道区由在 AlGaN/GaN 上界面形成的 2DEG 定义（如在常规 HEMT 中）。通过栅极凹槽刻蚀和凹槽内 MIS 栅形成进入下面的第二个沟道。第二沟道在薄的 AlGaN 层和 GaN 之间形成，这样在零偏置时沟道中没有电荷，而在正向偏置（常关）下产生电荷。

（iii）香港科技大学开发了一种常关工作的器件，即在栅极结构下引入 F，使栅极的阈值电压正向偏移，同时保持通道区的导电沟道[23]。

（iv）最后，RPI[24] 开发了沟道刻蚀穿通（CET）结构 MOSFET，其中，2DEG 被刻蚀穿通并沉积一个 MOS 栅。

上面列出的所有这些结构都是为了确保单芯片解决方案而设计的。然而，在 MIS 栅极控制器件中，GaN 和 AlGaN 上的栅极绝缘体还不可靠，其界面特性的重复性和工作稳定性有待提高。由于 p - n 结栅极的开启，结栅极控制器件具有较低的阈值电压和有限的栅极偏置驱动范围。

在电路级，到目前为止，常关 GaN 晶体管的最简单体现包括级联方法，其中常关的低压 Si FET 串联到常开的高压 GaN HEMT，而 GaN HEMT 的栅极连接到 Si FET 的源极，如图 5.5 所示[8]。这种混合结构提供了一个与现有 Si 驱动器兼容的常关解决方案，以及在没有特殊栅极驱动电路的复杂情况下 GaN HEMT 的自由优化。虽然因为设计简单而受到关注，

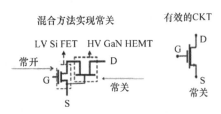

图 5.5　级联的常关 GaN HEMT 允许用于标准的硅基驱动电路，同时提供 GaN 器件的高压性能

但需要单芯片解决方案以减少由于键合线电感和 PCB 走线而造成的损耗。

2. 高击穿电压

更高的功率密度是所有电源转换应用对高功率密度开关的需求。丰田 HV（混合动力汽车）[25] 很好地展示了一个这样的例子，这也适用于许多其他应用。

图 5.6 显示了丰田 HV 和其他 EV（电动汽车）的电机功率与这些系统的电源电压之间的关系。在 HV 系统中，蓄电池电压通过升压器升高到电源电压，然后通过逆变器供给电机。电压可以从电池的 202V 升高到最大的 500V。如图 5.5 所示，新型 HV 需要较高的电机功率和较高的电源电压。这些逆变器所用器件的击穿电压约为 1.2kV。由于浪涌电压的保护和布线损耗等原因，在未来逆变器中使用的器件的击穿电压可能会变得更高。

3. 低导通电阻和高电流密度

为了提高任何转换器系统的能量转换效率，必须降低器件的导通电阻。此外，为了使转换器/逆变器小型化，必须将电流容量增加到几百 A/cm²。

4. 高温运行

硅功率器件不能在超过 150℃ 的温度下使用，因为在高温环境下，关断

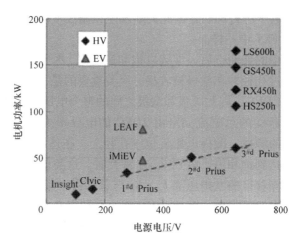

图 5.6 丰田 HV 的电源电压与电机功率的关系。图片来自 Kanechika 等人[25]

状态下的泄漏电流增加会导致功率损耗增加，从而降低其可靠性。GaN 器件由于其更宽的带隙，有望在 200℃ 以上工作，甚至可能更高。例如目前混合动力汽车是有两个冷却系统，一个用于发动机；另一个用于逆变器，逆变器的冷却水温度低于发动机的冷却水温度。如果 GaN 器件的工作温度超过 200℃，混合动力汽车的冷却系统将得到简化，而成本也将得到降低。同样的例子也可以推广到其他应用，如 PV 逆变器，其中散热器占大部分的体积。工作于较高的温度下将降低冷却需求和冷却成本，有效地缩小尺寸并降低整个系统成本。

GaN 垂直器件有可能满足 1 ~ 4 中所述的全部要求。此外，为 Si – IGBT 开发的封装技术可以在模块变化最小的情况下得到有效的利用。

5.5 CAVET 的关键组成部分

CAVET 不同于如垂直 JFET 或 MOSFET 这样的传统的垂直器件之处在于它将一个类似 HEMT 的沟道融合到一个厚漂移区。CAVET 可以用简单的 n – GaN 沟道代替 AlGaN/GaN 构成，通常称为 MES – CAVET。在本节中，我们将首先讨论 CAVET 相关的设计空间，并将其他器件平台纳入与设计参数相关的讨论中。

在 CAVET 中（见图 5.3），本征电流出现在二维空间。电子首先水平流过 2DEG，然后垂直穿过孔径区域。这与 HEMT 或双极型晶体管完全不同，后者的电流仅限于一维空间。因此，为了确定哪些是决定器件特性的主要参数，开发一个准确的模型是至关重要的。

电子（电流与电子流方向相反）首先水平穿过 2DEG，直到它到达栅极。栅极只对 2DEG 中的电子进行调制，因此夹断发生在栅极下的 2DEG 内部的水平方向上，就像在标准 FET 中一样。

电子通过沟道中的夹断点后，继续以饱和速度 V_{sat} 水平运动，直到它们到达孔径，向下运动通过孔径并在漏极被收集。至关重要的是，孔径内和漏极区内的材料电导率远大于 2DEG，因此源极和漏极之间的整个电压降都集中在 2DEG 中。这种情况确保通过器件的总电流完全由 2DEG 的电导率决定。如果不满足该条件，那么相当数量的源极—漏极电压将位于孔径上。在这种情况下，2DEG 不会夹断而电流也不会达到饱和值，直到 V_{DS} 非常大时。这类似于双极型晶体管中的准饱和，当集电极漂移区的欧姆压降 $I_c \cdot R_c$ 与总基极 – 集电极电压 V_{CB} 相当时，就会在较大的注入电流下发生。此外，2DEG 的电导率必须远高于 2DEG 正下方相邻的体 GaN 的电导率，以确保电流流过 2DEG 而不是流过体 GaN。

在开发 CAVET 的过程中，进行了大量基于仿真的研究，以优化器件尺寸，使其适合大功率应用。CAVET 具有复杂的几何图形，因此，设计规则并不简单。本节详细说明了图 5.3 中确定的重要参数。

N_{ap} 和 L_{ap}（孔径掺杂和长度）

有必要使孔径区比沟道区的导电性更好，以避免晶体管导通态下的任何向下电流的阻塞。为了确保这一点，选择孔径区的掺杂（N_{ap}），使得孔径区的电导（$L_{ap} \cdot q \cdot \mu \cdot N_{ap} \cdot W_g / t_{CBL}$）高于沟道电阻（其中，$q$ 是电子电荷；L_{ap} 是孔径的长度；t_{CBL} 是 CBL 区域的厚度；W_g 是器件的栅极宽度；而 μ 是电子在漂移区的迁移率）。

增加孔径掺杂不是很理想，因为这样会增加孔径中发生击穿的几率。因此，降低 R_{on} 主要意味着增加 L_{ap}。为了了解孔径掺杂对 $I - V$ 特性的影响，对两个 CAVET 进行了建模，一个 CAVET 的孔径电阻比另一个高。用 L_{ap} 和 N_{ap} 组合改变孔径电阻。

从图 5.7a 和 b 所示的仿真（Silvaco ATLAS）结果可以看出，具有较大孔径电阻的器件不会出现电流饱和。或者换句话说，由于所施加 V_{DS} 的主要部分现在是在孔径上，需要施加更高的电压来获得饱和。如图 5.7b 所示，具有较小孔径电阻的器件容易饱和。

结果表明，对于高击穿电压设计所需的孔径低掺杂，需要更长的孔径（更宽的开口）。仿真是在一个 $4\mu m$ 的孔径上进行的，孔径中需要高达 $8 \times 10^{17} cm^{-3}$ 的掺杂来使电流在没有准饱和区域的情况下饱和。这表明孔径需要大于 $4\mu m$ 才能降低 N_{ap}。仿真是为了定性地理解该器件。随后的实验结果验证了该模型的有效性。孔径中的掺杂保持在与漂移区域一样低的水平，以避免孔径区域过早击穿，这就需要一个大于 $4\mu m$ 的孔径区域，实验验证了这一点（见图 5.8）。

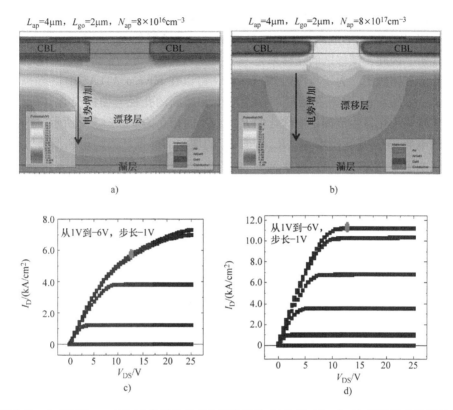

图 5.7　a）用 Silvaco ATLAS 仿真的具有电阻孔径的 CAVET。b）a）的 CAVET 中孔径具有增加的电导率。随着孔径区域的电阻减小，从 c）中 $I-V$ 曲线可以看出具有电阻孔径的 CAVET 会导致缓慢的饱和，电流的饱和如图 d 所示。电压分布显示在等电位线中，如上面的仿真截图所示。图中的灰点表示截取上述图片时的偏压条件（彩图见插页）

　　CAVET 被设计用来支撑漂移或轻掺杂（n－）层中的大部分外加电压。这正是垂直器件工作的基本原理。虽然通过沟道结构改变可以形成不同类型的垂直晶体管，即 JFET 或 MOSFET，但漂移区的预期特性及其设计对所有人来说是共同的。在关断状态下，大部分电压降集中在漂移区。因此，漂移区必须轻掺杂以在关断态漏极偏压下耗尽。然而，增加该区的厚度和降低掺杂会增加导通态下的 R_{on}。这种效应在电压较高的垂直器件中更为明显，其通过漂移区加厚以维持高电压开关。从等电位线可以看出，大部分外加电压是由漂移区支撑的。随着外加电压的增加，耗尽区扩展，等电位线被推入孔径内。峰值场区掩埋在体材料中，出现在 CBL 或（p）－n 结的下边缘。

　　在垂直晶体管性能中起重要作用的是漂移区域的迁移率。在过去的几十年中，体 GaN 材料的质量不断提高，这使我们可以预测到 GaN 技术与其他竞争技术如 SiC（因为它可比较的能带和临界电场表现出类似的优势）的区别在于材料的迁移率[26]。增加形成漂移区的体 GaN 的迁移率将降低 R_{ON} 而不用付出任何高昂的代价。因此，漂移区的迁移率是一个关键的组成部分，它会像临界电场一样影响性能和路线图。为了再次强调这一点，可以在 Silvaco ATLAS 中进行一个简单仿真，如图 5.9 所示。在相同的掺杂浓度和相同的孔径与栅极交叠（L_{go}）情况下实现最小化寄生泄漏，而优化的 R_{on} 与 L_{ap} 的相互关系如图 5.9 所示。因为孔径中的电导与 L_{ap} 成比例增加，R_{on} 随着 L_{ap} 的增加而降低。当沟道和漂移区提供了电阻的主要部分时，可以观察到 R_{on} 中的饱和[27]。

t_n (漂移区厚度)

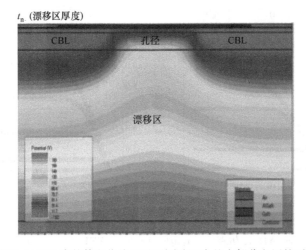

图 5.8　关断状态下 CAVET 中的等电位线显示了漂移区内的大部分电压的下降（彩图见插页）

沟道厚度和有效栅长度（L_{go}）

除了确保适当的栅极控制，以及在器件中保持良好的跨导（g_m），沟道厚度和有效栅极长度在这些器件中起着另一个重要的作用，从器件的泄漏分析中可以得到很好的理解。存在三个主要的泄漏路径，如图 5.5 所示。

1. 通过 CBL

如果 CBL 不能为电流提供足够高的势垒，电流可以从源极流向漏极。这对电流来说是一个不希望被看到的路径，会对器件性能产生很大的影响。

2. 未调制的电子

在正常工作的情况下，所有来自源极的电子都应该水平地通过 2DEG 流向栅极，然后垂直地通过孔径流向漏极。

然而，如果电子在沟道中的约束不够充分，那么一些电子可以通过导电孔径找到一条容易的路径从源极到达漏极，绕过栅极。这些电子会增加泄漏电流，应该切断其流动。与孔径交叠的栅极长度 L_{go}（类似于标准 HEMT 栅极长度）和 t_{UID}

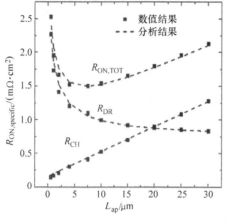

迁移率 漂移区/[cm²/(V·s)]	V_{br}^*/V	R_{on}/(mΩ·cm²) (横向沟 道JFET)
1100	1240	1.4
900	1260	1.7
700	1280	2.2
500	1300	3.1

图 5.9　CAVET 的 R_{on} 由沟道和漂移区电阻组成。图中可以看出这两个部分都是 L_{ap} 的函数。表中列出了作为漂移区电子迁移率函数的总 R_{on}。在区分 GaN 垂直器件和 SiC 器件时，体 GaN 的迁移率将起到关键作用

是控制该路径的两个参数。

如果 L_{go} 较小或 t_{UID} 较大时，那么从源极到孔径的有效距离就会减小，而电子在不受栅极调制的情况下流入漏极的几率也会增加。因此 L_{go} 必须足够大，以增强栅极对源极注入的控制；另一方面，t_{UID} 需要有最小的厚度。

然而，如果 t_{UID} 太小，2DEG 中的电子将接近 CBL。这增加了电子被俘获的几率（特别是当 CBL 有陷阱时），当对栅极施加脉冲信号时，会导致色散。这设定了一个由色散标准确定的 t_{UID} 下限。

3. 通过栅极

另一种泄漏是通过栅极发生的，可以用图 5.10 所示的合适的栅极介质来解决。

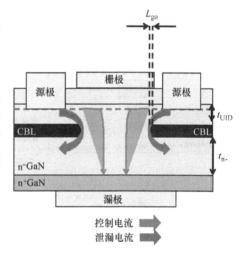

图 5.10　CAVET 中的三个临界泄漏路径

5.5.1　电流阻断层　★★★

掺杂与注入电流阻断层的讨论

一个 CAVET 的设计包括设计一个稳健的 CBL，一个孔径的大小足够导电而不会阻塞电流，但导电性不足以限制器件的击穿电压，以及一个低掺杂的漂移区来支撑阻断电压。CBL 设计的目的是为电子通过孔径以外的任何路径上从源极

流到漏极提供一个屏障,阻止电子通过孔径以外的任何其他路径流动。因此,p型 GaN 层将是一个非常有效的电流屏障,提供超过 3eV 的势垒。尽管从能带图来看,高达 3eV 的势垒可以通过 $10^{19}/cm^3$(RT 下 1% 的活性)的掺杂(Mg)水平实现,但还有其他与制造相关的问题使其吸引力降低。为了完成器件的制造,需要在 CBL 顶部上重新生长 AlGaN/GaN(25/140nm)层。这意味着下面的 p 掺杂层必须被激活。虽然掩埋的 p 层激活很难实现,但这种方案也需要在刻蚀的沟槽上重新生长。在以前的研究中可以看到,对孔径区域的刻蚀暴露在非 c 平面,并且在这种倾斜的面上重新生长导致凹陷扩展到表面。其他研究发现,生长在 <0001> 平面以外的 GaN 倾向于吸收大量的 n 型杂质。由于 CAVET 中的峰值电场位于栅极的正下方,该区域的高 n 型掺杂会导致峰值电场的增加,这就限制了器件的击穿。这种高掺杂区如果位于栅极金属下会增加栅极泄漏。使用良好的栅极绝缘体可以证明对栅极泄漏是有益的,但是仍然不能排除由于无意中的高 n 型杂质而导致峰值电场增大而使器件过早地击穿。解决这些问题的最佳替代途径之一是采用离子注入技术实现电流的阻断功能。使用离子注入的 CBL 的优点是孔径层不需要再生长。图 5.11 说明了用离子注入的 CBL 制造 CAVET 的工艺流程。在这种方法中,孔径层与底部结构一起生长[28]。然后,对孔径掩膜并注入以形成 CBL。由于这种方法不需要刻蚀孔径层,AlGaN/GaN 层的再生长发生在 c 平

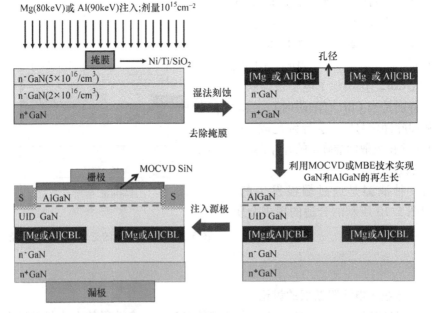

图 5.11 CAVET 工艺流程示意图。这里采用了注入的 CBL 方案。注入杂质类型的激活
(在流程中未显示)发生在注入阶段之后。MOCVD 和 MBE 技术都可以实现再生长。
然而,随着 Mg 注入,低温再生长是必要的,以防止 Mg 扩散到再生长层

面上，并保持平坦。尽管注入和掺杂的 p - GaN CBL 都呈现出各自独特的优缺点，但必须指出的是，这两方面的技术都取得了显著的进步，并显示出良好的发展趋势。通过［Mg］离子注入技术获得的 CBL 已经被证明比部分激活的 Mg 掺杂的 CBL 更有优势，特别是当注入的 Mg 通过一个非常高温的工艺被激活时。虽然这种高温激活工艺在 SiC 中是一种常见的工艺，但它需要大量的改进和开发以适应 GaN。最近的研究表明，当在 1400℃ 以上的温度下进行激活时，Mg 注入的 GaN 具有优良的 p 型性能[29]。

领导 GaN 垂直器件商业化的 Avogy 公司报告了他们基于掺杂 CBL 的器件。掺杂的 p - GaN CBL 垂直 FET 最关键的部分是实现一个良好的 p - n 结，将其掩埋在体 GaN 材料中。其他与非平面表面再生长相关的挑战已通过大量的刻蚀和再生长研究得到了很好的解决。p - n 结控制开关工作下的击穿电场（或者更恰当地表述为控制设计的阻断电压下的电场）以及色散特性。GaN 中电场的预测值约为 3MV/cm，接近预测极限的工作依赖于一个完美的 p - n 结。

另一方面，基于最近在高温激活 Mg 注入的 GaN 方面取得的进展，显示出优良的 p（注入 Mg）- n 结二极管特性，人们肯定希望下一代 CAVET 或类似 CAVET 的垂直器件依赖于该注入方案，从而减轻在刻蚀的沟槽上再生长的需要。

5.5.2　性能和成本 ★★★

任何技术的可持续性都取决于市场的规模，而 GaN 器件基于其垂直和横向器件技术的基础，预示着一个很有前途的趋势，可以赢得相当大的 PE 市场规模。因为较为成熟的横向 GaN 技术瞄准了 600 ~ 1000V 的市场，而尚未成熟的垂直 GaN 技术在 1kV 以上具有广阔的市场前景，很难对这两种技术进行公平的比较。随着这两种技术的成熟，答案将变得更清楚，但有必要对影响芯片级性能和成本的因素进行讨论。

高压 FOM，正如在第二节中讨论的那样，显然将 GaN 置于提供最低损耗的终极电源开关竞争的最前沿。UNIPRESS Top GaN - Ammono SA 团队[26]最近报告的结果表明，在体 GaN 中电子迁移率超过 1100 cm^2/Vs，这一点支持了有利于 GaN 的论点，而且比以往任何时候都更强。更高的迁移率对于降低 R_{on} 至关重要，因此将开关中的损耗推向零[27]。

随着阻断电压的提高，垂直器件技术变得更加经济，因为它在额定电流下消耗更少的芯片面积。Avogy 公司最近报告了他们的器件 FOM（由 V_{BR}^2/R_{on} 定义）为 $10^9 V^2 \cdot \Omega^{-1} \cdot cm^{-2}$。在 300V 的 EPC 横向 GaN HEMT 上采用相同的标准，得到了 $1.6 \times 10^7 V^2 \cdot \Omega^{-1} \cdot cm^{-2}$ 的 FOM。这里需要着重指出的是，很少有关于横向 GaN 功率器件的报告，共享有关芯片尺寸的信息，因此，很难实际计算 FOM 以与垂直等效器件进行比较。随着垂直 GaN 的成熟和横向 GaN 器件的稳定，高压 FOM 必将成为评价和比较其性能的一个非常有用的标准。

测量开关在每个开关周期 $[E_{on} + E_{off}]$ 中的总损耗对于评估开关器件的效率至关重要。

任何开关器件在每个周期的总开关损耗可通过将一个开关周期内产生的两个损耗相加来估算:交叉损耗 $[0.5I_1 \cdot V(t_{on} + t_{off})]$ 和感应开关 $[C_{oss}V^2/2]$ 期间由于输出电容 (C_{oss}) 引起的开启损耗,其中,t_{on} 和 t_{off} 是每个开关周期的开启和关断延迟。假设驱动电流为 5A,在 50A 下运行的 1.2kV 器件在每个周期的总损耗为 0.42~0.52mJ。

如果不讨论蓬勃发展的成本结构,对垂直 GaN 技术的描述仍然是不完整的。高质量 GaN 衬底的价格是影响垂直 GaN 市场的一个重要因素。电力电子器件寻求一种低成本、可扩展的 GaN 衬底技术,以支持高电子迁移率的外延层的开发。大概的费用假设每个 6in⊖ 导电的 GaN 衬底 1000 美元,约 80% 的面积制造芯片,估计成本约为 0.04 美元/A。

本节中讨论的性能和成本都是在现实假设下预测的,因此在不久的将来看起来是令人鼓舞和可以实现的。

5.6 体 GaN 衬底的作用

垂直器件结构通常是在相同外延生长的材料上制造的,其中可以在较厚的体 GaN 衬底上生长具有低扩展缺陷的厚器件层 (大约 200μm 或更大)。

由于器件关断状态下的阻断电压是由漂移层支撑的,为了获得更高的阻断电压,漂移区变厚,使得源极和漏极之间的几乎所有外加电压都集中在该区域上。电压的增大需要漂移区厚度的增大,因此,对于高压应用,垂直拓扑在器件领域被证明更经济。低成本、低扩展缺陷密度和低杂质浓度的高质量材料的可用性是可制造性和商业化的关键。固态照明 (LED 和激光二极管) 的发展使体 GaN 技术有了很大的改进,促进了 6in 以上晶圆的生长,其位错密度低至 10^4 cm^{-2}。随着 GaN 衬底成本的大幅下降,这一趋势目前看来是非常有希望的。根据 Lux 研究公司的数据,到 2020 年,2in 氨热法生长的衬底成本将下降 60% 以上,至 730 美元/衬底。而到 2020 年,4in 的 HVPE 衬底成本将下降 40%,达到 1340 美元/衬底,这看起来非常令人鼓舞。随着大功率应用对节能 PE 器件的需求越来越迫切,这种体 GaN 技术的进步使得 GaN 垂直器件成为极其重要的研究领域。

⊖ 1in = 0.0254m。

5.7　RF 应用的 CAVET

最后一点，也是非常重要的一点，CAVET 非常适合 RF 器件应用。虽然电力电子应用要求在 100~300kHz 的频率下具有更高的功率密度，但 RF 应用也在寻求提高雷达应用中的功率密度和更高的功率附加效率（PAE）。RF 雷达放大器的功率密度和 PAE 最大化是减小芯片尺寸和散热要求的关键。这使得新的雷达放大器类别，如开关模式放大器成为可能，并降低了电和热系统的复杂性和成本，同时简化了部署。

与横向器件中的峰值表面/界面电场分布相比，垂直 GaN 基晶体管独特地利用了 GaN 的高击穿电场，因为电场分布均匀，易于设计并包含在器件中。再加上高电压下色散的降低，它们提供了当前技术无法实现的高功率密度和 PAE。

2002 年，第一代 RF - CAVET 得到的电流增益截止频率，$f_t > 12\text{GHz}$ [30]。随着材料和器件技术的显著改进，CAVET 凭借其高迁移率沟道的显著优势，为 L-、S- 和 C- 波段提供了非常有前途的解决方案，但不限于此。

5.8　结　论

从近年来取得的进展来看，垂直 GaN 功率电子的发展前景非常广阔[31]。横向 GaN HEMT 向市场渗透和建立 GaN 技术路线图对垂直 GaN 技术和市场的形成有很大的帮助。要补充说明的是，开发 GaN 基垂直晶体管以解决超过横向 GaN 的功率水平对于维持整个 GaN 电力电子市场是至关重要的。在过去的 5 年里，由于照明市场的发展，体 GaN 技术取得了长足的进步，推动了用于电源转换的垂直 GaN 器件的发展。有一些关键问题需要重点研究，其中包括开发控制良好的低掺杂漂移区以支撑高电压、稳定和性能良好的 p-n 结，其中 p 区充当 CBL 和低成本材料的路线图。最后，垂直 GaN 作为 RF 器件可以发挥非常重要的作用，这是与 SiC 一起并驾齐驱参与大功率电子领域竞争的必要阶段。

致谢：作者要感谢 Umesh Mishra 教授、Brian Swenson 博士、Man hoi Wong 和 Dong Ji 在各个层面上为这项工作做出的技术贡献。

作者还要感谢日本丰田汽车公司（Tetsu Kachi 博士、Masahiro Sugimoto 博士和 Tsutomu Uesugi 博士）和 ARPA-E（Timothy Heidel 博士、Pawel Gradzki 博士、Eric Carlson 博士和 Daniel Cunningham 博士）对垂直 GaN 器件开发的支持。

参 考 文 献

1. Jayant Baliga B (2008) Fundamentals of power semiconductor devices. Springer, New York
2. Kadavelugu A, Baliga V, Bhattacharya S, Das M, Agarwal A (2011) Zero voltage switching performance of 1200 V SiC MOSFET, 1200 V silicon IGBT and 900 V CoolMOS MOSFET. In: IEEE energy conversion congress and exposition (ECCE), Phoenix, AZ
3. Mishra UK, Parikh P, Wu YF (2002) AlGaN/GaN HEMTs-an overview of device operation and application. Proc IEEE 90(6):1022–1031
4. Dora Y, Chakraborty A, McCarthy L, Keller S, Denbaars SP, Mishra UK (2006) High breakdown voltage achieved on AlGaN/GaN HEMTs with integrated slant field plates. IEEE Electron Device Lett 27(9):713–715
5. Selvaraj SL, Suzue T, Egawa T (2009) Breakdown enhancement of AlGaN/GaN HEMTs on 4-in silicon by improving the GaN quality on thick buffer layers. IEEE Electron Device Lett 30 (6):587–589
6. Lu B, Palacios T (2010) High breakdown (>1500 V) AlGaN/GaN HEMTs by substrate-transfer technology. IEEE Electron Device Lett 31(9):951–953
7. Chu R, Corrion A, Chen M, Ray L, Wong D, Zehnder D, Hughes B, Boutros K (2011) 1200-V normally off GaN-on-Si field-effect transistors with low dynamic on–resistance. IEEE Electron Device Lett 32(5):632–634
8. Chowdhury S, Mishra UK (2013) Lateral and vertical transistors using the AlGaN/GaN heterostructure. IEEE Trans Electron Devices 60(10):3060–3066
9. Ben-Yaacov I, Seck Y-K, Mishra UK, Denbaars SP (2004) AlGaN/GaN current aperture vertical electron transistors with regrown channels. J Appl Phys 95(4):2073–2078
10. Gao Y, Stonas A, Ben-Yaacov I, Mishra U, Denbaars S, Hu E (2003) AlGaN/GaN current aperture vertical electron transistors fabricated by photoelectrochemical wet etching. Electron Lett 39(1):148
11. Chowdhury S, Swenson BL, Mishra UK (2008) Enhancement and depletion mode AlGaN/GaN CAVET with Mg-Ion-implanted GaN as current blocking layer. IEEE Electron Device Lett 29(6):543–545
12. Chowdhury S, Wong MH, Swenson BL, Mishra UK (2012) CAVET on bulk GaN substrates achieved with MBE-regrown AlGaN/GaN layers to suppress dispersion. IEEE Electron Device Lett 33(1):41–43
13. Kanechika M, Sugimoto M, Soeima N, Ueda H, Ishiguro O, Kodama M, Hayashi E, Itoh K, Uesugi T, Kachi T (2007) A vertical insulated gate AlGaN/GaN heterojunction field effect transistor. Jpn J Appl Phys 46(21):L503–L505
14. Otake H, Chikamatsu K, Yamaguchi A, Fujishima T, Ohta H (2008) Vertical GaN-based trench gate metal oxide semiconductor field-effect transistors on GaN bulk substrates. Appl Phys Express 1:011105-1–011105-3
15. Nie H, Diduck Q, Alvarez B, Edwards A, Kayes B, Zhang M, Bour D, Kizilyalli DI (2014) 1.5 kV and 2.2 mΩ cm^2 vertical GaN transistors on bulk-GaN substrates. IEEE Electron Device Lett 35(9):939–941
16. Oka T, Ina T, Ueno Y, Nishii J (2015) 1.8 mΩ cm^2 vertical GaN-based trench metal–oxide–semiconductor field-effect transistors on a free-standing GaN substrate for 1.2-kV-class operation. Appl Phys Express 8(5):054101
17. Okada M, Saitoh Y, Yokoyama M, Nakata K, Yaegassi S, Katayama K, Ueno M, Kiyama M, Katsuyama T, Nakamura T (2010) Novel vertical heterojunction field-effect transistors with re-grown AlGaN/GaN two-dimensional electron gas channels on GaN substrates. Appl Phys Express 3(5):054201
18. Diduck Q, Nie H, Alvarez B, Edwards A, Bour D, Aktas O, Disney D, Kizilyalli IC (2013) 1000 V vertical JFET using bulk GaN. ECS Trans 58(4):295–298
19. Oka T, Ueno Y, Ina T, Hasegawa K (2014) Vertical GaN-based trench metal oxide semiconductor field-effect transistors on a free-standing GaN substrate with blocking voltage of 1.6 kV. Appl Phys Express 7(2):021002

20. Yeluri R, Lu J, Hurni CA, Browne DA, Chowdhury S, Keller S, Speck JS, Mishra UK (2015) Design, fabrication, and performance analysis of GaN vertical electron transistors with a buried p/n junction. Appl Phys Lett 106(18):183502

21. Ueda T, Tanaka T, Ueda D (2007) Gate injection transistor (GIT)-A normally-off AlGaN/GaN power transistor using conductivity modulation. IEEE Trans Electron Devices 54(12): 3393–3399

22. Kanamura M, Ohki T, Kikkawa T, Imanishi K, Imada T, Yamada A, Hara N (2010) Enhancement-mode GaN MIS-HEMTs with n-GaN/i-AlN/n-GaN triple cap layer and high-k gate dielectrics. IEEE Electron Device Lett 31(3):189–191

23. Cai Y, Zhou Y, Chen KJ, Lau KM (2005) High-performance enhancement-mode AlGaN/GaN HEMTs using fluoride-based plasma treatment. IEEE Electron Device Lett 26(7):435–437

24. Niiyama Y, Kambayashi H, Ootomo S, Nomura ST, Yoshida S, Chow TP (2008) Over 2 A operation at 250 °C of GaN metal-oxide semiconductor field effect transistors on sapphire substrates. Jpn J Appl Phys 47(9):7128–7130

25. Kanechika M, Uesugi T, Kachi T (2010) Advanced SiC and GaN power electronics for automotive systems. In: 2010 international electron devices meeting

26. Kruszewski P, Jasinski J, Sochacki T, Bockowski M, Jachymek R, Prystawko P, Zajac M, Kucharski R, Leszczynski M (2014) Vertical schottky diodes grown on low-dislocation density bulk GaN substrate. The international workshop on nitride semiconductor

27. Ji D, Chowdhury S (2015) Design of 1.2 kV power switches with low RON using GaN-based vertical JFET. IEEE Trans Electron Devices 62(8):2571–2578

28. Chowdhury S (2010) PhD Thesis. AlGaN/GaN CAVETs for high power switching application

29. Anderson T, Kub F, Eddy C, Hite J, Feigelson B, Mastro M, Hobart K, Tadjer M (2014) Activation of Mg implanted in GaN by multicycle rapid thermal annealing. Electron Lett 50 (3):197–198

30. Ben Yaacov I (2004) PhD Thesis. AlGaN/GaN current aperture vertical electron transistor

31. Kachi T (2014) Recent progress of GaN power devices for automotive applications. Jpn J Appl Phys 53(10):100210

第6章 »

GaN基纳米线晶体管

Elison Matioli, Bin Lu, Daniel Piedra & Tomas Palacios

6.1 简 介

GaN 半导体具有击穿电压大、临界电场高、电子迁移率和饱和速度高、工作温度高等突出的电学特性，使其成为电源开关、变换器和 RF 功率放大器的理想材料。然而，尽管 GaN 横向晶体管如高电子迁移率晶体管（HEMT）得到了很大的发展，但在性能、击穿电压和电流密度的可扩展性、可靠性和线性度等方面仍存在一些局限性。此外，目前的 GaN 器件存在较大的泄漏电流、短栅极长度器件存在短沟道效应，这反映了栅极（位于器件顶的表面）对沟道中电子的控制较差。

纳米线为解决这些挑战提供了一个潜在的解决方案。纳米结构的沟道区通过围绕沟道的栅电极形成对二维电子气（2DEG）中电子的增强控制。通过纳米线侧壁的栅控制可以很大程度上改善静电性能，这是由于"环绕"栅极的几何形状[1]。此外，纳米线的几何结构也提供了一个独特的系统来研究纳米尺度下的材料特性，这在平面结构中是无法做到的。某些量子力学和输运现象可以在纳米线系统中得到很好的研究[2-4]。然而，通过纳米线进行的电子传导比在体器件中更容易受到表面和外部环境的影响[5-8]。在纳米线表面费米能级钉扎会导致导带弯曲，从而耗尽纳米线表面的电子。这会大大增加小直径导线的电阻[9]。

基于自上而下和自下而上方法的不同制造和生长方案为加工纳米线器件并将其集成到更大的系统中提供了额外的灵活性[10,11]。自下而上的方法依赖于外延生长自发地合成纳米线。已经报道了几种用于 GaN 纳米线的技术，如激光辅助催化生长（LCG）[12]、化学气相沉积（CVD）[13,14]、分子束外延（MBE）[15]和阳极氧化铝模板合成[16]。这些技术通常依赖于两种不同的机制之一，基于催化剂和无催化剂。已经针对这个主题发表了大量的研究成果，并在几篇综述论文中进行了总结[17,18]。

　　与"自上而下"的纳米加工的器件结构相比,"自下而上"合成的纳米线在至少一个关键器件尺寸,即沟道宽度上提供了良好的控制,这个尺寸达到或超过光刻技术的限制。此外,在生长过程中,它们的小横截面可以容纳更大的晶格失配,而不会形成位错,从而允许在各种衬底上生长[19-24]。然而,从器件的角度来看,在晶体管中使用自下而上的纳米线在技术上仍然具有挑战性。大多数应用需要较大的电流密度,因此需要大量的纳米线器件并联工作。自下而上的纳米线的对准成为一个重要的挑战[13];另一方面,自上而下的方法在灵活设计和对准方面具有优势[25],因为纳米结构是通过生长后的纳米制造获得的。

　　本章总结了迄今为止文献中报道的基于 GaN 基晶体管中使用自下而上和自上而下纳米线的一些最相关的工作。在第一部分中,我们将回顾自下而上的 GaN 纳米线的应用;在第二部分中,我们将介绍自上而下的纳米线在电力电子器件中的应用,这些器件依赖于用于 GaN 晶体管和肖特基势垒二极管（SBD）的纳米线栅接触（三栅结构）。最后,我们将展示纳米线在 RF 应用中提高跨导线性度方面的应用。

6.1.1　自下而上的纳米线器件：GaN 纳米线场效应晶体管 ★★★

　　场效应晶体管（FET）已经被证明是基于单个的 GaN 纳米线（NW）,采用自下而上的方法生长。自下而上的纳米线器件通常是通过将纳米线从生长衬底转移到第二个衬底上实现的,通常是由氧化层覆盖高掺杂的硅,如图 6.1a所示。欧姆接触随后沉积在纳米线的边缘,作为源极和漏极的接触。栅极电压可以通过硅衬底来施加,也可以通过在纳米线顶部沉积的栅电极来施加。这一工艺说明了纳米线制造工艺中精确对准的重要性,这使得它非常具有挑战性。

　　图 6.1a 显示了一个通过激光 LCG 合成的自下而上的 GaN 纳米线晶体管的例子。与栅极相关的电子输运测量结果显示,对 n 型 GaN NW 电导的调制可以超过 3 个数量级。这些器件的电子迁移率高达 $650\mathrm{cm}^2/(\mathrm{V\cdot s})$,比 CVD 法生长的 NW 的迁移率要大[14,27]。然而,由于表面散射,直径较小的导线的迁移率会大大降低[28]。图 6.1b 显示了具有良好开关行为和跨导 G_m 高于 $1\mu\mathrm{S}$（按导线直径归一化后的结果为 $100\mathrm{mS/mm}$）的单个纳米线 GaN FET（直径为 10nm）的 I—V 特性。

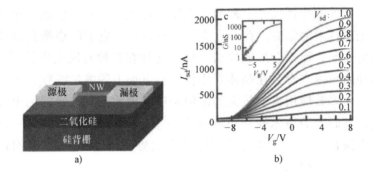

图 6.1　a）NW FET 示意图　b）$V_{sd} = (0.1 - 1) V$ 的 $I - V_g$ 数据。插图是电导 G 与栅极电压的关系曲线

这些结果说明了 GaN 纳米线作为纳米器件的构建模块的可能性，特别是在需要单纳米线的应用中，如单电子晶体管[4]。这样的纳米线的几何结构也为传输测量提供了一个平台[29]，在这里可以研究低维 III – 氮化物系统中的量子效应。

高频场效应晶体管也已在亚微米栅长为 500nm 的 GaN 纳米线中得到了证实[30]。该结构由 GaN/AlN/AlGaN/GaN 纳米线金属 – 绝缘体 – 半导体场效应晶体管（MISFET）组成，如图 6.2 所示。器件的本征电流增益截止频率（FT）为 5GHz，本征最大有效增益（FMAX）截止频率为 12GHz。这些结果显示了 GaN 基纳米线 FET 在微波应用中的潜力。

尽管单个纳米线器件具有很好的 DC 和 RF 性能，但大多数应用都需要大量的纳米线并联工作。自下而上方法的主要挑战在于将几根紧挨在一起的纳米线对准，尤其是对于将纳米线转移到不同衬底的横向器件。垂直结构也带来了挑战，因为目前的几种生长技术会由于导线无法对齐而使得尺寸不均匀。这使得制造大量纳米线的工艺变得非常困难。此外，较大的表面与体积比使得这些器件的电学性能对环境非常敏感。虽然这对晶体管来说是不可取的，但它为传感应用带来了具有吸引力的机会[31]。

下一节将讨论纳米线器件的自上而下的方法。通过这种方法制造的器件易于按比例变化，因此可以应用于较大电流密度的功率晶体管和二极管中。

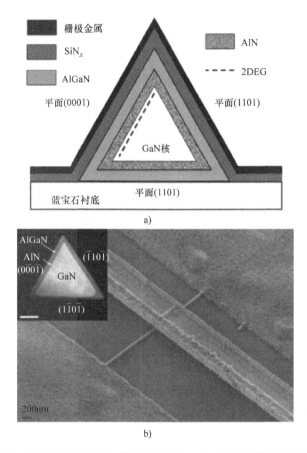

图 6.2　a）SiN$_x$ 和栅极覆盖的 NW 横截面示意图　b）SEM 图像显示源极和漏极之间有一个 NW 连接。插图是 GaN/AlN/AlGaN NW 横截面的 TEM 图像

6.1.2　自上而下的纳米线器件 ★★★

6.1.2.1　电力电子应用的三栅 GaN 晶体管

为了减少短沟道效应和关断态泄漏电流，首次提出将三栅晶体管或 Fin - FET 用于深度按比例缩小的硅技术[32,33]。2011 年，Intel 宣布在其 22nm 微处理器中采用三栅结构。尽管这些先进的 Si 器件结构用于低压数字应用，但对高压功率开关应用没有太大吸引力，因为在高压功率开关应用中，晶体管通常要大得多，而 p - n 结用于控制电场。

另一方面，GaN 基功率晶体管的设计与高性能 Si 晶体管有很大的不同，这些器件可以受益于三栅结构。尽管 AlGaN/GaN 异质结构中的高击穿电场和2DEG

优越的电子输运特性是 GaN 优于 Si 器件的显著优势，但由于缺乏容易形成良好 p－n 结的灵活性，使得 GaN 功率晶体管的关断态泄漏电流难以被控制。例如，大多数 GaN 功率晶体管是在 AlGaN/GaN 异质结构上制造的横向器件，其中沟道层通常是在高阻Ⅲ－氮化物缓冲层上外延生长的 0.4～1μm 未掺杂 GaN（通常是 GaN、AlN 和 AlGaN 的组合，掺杂碳以增加缓冲层电阻率[34]）。如果器件中没有 p－n 结，关断态源极和漏极之间的泄漏电流受 GaN 沟道层栅极偏压引起的势垒的限制。在器件的漏极施加较高电压时，沟道中的电子势垒降低而未掺杂 GaN 沟道层的漏电流增大。这种关断态泄漏电流在正常关断的 GaN 晶体管中变得更加明显，因为负栅极电压不能进一步夹断沟道。因此，许多正常关断的 GaN 晶体管，无论是低阻断电压还是高关断态泄漏电流，都是 GaN 功率开关器件面临的主要挑战之一。因此，尽管它们的应用空间完全不同，但深度按比例缩小的 Si MOSFET 和高压横向 GaN FET 有一个重要的相似之处：两个器件都受到漏极诱导势垒降低（DIBL）效应的影响，导致较高的漏极到源极泄漏电流。三栅结构可以用来解决这两种器件的关断态泄漏电流问题。

6.2 三栅 GaN 功率 MISFET

Ohi 和 Hashizume[25]以及 Zimmermann 等人[35]首次研究了自上而下的 GaN 三栅结构。在参考文献[25]中，该器件是在 AlGaN/GaN 异质结上制备的，被命名为多台面沟道（MMC）HEMT。如图 6.3a 所示，在 AlGaN/GaN 层中刻蚀沟槽，并且在每个台面沟道的两侧和顶部都有 Ni/Au Schottky 栅极接触。制造的 MMC HEMT 是一种常开（耗尽模式）器件。与平面参考的器件相比，MMC HEMT 的阈值电压更高。与平面 HEMT 相比，传输特性也表现出更好的亚阈值摆幅和较低的栅极泄漏电流，如图 6.3b 所示。然而，MMC HEMT 的沟道控制改善可能是由于降低了栅极泄漏，这也可以改善亚阈值电压摆幅。此外，图 6.3c 中的击穿测量显示了 MMC HEMT 和平面 HEMT 中类似的关断态泄漏电流，其主要由肖特基栅极泄漏控制的。

Zimmermann 等人[35]在以 Al$_2$O$_3$ 为栅极介质的 AlN/GaN 异质结构上同时证明了增强模式（E 模式）和 D 模式纳米带的 MISFET。通过使 AlN/GaN 纳米带窄至 70nm，他们能够制造出如图 6.3d～f 所示的 E 模式晶体管。阈值电压的这种变化归因于三栅侧壁的耗尽效应。关于这一影响的更全面的解释可以在本节后面的部分找到。

Lu 等人[36]在标准 Al$_{0.26}$Ga$_{0.74}$N/GaN HEMT 结构上实现了高压三栅正常关断

的 GaN MISFET，其正常关断的栅极长度仅为 120nm。图 6.4 显示了一些主要的制造步骤。所制备的三栅正常关断的 GaN MISFET 具有的三栅长度为 660nm。每个三栅单元呈梯形，顶部栅极宽度为 90nm，周期间隔为 300nm，侧壁高度为 250nm，如图 6.4d 所示。在三栅区域内，通过对 AlGaN 势垒层的凹槽刻蚀形成一个 120nm 长的正常关断的栅区（见图 6.4c）。栅极介质由 9nm SiO_2/7nm Al_2O_3 组成，采用原子层沉积（ALD）工艺，SiO_2 与 GaN 沟道接触。2μm 长的 Ni/Au 栅电极覆盖整个三栅区域。

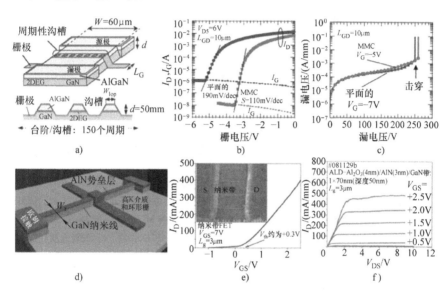

图 6.3　a ~ c）Ohi 等人解释的多台面沟道（MMC）AlGaN/GaN HEMT 传输特性和击穿电压测量的示意图和结果曲线。台面顶部宽度 W_{top} 为 70nm；台面底部宽度为 330nm；栅极长度 $L_g = 0.4$μm 而总栅极宽度 W 为 60μm；d ~ f）Zimmermann 等人演示的增强模式 AlN/GaN MISFET 传输特性和击穿电压测量的示意图和结果曲线。纳米带宽度为 70nm，栅极长度为 3μm

图 6.5a 中的三栅常关 GaN MISFET 具有 0.78V 的阈值电压，该阈值电压是根据传输特性外推得到的。即使常关的栅极长度只有 120nm，但当 V_{ds} 从 1V 增加到 5V 时，三栅 MISFET 的亚阈值斜率是陡峭且不变的（注意，平面耗尽模式器件具有 2μm 的栅极长度，因此其亚阈值斜率也不随 V_{ds} 的变化而变化）。这是三栅结构良好的沟道控制的一个指标。这在图 6.5b 中更为明显。一个 160nm 长的没有三栅结构的凹槽栅器件会受到短沟道效应的影响，例如，随着 V_{ds} 电压的升高，亚阈值斜率降低，亚阈值电流增大，而沟道长度 120nm 的三栅 GaN MISFET 具有恒定的亚阈值斜率和稳定的亚阈值电流（改编自参考文献[36]）。

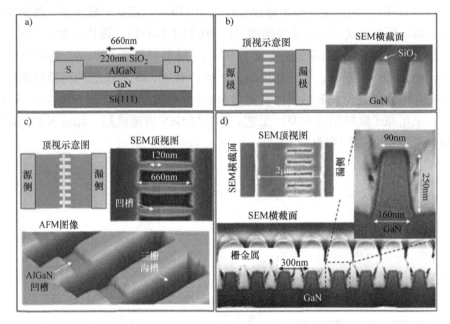

图 6.4 原理图、AFM 和 SEM 图像显示了三栅常关 GaN MISFET 的主要制造步骤和结构示意图。在相同的栅极介质和工艺条件下，将基准耗尽模式平面 AlGaN/GaN HEMT 和平面凹槽栅 GaN 晶体管 FET 与三栅常关 GaN MISFET 一起制备

a）三栅区域预定义　b）干涉光刻和蚀刻　c）电子束光刻和 AlGaN 凹槽　d）栅极介质和金属化

如图 6.5c 所示，在漏极偏压为 565V 而栅极偏压为 0V 时，三栅结构优越的沟道控制使关断态漏极泄漏电流更低，仅为 0.6μA/mm。这种低泄漏电流比传统的平面常关型 GaN 功率晶体管好 10～100 倍，显示了三栅/Fin FET 结构在 GaN 功率器件中的巨大潜力。去除部分平面沟道区可能会影响三栅器件的导通电阻。然而，这种影响是可以控制的，例如，限制三栅的长度。如图 6.5d 所示，即使具有 120nm 长的栅凹槽区，其电子迁移率通常非常低[37]，常关的三栅晶体管的导通电阻仅比标准平面栅器件的导通电阻高 1.2～1.8Ω·mm。

6.2.1　三栅 GaN 功率晶体管的其他考虑　★★★

除了三栅结构增强的沟道静电控制外，还需要考虑其他重要因素。首先，由于 3D 栅极结构，存在额外的侧壁栅 – 沟道电容。如图 6.6 中耗尽模式三栅 Al-GaN/GaN MISFET 的仿真结果所示，当侧壁高度增加时，侧壁电容变大，但最终因为侧壁栅的底部离 2DEG 沟道太远而导致侧壁电容饱和。如图 6.7 所示，这个额外的侧壁栅与 2DEG 间的电容导致了侧壁栅的 2DEG 的横向耗尽，这是观察到的耗尽模式三栅 AlGaN/GaN 晶体管相对于平面栅 AlGaN/GaN 晶体管阈值电压正

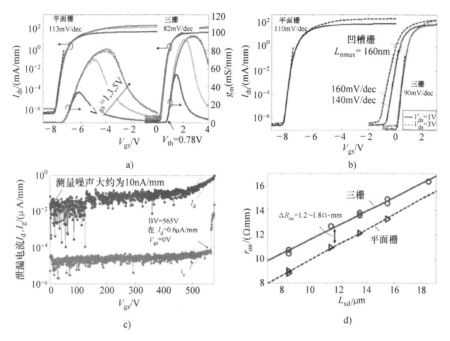

a)

b)

c)

d)

图 6.5　a) 三栅常关 GaN MISFET 和标准平面栅耗尽模式 GaN 晶体管在 $V_{ds} = 1V$、$3V$ 和 $5V$ 时双向栅扫描的传输特性曲线。这两种器件的 $L_{gs} = 1.5\mu m$, $L_g = 2\mu m$, $L_{gd} = 10\mu m$ 而 $W = 100\mu m$。b) 三栅常关 MISFET 与标准平面栅晶体管和凹槽栅长度为 160nm 的凹槽栅 MISFET 的 $I_{ds} - V_{gs}$ 特性曲线的比较。所有器件具有相同的尺寸，$L_{gd} = 8\mu m$ 并偏置在 $V_{ds} = 1V$（实线）和 $3V$（虚线）。c) 在 $V_{gs} = 0$ V 时，$L_{gd} = 10\mu m$ 的三栅常关 GaN MISFET 的三端 BV 测量结果。d) 在 $V_{gs} = 7$ V 时，导通电阻 R_{on} 随源 - 漏距离 L_{sd} 的函数变化关系曲线。常关三栅器件的平均 R_{on} 比标准平面栅器件高 $1.2 \sim 1.8\Omega mm$。考虑到器件的实际尺寸，所有单元均按欧姆接触的宽度（$W = 100\mu m$）而不是有效关断宽度进行归一化

偏移的原因之一[25,36]。

此外，由于Ⅲ - 氮化物半导体是压电材料，而其极化对 AlGaN/GaN 或 In-AlN/GaN HEMT 中 2DEG 的起源起着重要作用[39]，3D 三栅结构的机械应变的变化会影响纳米线 AlGaN/GaN 或 InAlN/GaN HEMT 中的 2DEG。Azize 等人[10]已经观察到由自上而下干法刻蚀制备的纳米带（NR）AlGaN/GaN 结构中 2DEG 沟道的方块电阻（R_{sh}）随着 NR 宽度的减小而增加，如图 6.8a 所示。然而，R_{sh} 的增加不能仅由 NR 侧壁表面的耗尽来解释，而是与 NR 宽度减小时的面内拉伸应变松弛（见图 6.8a）有关。由于 AlGaN/GaN 界面压电电荷的减少，AlGaN 势垒层的拉伸应变松弛导致 2DEG 密度降低。通过沉积 Si_xN_y 应力层，可以提高 Al-GaN/GaN NR 的电导率（增大电流密度，如图 6.8b 所示）。同样，当 ALD Al_2O_3

沉积在 NR 上时，InAlN/GaN NR 的方块电阻也发生了很大变化，如图 6.8c 所示。一旦 InAlN/GaN NR 完全掩埋在 Al_2O_3 中，R_{sh} 的降幅高达46%。使用会聚束电子衍射和有限元仿真，显示出 R_{sh} 的降低与 Al_2O_3 应力层对 InAlN/GaN NR 的拉伸应力增加有关[41]。

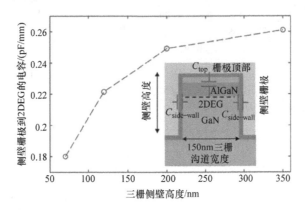

图 6.6　在 V_g =0V 时仿真的侧壁（一对）到 2DEG 的电容随侧壁高度的变化关系，每个三栅 AlGaN/GaN MISHEMT 单元结构具有 18nm ALD SiO_2 栅极介质和 150nm 宽度，如图所示。电容归一化到垂直于图中的横截面示意图的三栅长度方向。仿真中假设理想的侧壁界面没有陷阱态

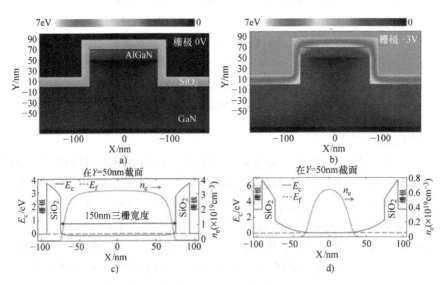

图 6.7　沿 Y = 50nm 截面，在栅极偏置为 a）0V 和 b）-3V 时，70nm 侧壁耗尽模式三栅 AlGaN/GaNMISFET 导带边缘的 2D 仿真图

— 118 —

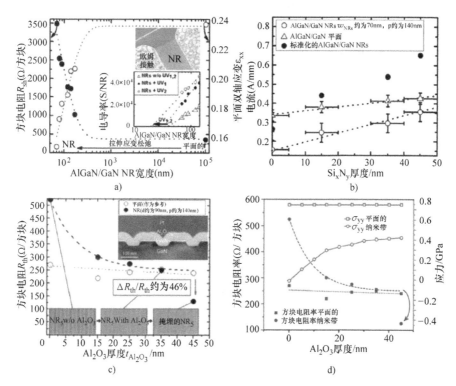

图 6.8　a）通过微拉曼光谱测量的归一化 AlGaN/GaN 纳米带（NR）方块电阻 R_{sh} 随其宽度和平面内双轴应变的函数变化曲线[10]。b）在 2V 偏压下，AlGaN/GaN NR 传输的电流密度随 NR 上沉积的 Si_xN_y 厚度的函数变化曲线[40]。c）InAlN/GaN - NR 的归一化 R_{sh} 随 Al_2O_3 钝化层厚度的函数变化曲线。一旦 NR 完全埋入 Al_2O_3 后，其 R_{sh} 下降了 46%。d）垂直于 NR 方向的平面内应力 σ_{yy} 的有限元仿真显示，应力随 Al_2O_3 的增加而增加[41]

为了理解 NR 方块电阻的变化，我们将进一步研究 2DEG 密度和迁移率的变化，这两个因素都对 NR 方块电阻有影响。首先，可以忽略应变对电子有效质量的影响。第一性原理计算表明，由于应变引起的电子有效质量的变化太小，不足以导致在参考文献[10，40]中观察到的 NR 方块电阻的较大的变化。例如，拉伸应变为 1% 时电子有效质量的减少会导致迁移率增加不到 1%[42]；另一方面，电子散射和俘获对有效电子迁移率和电子密度变化的影响更大。图 6.9 显示了从 150nm 三栅沟道宽度和 70nm 侧壁高度的耗尽模式 AlGaN/GaN 三栅 MISFET 中提取的 2DEG 密度和有效迁移率。在 $V_{gs} = 0V$ 时，在三栅沟道中提取的 2DEG 密度比平面 AlGaN/GaN MIS - HEMT 小 $4.8 \times 10^{12}/cm^2$。在 $V_{gs} = 0V$ 时，2DEG 密度的降低与 GaN 上充分应变的 $Al_{0.26}Ga_{0.74}N$ 层的压电极化电荷 $4.9 \times 10^{12}/cm^2$ 非常接近。根据对三栅 AlGaN/GaN MISFET 的 2D 静电和压电仿真，$Al_{0.26}Ga_{0.74}N$ 的松弛确实导致了 2DEG 的降低[38]。三栅 MISFET 沟道中的有效电子迁移率从 $1660cm^2V^{-1}\cdot s^{-1}$ 降低到 $1260cm^2V^{-1}\cdot s^{-1}$，这与侧壁栅附加的电子俘获和散射效应预期的一样。然而，150nm 的三栅沟道宽度对沟道迁移率的影响不是很大。

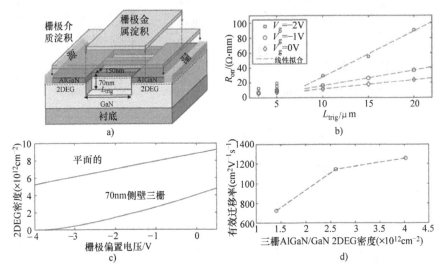

图 6.9 a) 150nm 三栅沟道宽度、70nm 三栅高度和 ALD SiO_2 作为栅极介质的耗尽模式（D 模式）AlGaN/GaN 三栅 MISFET 的示意图；b) 作为三栅的栅极长度函数的 D 模式 MISFET 的导通电阻 R_{on}，用于提取 $L_{trig} \geqslant 10\mu m$ 的三栅沟道的方块电阻。注意，R_{on} 与 $L_{trig} <$ $10\mu m$ 器件呈非线性关系；c) 从静电仿真中提取了 2DEG 密度，与准静态 CV（QSCV）测量的拟合；d) 根据方程 $\mu_e = 1/q n_{2DEG} R_{sh-trig}$ 计算的三栅沟道中的有效 2DEG 迁移率，其中 $R_{sh-trig}$ 是三栅沟道的方块电阻，n_{2DEG} 是三栅沟道的 2DEG 密度

总之，从传统的平面器件结构到 3D 三栅结构，器件设计者在调整晶体管性能方面有了更多的自由度。在设计 GaN 三栅器件时，不仅要考虑 3D 栅极结构对栅电容和电子有效迁移率的影响，而且要考虑对器件中压电电荷的影响。

6.3 用于 RF 应用的纳米线：增加 g_m 的线性度

在许多 RF 应用中，有必要在高栅极偏置下保持高频性能，以允许较大的输入信号范围。理论上，晶体管的跨导 g_m 应随栅极电压的增加而增大，并在其最大值处趋于稳定[43]。短路电流增益截止频率 f_T 也应如此。然而，在 GaNHEMT 中，实验测量表明跨导达到最大值，然后随着栅极电压的增加而减小（见图 6.11）。随着器件栅极长度的减小，这种效应变得更加突出。在深度的按比例减小的器件中，大电流下 g_m 和 f_T 的下降可能超过30%，从而限制了高功率下 RF 放大器的有效性[44]。

跨导降低的一个解释是由 Palacios、DiSanto 和 Trew 等人提出的非线性通道电阻效应[44-46]。这种解释将 g_m 的下降归因于源通道电阻随漏极电流的增加而增加。随着栅极偏置的增加，有更多的电子具有发射光学声子的能量，由于声子散射的增加而使得沟道中的平均电子速度降低。

考虑到 g_m 的下降可能是由于源通道电阻的增加，防止这种下降的一种可能的方法是减小栅极到源极的距离，从而限制在自对准器件中实现的器件面积对源通道电阻的贡献。Shinohara 等人[47]展示了一种具有 n + 再生长接触的自对准器件。正如在这项工作中所显示的，高 V_{GS} 的跨导衰减被抑制。然而，由于通道区支撑高电压，低击穿电压可能会限制自对准器件在高压应用中的使用范围。

克服 g_m 下降效应的另一个选择是增加源极的电流。纳米线结构被用来增加相对于本征沟道的源通道区中的电子。纳米线只在栅极的下方形成，但源通道区仍然是平的。因此，相对于栅极下的本征沟道，源极提供的电流更大。这是通过使用低于100nm的栅极来实现的，以保持较大电流，并在强化条件下观察其现象。

图 6.10a 显示了为本实验开发而制备的纳米线沟道 GaNHEMT 的器件结构和工艺流程。如图所示，由于有效宽度更大，源通道区比沟道具有更大的电流容量，因此，它可以作为本征纳米线型晶体管的更理想的源。

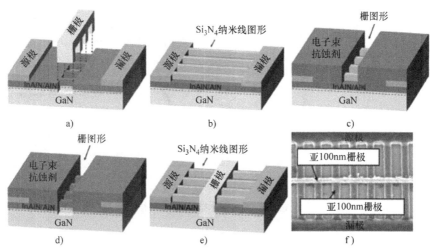

图 6.10　a) 纳米线沟道 HEMT 的器件结构　b) Si₃N₄纳米线图形
c) 栅成型和沟道刻蚀　d) Si₃N₄去除　e) 栅剥离　f) 栅后的 SEM

为了评价纳米线沟道改善器件频率性能的有效性，测量了100MHz～40GHz内的 RF 特性。尽管纳米线沟道器件在整个输入电压范围内具有比平面器件更低的最大电流增益截止频率（f_T）（由于侧栅和通道区的边缘电容更大，比有效沟道区域更宽），但是在更高的栅极偏置下，它不会有明显的 f_T 下降。如图 6.11 所示，不同输入电压下 f_T 的均匀性的改善可归因于更平坦的跨导。为了进一步研究器件的行为，使用电流注入法测量源通道电阻[49]。如图 6.12 所示，在纳米线器件中，作为漏极电流函数的源电阻是相对恒定的，而在平面器件中则是迅速增加的。这些结果支持 g_m 下降是由于源通道电阻增加的解释。通过减小晶体管沟道相对于源通道电阻的相对宽度，这些器件有效地增加了由源极提供的相对电流量，以抑制跨导下降。此外，这个恒定的源电阻可以实现更高的栅极过驱动，从而增加了器件中的电流。与传统的 GaNHEMT 相比，纳米线器件在较大的输入偏置条件下相对稳定的 RF 特性有助于改善这些器件的线性度。

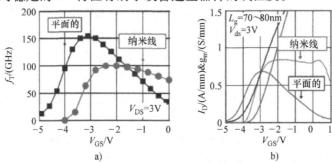

图 6.11　a）输入电压范围内的短路电流增益

b）纳米线沟道器件和平面器件的 DC 传输特性[48]

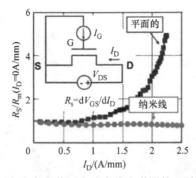

图 6.12　在漏极电流密度范围内纳米线沟道器件和平面器件的源电阻

6.4　纳米结构的 GaN 肖特基势垒二极管

　　二极管是另一个重要的器件家族，广泛应用于电力电子电路中。SBD 由于其开关速度快因而是非常理想的器件，它们实质上是多数载流子器件，并且导通电压低，这可以保证更高的电路效率。

　　通常，GaN 基 SBD 是在平面 AlGaN/GaN 异质结构上制备的。当在 AlGaN 势垒层上形成阳极接触，在正向偏压下，AlGaN/GaN 异质结构中的 2DEG 电子需要克服 AlGaN/GaN 界面势垒并流过高阻 AlGaN 层。这会导致较高的开启电压和较大的导通电阻[51,52]。使阳极接触处势垒层凹陷可以缓解这个问题[53]。然而，这也会耗尽阳极区下的 2DEG，增加了电子的电阻，因为 2DEG 的电子接触只发生在阳极区域的边缘。

　　传统 AlGaN/GaN SBD 的另一个主要限制是它们的反向泄漏电流大，原因与前面讨论的 AlGaN/GaN HEMT 类似。已经提出了几种降低这些器件中泄漏电流的技术。它们依赖于用 SiN_x 或 SiO_2 钝化 AlGaN 表面[54]，并使用 O_2、N_2、C_2F_6、CF_4[51,54,55,56,57]对表面进行等离子体处理，从而使泄漏电流降低两个数量级，降至大约 $6\mu A/cm^2$。在横向 SBD 中使用场板终端进一步改善了在 -100 V 时的泄漏电流，使其降低到 10^{-5} A/cm^2（或相当于 100 nA/mm）[38]。尽管为解决这些问题做出了努力，但关于同时提高 SBD 正向和反向特性的报告却很有限。

6.4.1　GaN SBD 的纳米结构阳极　★★★

　　为了解决这些在正向和反向偏压下的问题，Matioli 等人提出了一种基于 3D 纳米图形化阳极的新型 SBD 结构，如图 6.13a 所示[9]。与三栅晶体管类似，图形化的阳极由一系列周期性间隔的沟槽组成，刻蚀到远低于 AlGaN 势垒层的地方。然而，在这种情况下，这些沟槽的目的有两个：改善正向偏压特性和减少反向偏压下的泄漏电流。

　　在正向偏压下，3D 阳极结构的侧壁与 GaN 沟道中的 2DEG 形成接近理想的 Schottky 结，旁路了高阻的 AlGaN 势垒层，改善了其开启特性。该器件的顶部势垒层的作用是在 2DEG 中诱导高密度高迁移率的电子。

　　为了减少反向偏压下的泄漏电流，在 Schottky 结和二极管阴极之间的一段图形化阳极上覆盖氧化物，形成一个金属 - 氧化物 - 半导体（MOS）区域。这个区域类似于三栅 MOS 区域，如图 6.13b、c 所示。这个三栅结构为反向偏压下的电子提供了静电势垒，类似于三栅 HEMT 结构[37]，但适用于 AlGaN/GaN SBD 的具体工作和问题。与传统的平面场板结构相比，在反向偏压下，柱状结构提供了更好的几何结构来耗尽沟道中的电子，从而大大降低了反向泄漏电流。图 6.13b 的插图显示了具有 3D 阳极的 SBD 的等效电路，该电路由 SBD 与三栅 MOSFET 串联而成。

　　如图 6.14a ~ c 所示，从参考二极管到柱状结构宽度 $a = 450$nm 的 3D 阳极 SBD（见图 6.10a），可以观察到反向泄漏电流大幅降低，幅度超过两个数量级。通过将柱状结构的宽度缩小到 300nm（见图 6.14b），反向泄漏电流进一步减小，

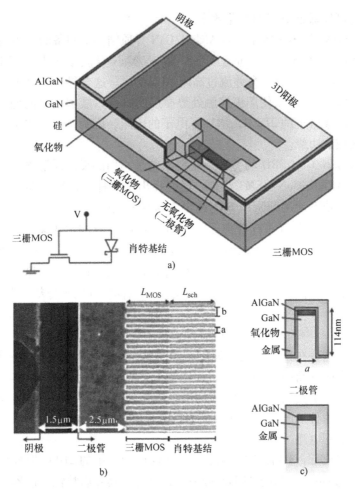

图 6.13 a）具有 3D 阳极结构的 SBD 示意图；b）具有 3D 阳极结构的 SBD 的 SEM 顶视图，
其中金属层仅从纳米结构阳极的一部分移除，形成两个不同的区域：具有氧化层的三栅
MOS 和肖特基结。L_{MOS} 和 L_{sch} 分别代表了三栅 MOS 和肖特基结的长度。插入的 3D 阳极
SBD 的等效电路，对应于一个与三栅 MOSFET 串联的 SBD；c）三栅 MOS 和
Schottky 结的横截面示意图

当 $a = 200nm$ 时减小到近四个数量级（见图 6.14c）。

在正向偏压下，参考平面二极管在 $I - V$ 特性中呈现出 1.5V 的较大的开启电压以及两个不同的膝电压（见图 6.14d）。这种非理想行为被图形化阳极结构所消除，柱状结构两侧的金属 - 半导体肖特基结决定了 $I - V$ 特性，导致 3D 阳极 SBD 的导通电压降低到 0.85V。理想因子也从参考二极管的 1.43 提高到图形化二极管的 1.27，这与 L_{MOS} 无关。三栅 MOS 区在减小泄漏电流方面更为有效，这是由于施加在阳极接触的负电位能更好地耗尽载流子。

将 L_{MOS} 的长度从 $1\mu m$ 增加到 $5\mu m$，会导致串联电阻增大并降低泄漏电流。这表明通过增加三栅长度的 L_{MOS} 来改善正向和反向偏压特性之间存在明显的折中。对于 $2\mu m$ 的 L_{MOS}，实现了良好的折中，泄漏电流显著降低了三个数量级以上，降至 263 pA/mm，串联电阻仅小幅增加了 21%，达到 $5.96\Omega mm$，理想因子为 1.27。

　　在 3D 阳极的一部分 L_{MOS} 上形成的三栅 MOS 对减小反向泄漏电流具有重要意义。否则，减小 3D 阳极结构侧壁的肖特基势垒只会增加 SBD 的泄漏电流。

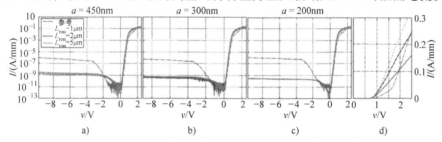

图 6.14　$L_{MOS} = 1\mu m$、$2\mu m$ 和 $5\mu m$ 的不同宽度下，具有 3D 阳极的 SBD 的电流 – 电压（$I - V$）
特性与参考平面二极管的比较。不同的曲线对应于 a）$a = 450nm$，b）$a = 300nm$，c）$a = $
$200nm$ 的柱状结构宽度。d）$a = 300nm$、$L_{MOS} = 1\mu m$、$2\mu m$ 和 $5\mu m$ 的 3D 阳极二极管与
参考平面二极管的正向偏置 $I - V$ 特性的比较。在 $a = 200nm$ 和 450nm 下观察到类似的
行为和开启电压。用二极管的宽度（$W = 100\mu m$）对这些器件
（参考平面和 3D 阳极 SBD）中测量的电流进行归一化

　　当阴极和阳极之间的距离为 $1.5\mu m$，反向泄漏电流低于 10nA/mm 时，3D 阳极 SBD 的击穿电压 V_{BV} 高达 – 127 V（氧化物击穿电压），如图 6.15 所示。在更大的泄漏电流下，参考平面 SBD 显示出类似的 V_{BV}。在 – 110V、$a = 200nm$ 的 3D 阳极 SBD 的反向泄漏电流为 270pA/mm[9]，比文献中报道的在类似的反向偏压下的其他较高的 V_{BV} 横向 SBD 小得多[33,38]，并且据我们所知，它是在横向 Al-

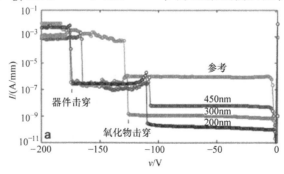

图 6.15　$L_{MOS} = 2\mu m$ 和 $a = 450nm$、300nm 和 200nm 的参考平面二极管和三维阳极
SBD 的击穿电压的测量。所有器件的阴极和阳极之间的距离均为 $1.5\mu m$

GaN/GaN SBD 中实现的最低泄漏电流之一。与平面器件相比，这些器件的反向泄漏电流对温度的依赖性更小，在 -40V、200℃下的泄漏电流为 14nA/mm。

综上所述，超低泄漏电流 SBD 可以通过 3D 阳极接触来得到。与传统的 AlGaN/GaN SBD 相比，这种新型器件直接与 3D 阳极结构侧壁的 2DEG 形成 Schottky 接触，以改善其开启特性。此外，该器件集成了一个绝缘的三栅 MOS 结构，以降低其反向偏置泄漏电流。通过优化这一新工艺，得到了导通电压为 0.85V、导通电阻为 5.96Ω·mm、理想因子为 1.27 的 3D 阳极结构的 SBD。当阴极和阳极之间的距离为 1.5μm 时，反向偏置下泄漏电流显著降低近四个数量级，降至 260pA/mm，击穿电压高达 127V。据我们所知，这是在硅衬底上制作的横向 AlGaN/GaN SBD 中所报道的最低泄漏电流之一。

6.5 结 论

本章讨论了纳米线的特性，展示了功率晶体管和 RF 晶体管，以及 SBD 在正向和反向偏置工作中改进的性能。

第一部分讨论了纳米线器件的自下而上的方法。单 GaN 纳米线器件（直径为 10nm）表现出非常好的 DC 性能，具有良好的开关性能，跨导 g_m 超过 100mS/mm，相对较大的迁移率，高达 $650cm^2/(V·s)$，以及栅极对沟道中电子的良好控制。这些器件在 RF 应用方面也很有前景，在几十 GHz 范围内呈现出固有的 f_T 和 f_{MAX}。尽管单纳米线器件具有良好的 DC 和 RF 性能，但大多数应用都需要大量纳米线并联工作以产生更大的输出电流。这在自下而上的方法中非常具有挑战性，无论是在生长还是在制造方面。较大的表面体积比使得这些器件的电学性能对环境非常敏感，这为传感应用带来了巨大的机遇。

第二部分回顾了三栅结构在 GaN 电力电子中的应用。研究表明，三栅结构可以显著降低 DIBL 效应和关断态漏极泄漏电流。对正常关断的 GaN 器件，关断态漏极电流的控制至关重要。这部分内容还讨论了其他重要的设计考虑因素。由于增加的侧壁栅，对于单位面积沟道电子密度，三栅 GaN 晶体管的栅电容比平面器件的栅电容大。在三栅耗尽模式 AlGaN/GaN HEMT 中，栅电容的增加有助于获得更高的正夹断电压。三栅结构也会引起 AlGaN/GaN（或 InAlN/GaN）HEMT 中应变的变化，从而改变 AlGaN/GaN 纳米带中的 2DEG 密度。机械应变和 2DEG 密度之间的这种相关性是一种独特的特性，可以用来改善器件的性能。三栅结构中额外暴露的表面对沟道迁移率有负面影响。幸运的是，研究表明，带宽为 150nm 的三栅 AlGaN/GaN MISFET 中的有效电子迁移率仍高于 $1000cm^2/Vs$。本章随后讨论了将自上向下的纳米线沟道技术应用于 RF 器件的好处。结果表明，在较高的栅电压下，通常与平面 GaN 器件相关的跨导下降可以通过在器件沟道中刻蚀纳米线图形来抑制。更平坦 g_m 的优点体现在输入电压范围内最大 f_T 的稳定性改善。

　　本章还讨论了纳米图形化阳极的实现，以提高 SBD 的开启电压并降低其反向泄漏电流。在这种结构中，有效的肖特基结形成于柱形结构侧壁的金属 – GaN 界面上，使开启电压从 1.5V 降低到 0.85V。一个覆盖氧化物的图形化阳极，形成一个与 SBD 串联的三栅 MOSFET，起到静电势垒的作用，将其反向泄漏电流降低近四个数量级，在 – 110V 下降至 270pA/mm，串联电阻为 5.96Ω · mm，而理想因子为 1.27。

　　综上所述，本章展示了纳米线结构在正向和反向偏压下对器件特性的解耦非常有效，允许对其分别进行优化，这为未来的低泄漏、快速开关和高线性 GaN 器件提供了一条途径。

参 考 文 献

1. Lu W, Xie P, Lieber CM (2008) Nanowire transistor performance limits and applications. IEEE Trans Electron Device 55(11):2859–2876
2. Matioli E, Palacios T (2015) Room-temperature ballistic transport in III-nitride heterostructures. Nano Lett 15(2):1070–1075
3. Mastro M, Kim HY, Ahn J, Kim J, Jennifer H, Charles E Jr (2010) Quasi-ballistic hole transport in an AlGaN/GaN nanowire. ECS Trans 28(4):47–52
4. Kim J-R, Kim B-K, Lee IJ, Kim J-J, Kim J, Lyu SC, Lee CJ (2004) Temperature-dependent single-electron tunneling effect in lightly and heavily doped GaN nanowires. Phys Rev B 69:233303
5. Polenta L, Rossi M, Cavallini A, Calarco R, Marso M, Meijers R, Richter T, Stoica T, Luth H (2008) ACS Nano 2:287
6. Calarco R, Marso M, Richter T, Aykanat AI, Meijers R, Hart AVD, Stoica T, Luth H (2005) Nano Lett 5:981
7. Sanford NA, Blanchard PT, Bertness KA, Mansfield L, Schlager JB, Sanders AW, Roshko A, Burton BB, George SM (2010) J Appl Phys 107:034318
8. Simpkins BS, Mastro MA, Eddy CR Jr, Pehrsson PE (2008) J Appl Phys 103:104313
9. Matioli E, Lu B, Palacios T (2013) Ultralow leakage current AlGaN/GaN Schottky diodes with 3-D anode structure. IEEE Trans Electron Device 60:3365
10. Azize M, Palacios T (2011) Top-down fabrication of AlGaN/GaN nanoribbons. Appl Phys Lett 98:042103
11. Li Y, Xiang J, Qian F, Gradecak S, Wu Y, Yan H, Blom DA, Lieber CM (2006) Dopant-free GaN/AlN/AlGaN radial nanowire heterostructure as high electron mobility transistors. Nano Lett 6(7):1468–1473
12. Duan X, Lieber CM (2000) Laser-assisted catalytic growth of single crystal GaN nanowires. J Am Chem Soc 122:188–189
13. Peng HY, Wang N, Zhou XT, Zheng YF, Lee CS, Lee ST (2002) Control of growth orientation of GaN nanowires. Chem Phys Lett 359:241–245
14. Kim H-M, Kim DS, Park YS, Kim DY, Kang TW, Chung KS (2002) Growth of GaN nanorods by a hydride vapor phase epitaxy method. Adv Mater 14:991–993
15. Bertness KA (2011) Senior member, IEEE. In: Sanford NA, Davydov AV (eds) GaN nanowires grown by molecular beam epitaxy. IEEE J Select Top Quant Electron 17(4)
16. Cheng GS, Zhang LD, Zhu Y, Fei GT, Li L (1999) Large-scale synthesis of single crystalline gallium nitride nanowires. Appl Phys Lett 75:16

17. Songmuang R, Monroy E (2013) GaN-based single-nanowire devices, on III-Nitride semiconductors and their modern devices. In: B Gil (ed), 01/2013. Oxford University Press, USA, pp 289–364

18. Fortuna SA, Li X (2010) Metal-catalyzed semiconductor nanowires: a review on the control of growth directions. Semicond Sci Technol 25:024005

19. Glas F (2006) Phys Rev B 74:121302

20. Yoshizawa M, Kikuchi A, Mori M, Fujita N, Kishino K (1997) Japan. J Appl Phys 2(36):L459

21. Sekiguchi H, Nakazato T, Kikuchi A, Kishino K (2006) J Cryst Growth 300:259

22. Calleja E, Sanchez-Garcia MA, Sanchez FJ, Calle F, Naranjo FB, Munoz E, Molina SI, Sanchez AM, Pacheco FJ, Garcia R (1999) J Cryst Growth 201/202:296

23. Tchernycheva M et al (2007) Nanotechnology 18:385306

24. Songmuang R, Landre O, Daudin B (2007) Appl Phys Lett 91:251902

25. Ohi K, Hashizume T (2009) Drain current stability and controllability of threshold voltage and subthreshold current in a multi-mesa-channel AlGaN/GaN high electron mobility transistor. Jpn J Appl Phys 48:081002

26. Yu H, Xiangfeng D, Yi C, Lieber CM (2002) Gallium nitride nanowire nanodevices. Nano Lett 2(2):101–104

27. Stern E et al (2005) Electrical characterization of single GaN nanowires. Nanotechnology 16:2941

28. Sundaram VS, Mizel A (2004) Surface effects on nanowire transport: a numerical investigation using the Boltzmann equation. J Phys Condens Matter 16:4697

29. Songmuang R, Katsaros G, Monroy E, Spathis P, Bougerol C, Mongillo M, De Franceschi S (2010) Quantum transport in GaN/AlN double-barrier heterostructure nanowires. Nano Lett 10(9):3545–3550

30. Vandenbrouck S, Madjour K, Théron D, Dong Y, Li Y, Lieber CM, Gaquiere C (2009) 12 GHz F_{MAX} GaN/AlN/AlGaN Nanowire MISFET. IEEE Electron Device Lett 30:4

31. Chen CP et al (2009) Label-free dual sensing of DNA molecules using GaN nanowires. Anal Chem 81(1):36–42

32. Huang X, Lee WC, Kuo C, Hu C et al (1999) Sub 50-nm FinFET: PMOS. In: IEDM Technical Digest, pp 67–70

33. Doyle BS, Datta S, Doczy M, Hareland S, Jin B, Kavalieros J, Linton T, Murthy A, Rios R, Chau R (2003) High performance fully-depleted tri-gate CMOS transistors. IEEE Electron Device Lett 24:263–265

34. Kato S, Satoh Y, Sasaki H, Masayuki I, Yoshida S (2007) C-doped GaN buffer layers with high breakdown voltages for high-power operation AlGaN/GaN HFETs on 4-in Si substrates by MOVPE. J Crystal Growth 298:831–834

35. Zimmermann T, Cao Y, Guo J, Luo X, Jena D, Xing H (2009) Top-down AlN/GaN enhancement- and depletion-mode nanoribbon HEMTs. In: IEEE device research conference (DRC) Digest, pp 129–130

36. Lu B, Matioli E, Palacios T (2012) Tri-gate normally-off GaN power MISFET. IEEE Electron Device Lett 33(3):360–362

37. Lu B, Saadat OI, Palacios T (2010) High-performance integrated dual-gate AlGaN/GaN enhancement-mode transistor. IEEE Electron Device Lett 31:990–992

38. Lu B (2013) AlGaN/GaN-based power semiconductor switches. PhD Dissertation, Massachusetts Institute of Technology

39. Ambacher O, Foutz B, Smart J, Shealy JR, Weimann NG, Chu K, Murphy M, Sierakowski AJ, Schaff WJ, Eastman LF, Dimitrov R, Mitchell A, Stutzmann (2000) Two dimensional electron gases induced by spontaneous and piezoelectric polarization in undoped and doped AlGaN/GaN heterostructures. J Appl Phys 87(1), pp 334–344

40. Azize M, Hsu AL, Saadat OI, Smith MJ, Gao X, Guo S, Gradecak S, Palacios T (2011) High-electron-mobility transistors based on InAlN/GaN nanoribbons. IEEE Electron Device Lett 32(12):1680–1682

41. Jones EJ, Azize M, Smith MJ, Palacios T, Gradecak S (2012) Correlating stress generation and sheet resistance in InAlN/GaN nanoribbon high electron mobility transistors. Appl Phys Lett

101:113101

42. Dreyer CE, Janotti A, Van de Walle CG (2013) Effects of strain on the electron effective mass in GaN and AlN. Appl Phys Lett 102:142105

43. Dora Y, Chakraborty A, McCarthy L, Keller S, DenBaars SP, Mishra U (2006) High breakdown voltage achieved on AlGaN/GaN HEMTs with integrated slant field plates. IEEE Electron Device Letters 27(9):713–715

44. Palacios T, Rajan S, Chakraborty A, Heikman S, Keller S, DenBaars SP, Mishra UK (2005) Influence of the dynamic access resistance in the gm and fT linearity of AlGaN/GaN HEMTs. IEEE Trans Electron Device 52(10):2117–2123

45. DiSanto DW, Bolognesi CR (2006) At-bias extraction of access parasitic resistances in AlGaN/GaN HEMTs: impact on device linearity and channel electron velocity. IEEE Trans Electron Device 53(12):2914–2919

46. Trew RJ, Liu Y, Bilbro GL, Kuang W, Vetury R, Shealy JB (2006) Nonlinear source resistance in high-voltage microwave AlGaN/GaN HFETs. IEEE Trans Microw Theory Tech 54(5):2061–2067

47. Shinohara K, Regan D, Corrion A, Brown D, Tang Y, Wong J, Candia G, Schmitz A, Fung H, Kim S, Micovic M (2012) Self-aligned-gate GaN HEMTs with heavily-doped n$^+$-GaN ohmic contacts to 2DEG. In: Proceedings of the IEEE international electron devices meeting, pp 617–620

48. Lee DS, Wang H, Hsu A, Azize M, Laboutin O, Cao Y, Johnson W, Beam E, Ketterson A, Schuette M, Saunier P, Palacios T (2013) High linearity nanowire channel GaN HEMTs. In: Device Research Conference (DRC) 71st Annual, Notre Dame pp 195–196

49. Greenberg DR, del Alamo JA (1996) Nonlinear source and drain resistance in recessed-gate heterostructure field-effect transistors. IEEE Trans Electron Device 43(8):1304–1306

50. Lee DS (2014) Deeply-scaled GaN high electron mobility transistors for RF applications. Doctoral dissertation, Massachusetts Institute of Technology

51. Motayed A, Sharma A, Jones KA, Derenge MA, Iliadis AA, Mohammad SN (2004) Electrical characteristics of AlxGa1 − xN Schottky diodes prepared by a two-step surface treatment. J Appl Phys 96(6):3286–3295

52. Lee J-G, Park B-R, Cho C-H, Seo K-S, Cha H-Y (2013) Low turn-on voltage AlGaN/GaN-on-Si rectifier with gated ohmic anode. IEEE Electron Device Lett 34(2):214–216

53. Yao Y, Zhong J, Zheng Y, Yang F, Ni Y, He Z, Shen Z, Zhou G, Wang S, Zhang J, Li J, Zhou D, Zhisheng W, Zhang B, Liu Y (2015) Current transport mechanism of AlGaN/GaN Schottky barrier diode with fully recessed Schottky anode. Jpn J Appl Phys 54:011001

54. Hashizume T, Ootomo S, Oyama S, Konishi M, Hasegawa H (2001) Chemistry and electrical properties of surfaces of GaN and GaN/AlGaN heterostructures. J Vac Sci Technol, B 19(4):1675–1681

55. Kim JH, Choi HG, Ha M-W, Song HJ, Roh CH, Lee JH, Park JH, Hahn C-K (2010) Effects of nitride-based plasma pretreatment prior to SiNx passivation in AlGaN/GaN high-electronmobility transistors on silicon substrates. Jpn J Appl Phys 49:04DF05-1–04DF05-3

56. Dimitrov R, Tilak V, Yeo W, Green B, Kim H, Smart J, Chumbes E, Shealy JR, Schaff W, Eastman LF, Miskys C, Ambacher O, Stutzmann M (2000) Influence of oxygen and methane plasma on the electrical properties of undoped AlGaN/GaN heterostructures for high power transistors. Solid-State Electron 44(8):1361–1365

57. Ha WJ, Chhajed S, Oh SJ, Hwang S, Kim JK, Lee J-H, Kim K-S (2012) Analysis of the reverse leakage current in AlGaN/GaN Schottky barrier diodes treated with fluorine plasma. Appl Phys Lett 100(13):132104-1–132104-4

第 7 章 »

深能级表征：电学和光学方法

Andrew M. Armstrong & Robert J. Kaplar

7.1 简 介

由于电子和空穴的热或光激发跃迁进入或离开深能级，评估缺陷对 HEMT 影响的最直接的方法是检查在给定的偏压条件下 I_{ds} 是如何变化的。改变深能级缺陷的占有率对 HEMT 工作的主要影响是形成一个类似于浮栅的局部空间电荷。用过剩的电子填充缺陷会产生局部负电位，从而部分地夹断沟道并减小 I_{ds}。相反，缺陷态的电子发射使局部电势更正并增加 I_{ds}。因此，在开关或自热等动态工作条件下，因为深能级的占有率发生变化，缺陷态作用于自偏置 HEMT，并导致器件运行的不稳定。

分析 I_{ds} 变化的幅度提供了一种直接的方法来评估缺陷对器件性能的影响程度，但是减少缺陷需要了解它们是如何影响 HEMT 行为的。解释器件在缺陷环境中的行为需要确定电子深能级能量（E_t）、深能级浓度（N_t）和相应缺陷在 HEMT 中的物理位置。缺陷在带隙中的能量位置会影响器件的响应时间，例如浅能级缺陷会导致开关过程中的动态不稳定，而深能级缺陷则会影响器件的 DC 工作点。深能级的浓度决定了 I_{ds} 的变化幅度。缺陷的物理位置决定了它影响器件工作的哪些方面，例如，栅极下的缺陷影响 V_{th}，而栅极和漏极之间的缺陷影响 R_{on}。

与深能级相关的高压 GaN HEMT 的性能退化的主要现象是色散[1]和电流崩塌[2]。术语色散是指与 DC 条件相比，具有快速脉冲的 HEMT $I-V$ 特性降低。这通常归因于 AlGaN 表面态在产生所谓的虚拟栅极效应中的作用，如图 7.1 所示。虚拟栅极模型假设在器件夹断过程中，栅极和漏极之间的巨大电位差允许电子从栅极隧穿进入 AlGaN 势垒层。这里，电子可以被电离的表面施主俘获，这些表面施主提供构成 2DEG 的自由载流子。根据电荷守恒，裸露的 AlGaN 表面电离的施主的减少必须满足 2DEG 密度（n_s）的局部减少，从而导致沟道电导率的降低。如果表面施主的发射率远低于驱动器件的开关频率，I_{ds} 会滞后于栅极电压，这种效应被称为栅极滞后。色散的关键方面是这种现象随着栅极的快速脉冲变得明显，而这归因于表面施主的俘获。

电流崩塌（也称为动态导通电阻）描述了在源极和漏极之间施加较大的偏置后，I – V 特性的退化。这种效应是由于在 AlGaN 势垒层或 GaN 缓冲层内来自 2DEG 沟道碰撞电离的电子对深能级的充电造成的。沟道中载流子的损失降低了电导率，从而降低了最大可实现的漏极电流。在沟道周围的深能级发射出俘获的电子之前，漏极电流不会完全恢复。因此，漏极电流滞后于漏极电压，这种效应被称为漏极滞后。注意，电流崩塌表现为很大的漏 – 源 V_{ds} 偏置，并被认为涉及

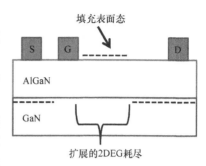

图 7.1　栅极的电子泄漏填充了表面态。在栅极和漏极之间的 AlGaN 表面上的过剩负电荷耗尽了底层的 2DEG。带电荷的表面态被称为"虚拟栅极"

GaN 缓冲层的深能级。在射频 GaN HEMT 中，电流崩塌不再是一个问题，但在高压 GaN 功率 HEMT 中仍然存在。关断的源极和漏极之间有几百伏甚至几千伏的电压，通常需要有意地在 GaN 缓冲层加入深能级缺陷来抑制源极到漏极的泄漏电流。这些缓冲层缺陷也可以俘获由于热载流子从沟道[3]散射或由于栅极泄漏[4]而产生的电荷。

此外，在 III – N 材料中的非常深的陷阱可能具有非常大的时间常数，并且这种陷阱的填充可能会改变器件的参数特性，因为发射时间与开关时间相比太长，以至于这种改变实际上是 DC[4,5]。这种参数改变是与硅 CMOS 中观察到的温度偏置效应类似的可靠性问题，因为它们可能导致器件偏离其电路所设计的 DC 偏置点[6]。

表征 GaN HEMT 缺陷活动的所有这些方面需要一整套光谱技术。在不同的栅极和漏极偏压条件下测量 I_{ds} 瞬态可提供缺陷的横向位置信息，即在栅极下方或在通道区域。横向空间分辨率也可以通过测量固定 I_{ds} 的 V_{gs} 或 V_{ds} 的变化来实现。测量作为栅偏置函数的栅 – 漏电容（C_{gd}）瞬态，可以确定缺陷的垂直位置，即势垒层、沟道或缓冲层。DLTS 和 DLOS 的光谱分析方法可以应用于 I_{ds} 或 C_{gd} 测量，以定量观测到深能级的 E_t 和 N_t。

本章的其余部分描述了所有这些技术在 GaN HEMT 中的应用。回顾了深能级瞬态光谱（DLTS）和深能级光谱（DLOS）的基本原理，它们是表征 GaN HEMT 缺陷的最常用方法。然后描述了 DLTS 和 DLOS 在 GaN HEMT 的 I_{ds} 和 C_{gd} 中的应用，以评估缺陷的位置及其对器件的影响。

7.2　DLTS 和 DLOS 基础

本节描述了使用 DLTS 和 DLOS 来表征深层缺陷的电学和光学特性。首先回

顾了电容模式 DLTS（C – DLTS）和电容模式 DLOS（C – DLOS），然后介绍电流模式 DLTS（I – DLTS）和电流模式 DLOS（I – DLOS）。

7.2.1 C – DLTS ★★★

DLTS 是一种常用的技术，它对从导带边缘到约为 1eV 的深能级的热激发电容瞬变非常敏感。在半导体结的耗尽区，电子和空穴在热激发下跃迁到或离开深能级，产生电容瞬变。对于 n 型肖特基二极管的简单情况，多数载流子电子从深能级发射到导带，然后自由电子通过内建电场从耗尽区被去除，如图 7.2 所示。这个过程留下了一个缺陷，现在有了更多的正电荷。耗尽区空间电荷的净增加由结边缘的自由电子尾部的进入来补偿的。耗尽宽度（d）的减少可以通过耗尽电容的增加来测量。值得注意的是，C – DLTS

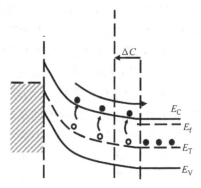

图 7.2 耗尽区缺陷的电子发射。电子被扫出耗尽区，在缺陷上留下固定的正电荷。空间电荷的增加会导致耗尽区收缩，这可以通过结电容的增加来测量

也适用于 p – n 结和少数载流子，然而，这里只考虑 n 型半导体中的多数载流子。还应注意到，从半导体器件区域内的净电荷和由此产生的电学瞬变的角度来看，在某些情况下，除非简化假设（例如，假设涉及空穴的过程可以忽略不计），否则很难区分一种载流子类型的发射和另一种载流子类型的俘获（例如，电子发射与空穴俘获）。所考虑的器件结构和所使用的偏压条件通常为此类假设提供了合理的置信度。此外，高压 HEMT 中出现的高电场可能会影响发射相对于俘获的优势[6,7]。

深能级的电子发射率将影响与电容瞬态相关的特征时间常数。这样的电容瞬态很容易被测量，因此可以通过实验确定耗尽区内深能级的发射率。将发射率与深能级的物理性质联系起来，可以用耗尽电容的方法来表征深能级。从详细的平衡考虑并忽略简并，深能级（e_{th}）的热电子发射率可以表示为

$$e_{th}(T) = \sigma_{th}\nu_{th}N_C\exp\left(\frac{E_t - E_C}{kT}\right) \tag{7.1}$$

式中，T 为绝对温度；σ_{th} 为热载流子俘获截面；N_C 为导带态密度；E_C 为导带能量最小值；k 为玻尔兹曼常数。

对于在较大反向偏压的耗尽区完全被占据的类受主深能级的情况，耗尽区空间电荷随时间变化为 $q^{[N_d - n_t(t)]}$，其中 $n_t(t) = N_t\exp(-e_{th}t)$ 是占据的陷阱浓度，N_t 是总的陷阱浓度，而 N_d 是电离杂质的净浓度。对于 $N_t \ll N_d$，电容可以表示为

$$\frac{\Delta C(t)}{C_0} = \frac{N_t}{2N_d}\exp(-e_{th}t) \qquad (7.2)$$

式中，C_0 是电容的最终（稳态）值；ΔC 是电容瞬态的振幅。这是深能级光谱耗尽电容法的基础。

确定电容瞬变的时间常数和振幅可以得到有关 E_t 和 N_t 的信息。DLTS 测量从静态反向偏置 V_r 下的耗尽区开始，并且假设其中的陷阱是空的。施加填充脉冲偏压 V_f，经过一段时间 t_f，使耗尽区崩塌并使自由电子靠近空的陷阱，随后发生俘获。当填充脉冲去除且自由载流子撤回时，被俘获电子的热发射产生一个时间常数为 $\tau_{th} = e_{th}^{-1}$ 的指数瞬态电容，根据式（7.1），这取决于温度 T、E_t 和 σ_t。随着 T 的增加，τ_{th} 减小，而当 τ_{th} 等于预设值 τ_{ref} 时，DLTS 装置将这一瞬态处理为一个信号，在温度 T_{max} 时达到峰值。对于给定的 τ_{ref}，具有不同 E_{th} 或 σ_{th} 的陷阱表现出不同的 T_{max}。通过使用 τ_{ref} 和 T_{max} 的几个相关值，可以构建 $\ln(\tau_{ref}T_{max}^2)$ 与 T_{max}^{-1} 的 Arrhenius 曲线，其中 E_{th} 和 σ_{th} 分别通过斜率和 y 轴截距提取。深层浓度是在较大的 t 下通过公式（7.2）计算得出的。关于 DLTS 测量过程和仪器的更多细节可以参阅其他参考文献[8]。

对样品温度和瞬态观测时间的实际限制通常将 DLTS 的灵敏度限制在能带边缘约为 1eV 的深能级内。DLOS 必须用来检测 GaN 带隙深处的深能级，这将在下面讨论。

7.2.2　C – DLOS ★★★

DLOS 根据光学截面的光谱相关性（σ^o）测量深能级的光学特性，如光电离能 E_o 和 Franck – Condon 能量 d_{FC}，而 N_t 可从式（7.2）中得到，类似于 DLTS。能量 E_o 是在光发射过程没有声子辅助的情况下，一个被吸收的光子将一个电子从深能级提升到导带所需的能量。由于激发是光学的而不是热学的，使用氙灯可以观察到在 E_c 以下大约 6eV 的深能级缺陷。同样，我们将 DLOS 的讨论限制在 n 型半导体的情况下。

DLOS 与 DLTS 类似，只是现在假设热发射率与光发射率相比可以忽略不计。单色照明用于激发深能级发射。与 DLTS 中的 T 扫描不同，对于 DLOS，使用耦合到宽带光源的单色仪来扫描入射光子能量（$h\nu$）。然后，可以记录和分析每个 $h\nu$ 值的电容瞬态以确定光发射率（e^o），其定义为 σ^o 乘以入射光子通量（Φ）。

为了提取 σ^o（$h\nu$），取 $t = 0$ 附近的即光照周期开始时的光电容瞬态 C（t）对时间的导数。假设样品温度足够低或者占据的深能级离能带边缘足够远（>1 eV），热过程可以忽略。由此可见，$E_o > 1eV$ 的深能级被完全占据。在这种情况下，σ^o 的光谱相关性由下式（7.3）给出

$$\sigma^{\circ} \propto \frac{1}{\Phi} \frac{\mathrm{d}C}{\mathrm{d}t}\bigg|_{t=0} \tag{7.3}$$

然后将 σ° 数据拟合到理论模型中，以确定 E_{o} 的值。有许多模型以不同的方式处理强缺陷晶格耦合的一般情况。一个经常使用的模型是 Pässler[9]，这是本文所述的所有研究中使用的模型。更多关于 DLOS 测量过程和相关仪器的更多详细信息可以参阅参考文献 [10]。

7.2.3　C-DLTS 和 C-DLOS 对 HEMT 的适用性　★★★◀

利用栅极到漏极的肖特基二极管，C-DLTS 可以很容易地应用于 HEMT。唯一需要注意的是 C-DLTS 设备的信噪比。C-DLTS 瞬态值通常小于总耗尽电容的 10%。因此，栅电极必须有足够大的面积来产生可以通过实验解决的 ΔC。这对于功率 GaN HEMT 来说并不是一个典型的问题，因为与 RF GaN HEMT 相比，其面积更大。

光谱对 GaN HEMT 的适用性应从器件表面的金属覆盖和衬底的光传输两个方面来考虑。背面光照并不理想，因为典型的 RF HEMT SiC 衬底吸收 UV 并阻挡 AlGaN 中激发缺陷的任何光；对于典型功率 HEMT 的 Si 衬底的情况更糟，它吸收可见光和 UV 光，使得 GaN 和 AlGaN 都无法进行背面光照。因此，C-DLOS 应用于 HEMT 通常需要使用正面光照进行测量。这可以通过以下两种方式之一实现。传统的 GaN HEMT 使用不透明的金属栅极来阻挡入射光。然而，C-DLOS 是可能的，因为栅电极通常非常薄。入射光可以在 AlGaN/GaN 异质结的表面散射，并在内部多次反射，在栅极下方提供多个光通路。此外，可以用表面具有半透明 Schottky 接触的 HEMT 外延制作 AlGaN/GaN 肖特基二极管。AlGaN 上可以很容易地形成半透明的 Ni 接触，这与 GaN HEMT 中典型的 Ni/Au Schottky 接触非常相似。因此，对 AlGaN/GaN 异质结进行的 C-DLOS 测量直接适用于 HEMT，因为它们具有相同的半导体结构和相似的金属/半导体界面的电学性能。

C-DLTS 和 C-DLOS 的一个重要方面是它们具有固有的深度分辨率。C-DLTS 和 C-DLOS 仅观察肖特基电极下耗尽区域内的缺陷。对于 HEMT，栅极下该耗尽区的范围由通常的平行板电容近似值 $C = A\varepsilon/d$ 给出，其中，A 是结面积，而 ε 是半导体的介电常数（注意这忽略了 2DEG 的量子电容）。负栅极偏压越大，耗尽深度越大。因此，所施加的偏压控制着栅极下器件的哪个区域将通过 C-DLTS或 C-DLOS 进行探测。例如，如果施加在栅极上的偏置比 V_{th} 大（更正），则 2DEG 积累，并且耗尽区域主要局限于 AlGaN 势垒层。当栅极偏置比 V_{th} 小得多（更负）时，2DEG 被夹断。在这种情况下，耗尽深度远大于 AlGaN 势垒层厚度，因此 d 主要由 GaN 间隔层和缓冲层组成。这些论点可以量化。该耗尽区的特定部分对总耗尽电容的相对贡献为

$$\frac{x_2^2 - x_1^2}{d^2} \tag{7.4}$$

式中，表面 $x = 0$，关注区域以深度 $0 < x_1 < x_2 < d$ 为界[11]。当 2DEG 积累时，耗尽深度与沟道所在的 AlGaN/GaN 异质界面一致，通常在表面以下大约 20nm 处。因此，AlGaN 势垒层和 GaN 沟道决定了耗尽电容，而 C – DLTS 和 C – DLOS 对这些区域的缺陷都非常敏感。在夹断情况下，耗尽深度通常在 2DEG 沟道以下延伸几微米。AlGaN 势垒层对总耗尽电容的贡献小于 0.01%，而 GaN 间隔区和缓冲区贡献了剩余的 99.99%。这意味着当处于夹断状态时，C – DLTS 和 C – DLOS 对 AlGaN 势垒层缺陷的敏感度比积累时降低了 10000 倍。这种 C – DLOS 灵敏度对强偏置条件的依赖可以用来区分 AlGaN 势垒层和 GaN 沟道与 GaN 间隔区和 GaN 缓冲层之间的深能级缺陷[12]。

7.2.4　I – DLTS 和 I – DLOS　★★★

I – DLTS 和 I – DLOS 的测量通常是在施加一个较大的正向 V_{ds} 偏置、或一个较大的负向 V_{gs} 偏置或两者同时施加后，测量与 I_{ds} 恢复相关的发射率。I – DLTS 的光谱分析与 C – DLTS 的光谱分析基本相同[13]，同样，I – DLOS 的光谱分析与 C – DLOS 相似[14]。可以通过用 I_{ds} 代替 C 来获得相应的深能级缺陷发射率。然后可以按照上述相同的方式确定深能级参数 E_{th} 和 σ_{th} 或 E_o 和 d_{FC}。

确定导致 I_{ds} 瞬态的缺陷的空间位置非常重要。知道缺陷在器件中的位置有助于了解在给定的工作条件下它们将如何影响器件的行为。对特定缺陷所在层的了解使得通过优化晶体生长、器件设计和器件加工的合理的策略来减轻或消除其影响变得可能。然而，与 C – DLTS 和 C – DLOS 不同，I – DLTS 和 I – DLOS 都没有提供固有的空间敏感性，因为 I_{ds} 在整个器件中的任何地方都是相同的。

尽管如此，缺陷的物理位置是可以确定的。一种方法是使用 V_{gs} 和 V_{ds} 应力条件的不同组合来填充器件不同区域的缺陷，即使用不同的填充脉冲条件[14-16]；另一种方法是使用只对器件某些区域的缺陷敏感的不同工作偏置条件，即使用不同的导通态条件[17]。

改变 HEMT 填充脉冲导致在 HEMT 的不同区域的电子俘获。采用强负的 $V_{gs} < V_{th}$ 填充脉冲可导致电子从栅电极隧穿，并填充位于栅区域下、栅极和漏极之间的表面通道区域或两者中的缺陷[15,16]。采用强正 V_{ds} 偏压和强负 V_{gs} 偏压强调了由于在漏极方向上增强的电子隧穿而导致的通道区俘获；另一方面，采用 $V_{gs} > V_{th}$ 的强正 V_{ds} 会导致热电子散射出沟道，并主要被栅极和漏极之间的 AlGaN 势垒层或 GaN 缓冲层的陷阱俘获[2,14,16]。因此，只有采用沟道被夹断（强负 V_{gs}）的填充脉冲才会可能有明显的与通道区的表面有关的缺陷状态，而仅采用沟道开启（V_{gs}约为0V）的填充脉冲才会可能有明显的与AlGaN势垒层或GaN缓冲层有关的缺陷态。这些概念在图7.3中进行了总结。

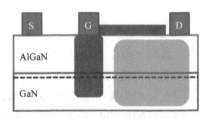

图7.3 在各种填充的脉冲条件下，电子填充缺陷的区域。■色方框与（$V_{gs} < V_{th}$，$V_{ds} \geqslant 0V$）填充脉冲相关，■色框与（$V_{gs} > V_{th}$，大 V_{ds}）填充脉冲相关

最近，已经开发出具有横向空间分辨率的I – DLTS和I – DLOS，以区分栅极下的深能级和位于HEMT通道区域的深能级[17]。当器件偏置产生较低的互跨导（g_m）和较高的输出电导（g_o）时，I – DLTS和I – DLOS主要对位于通道区的缺陷敏感，例如当在相对于V_{th}和V_{ds}较大的V_{gs}的晶体管区工作时。在这种情况下，I – DLTS和I – DLOS的分析由于在恒定的I_{ds}条件下工作而被大大简化。如果I_{ds}和V_{gs}保持不变，则本征HEMT的漏极电压是恒定的。然后测量由于通道区缺陷发射引起的栅极到漏极电阻的变化量$\Delta R_{gd}(t)$，作为保持I_{ds}恒定所需的变化量$\Delta V_{ds}(t)$。然后，在确定深能级发射率时，用R_{gd}（或V_{ds}）代替I_{ds}，计算出通道区域的面缺陷密度（D_t）为[17]

$$D_t = \left(\frac{n_s^2}{n_s - \dfrac{L'}{qW\mu(-\Delta R_{gd})}} \right) \qquad (7.5)$$

式中，n_s是2DEG片密度；W是栅极宽度；μ是沟道迁移率；而L'是虚拟栅极扩展的物理长度。

相反，当偏置条件下产生一个较大的g_m和一个较小的g_o时，例如在饱和状态下[17]，I – DLTS和I – DLOS主要对位于栅极下的深能级敏感。在饱和状态下，有源区缺陷对I_{ds}的影响可以忽略不计。R_{dg}的变化不会影响I_{ds}，因为输出电阻已经非常大了。如果I_{ds}和V_{ds}保持不变，则由于栅极下深能级缺陷发射引起的阈值电压的偏移$\Delta V_{th}(t)$等于保持恒定漏极电流所需的栅极电压的变化量$\Delta V_{gs}(t)$。现在确定深能级发射率时，用V_{th}（或V_{gs}）代替I_{ds}，而栅极下的D_t计算如下：

$$D_t = \frac{2\varepsilon \Delta V_{th}}{qd} \qquad (7.6)$$

其中假设缺陷位于AlGaN势垒层中。

通过V_{ds}或V_{gs}的动态反馈控制来维持恒定的I_{ds}需要复杂的电路。由于这个原因，使用C – DLOS和C – DLTS来研究栅极下的缺陷可能比在恒定的I_{ds}条件下建立I – DLTS和I – DLOS的V_{ds}或V_{gs}的反馈控制更为方便。

7.3 DLTS 和 DLOS 在 GaN HEMT 中的应用

本节回顾了将 C - DLTS、C - DLOS、I - DLTS 和 I - DLOS 应用于 GaN HEMT 的多项研究。使用 DLTS 和 DLOS 将深能级缺陷可靠地分配到器件的各个区域。用采用不同的栅极金属和表面钝化工艺的 GaN HEMT 进行了 DLTS 和 DLOS 测试验证，可以根据填充脉冲条件选择性地探测不同位置的缺陷[15,16]。对 GaN HEMT 和 GaN 薄膜的 DLOS 测量结果的比较表明，C - DLOS 能够区分 AlGaN 势垒层和 GaN 缓冲层相关的缺陷[12,18]。对同一 GaN HEMT 的 C - DLOS 和 I - DLOS 的测量也表明，GaN 缓冲区中的缺陷可以通过在栅极下的俘获和在通道区域的俘获来影响 V_{th} 和 R_{on}[18]。恒定 I_{ds} 模式的 I - DLTS 和 I - DLOS 的横向空间选择性也得到了证实[17]。

7.3.1 利用填充脉冲对陷阱进行空间定位 ★★★

确定不同填充脉冲可以选择性地在 GaN HEMT 栅极下或通道区诱发缺陷的一个直接方法是比较具有不同栅电极和表面钝化层的 HEMT 的 C - DLTS。这项研究是针对 GaN HEMT 进行的，并且确实验证了填充脉冲用于区分器件不同区域缺陷方面的效用[15]。

在这项研究中，制造了三组 HEMT[15]。A 组器件有 ITO 栅极和氮化硅钝化，V_{th} 大约为 -1.5V；B 组器件有 Ni/Au 栅极和氮化硅钝化，V_{th} 大约为 0V；C 组器件有 Ni/Au 栅极，无表面钝化，V_{th} 大约为 -0.5V。

使用（$V_{gs} = -4V < V_{th}$，$V_{ds} = 10V$）填充脉冲对 A 组器件进行 C - DLTS 分析，发现缺陷态激活能为 0.63eV。基于上述讨论，用这种填充脉冲观测到的深能级可能存在于栅极下方或通道区的钝化/表面界面处。图 7.4 显示了使用三个不同填充脉冲的 A 组器件的脉冲 $I_{ds} - V_{gs}$ 数据。采用（$V_{gs} = 0V$，$V_{ds} = 0V$）静态脉冲作为控制，以

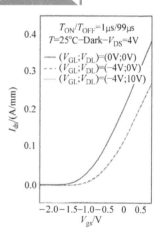

图 7.4 带 ITO 栅和氮化硅表面钝化的 AlGaN/GaN HEMT 的脉冲 $I_{ds} - V_{gs}$ 数据（A 组器件）。注意，对 V_{ds} 来说，对 $V_{gs} = -4V$ 填充脉冲的响应是不变的，这表明导致 I_{ds} 降低的缺陷位于栅极下方，而不是位于通道区域。源自参考文献[15]

产生最小的缺陷俘获。采用（$V_{gs} = -4V$，$V_{ds} = 0V$）填充脉冲来突出栅极下的缺陷填充，而利用（$V_{gs} = -4V$，$V_{ds} = 10V$）脉冲来突出通道区的缺陷填充。V_{th} 的大幅度变化表明在栅极下存在明显的俘获现象。然而，在填充脉冲期间增加

V_{ds} 并没有改变 R_{gd}（即 dI_{ds}/dV_{gs}），这表明 0.63eV 深能级与通道区陷阱无关。这一结论通过对 B 组器件的分析得到了验证，其中只有栅接触与 A 组器件中不同。B 组器件没有表现出明显的俘获现象，这提供了确凿的证据，表明 0.63eV 的深能级是由于栅极下的俘获引起的，而与通道区的表面态无关。

通过对 C 组器件的 C – DLTS 测量发现，使用（$V_{gs} = -4V < V_{th}$，$V_{ds} = 10V$）填充脉冲，陷阱态的激活能为 0.099eV。同样，基于所使用的填充脉冲，相应的缺陷可以归因于表面态或栅极下的缺陷。图 7.5 显示了使用与上述 A 组器件相同的三个填充脉冲的 C 组器件的脉冲 I_{ds} - V_{gs} 数据。在 C 组器件中没有观察到 V_{th} 的变化，这表明 0.099eV 陷阱不在栅极之下。然而，随着 V_{ds} 偏置的增加，R_{gd} 有明显的变化。这种行为指向有源区中与表面态相关的缺陷。为了证实这一说法，再次与采用相同的栅极加工的 B 组器件进行了比较，但与 C 组器件中的裸表面相比包括表面钝化。如上所述，B 组器件没有受到任何显著的俘获效应，验证了引起 0.099eV 陷阱态的缺陷位于通道区表面的结论。对由（$V_{gs} = -4V$，$V_{ds} = 10V$）填充脉冲引起的 I_{ds} 瞬态的热相关性分析表明，缺陷状态的激活能很小，为 0.099eV，但其时间常数很大，大约为 100ms。发现 0.099eV 缺陷的 e_{th} 具有 $1/T^3$ 的指数依赖性，这是沿表面传

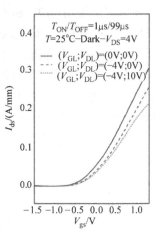

图 7.5　带 Ni/Au 栅极且无表面钝化的 AlGaN/GaN HEMT 的脉冲 I_{ds} - V_{gs} 数据（C 组器件）。注意，对 $V_{gs} = -4V$ 填充脉冲的响应很大程度上取决于 V_{ds}，这表明导致 I_{ds} 降低的缺陷位于通道区域而不是在栅极之下。源自参考文献[15]

导跳变的典型特征，而不是均匀晶体矩阵中缺陷所期望的 $1/T$ 的依赖性。这一发现进一步支持了当使用 $V_{gs} < V_{th}$ 和强正 V_{ds} 的填充脉冲时，深能级归因于表面缺陷。

先前的研究已经证实，缺陷的空间位置也可以通过导通态填充脉冲来确定[2,3,14,16]。GaN HEMT 的早期研究[2,19]报道了当在 $V_{gs} > V_{th}$ 下施加较大的 V_{ds} 偏置而导致沟道积累时，R_{on} 显著增加。使用导通态填充脉冲时，由于缺少显著的栅极应力，使得栅极泄漏在填充位于栅极下或通道区表面态缺陷的作用大打折扣。在这些研究中，沟道被认为是俘获电子的来源。因此，缺陷的横向位置很可能位于栅极和漏极之间，因为这是载流子被充分加速以逃离沟道的横向区域。缺陷的垂直位置被认为是相邻的 AlGaN 势垒层或 GaN 缓冲层。

比较 GaN HEMT[2] 和 GaN – MESFET 的 DLOS 证实了 GaN 缓冲层中的碳掺杂确实是导致 R_{on} 大幅度增加的原因。电流崩塌是 GaN MESFET 的特征现象，在室

温下 I_{ds} 的恢复需要数小时[20]，这表明需要用光学光谱法来充分表征缺陷状态。图 7.6 显示了受电流崩塌影响的 GaN HEMT 和 MESFET 器件的 I - DLOS 光谱[14]。HEMT 器件的 I - DLOS 光谱在性质上与 MESFET 类似，这为 GaN 层中确实存在两个初级深能级提供了有力的证据。碳相关缺陷被怀疑是 2.85eV 能级的微观起源，因为 I - DLOS 光谱与先前报告的 GaN: C[21] 光致发光激发结果相似，并且计算出的缺陷密度与碳杂质浓度呈线性关系。

　　需要注意的是，位于栅区下方的缺陷也可能存在于通道区域之下。因此，在关断态和导通态填充脉冲应力中都会出现相同的缺陷，并且会影响 V_{th} 和 R_{gd}。采用 C - DLOS 和 I - DLOS 的组合，在带 GaN: C 缓冲层的 AlGaN/GaN HEMT 中已经报道了这种缺陷活动，显示出由于缺陷俘获而出现的 V_{th} 和 R_{gd} 变化[18]。图 7.7 显示了使用栅电极[18]在 HEMT 上获得的 C - DLOS 光谱，此发现与 Klein 等人[2,3,14]先前报道的 1.8eV 和 2.85eV 深能级相同。由这些缺陷能级引起的 V_{th} 偏移通过电容 - 电压扫描来测量，而子带隙光照用于光学激发深能级，如图 7.8 所示。这证实了 GaN 缓冲层中与碳有关的缺陷影响 V_{th} 和

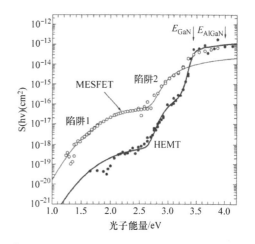

图 7.6　GaN HEMT 和 GaN MESFET 的 I - DLOS 光谱。相似的深能级光谱表明两个器件中存在相似的缺陷，这些缺陷都归因于每个器件中碳掺杂的 GaN 缓冲层。源自参考文献[14]

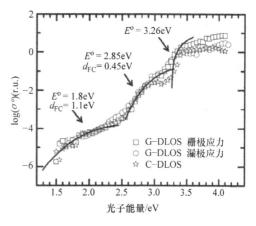

图 7.7　GaN HEMT 的 C - DLOS 和 I - DLOS（标记为 G - GLOS，其中 G 表示电导率，类似于 I 表示电流）光谱。C - DLOS 光谱仅对栅极下的缺陷敏感，而 I - DLOS 光谱仅对通道区缺陷敏感。DLOS 光谱的相似性表明，在栅极下的缺陷也可能存在于通道区。源自参考文献[18]

R_{on}。图 7.7 还显示了偏置在晶体管区域相同器件的 I - DLOS 测量结果仅对通道区的俘获敏感。栅极应力（$V_{gs} <$ V_{th}，$V_{ds} = 20V$）和漏极应力（$V_{gs} > V_{th}$，$V_{ds} = 20V$）都产生了相同的 I - DLOS 光谱，这些光谱也与 C - DLOS 光谱非常相似。从这些数据得出的结论是，栅极下的缺陷也可能存在于栅极和漏极之间（在这种情况下是在 GaN 缓冲层中），并且会影响到 R_{on}。

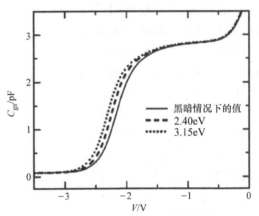

图 7.8　AlGaN/GaN HEMT 在黑暗和光照下测量的电容 - 电压关系曲线。光照曲线中的横向位移表明，图 7.7 中观察到的缺陷会影响 V_{th}。源自参考文献[18]

7.3.2　利用测量偏差对陷阱进行空间定位　★★★

用于促进 C - DLOS 或 I - DLOS 测量的电学偏置也可以确定 HEMT 中缺陷的垂直位置。图 7.9 显示了在 AlGaN/GaN 异质结上进行依赖偏置的 C - DLOS 示例，该异质结由与完全加工的 HEMT 相同的外延结构形成。异质结和 HEMT 包含半绝缘掺杂 Fe 的 GaN 缓冲层[12]。C - DLOS 测量的光谱特性显示出强烈的偏压依赖性。这是基于上述讨论所预期的。在 0V 时，2DEG 积累，因此 C - DLOS 对 Al-GaN 势垒层和 GaN 沟道都非常敏感。在 - 3.6V 的偏压下，2DEG 耗尽，因此 C - DLOS 主要对下面的 GaN:Fe 缓冲层敏感。因此，只出现在 0V C - DLOS 光谱中的缺陷可归因于 AlGaN 势垒层，而仅出现在 - 3.6V 光谱中的缺陷可归因于

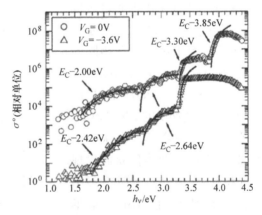

图 7.9　AlGaN/GaN 异质结的 C - DLOS 光谱。光谱的偏置依赖性表明了 C - DLOS 的深度敏感性。3.85eV 的深能级和 4.0eV 的 AlGaN 能带边缘证实了 C - DLOS 在零栅极偏置下对 AlGaN 势垒层的敏感性。相反，反向偏置下的 AlGaN 特征的缺失证实了对 GaN 缓冲层独有的敏感性。

源自参考文献[12]

GaN: Fe 层，而在这两个 C – DLOS 光谱中出现的缺陷在 GaN 缓冲层和 GaN 沟道区都很常见。

利用 GaN 带隙能量以上的光谱特征，证实了 C – DLOS 在 0V 时对 AlGaN 势垒层的敏感性。0V 时的 C – DLOS 光谱表明在 4eV 时由于 AlGaN 带边吸收而饱和，而 3.85eV 缺陷能级也必然与 AlGaN 势垒层有关。这是确凿的证据，表明 C – DLOS 具有必要的深度分辨率来探测嵌入异质结中的纳米层，并将纳米层与周围材料的微米层区分开来。2.00eV 的缺陷能级也与 AlGaN 有关，因为其在 0V 下的奇异外观。相反，2.42eV 的深能级仅出现在 – 3.6V，因此可以将其完全归因于 HEMT 中的 GaN: Fe 缓冲层。2.64eV 和 3.30eV 能级是 C – DLOS 光谱中常见的能级，因此相应的缺陷位于 GaN 沟道和 GaN 缓冲层中。值得注意的是，在图 7.6、图 7.7 和图 7.9 中，缺陷能级出现在接近 3.3eV 的位置。考虑到这些 DLOS 光谱是在独立生长的样品上获得的，这些数据表明大约为 3.3eV 缺陷能级在 GaN 中是很常见的。基于广泛的研究，3.3eV 缺陷能级很可能与碳杂质有关[18,22]。

使用 I – DLTS 和 I – DLOS 也证明了层空间分辨率[17,23,24]。图 7.10 显示了对 AlGaN/GaN HEMT 的 I – DLOS 测量结果。测量是在饱和偏置条件下进行的，并且 V_{gs}（相当于 V_{th}）变化是在恒定 I_{ds} 状态下测量的，对栅电极下的缺陷完全敏感[23]。为了验证独有的栅区敏感性，对非钝化的 AlGaN/GaN HEMT 进行了测量。由于没有钝化，预期在通道区会有显著的表面态俘获。采用（$V_{gs} = -8V$，$V_{ds} = 5V$）或（$V_{gs} = -8V$，$V_{ds} = 10V$）的填充脉冲条件来填充表面态。由于只改变了 V_{ds}，预计只有通道区的深能级占用率会随这些填充脉冲条件而变化。任何 I – DLOS 对由表面态产生的深能级的敏感性都可以被识别出来，因为它们在 I – DLOS 光谱中的大小应该通过更大 V_{ds} 的填充脉冲来增强。正如预期的那样，

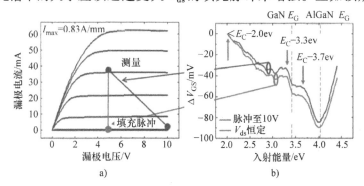

图 7.10　无表面钝化的 AlGaN/GaN HEMT 的 I – DLOS 测量结果。I – DLOS 在器件饱和状态下
进行，以探测栅极下的缺陷。对于 $V_{gs} < V_{th}$ 的填充脉冲，I – DLOS 对
V_{ds} 的弱依赖性表明，当器件偏置在饱和状态时，通道区的缺陷对深能
级光谱没有贡献。源自参考文献[23]

I-DLOS光谱并没有显示两个填充脉冲幅度显著的增加。事实上，具有较大 V_{ds} 的填充脉冲表明缺陷密度略有降低。I-DLOS 光谱的微小差异归因于源极到漏极电阻的变化。这一发现验证了在饱和模式下进行测量时，I-DLOS 对位于栅极下缺陷独有的敏感性。

在晶体管工作条件下，也进行了同样的 AlGaN/GaN HEMT 的 I-DLOS 测量，以探测通道区的表面状态，如图 7.11 所示。在这种恒定 I_{ds} 的 I-DLOS 实现中，V_{gs} 是固定的，并且测量 ΔV_{ds} 以监控由缺陷发射引起的 R_{gd} 变化。再次使用填充脉冲（$V_{gs} = -8V$，$V_{ds} = 10V$）填充表面缺陷。测量出显著的 $-V_{ds}$，表明了存在表面态。对图 7.10 和图 7.11 的比较证实了在晶体管状态下进行的 I-DLOS 对通道区缺陷的敏感性。图 7.10 中的 I-DLOS 光谱（仅测量栅极下的缺陷）中明显存在典型的 3.3eV 缺陷能级，而图 7.11 中的 I-DLOS 光谱（其集中在通道区的 AlGaN 表面）中则不存在。如上所述，通常在 GaN 中观察到 3.3eV 的缺陷能级，因此图 7.11 中没有出现这一缺陷能级，证实了该测量对 AlGaN 势垒层的主要敏感性。因此，证明了在晶体管区域进行的 I-DLOS 测量主要对位于通道区的缺陷具有敏感性。

7.3.3　测量空间局限性的陷阱的其他方法 ★★★

漏极电流瞬态技术也可与物理表征方法如表面电势测量相结合，以进一步完善确定 HEMT 中电荷在何处被俘获的能力。高压 HEMT 的一项研究将 Kelvin 力显微技术与夹断状态下随电应力变化的慢漏极电流瞬态关联起来，得出如下结论：AlGaN 势垒层的厚度和栅极边缘附近的相关电场强度在很大程度上决定了电荷在器件中被俘获的位置。在这些器件中，表面钝化和缓冲层掺杂等因素被认为是次要的[25]。图 7.12 显示了具有厚（50nm）AlGaN 势垒层、掺碳 GaN 缓冲层和基于 Al_2O_3 的表面钝化的器件（器件 A）的相关漏极电流瞬态和表面电势测量结果。尽管在体 GaN 中存在表面钝化和与碳相关的深能级，但该器件的表面电势随时间发生了很大的变化，这表明在应力作用下存在明显的电荷俘获现象。相比之下，具有更薄（20nm）势垒层、无缓冲掺杂和无表面钝化的器件（器件 B），其表面电势的变化要小得多。这一意外的结果是由于器件 A 中的势垒层较厚，这导致在栅极边缘附近的电场较低，并且向器件深处注入电子的可能性较小。

最后需要注意的是，为了实现常关工作，许多功率 HEMT 利用凹槽栅使 V_{th} 变得更正。这些器件通常利用栅极介质来限制栅极泄漏电流[7]。因此，电荷俘获可发生在该 MIS 结构的电介质内部和介质-半导体界面处，并且在这里描述的技术的变化适用于这种结构的表征。例如，恒定电容（CC）DLTS 和 DLOS 已被用于确定 Al_2O_3/GaN MIS 电容中的界面态密度[26]。在这项技术中，通过调整 MIS 结构上的电压，使电容在发射瞬态保持恒定[27]，与 HEMT 中的恒定电流

DLTS/DLOS 类似。

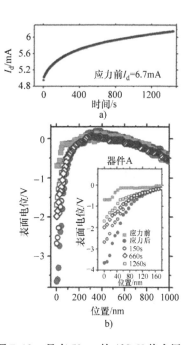

b)

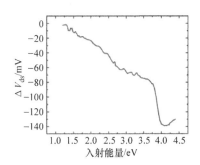

图 7.11　无钝化的 AlGaN/GaN HEMT 的 I – DLOS 测量结果。I – DLOS 是在晶体管状态下进行的，以便能够对通道区的缺陷具有敏感性。

源自参考文献[23]

图 7.12　具有 50nm 的 AlGaN 势垒层、掺碳 GaN 缓冲层和基于 Al_2O_3 的表面钝化（在研究中该器件被称为"器件 A"）的 AlGaN/GaN HEMT 的 I_{ds} 随应力（$V_{gs} = -9V$，$V_{ds} = 0V$）的瞬态变化。位置是从栅极边缘的漏侧测量的。栅极边缘附近表面电势的巨大变化表明存在表面俘获现象。

源自参考文献[25]

7.4　结　　论

　　光学和电学表征技术是强大和有效的方法，如 DLTS 和 DLOS，在 RF 和高压电源开关应用中可以用来确定 AlGaN/GaN HEMT 中陷阱的性质和空间位置。由于其依赖于深能级态的热发射，DLTS 最适用于距离能带边缘小于 1eV 的浅陷阱。相反，由于 DLOS 固有的光学受激发射，它对更深能级态最有用，因此在（Al）GaN 材料系统中有很大的用途。此外，可以确定热能和光能之间的差别，并且可以确定缺陷相关的参数，例如与晶格弛豫相关的 Franck – Condon 能量。

虽然最初开发这些技术是用于表征简单的一维结构，如肖特基二极管和 pn 二极管的电容瞬态特性，但 HEMT 的 DLTS/DLOS 由于能够同时利用电容和电流瞬态来表征时间常数，因此已经推动了更广泛测量技术的发展。此外，由于栅极和漏极均可用于设置偏置条件，因此能够对器件内的各种空间区域进行采样，从而提供了更大的灵活性。因此，可以实现深能级的垂直和横向空间识别，使得识别缺陷是存在于 GaN 缓冲层/沟道区域、AlGaN 势垒层还是在器件表面成为可能。虽然从基础物理的角度来看，深能级的表征也具有重要的实际意义，因为这些缺陷影响 RF 和功率开关 HEMT 许多方面的性能，例如色散、电流崩塌和动态导通电阻，此外，具有较大时间常数的非常深的能级可能会影响器件的 DC 参数。因此，深层表征技术，如 DLTS 和 DLOS，在未来几年可能对 III – N HEMT 的鲁棒性仍然至关重要，而且这些方法的发展会得到进一步改进和增强。

参 考 文 献

1. Mishra UK, Parikh P, Wu Y-F (2002) AlGaN/GaN HEMTs-an overview of device operation and applications. Proc IEEE 90:1022
2. Klein PB, Binari SC, Ikossi K, Wickenden AE, Koleske DD, Henry RL (2001) Current collapse and the role of carbon in AlGaN/GaN high electron mobility transistors grown by metalorganic vapor-phase epitaxy. Appl Phys Lett 79:3527
3. Klein PB (2002) Photoionization spectroscopy in AlGaN/GaN high electron mobility transistors. J Appl Phys 92:5498
4. DasGupta S, Sun M, Armstrong A, Kaplar RJ, Marinella MJ, Stanley JB, Atcitty S, Palacios T (2012) Slow detrapping transients due to gate and drain bias stress in high breakdown voltage AlGaN/GaN HEMTs. IEEE Trans Elec Dev 59:2115
5. Joh J, del Alamo JA (2011) A current-transient methodology for trap analysis for GaN high electron mobility transistors. IEEE Trans Elec Dev 58:132
6. Khalil SG, Ray L, Chen M, Chu R, Zhender D, Arrido AG, Munsi M, Kim S, Hughes B, Boutros K, Kaplar RJ, Dickerson J, DasGupta S, Atcitty S, Marinella MJ (2014) Trap-related parametric shifts under DC bias and switched operation life stress in power AlGaN/GaN HEMTs. Proceedings of 52nd IEEE IRPS, Paper CD.4
7. Kaplar RJ, Dickerson J, DasGupta S, Atcitty S, Marinella MJ, Khalil SG, Zehnder D, Garrido A (2014) Impact of gate stack on the stability of normally-Off AlGaN/GaN power switching HEMTs. Proceedings of 26th IEEE ISPSD, 209
8. Lang DV (1974) Deep-level transient spectroscopy: A new method to characterize traps in semiconductors. J Appl Phys 75:3023
9. Pässler R (2004) Photoionization cross-section analysis for a deep trap contributing to current collapse in GaN field-effect transistors. J Appl Phys 96:715
10. Chantre A, Vincent G, Bois D (1981) Deep-level optical spectroscopy in GaAs. Phys Rev B 23:5335
11. Blood P, Orton JW (1990) The electrical characterization of semiconductors: majority carriers and electron states. Academic Press, London (Chap. 7)
12. Armstrong A, Chakraborty A, Speck JS, DenBaars SP, Mishra UK, Ringel SA (2006) Quantitative observation and discrimination of AlGaN-and GaN-related deep levels in AlGaN/GaN heterostructures using capacitance deep level optical spectroscopy. Appl Phys Lett 89:262116
13. Mitrofanov O, Manfra M (2003) Mechanisms of gate lag in GaN/AlGaN/GaN high electron mobility transistors. Superlattices Microstruct 34:33

14. Klein PB, Binari SC (2003) Photoionization spectroscopy of deep defects responsible for current collapse in nitride-based field effect transistors. J Phys Cond Matter 15:R1641

15. Meneghesso G, Meneghini M, Bisi D, Rossetto I, Cester A, Mishra UK, Zanoni E (2013) Trapping phenomena in AlGaN/GaN HEMTs: a study based on pulsed and transient measurements. Semi Sci Tech 28:074021

16. Meneghini M, Bisi D, Stoffels S, Van Hove M, Wu T-L, Decoutere S, Meneghesso G, Zanoni E (2014) Trapping in GaN-based metal-insulator-semiconductor transistors: Role of high drain bias and hot electrons. Appl Phys Lett 104:143505

17. Arehart AR, Malonis AC, Poblenz C, Pei Y, Speck JS, Mishra UK, Ringel SA (2011) Next generation defect characterization in nitride HEMTs. Phys Status Solidi C 8:2242

18. Armstrong AM, Allerman AA, Baca AG, Sanchez CA (2013) Sensitivity of on-resistance and threshold voltage to buffer-related deep level defects in AlGaN/GaN high electron mobility transistors. Semi Sci Tech 28:074020

19. Khan MA, Shur MS, Chen QC, Kuznia JN (1994) Current/voltage characteristic collapse in AlGaN/GaN heterostructure insulated gate field effect transistors at high drain bias. Electron Lett 30:2175

20. Binari SC, Kruppa W, Dietrich HB, Kelner G, Wickenden AE, Freitas JA Jr (1997) Fabrication and characterization of GaN FETs. Solid-State Electron 41:1549

21. Ogino T, Aoki M (1980) Mechanism of yellow luminescence in GaN. Jpn J Appl Phys 19:2395

22. Armstrong A, Arehart AR, Green D, Mishra UK, Speck JS, Ringel SA (2005) Impact of deep levels on the electrical conductivity and luminescence of gallium nitride codoped with carbon and silicon. J Appl Phys 98:053704

23. Arehart AR (2011) Investigation of electrically active defects in GaN, AlGaN, and AlGaN/GaN high electron mobility transistors. PhD Dissertation, Ohio State University

24. Sasikumar A, Arehart AR, Martin-Horcajo S, Romero MF, Pei Y, Brown D, Recht F, di Forte-Poisson MA, Calle F, Tadjer MJ, Keller S, DenBaars SP, Mishra UK, Ringel SA (2013) Direct comparison of traps in InAlN/GaN and AlGaN/GaN high electron mobility transistors using constant drain current deep level transient spectroscopy. Appl Phys Lett 103:033509

25. DasGupta S, Biedermann LB, Sun M, Kaplar R, Marinella M, Zavadil KR, Atcitty S, Palacios T (2012) Role of barrier structure in current collapse of AlGaN/GaN high electron mobility transistors. Appl Phys Lett 101:243506

26. Jackson CM, Arehart AR, Cinkilic E, McSkimming B, Speck JS, Ringel SA (2013) Interface trap characterization of atomic layer deposition Al2O3/GaN metal-insulator-semiconductor capacitors using optically and thermally based deep level spectroscopies. J Appl Phys 113:204505

27. Johnson NM (1982) Measurement of semiconductor–insulator interface states by constant-capacitance deep-level transient spectroscopy. J Vac Sci Tech 21:303

第 8 章 »

GaN HEMT的建模：从器件级仿真到虚拟原型

Gilberto Curatola & Giovanni Verzellesi

8.1 简 介

氮化镓（GaN）高电子迁移率晶体管（HEMT）有望在电力电子行业的晶体管技术中扮演越来越重要的角色[1]。在过去的十年里，廉价硅衬底上的 GaN 技术受到了半导体工业的强烈追捧。GaN 具有更宽的带隙、更高的击穿电压、更强的临界电场和更高的热导率等特性，这意味着 GaN 基晶体管应该在更高的电压和更高的开关频率下工作，并且通常要处理更高的功率密度。这将极大地提高相对于纯硅（Si）器件的功率效率。

然而，相对于非常激烈的 Si 竞争、日新月异的技术变化和客户要求，以及由于Ⅲ–氮化物和 Si 技术的协同集成所带来的诸多技术挑战，对快速解决技术的需求越来越大，以加快 GaN 基产品进入市场。

特别是，需要快速可靠的工具，使技术人员和设计人员能够详细了解 GaN 系统，确定并有可能地解决 GaN 引入市场之前仍然面临的关键挑战。

更重要的是，这些工具应满足两个主要要求：（i）快速和准确，以扩大与稳定、可靠和快速发展的 Si 技术之间的差距；（ii）能够在决策工艺时提供帮助，从工艺端开始，一直到客户端。后一项要求意味着能够将 GaN 半导体产业链的不同元素连接起来的重要特性：从工艺开发到器件组装，最后到最终客户应用。

本章将介绍的 GaN 虚拟原型（VP）方法可以满足我们刚刚描述的所有主要需求。它可以非常准确可靠地预测 GaN 基场效应晶体管的性能，为 GaN 技术的发展提供支持，并可作为器件优化的工具；它可以预测 GaN 产品在实际客户应用中的全部性能，可以被设计者用来预测 GaN 系统的效率，也可以作为客户支持的工具。特别是，正如本章其余部分将详细描述的那样，由于基于物理和校准的陷阱建模，开发的建模方法可以对 GaN HEMT 复杂的物理原理有非常详细的了解。这种建模方法已经在几种不同的 GaN 技术上进行了仔细的校准，并通过在具有不同电学和几何特性的器件上采用先进的表征技术进行了验证。此外，我们的 GaN VP 方法不仅可以在器件级，而且可以在系统级对 GaN 技术进行精确地描述，并且可以精确地预测 GaN 晶体管在实际开关型电源应用中的开关性能。总的来说，GaN VP 可以帮助技术人员和设计人员，并且可以作为 GaN 系统优化的一般指导工具，在决策、预算资源和将 GaN 产品推向市场方面具有明显优势。

近三十年来，硅基器件在工艺质量和器件仿真方面取得了巨大的进步。然而，对于 GaN 异质结构，现有的工具仍然存在一些缺陷。例如，III – 氮化物化合物的宽禁带导致室温下极少数的自由载流子 $[n_i \propto \exp(-E_G/2)]$。因此，工具必须通过增加四倍的小数位数来计算，以获得所需的精度。这会增加每次仿真所需的时间。此外，由于 GaN 技术的不成熟并且缺乏广泛而准确的表征数据，几乎没有针对 GaN 基电子器件开发和校准的器件模型，而最常见的商用 TCAD 工具仍然依赖于已经开发和校准的硅晶体管模型。GaN 器件仿真的另一个复杂因素是 GaN 功率晶体管的本征特性，其中晶体管的基本电学特性由非常薄的、通常为 $10 \sim 30\text{nm}$ 厚的 $Al_xGa_{1-x}N$ 层的化学和几何特性决定的；另一方面，高压功率器件的典型间距是几微米。这意味着器件仿真器（为简单起见，假设采用 2D 方法）应该能够在一个方向上定义数埃的网格大小，而在另一个方向上定义数微米宽的器件。这意味着，与标准的基于 Si 的器件相比，需要更大数目的网格点，因此需要更长的计算时间来执行精确的 GaN 仿真。

最后一点，也是非常重要的一点，由于硅上 GaN 工艺非常复杂，我们认为需要一个完整的系统方法来同时优化工艺、封装和应用。给出的典型情况说明了需要一个全系统方法，例如 GaN 共源共栅产品，其中一个高压常开 GaN 晶体管与一个低压常关（LV）Si MOSFET 共同封装。在这种特殊情况下，GaN 器件，LV MOSFET 以及封装必须针对特定的产品应用进行优化。必须同时满足工艺优化、封装寄生最小化和特定应用要求。这意味着，首先，对系统有一个完整和详细的了解；其次，一个快速可靠的系统方法，可以处理这个链的各个部分，并根据最终的特定产品需求对其进行优化。

本章介绍的 GaN VP 方法可以准确有效地将 GaN 工艺开发与最终应用客户需求联系起来。具体而言，GaN VP 方法由四个主要部分组成：

1) TCAD 器件建模；
2) 紧凑型模型开发/校准；
3) 应用板表征和电磁仿真；
4) Spice 应用仿真。

图 8.1 给出了 GaN VP 的示意图[2]。可以注意到，GaN VP 逐一地仿真了典型半导体产品制造的不同步骤：从工艺开发、封装到最终客户应用。"虚拟"方法的每一步都从相应的"真实"节点接收数据作为输入，以进行验证和校准。闭环结构还允许从链的所有其他节点向每个节点反馈输入，从而大大提高了整个

系统优化的效率。

GaN VP 方法已经在正常开启和正常关断的 GaN 器件概念上进行了测试和校准，并已证明在这两种情况下都是稳定的、准确的和可靠的，这将在本章的其余部分进行说明。

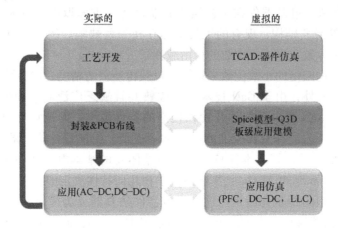

图 8.1　GaN 虚拟原型（VP）方法示意图

8.2　器件级仿真

GaN HEMT 作为高压开关器件在功率变换器中的应用要求尽可能地减少所有的关断态泄漏电流通路，以提高最大阻断电压并提高转换器的额定功率。这就要求一方面采用绝缘栅结构以最小化栅极泄漏电流（在常开 GaN HEMT 的情况下）；另一方面在沟道底部引入约束层或缓冲补偿技术来控制漏－源泄漏电流。在这种情况下，碳（C）掺杂作为 GaN 缓冲补偿的一种选择而被广泛研究，因为它比其他可能采用的杂质如 Fe 具有优势，即在距离 AlGaN/GaN 界面的可控距离处突变掺杂停止，以及由此产生的在关断态击穿和电流崩塌效应之间进行工程上折中[3-7]。此外，当 GaN 工艺的制造步骤与其他功率技术采用相同的传统 Si 工艺线实现时，C 掺杂与其他可采用的杂质如 Fe 相比，污染问题不太严重。基于上述考虑，我们在器件建模方面的工作主要集中在对电源开关应用至关重要的 GaN HEMT 的电学行为的两个方面，即①器件缓冲层中 C 掺杂的建模方法及其对电学性能的影响[8,9]，以及②HEMT 三端关断态击穿的机制[10]。

所分析的器件是 AlGaN/GaN HEMT 和其他相关的测试结构，这些测试结构是通过常开工作的 GaN HEMT 工艺制造的，其特征是通过 MOCVD 在 p 型 Si 衬底上生长以下外延结构：4.6μm GaN 缓冲层中有意掺杂 C（浓度在 $10^{19} \sim 10^{20}$ 范围内），300nm 未掺杂 GaN 沟道层，20nm $Al_{0.22}Ga_{0.78}N$ 势垒层。该器件具有绝缘栅和双场板结构。考虑在两种不同类型的外延片上制备的器件，其特征是非优化和优化的 C 掺杂，其结果分别是显著的和可忽略的陷阱相关效应。我们将分别将其称为非优化缓冲层工艺和优化缓冲层工艺。两个晶圆的额定击穿电压为 650V（在 10nA/mm、$V_{GS} = -12V$ 定义）。

使用商用仿真器 Sentaurus[11] 进行器件二维数值仿真。忽略了通道中的自热效应和电子量子化。不同材料的输入参数保持在仿真器的默认值，包括介电常数、带隙和电子亲和势、电子和空穴有效质量。沟道电子迁移率和源/漏接触电阻分别设置为 $2000cm^2/(Vs)$ 和 $0.6\Omega/mm$，与 Hall 和 TLM 测量结果一致。将 GaN 沟道中的电子饱和速度设定为 $10^7cm/s$，以拟合饱和区的实验跨导。极化电荷是通过仿真器应变电荷模型计算的[11,12]。

在文献中，C 掺杂补偿效应被解释为两种可能的替代机制的结果，这两种机制取决于生长工艺和条件，即（i）在具有可比浓度的生长过程中，通过 C_N - C_{Ga} 态的相互作用进行自补偿[13,14]，（ii）占主导地位的 C_N 和/或其他 C 相关受主态的补偿[14,15]。在第一种情况下，费米能级被固定在带隙中间附近，从而使掺杂 C 的缓冲层表现为近乎理想的半绝缘层，而在第二种情况下，它被拉入带隙的下半部分，使缓冲层变成一个弱 p 型区域。我们考虑了三种不同的 C 掺杂模型，并根据 GaN HEMT 的测量结果对它们进行了系统的测试。

（A）在能量 $E_{CGa} = 0.11eV$ 和 $E_{CN} = 3.28eV$（受主），等浓度的 $N_{CN} = N_{CGa}$[13,14] 时 C_N - C_{Ga} 态的自补偿 [以下简称模型（A）]；

（B）在能量 $E_{AC} = 2.5eV$ 而浓度为 N_{AC}[15] 时占主要的 C 相关的受主态 A_C 补偿 [以下简称模型（B）]；

（C）在 $N_{CGa} > N_{AC}$ 时通过 $A_C \sim C_{Ga}$ 态的部分自动补偿 [以下简称为模型（c）]。

所有上述能量（E_{CN}，E_{CGa}，E_{AC}）均与导带边缘（E_C）有关。图 8.2 显示了根据三种 C 掺杂模型的陷阱能级示意图。

除了上述与 C 相关的陷阱外，类受主陷阱（A_{UID}）分布在所有 GaN 层中，设置的能量 $E_{AUID} = 0.37eV$，与在具有优化缓冲层的器件中进行的温度相关的漏极电流瞬态实验一致[9]。提取的 E_{AUID} 确实与 C 相关的 E_{CN}、E_{CGa} 或 E_{AC} 状态不一致。这可能与 n 型 GaN 中与边缘位错有关的主要载流子陷阱有关[16]。基于这些原因，无论 C 掺杂采用（A）、（B）还是（C）模型，它都被包含在 GaN 层中。

8.2.1 脉冲模式行为 ★★★

缓冲层电导率补偿依赖于在生长过程中控制本征缺陷的产生或受主杂质 Fe

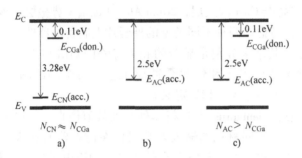

图 8.2　假设根据 a）自动补偿模型、b）占主导的受主，和 c）进行了部分自补偿模型
仿真 C 掺杂的陷阱能级示意图

和 C 的引入。在所有情况下，器件都可能更容易受到陷阱相关效应的影响，通常导致 DC 和脉冲模式特性之间的色散。此外，在具有绝缘栅结构的器件中，由于栅极介质和势垒层之间的界面和/或栅极介质中的电子俘获/释放效应，通常对栅源电压开关的响应中会观察到阈值电压的不稳定性。原则上，电子可以由沟道和/或栅极提供，这取决于施加的偏压和栅极介质的导电特性[17-19]。

　　这里所考虑的器件既有掺杂 C 的缓冲层又有绝缘的栅极。区分与缓冲层相关和介质相关的陷阱效应对这类 Ga HEMT 工艺的优化具有重要意义。这就需要对与 C 相关陷阱态在脉冲模式工作下所起的作用进行准确地理解/建模。

8.3　非优化的缓冲技术

　　在本节中，我们发现脉冲模式阈值电压（V_{TH}）的不稳定性实际上会在绝缘栅中产生，C 掺杂的 AlGaN/GaN HEMT 也会由于缓冲层的俘获/去俘获现象而产生这种现象。我们研究了潜在的物理机制，并提供了仪器来区分观察到的缓冲层相关的 V_{TH} 不稳定性与介质陷阱和界面陷阱有关的不稳定性。

　　图 8.3 显示了在 -5.2V 栅 - 源电压（V_{GS}）下，通过使用不同基准（$V_{GS,BL}$，$V_{DS,BL}$）依次测量的脉冲模式漏极电流（I_D）与漏 - 源电压（V_{DS}）的特性曲线。漏极和栅极在源极和衬底接地的情况下同时被施加脉冲。脉冲宽度和周期分别为 5μs 和 500μs。第一个脉冲曲线是从（0，0V）基准获得的。在这种"有害"的静态条件下，重复的脉冲模式测量结果在不同的曲线之间没有明显的色散（未显示）。因此，可以采用该曲线作为能够用来引起动态色散效应的基准进行后续测量的参考。第二个脉冲 I_D - V_{DS} 曲线的基准为（-0，400V），由于大约 0.75V 的 V_{TH} 负偏移而导致 I_D 显著增加。紧接着进行的（0，0V）基准测量导致 V_{TH} 正偏移接近 1V，从而将 I_D - V_{DS} 曲线移到初始（0，0V）曲线之下。在上一次测量后 18h 进行另一次（0，0V）基准测量，最终使 I_D - V_{DS} 曲线完全

恢复到初始状态。

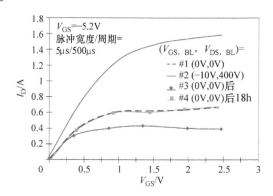

图 8.3　通过应用基准序列#1 到#4 得到的在 $-5.2\mathrm{V}$ 栅—源电压（V_{GS}）下获得的脉冲模式的
输出特性曲线。器件是一个大的外围封装的 HEMT 器件，其栅极长度为 $3\mu\mathrm{m}$，栅—源间距
为 $1.5\mu\mathrm{m}$，栅—漏间距为 $12\mu\mathrm{m}$，源极连接的场板长度为分别为 $1.5\mu\mathrm{m}$、$12\mu\mathrm{m}$ 和 $6\mu\mathrm{m}$

在较大的 V_{DS}、关断态偏置条件下，在短的（秒级）应力后，也观察到类似的行为，其特征是 V_{TH} 在负向和正向上发生两个偏移，然后恢复到初始状态。图 8.4说明了这一点，显示了 $V_{\mathrm{DS}}=0.5\mathrm{V}$ 时的几个 DC 传输特性，这些特性是在施加静态偏置（-10，$100\mathrm{V}$）$30\mathrm{s}$（见图 8.4a）之前和之后的不同时间采集的，以及作为采集时间函数在 V_{GS} 为 $-5.5\mathrm{V}$ 下的相应 I_{D} 值（见图 8.4b）。A 点（$I_{\mathrm{D}}\approx 0.9\mathrm{A}$）表示预应力状态。可以注意到，在去除关断态偏置（点 B）后的短时间内，I_{D} 很大程度上超过了预应力值，这种行为与 V_{TH} 向负方向偏移有关，如图 8.4a所示。然后，漏极电流减小，并在 $100\sim200\mathrm{s}$ 的瞬态后达到低于预应力值的最小值（表示为 C）。这对应于一个 V_{TH} 正偏移，见图 8.4a。之后，I_{D} 开始回升并在 $30\sim60\mathrm{min}$ 后恢复到略大于预应力的值（点 D）。

在描述用器件级建模方法重现并解释所观察到的 V_{TH} 不稳定性之前，根据之前的文献和对 GaN HEMT 陷阱效应理解的基础上，讨论光谱可能潜在的机制是非常有用的。

首先考虑到 V_{TH} 的负偏移，在关断态阶段，必须从栅极下方的某个地方移除负电荷，这样当器件转换到高于阈值的条件时，V_{TH} 动态地变得更负并且 I_{D} 超过DC 值。随后必须进行负电荷重建，通过缓慢下降的瞬态将 I_{D} 恢复到 DC 水平。原则上能够引起这一过程的机制如下。（N1）在关断期间由于 2DEG 耗尽，从沟道陷阱的电子发射，随后由于 2DEG 改变而电子被沟道陷阱俘获。（N2）在关断态阶段，从势垒层和/或势垒层/介质界面陷阱的电子发射，然后电子被相同的陷阱俘获。

机制（N1）是 GaN HEMT 中始终存在的一种非常基本的机制，除非 GaN 沟道中的陷阱密度至少在靠近势垒界面的区域可以忽略不计。它在所分析器件中的主要作用得到了观察结果的支持，如下一节所示，V_{TH}负偏移在具有优化的缓冲层和相同处理的器件中消失。而机制（N2）如所考虑的，不太可能在测量过程中发挥作用，其中V_{GS}脉冲从低于V_{TH}到略高于V_{TH}。在导通阶段，更需要一个正V_{GS}，以便在 AlGaN/GaN 势垒层上实现显著的沟道电子注入。

将关注点转向V_{TH}正偏移，在这种情况下，负电荷必须在关断态阶段积累在栅极下面的某个地方，因此，当器件转换到高于阈值的条件时，V_{TH}的负值动态较小而I_D最初小于 DC 值。随后必须去除负电荷，通过一个缓慢增加的瞬态将I_D恢复到 DC 水平。原理上能够引起这一过程的机制如下：（P1）在关断态阶段，由于源极到漏极的泄漏电流，缓冲层陷阱充电，然后是缓冲层陷阱放电。（P2）在关断态阶段，由于栅极泄漏电流，电子被势垒和/或表面陷阱俘获，然后从相同的陷阱中重新发射电子。（P3）在关断态阶段，由于栅极泄漏电流，电子被氧化物陷阱俘获，然后从相同的陷阱中重新发射电子。

机制（P1）是解释 GaN HEMT 中缓冲层相关的电流崩塌效应的典型机制[20]。它也可以是在较高V_{GS}下观的察到的I_D下降的原因，与漏极通道电阻增加有关，如图 8.4（曲线 B）所示。在掺杂 C 的器件中，陷阱充电/放电原则上不仅可以通过沟道和/或缓冲层中的电子俘获而进入/来自电子陷阱，而且可以通过掺杂 C 的缓冲层中的空穴发射/俘获而来自/进入空穴陷阱。在后一种情况下，可涉及受主态C_N和/或A_C（见图 8.2）。机制（P1）在我们的器件中所起的主导作用［类似于（N1）］得到了观察结果的支持，因为观察到V_{TH}不稳定性不存在于具有优化缓冲层和相同处理的器件中（见下一节）。具体地说，正如后面将要展示的，仿真表明缓冲层中的 C 相关空穴陷阱A_C是所考虑的器件中形成这种机制的原因。相反，机制（P2）和机制（P3）不太可能发挥主导作用，因为这些器件中的栅极泄漏电流非常小 [< 10^{-10} A/mm 到所采用的最高（最低）V_{DS} （V_{GS})]。此外，就（P3）机制而言，它的一个典型特征是 DC I_D – V_{GS}曲线[17]中存在"逆时针"滞后现象，然而，在所考虑的器件中并未观察到这一点。

图 8.5 将器件仿真结果与相应测量值进行了比较。测量数据与图 8.4b 所示的相同。仿真数据是通过采用 C 掺杂的模型（C）得到的。可以注意到，仿真能够很好地再现实验结果。仿真提供的实验数据可以解释并总结如下。

（a）在采用较大V_{DS}时，由于 2DEG 沟道耗尽，栅极下 UID 沟道中的关断态静态偏压和受主陷阱A_{UID}是中性的（没有俘获的电子）。与 C 相关的受主陷阱A_C在掺杂 C 的缓冲层（在栅极下方和漏通道区）反而带负电荷（没有俘获的空穴），这是由于较高且正向的V_{DS}导致了缓冲层泄漏电流的增强。空沟道陷阱引起的V_{TH}负偏移占主导地位，并且在关断态偏置消除后（B 点）I_D值立刻高于施加电压前（A 点）的值。

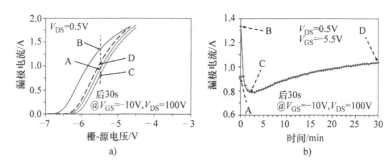

图 8.4　a）在 $V_{GS} = -10V$ 和 $V_{DS} = 100V$ 的 30s 应力之前和之后的不同时间得到的 0.5V 漏 – 源电压（V_{DS}）下的 DC 传输特性，以及 b）栅 – 源电压为 –5.5V 时作为采集时间函数的相应漏极电流值。为了清楚起见，并非所有用于构造 b）中所示的 I_D 与时间曲线的 DC 曲线都绘制在 a）中，与图 8.3 中的器件相同

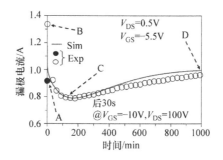

图 8.5　在 $V_{GS} = -10V$ 和 $V_{DS} = 100V$ 时，测量（符号）和仿真（实线）漏极电流（I_D）值与 30s 应力前后时间的函数关系。与图 8.3 和图 8.4 所示器件相同

（b）由于 2DEG 沟道改变，沟道中的 A_{UID} 陷阱在开启瞬态期间捕获电子，这解释了初始漏极电流减小（图 8.5 中从 B 点到 C 点的瞬态）和相应的 V_{TH} 正偏移。由于时间常数较长，缓冲层陷阱仍然带负电，因此 I_D 达到比预应力值（A 点）更小的值（C 点）而 V_{TH} 变成一个比预应力小的负值。

（c）相反，A_C 陷阱在开启瞬态期间俘获弱 p 型缓冲层中的空穴，因为过剩的电子使得缓冲层泄漏电流被抑制了。由于掺杂 C 缓冲层中空穴密度很低，这种情况在 $10^2 \sim 10^3$s 的非常长的时间常数下发生。这导致 I_D 最终缓慢地恢复到预应力值（图 8.5 中从 C 点到 D 点的瞬态）以及相应的最终 V_{TH} 负偏移。

总之，仿真表明，这些器件中的 V_{TH} 不稳定性分别是由 UID 沟道（A_{UID}）中的电子陷阱（A_{UID}）和掺杂 C 的缓冲层（A_C）中的空穴陷阱共同作用的结果，导致机制（N1）和机制（P1）同时发生，但具有不同的时间常数。

就 C 掺杂的替代模型而言，上述考虑和解释 V_{TH} 不稳定性的能力同样适用于模型（B）。这是因为 C 掺杂对脉冲模式行为的影响主要与（B）和（C）两种模型所共有的受主陷阱 A_C 有关。通过 AC 电容仿真，对模型（B）和（C）进行了区分，并解释了为什么模型（C）更适合描述本节中考虑的非优化缓冲层的器件的实际行为。这一点如在 8.4.1 节中所示。而模型（A）无法解释观测到的 V_{TH} 不稳定性。如下一节所示，模型（A）导致有限的陷阱效应，尤其是可忽略的 V_{TH} 不稳定性，这与优化缓冲层器件的实验数据一致。

8.4 优化的缓冲层工艺

代表优化的缓冲层工艺的 HEMT 的双脉冲输出特性如图 8.6 所示。脉冲宽度和周期分别为 $1\mu s$ 和 $100\mu s$。在所有被测器件（10 个来自不同的晶圆单元）中，对于 $V_{DS,BL}$ 高达 20V 时，相对于（0, 0V）基准参考曲线的脉冲特性的色散可以忽略不计，对于 $V_{DS,BL}=50V$，仍然保持 <10%。动态 $R_{DS,ON}$ 增加 <5%。图 8.3 和图 8.4 所示的 V_{TH} 不稳定性在这些器件中不存在。

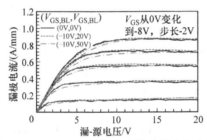

图 8.6 不同基准（$V_{GS,BL}$，$V_{DS,BL}$）下的实验脉冲模式输出特性。该器件是一个长（L_G）为 $1\mu m$ 的小尺寸 HEMT，栅 – 源间距、栅 – 漏间距和与源极连接的场板外伸长度分别为 $1.5\mu m$、$12\mu m$ 和 $6\mu m$

图 8.7a 显示了施加（–10, 50V）静态偏压 100s 后，再开启脉冲至（0, 5V）后的实验和仿真的 I_D 瞬态特性曲线。报道了 C 掺杂模型（A）和（B）的仿真结果。所有曲线归一化到其最终值（$t=100s$）。可以注意到，实验的 I_D 波形的慢分量具有非常小的振幅（约占总 I_D 变化的 2%）和相对较长的时间常数，大约在数十秒左右。这种慢响应是由 A_{UID} 陷阱控制的，其能量 $E_{AUID}=0.37eV$，电子俘获截面为 $1.1\times10^{-21}cm^2$，如从温度相关的瞬态漏极电流（未显示）中提取。我们假设这个陷阱位于 UID 沟道中，由于绝缘栅结构和可忽略的栅极泄漏电流，表面和势垒陷阱的调制不太可能起作用。此外，这些器件中只有在较大的 $V_{DS,BL}$ 时才会出现电流崩塌，这表明它主要与漏极滞后效应有关，因此指向了沟道或缓冲层中导致该效应的陷阱位置[20]。

实验中提取 E_{AUID} 所采用的方法同样适用于仿真中与温度相关的 I_D 与时间的

波形（因为它们是实验数据）关系。实验和仿真的 Arrhenius 曲线如图 8.7b 所示。

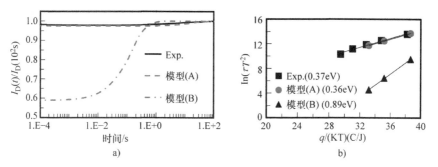

图 8.7　a）室温下，施加（−10, 50V）静态偏压 100s 后，然后开启脉冲至（0, 5V）的漏极
电流（I_D）瞬态特性曲线，与假设 C 掺杂模型（A）和（B）得到的仿真波形进行比较。
所有曲线都归一化到最终值（$t = 100s$ 时）。b）Arrhenius 曲线由实验和仿真的随温度变化的
I_D 与时间的瞬态曲线得到。与图 8.6 中的器件相同

　　图 8.7 中将仿真与实验数据进行比较时，模型（A）和（B）的预测结果之间存在明显的定性/定量差异。

　　当采用模型（A）时，①仿真的 I_D 瞬态的振幅和时间常数与实验值相当，见图 8.7a；②从仿真的 I_D 瞬态中提取的激活能等于实验值 E_{AUID}，见图 8.7b，由于仿真器件中的（小）电流崩塌效应是由于 UID 沟道中的 A_{UID} 陷阱引起的；③C 相关陷阱态对仿真的 I_D 波形没有明显的影响。

　　相反，采用模型（B），①预测的电流崩塌效应远大于实验观测值（≈ 总 I_D 变化的 40%），见图 8.7a；②从仿真的 I_D 瞬态提取的活化能与实验值 E_{AUID} 不同，见图 8.7b。当提到价带边缘 $[E_{AC} - E_V = E_G - E_{AC} = (3.4 - 2.5)\,\mathrm{eV} = 0.9\,\mathrm{eV}]$ 时，它对应于 A_C 陷阱的能量，因此，这意味着在这种情况下，电流崩塌效应将由作为空穴陷阱的 C 掺杂缓冲层中的 E_{AC} 态控制，与文献[21]中报道的仿真一致，其中模型（B）实际用于描述 C 掺杂。

　　综上所述，这些具有优化缓冲层的器件没有动态 V_{TH} 不稳定性和较小的电流崩塌效应的特点，后者是由 UID 沟道陷阱 A_{UID} 效应引起的。当采用模型（A）时，通过仿真重现了这种行为，并解释为 $C_N - C_{Ga}$ 态的完美自补偿的结果。

8.4.1　AC 电容　★★★

　　图 8.8 显示了未优化和优化缓冲层工艺的代表性器件的实验和仿真的关断态漏−源电容（C_{DS}）随 V_{DS} 的函数变化曲线。C_{DS} 随着 V_{DS} 的增加而减少，这是由于 AlGaN/GaN 界面的 2DEG 逐渐耗尽，从栅极的漏极一边一直到漏极接触。C_{DS}

与 V_{DS} 曲线显示出不同的衰减点，在图 8.8 中标记为 R1，对应于 2DEG 耗尽到达源极连接的场板（SCFP）边缘的 V_{DS} 值。通过比较图 8.8a、b 中的实验的 C_{DS} 曲线可以看出，该衰减电压是 C 掺杂的敏感函数，两种工艺的器件处理和几何结构是相同的。

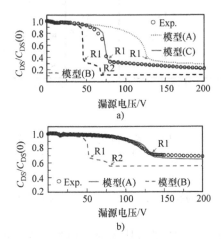

图 8.8 实验的漏－源 AC 电容（C_{DS}）在关断态下与漏－源电压（V_{DS}）的函数关系，与仿真值进行比较。曲线被归一化到它们的零 V_{DS} 值。该器件是采用（a）未优化的和（b）优化的缓冲层工艺的 HEMT，栅－漏间距和源极连接的场板外伸长度分别为 12μm 和 6μm

首先考虑图 8.8a 中非优化的工艺情况下器件的行为，注意到只有模型（C）可以通过仿真精确地再现 C_{DS}（V_{DS}）曲线。相反，模型（A）和（B）分别导致衰减电压（R1 点）被过于高估和低估。此外，模型（B）预测在大约 70V 出现第二个衰减点（标记为 R2），对应于 2DEG 耗尽达到漏极接触的 V_{DS} 值。相反，只有 $V_{DS} > 200V$（在图 8.8a 中的测量范围之外）的测量数据才达到该条件。

仿真所指出的基本物理原理如下。缓冲层中与 C 相关的陷阱态的净电荷对 2DEG 耗尽有很大的影响，特别是对达到 R1 和 R2 点所需的 V_{DS} 值有很大的影响。负电荷（由与 C 相关的受主贡献）使 2DEG 耗尽"更容易"，导致达到 R1 和 R2 点所需的 V_{DS} 值更小。正电荷（由与 C 相关的施主贡献）则有相反的效果。在模型（B）中，C 掺杂仅通过 A_C 受主来建模，这使得 C_{DS} 在比实验更小的 V_{DS} 时发生衰减；另一方面，在模型（A）中，与 C_N 受主相关的负电荷与 C_{Ga} 施主相关的正电荷完全平衡，这抵消了 C 掺杂缓冲层对 2DEG 耗尽的贡献。在这种情况下，仿真结果低估了 C_{DS} 的衰减电压。通过调整施主与受主密度比 N_{CGa}/N_{AC}，实现模型（C）的仿真可以准确地再现实验 C_{DS}（V_{DS}）曲线。当 $N_{CGa}/N_{AC} = 0.95$ 时，达到最佳拟合。实际上，在第 8.2.1 节所示的采用模型（C）的所有仿真中都使用了这个值。

现在我们将注意力转向图 8.8b 中优化的缓冲层工艺中的 C_{DS}（V_{DS}）行为，在这种情况下，模型（A）允许再现 C_{DS}（V_{DS}）曲线，而模型（B）导致对 R1和 R2 点对应的衰减 V_{DS} 值的严重低估。这些结果证实了第 8.2.1 节所示的优化的缓冲层工艺的脉冲模式行为的结果。

综上所述，漏 – 源电容是 C 掺杂的一个敏感函数，这表明它的监测可以作为一种快速评估生长/器件优化过程中 C 掺杂和相关缓冲层补偿特性的技术。考虑到 AC 电容结果和脉冲模式行为，在考虑的 C 掺杂模型中；模型（C）是描述未优化 C 掺杂的器件的最合适的 C 掺杂模型；另一方面，对于采用优化的缓冲层工艺制造的器件，模型（A）能够提供与实验数据完全一致的脉冲模式和 AC预测。

图 8.9 显示了正常开启 GaN HEMT 模型准确度的一个示例。只有当仿真模型能够同时准确地预测 DC 特性、AC 特性和瞬态特性时，才被认为是令人满意的。

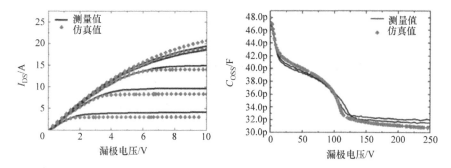

图 8.9　正常开启的 GaN HEMT 的实验（实体）和仿真（符号）I—V 曲线和 C—V 曲线

8.4.2　关断态击穿　★★★

由于结构和工艺的复杂性，比如场板和背势垒层的存在，以及用于补偿非故意的 GaN 导电率的固有缺陷和/或外来杂质可能发挥的作用，理解限制 AlGaN/GaN HEMT 的关断态击穿电压的物理机制是一项困难的任务。将 HEMT 击穿特性与更简单、横向和垂直测试结构的高压行为相关联，以及采用器件仿真作为解释工具，对于实现更快速有效的工艺优化非常有用。

本研究采用的器件均为非优化的缓冲层工艺。因此，在仿真中，模型（C）被用来解释 C 掺杂，这与先前从脉冲模式和 AC 电容行为中得到的结果一致。在横向欧姆 – 欧姆结构中，隔离是通过 Ar 注入实现的。后者已在仿真中按照参考文献[22]进行建模。

图 8.10 展示了横向隔离测试结构的室温实验和仿真击穿特性，其中一个欧

姆接触和衬底接触接地，而另一个欧姆接触被施加正电压 V_{OHM}。横向隔离结构具有不同的隔离注入长度（L_{ISOL}），因此要考虑不同的欧姆-欧姆距离。注意到，仿真能够定量地再现用 L_{ISOL} 标定的击穿电压。在不同的温度下（未显示），可获得同样令人满意的一致性。

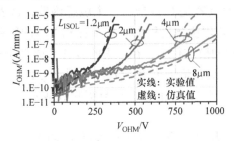

图 8.10　不同隔离注入长度（L_{ISOL}）的横向欧姆-欧姆隔离结构的实验（实线）和仿真（虚线）I—V 曲线。其中一个欧姆接触和衬底接触接地，而另一个欧姆接触被施加正电压 V_{OHM}

仿真结果表明，这些横向隔离结构击穿的物理机制如下：（i）$L_{ISOL} \leqslant 4\,\mu m$ 的横向、欧姆-欧姆穿通；和（ii）对于 $L_{ISOL} \geqslant 8\,\mu m$ 垂直的欧姆-衬底击穿。需要强调的是，我们先前对该工艺中陷阱相关效应的分析所得到的 GaN 沟道和缓冲层中陷阱状态的详细描述有助于实现如图 8.10 所示定量的击穿预测。事实上，沟道和缓冲层陷阱（连同隔离注入）影响预击穿泄漏电流水平，并对欧姆接触下的电场产生影响，因此也会影响载流子注入特性。

图 8.11 说明了相对于接地的衬底，当正电压和负电压分别施加在顶部欧姆接触（V_{TOP}）上时对垂直的欧姆-衬底结构的分析。对于这些垂直结构，测量结果与仿真结果也有很好的一致性。预击穿区的明显差异主要与噪声有关，掩盖了实测曲线中的实际泄漏电流水平。可以看到，垂直击穿实验分别在正 $V_{TOP} \approx$ 950V 和负 $V_{TOP} \approx 850V$ 下发生（假设击穿定义为 $10^{-5}\,A/mm^2$）。仿真显示的潜在击穿机制如下。

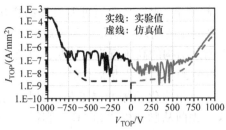

图 8.11　垂直欧姆-衬底结构中的实验（实线）和仿真（虚线）I—V 曲线，其中电压 V_{TOP} 施加于顶部欧姆接触而衬底接地

当顶部欧姆接触被施加正电压时，高电场载流子的产生在 GaN 缓冲层中起着至关重要的作用，该缓冲层中的电场倾向于在高压下积累，低阻 p 型掺杂抑制了来自衬底的电子注入。在我们的仿真中，我们使用能带间隧穿作为高电场载流子产生机制，以重现如图 8.11 所示的实验击穿曲线。热激活注入和/或输运机制（如肖特基发射或 Poole – Frenkel 输运）已被排除在这些器件的限制机制之外，因为观察到的垂直击穿曲线（未显示）的温度依赖性可以忽略不计。当负电压施加到顶部欧姆接触时，击穿是由顶部欧姆接触的电子注入和缓冲层中产生的高电场载流子共同控制的，而缓冲层中的压降占到了大部分的外加电压。

仿真结果表明，HEMT 器件中导致三端关断态击穿的物理机制与横向欧姆 – 欧姆隔离结构中相同，即：（i）"短"栅 – 漏间距（L_{GD}）的横向源 – 漏穿通；以及（ii）"长"栅 – 漏间距（L_{GD}）器件的垂直漏 – 衬底击穿。

8.5　Spice 模型开发和校准

GaN VP 开发的第二步是开发和校准可用于应用电路仿真的 Spice 模型。已经开发了一种专利的模型[23]，并使用从 TCAD 和/或实际制造的器件的电学特性中获得的器件数据进行校准。这个 Spice 模型可以用于正常开启和正常关断的概念，并且包含 L1 和 L3 模型。就 L3 模型而言，为了提取封装晶体管的热特性（R_{TH}，Z_{TH}），已经对封装晶体管进行了精确的热表征。所开发的模型已与仿真数据和表征数据进行了广泛的比较，并在所有相关应用仿真中证明了该模型的可靠性和鲁棒性。

图 8.12 显示了在 pGaN 正常关断情况下的典型 Spice 模型框架示例[24]。该模型包含典型的器件电容（C_{gs}、C_{gd}、C_{ds}），这些电容由依赖于内部漏极、栅极和源极电压的非线性电容来描述。非线性电容由依赖电压的电荷源实现，它们解释了来自本征器件、互连和封装的不同贡献。

此外，放置在器件等效电路的不同节点上的独立电阻可以解释器件和封装（互连、键合等）对每个终端总电阻的贡献。

特别注意，对于正常关断的 pGaN 概念，当晶体管处于导通状态且栅极电压超过某一临界值时，为了正确地对在实验中观察到的不可忽略的栅极泄漏电流进行仿真，必须采用该临界值，该临界值是通过施加用于定义 pGaN 栅极模块特定工艺制造步骤得到的[24,25]。栅极端伪 pn 结总泄漏电流的栅 – 源和栅 – 漏部分由两个独立的压控电流发生器和两个栅极电阻串联而成，这同样可以解释器件和封装的贡献。

校准后的紧凑型模型已被广泛用于以下系统级评估正常开启和正常关断 GaN 器件概念的性能。

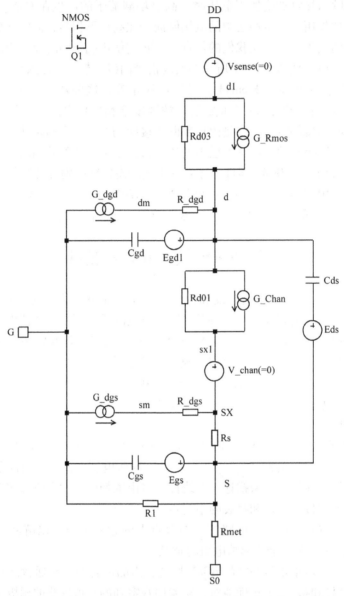

图 8.12 用于正常关断的 pGaN 概念的 GaN Spice 模型示例

　　值得一提的是，这里描述的并随后会用于应用仿真的紧凑模型并没有有意包括任何与动态陷阱相关的效应，例如对电流崩塌和/或动态 R_{DSON} 效应的描述。其主要原因有两个：首先，所分析的器件是优化的器件，其受动态影响非常小，因此它们对整个系统级性能的影响可以忽略不计；其次，为了获得可靠和快速的方法，我们不想增加不必要的复杂性。在我们的方法中，仍然可以研究和量化陷阱相关效应，如阈值电压偏移和 R_{DSON} 增加，通过人工调整 Spice 模型参数并评估其对整体系统性能的影响。然而，值得一提的是，已经提出了几种包含俘获效应的紧凑模型方法，感兴趣的读者可以参考几个不同团队发表的数据[26,27]。

8.6 应用板的特性和仿真

GaN VP 方法的第三个重要组成部分是在相关应用测试中对 GaN HEMT 开关特性进行可靠的建模。

前面所述的校准 TCAD 输入平台已用于对带有 pGaN 栅模块的正常关断 GaN HEMT 的 DC 特性和 AC 特性[24,25]，以及带有绝缘栅的正常开启 GaN 器件进行仿真。特别是对传输特性（$I_{DS} - V_{GS}$）、输出特性（$I_{DS} - V_{DS}$）和体二极管与栅极电压的关系进行了仿真，并用于校准 DC 电流。对器件在关断态条件下的器件电容（C_{GS}、C_{DS} 和 C_{GD}）进行了仿真，即零电压施加在栅电极上而漏极电压为 $0 \sim 600V$。此外，还对正常关断器件的电容 C_{GS} 和 C_{GD} 进行了仿真，作为栅极电压的函数，从 0V 到完全开启电压，以及对于不同的漏 - 源电压值，以充分表征输入栅极二极管的 AC 行为，这是带有 pGaN 栅模块的 GaN 晶体管正常关断的典型特征。

仿真的电特性被用来校准后来在真实应用仿真中使用的 Spice 模型。值得注意的是，纯器件级校准已经被证明不足以获得可靠的 GaN VP；另一方面，必须遵循一个全系统的方法，以便正确地将器件特性与插入实际开关模式电源应用中的 GaN 器件的系统级性能联系起来。

为此，设计、制造和表征了实际的应用板。图 8.13 显示了一个正常关断的应用板，包括一个低压侧 pGaN 器件、一个高压侧 SiC 二极管和一个集成的驱动方案。同样可见的还有稳压电容和分流电阻，用于测量器件中的电流。未显示的是允许在低压侧和高压侧器件之间有感应开关电流的大电感。对于这种特殊情况，GaN HEMT 被封装在 ThinPaK 型封装中，而 SiC 二极管被封装在 TO220 封装中。实现并研究了 GaN HEMT 和 SiC 二极管封装在 ThinPaK 型封装中的类似电路板。

为了最大限度地减少电路板的寄生参数，并降低正常关断 GaN 器件时栅极上可能出现的电压和电流尖峰的风险，我们决定在电路板上集成一种特殊的驱动方案。这种集成方案允许总栅回路电感低于 $10 \sim 20pF$，还允许非对称驱动方案，该方案应有利于整体系统级性能，并有助于将不必要的误开启效应的风险降至最低。由于 GaN HEMT 固有的电学特性，例如低阈值电压和 Q_{GD}/Q_{GS} 比，这种方法对于正常关断的 GaN HEMT 特别有用，这些特性在当今硅技术下很难最小化。在这里，可以实现低于 1 的值，这使得不必要的电容误开启的风险大大降低。这

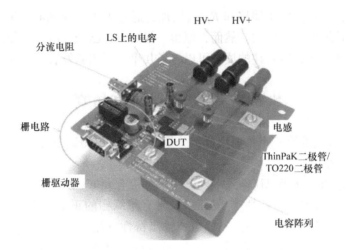

图 8.13　为正常关断 pGaN 器件设计和表征的带电感负载的开关应用板。
为了使寄生效应最小化和性能最大化，采用了集成的非对称驱动方案

些效应实际上取决于总电荷 Q_{GD}/Q_{GS} 的比率，也取决于用于驱动半导体器件的总栅电阻（晶体管 + 驱动器）的值。不幸的是，在 GaN 技术中，两个电荷之间的比率通常是很高的，特别是因为较长的金属场板被用来最小化电流崩塌效应和所有相关的俘获效应。因此，采用非对称驱动方案可以通过引入一些电压动态余量来缓解这些寄生效应，该电压动态余量作为防止误开启效应的安全裕度。显然，必须考虑到这种更复杂的驱动方案中额外的复杂性和成本。

　　利用 Ansys[28] 的 Q3D 仿真工具，对图 8.13 所示的带电感负载的开关应用板进行了全面仿真。Q3D 软件是一个 2 - D 和 3 - D 寄生参数提取工具，主要由设计电子封装和电力电子元器件的工程师使用。该工具通过使用矩阵，执行从设计中提取电阻、电容和电感 RLC 参数所需的 2 - D 和 3 - D 电磁场仿真。在例子中，Q3D 允许提取由 PCB、内部连接、封装，以及通常由特定板设计引入的寄生电感、电阻和电容的完整矩阵。RLC 寄生网络随后被纳入我们的应用仿真中，在我们看来，它代表了量化应用板设计过程中引入的所有寄生元件的最有效和最准确的方法，它还代表了一个最相关的要求，以便有一个可靠的和预测性的虚拟原型平台。

　　仿真的 Q3D 板如图 8.14 所示，其充分考虑了所有互连级及与器件封装和其他外部组件有关的所有细节。

　　从 Q3D 仿真中提取的 RLC 矩阵可随后方便地被导入到 Spice 电路仿真器中，并用于评估实际应用中 GaN 器件的开关性能。对于这个特定的例子，我们使用了 SIMetrix 工具[29]，因为我们的开关模式电源仿真验证了它的简单性和鲁棒性。从 Q3D 得到的寄生 RLC 矩阵可以作为一种新的模型导入到 SIMetrix 中，它包含

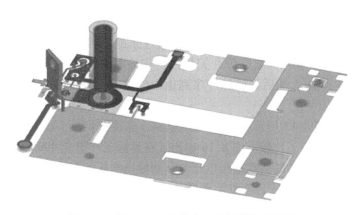

图 8.14　用 Q3D 工具仿真正常关断的应用板

一定数量的输入和输出端口，这些端口取决于特定板的复杂度和配置。应用仿真环境包括 TCAD 上校准的 Spice 模型和实际测量的值、Q3D 寄生板组件和全集成驱动方案，可以与所考虑的 GaN 器件的开关性能进行比较。

GaN VP 的示意图如图 8.15 所示，并概述了链的不同组成部分。该方法的一个重要特点是能够快速、可靠地预测 GaN HEMT 的整体系统级性能，并能为技术人员和设计人员提供帮助。反馈回路是链接技术和应用的关键点，允许根据客户的特定的应用来优化器件概念和不同的工艺步骤。这种方法已经被证明是非常有效的，特别是对于那些缺乏设计和技术经验的破坏性技术，尤其是技术的不成熟状态，在采用纯实验方法时，会大大增加学习周期；另一方面，有了预测仿真环境的支持，不仅可以详细了解 GaN 系统的特性，而且可以更早地识别并解决 GaN 引入市场之前仍然面临的关键挑战，在技术开发时间及所需的资源方面具有明显的优势。

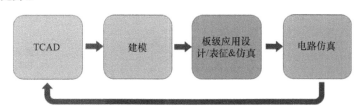

图 8.15　GaN VP 方法的示意性描述，包括器件仿真、紧凑模型校准和
板级应用设计、表征和仿真

8.6.1　正常关断 pGaN 晶体管　★★★

前面描述的 GaN VP 方法已在本章的其余部分中用于预测实际终端用户开关模式电源中 GaN 器件的开关性能。特别地，考虑一个典型的功率因数校正

（PFC）电路，其中低压侧 GaN 正常关断晶体管被切换到 SiC 二极管上。有源 PFC 开关基本上是一个 AC/DC 变换器，它通过脉宽调制（PWM）来控制供应给耗电元件的电流。PWM 控制电源开关的开启和关断的转换，在恒定脉冲序列中分离中间的 DC 电压。然后，该脉冲序列由中间电容实现滤波和平滑，产生 DC 输出电压。

我们仿真了图 8.13 所示的有源 PFC 电路，并将我们从 GaN VP 得到的仿真波形与实测数据进行了比较。图 8.16 给出了在目标工作电压 400V 和 1A 的负载电流情况下，PFC 电路的仿真输出电压与实测输出电压的对比。电压和电流波形分别考虑。在第一种情况下考虑关断转换。从图中清晰可见，正常关断的 GaN VP 能够准确地预测两种波形，包括由寄生参数引起的振荡。实际上，振荡幅度和频率都可以被精确地建模。

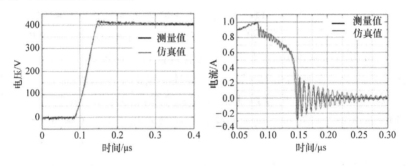

图 8.16 仿真和测量了 pGaN 器件在 400V 关断态电压和 1A 负载电流下的关断转换

图 8.17 显示了仿真和测量的开关性能之间的比较，在与之前相同的偏压条件下，这一次是开启转换。同样，正常关断的 GaN VP 能够准确地预测两种波形，包括由寄生参数引起的振荡。准确地预测了在开关转换过程中电流的峰值和振荡。

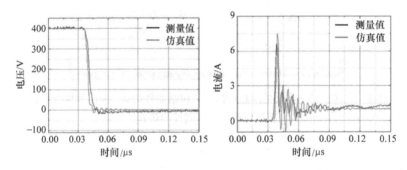

图 8.17 仿真和测量了 pGaN 器件在 400V 关断态电压和 1A 负载电流下的开启转换

由于有了全系统的方法，我们能够获得非常高的准确度来预测电流和电压波形。非常详细的器件级 GaN 建模和 Q3D 的全板仿真，以及封装和 PCB 布局过程中引入的寄生 RLC 矩阵的提取，不仅能够准确预测开启和关断转换后的电压和电流的稳态值，还可以预测由封装和应用板中"不需要的"RLC 寄生元件引起的电压过冲、电流尖峰和振荡。

因此，我们应该能够合理地预测实际工业应用中 GaN 器件的整体开关性能，因为可以非常精确地估计电压和电流波形。实际上，图 8.18 总结了我们用于经典 PFC 电路的 pGaN 器件的整体系统性能。绘制了从我们的电路板的直接表征和从 GaN VP 方法得到的作为开启和关断能量损耗的总和的总的开关损耗。比较了两种不同的目标工作电压，即 200V 和 400V，以及 0.1A 到最大 16A 的负载电流。

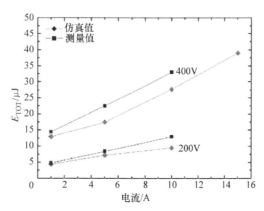

图 8.18　正常关断的 pGaN 晶体管的总开关能量。给出了测量结果与仿真结果的比较

测量值与仿真值之间的最大失配约为 20%，且与表征不确定度的数量级相同。这就为前面描述的系统建模策略，尤其是预测破坏性和不成熟技术如电力应用的 GaN 技术的系统级性能的能力提供了很高的可信度。

值得注意的是，测量和仿真之间存在稍许的不匹配的一个可能的根本原因已经在用于抵消不必要的电容性误开启的可能影响的非对称方案中被确定。事实上，正如下一节将要展示的那样，用传统的驱动方案对正常开启的 GaN 晶体管进行的相同分析显示了更高的精度，并且仿真数据和测量数据几乎没有差别。

8.6.2　正常开启 HEMT：共源共栅设计　★★★

与正常关断 pGaN 晶体管的研究非常相似，我们还设计和表征了共源共栅结构的正常开启 GaN 晶体管的应用板。共源共栅方法允许有一个三端增强晶体管，该晶体管具有可随意使用的正常开启的 GaN 技术，并且包含在 GaN 器件与正常关断 Si 晶体管串联的共封装中。此外，实现高压共源共栅方法只需要使用低压

Si 晶体管，例如额定电压为 20 ~ 30V 的器件。图 8.19 显示了 GaN 级联的示意图，其中高压 GaN HEMT 的栅极连接到 LV MOSFET 的源极，而 GaN HEMT 的源极和 Si MOSFET 的漏极连接在一起。采用 Si MOSFET 的栅极作为整体输入端，而 GaN 器件的开启和关断仅通过 Si 晶体管的开关间接实现。在示意图中还强调了在装配过程中引入的寄生电感。

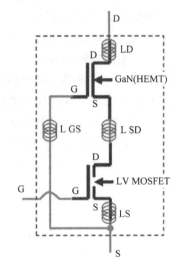

这种方法的明显优点是输入器件的鲁棒性，即一个统一的和熟知的 Si 器件，使用标准驱动方案的可能性，在上市时间和易于使用方面有明显的优势。然而，在共源共栅方法中也可以发现一些缺点。首先，低压（LV）MOSFET 的存在意味着由于开关过程中必须充放电的额外电

图 8.19　GaN 共源共栅方法的示意图，包括高压 GaN HEMT 和低压 Si MOSFET

容以及增加到总 R_{DSON} 的串联电阻而导致的一些性能损失；其次，这一概念特别适用于高压工作（600V），但当工作电压按比例降低时，它的所有优点逐渐丧失；最后，共源共栅方法最严重的问题之一是不必要的振荡和失去可控性的风险，这可能导致 Si 器件发生雪崩击穿。特别是在关断过程中，共源共栅中间端的电压可以上升到高于 LV MOSFET 的最大额定电压的值。此时，LV MOSFET 进入雪崩状态，导致随后的共源共栅性能下降，以及两个元件可能存在的可靠性问题。雪崩问题与装配过程中引入的寄生电感密切相关，如图 8.19[30-32] 所示。

　　为了研究 GaN 共源共栅方法的性能，我们对正常开启的绝缘栅晶体管进行了大量的 TCAD 仿真。有关器件概念和技术的细节已在第 8.2 节中进行了描述。此外，我们还设计、制作并表征了共源共栅应用板。特别是，图 8.20 显示了共源共栅电路板的示意图，该电路板是为了更深入地了解 GaN 器件在图腾柱 PFC 电路应用中的行为[33,34]。

　　实际上，电路板的设计方式是让低压侧 GaN 晶体管与另一高压侧 GaN 晶体管进行切换。两者都安装在共源共栅结构中。一个大电感确定了负载电流，并考虑工作在 400V 的额定电压。还考虑了两种不同的驱动器，一种用于低压侧级联；另一种用于高压侧级联。然而，在目前的研究中，高压侧器件保持在关断态，研究的重点是评估低压侧共源共栅晶体管潜在的雪崩风险。在这种情况下吸取的教训也可以应用到高压侧情况中。

　　如前所述，低压硅晶体管在应用过程中的意外雪崩会导致共源共栅的稳定性

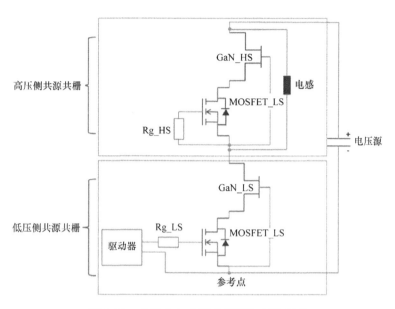

图 8.20　半桥 GaN 共源共栅板仿真示意图

丧失，从而导致能量损耗的大幅增加，同时也使 LV Si MOSFET 和 HV GaN HEMT 的可靠性迅速恶化。基于这些原因，必须优化 GaN HEMT、LV MOSFET 和封装，以防止误开启和雪崩效应。显然，性能也必须同时优化。

决定共源共栅稳定性的一个重要因素是封装时引入的寄生电感和电阻。特别是已经发现影响 GaN 共源共栅方法的整体性能和稳定性的非常敏感的元件是 GaN HEMT 的源极和 LV MOSFET 的漏极之间的寄生电感。基于这个原因，我们设计了一个共源共栅方法的特殊应用板，它利用两个分离的封装来实现级联的两个独立元件。特别是，GaN HEMT 封装在 Infineon 标准 ThinPaK 8×8 中，而 LV MOSFET 封装在标准的 Infineon S308 中。

图 8.21 和图 8.22 显示了共源共栅方法应用板的不同视图。稳定电容和用于测量负载电流的分流器也清晰可见。

更重要的是，级联的两个元件，无论是高压侧还是低压侧，都安装在 PCB 的另一侧。这样，GaN 源极和 LV MOSFET 漏极之间的寄生电感（L_{SD}）主要由三个分量决定：ThinPaK 和 S308 两个封装的寄生电感，以及 PCB 的厚度。

我们还制作了不同厚度的电路板来任意改变寄生 L_{SD}，并研究其对共源共栅方法整体稳定性的影响。图 8.23 显示了 PCB 厚度，以及 GaN 和 Si 芯片的安装细节。

与完全集成的方法相比，所提出方法的缺点显然是引入了更大的寄生参数。然而，这种方法的主要优点在于其灵活性（单个元件可以很容易地改变，并且

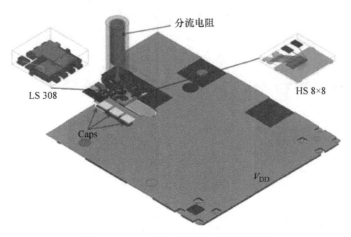

图 8.21　GaN 共源共栅方法的应用板

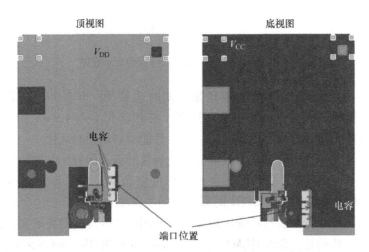

图 8.22　GaN 共源共栅方法应用板的顶视图和底视图

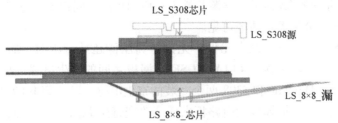

图 8.23　强调低压侧级联的 GaN 共源共栅方法的应用板的前视图。
GaN HEMT 和 LV MOSFET 安装在 PCB 的两面

可以测试 LV MOSFET 和 HV GaN HEMT 的不同组合）以及任意改变寄生电感
L_{SD} 的绝对值的可能性。值得一提的是，我们采用这些方法的主要目的不是充分利用图腾柱 PFC 中的 GaN 性能, 而是设计一种快速可靠的工具, 方便共源共栅设计的主要问题的基本理解并为其优化提供指导。

共源共源板随后被导入并用 Q3D 工具进行了仿真, 非常类似于已经存在的正常关断情况。然后将从 Q3D 中提取的寄生 RLC 矩阵导入 SIMe - trix, 并对图腾柱 PFC 电路的性能进行了评估。

我们通过使用 GaN VP 方法和几种不同的表征板基本了解了共源共栅的特性并对其进行优化。研究了低压 LV MOSFET 和 GaN 器件的几种不同组合以及不同封装的影响。对于 LV MOSFET 可能发生雪崩的风险以及 GaN HEMT 不同端在转换过程中可能出现的电压和电流尖峰给予了极大的关注。例如, 图 8.24 显示了 LV MOSFET 在关断转换期间的漏 - 源电压, 将仿真和测量数据进行了比较。在这种情况下, 考虑使用额定电压为 30V 的器件。显而易见, 如果共源共栅没有得到适当的优化, LV MOSFET 的 V_{DS} 可能会超过最大额定电压而导致 Si 器件进入雪崩区, 从而导致共源共栅系统的性能退化和不稳定性。GaN 共源共栅的详细优化不在本章的讨论范围之内, 感兴趣的读者可以参考不同研发小组发布的几个数据[30 - 32]。

最后, 我们还设计并测试了正常开启板, 以评估正常开启 GaN 技术的性能, 其方法与已经提出的正常关断和级联器件非常相似。

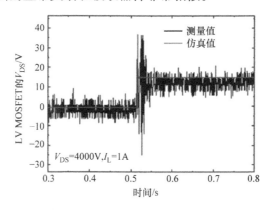

图 8.24 关断转换期间 LV MOSFET 的漏 - 源电压

图 8.25 和图 8.26 总结了 VP 方法与直接测量用于功率因数校正电路中的正常开启 GaN 晶体管性能的主要结果。GaN VP 能够准确地预测开启和关断转换过程中的电流和电压波形, 这使得在 PFC 应用中能够非常可靠地估计总开关损耗。实际上, 图 8.26 显示了负载电流从 1A 到 5A 以及三种不同输出电压 200V、300V 和 400V 下测量和仿真的总开关损耗 ($E_{ON} + E_{OFF}$)。

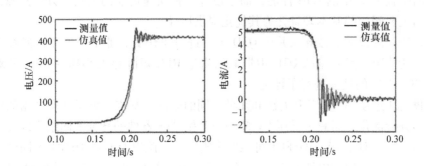

图 8.25 在 400V 关断态电压和 5A 负载电流下正常开启的
GaN 器件的开启转换的测量和仿真结果

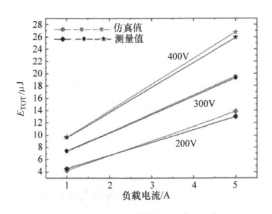

图 8.26 正常关断的 pGaN 晶体管的总开关能量。给出了测量结果与仿真结果的比较

8.7 结　　论

我们提出了一种用于 GaN HEMT 技术的系统级建模方法，该方法能够有效地连接和仿真典型半导体产品制造的不同步骤：从工艺开发、组装到最终客户应用。提出的 GaN VP 方法由四个主要步骤组成：（i）TCAD 器件仿真；（ii）紧凑模型开发和校准；（iii）利用 Ansys Q3D 工具进行应用板的设计与仿真；以及（iv）Spice 应用电路仿真。

我们认为，硅上 GaN 技术是一种非常复杂的技术，因此需要一种完整的系统方法以便同时优化工艺、封装和应用。我们所提出的方法已被证明在几种不同的技术上是快速、稳健和可靠的，并且能够在开关模式电源应用中准确地预测基于 GaN 晶体管的系统级性能。

我们对测量和仿真进行了广泛的比较，并将 GaN VP 应用于三个不同的情况：正常关断 pGaN 技术、正常开启的 GaN 加 LV Si MOSFET 共源共栅技术和绝缘栅正常开启 GaN 技术。在这三种情况下，预测值与实际测量值之间表现出很好的一致性，并且 GaN VP 已经证明了其从器件级性能到系统级转换性能的预测能力和精确性。

总的来说，GaN VP 可以帮助技术人员和设计人员，我们认为它应该作为 GaN 系统优化的一般指导工具，在决策、预算资源和将 GaN 产品推向市场方面具有明显优势。

参 考 文 献

1. Treu M, Vecino E, Pippan M et al (2012) The role of silicon, silicon carbide and gallium nitride in power electronics. In IEDM Technical Digest, pp 147–150
2. Curatola G, Kassmanhuber A, Yuferev S, Franke J, Pozzovivo G, Lavanga S, Prechtl G, Detzel T, Haeberlen O (2014) GaN virtual prototyping: from traps modeling to system-level cascode optimization. In Proceedings of the 44th European solid-state device research conference (ESSDERC 2014), Venezia (Italy), 22–26 Sept 2014, pp 337–340
3. Haffouz S, Tang H, Bardwell JA et al (2005) AlGaN/GaN field effect transistors with C-doped GaN buffer layer as an electrical isolation template grown by molecular beam epitaxy. Solid-State Electr. 49:802–807
4. Kato S, Satoh Y, Sasaki H et al (2007) C-doped GaN buffer layers with high breakdown voltages for high power operation AlGaN/GaN HFETs on 4-in Si substrates by MOVPE. J Cryst Growth 298:831–834
5. Fang Z-Q, Claflin B, Look DC et al (2010) Deep traps in AlGaN/GaN heterostructures studied by deep level transient spectroscopy: Effect of carbon concentration in GaN buffer layers. J Appl Phys 108:063706
6. Bahat-Treidel E, Brunner F, Hilt O et al (2010) AlGaN/GaN/GaN: C back-barrier HFETs with breakdown voltage of over 1 kV and low RON × A. IEEE Trans Electr Dev 57:3050–3058
7. Ramdani MR, Chmielowska M, Cordier Y et al (2012) Effect of carbon doping on crystal quality, electrical isolation and electron trapping in GaN based structures grown silicon substrates. Solid-State Electr. 75:86–92
8. Meneghesso G, Silvestri R, Meneghini M, Cester A, Zanoni E, Verzellesi G, Pozzovivo G, Lavanga S, Detzel T, Haberlen O, Curatola G (2014) Threshold voltage instabilities in D-mode GaN HEMTs for power switching applications. In Proceedings of the 52nd IEEE international reliability physics symposium (IRPS 2014), Waikoloa (HI, USA), 1–5 June 2014, pp 6C.2.1–6C.2.5
9. Verzellesi G, Morassi L, Meneghesso G, Meneghini M, Zanoni E, Pozzovivo G, Lavanga S, Detzel T, Häberlen O, Curatola G (2014) Influence of buffer carbon doping on pulse and AC behavior of insulated-gate field-plated power AlGaN/GaN HEMTs. IEEE Electr Dev Lett 35(4):443–445
10. Curatola G, Huber M, Daumiller I, Haeberlen O, Verzellesi G (2015) Off-state breakdown characteristics of AlGaN/GaN MIS-HEMTs for switching power applications. In Proceedings of the 2015 IEEE conference on electron devices and solid-state circuits, Singapore, June 2015
11. Synopsys Inc. (2012) Sentaurus device user guide, Version G-2012.06
12. Ambacher O, Smart J, Shealy JR et al (1999) Two-dimensional electron gases induced by spontaneous and piezoelectric polarization charges in N- and Ga-face AlGaN/GaN heterostructures. J Appl Phys 85:3222–3233

13. Wright AF (2002) Substitutional and interstitial carbon in wurtzite GaN. J Appl Phys 92:575–2585
14. Amstrong A, Poblenz C, Green DS et al (2006) Impact of substrate temperature on the incorporation of carbon-related defects and mechanism for semi-insulating behavior in GaN grown by molecular beam epitaxy. Appl Phys Lett 88:082114
15. Lyons JL, Janotti A, Van de Walle CG (2010) Carbon impurities and the yellow luminescence in GaN. Appl Phys Lett 97:152108
16. Johnstone D (2007) Summary of deep level defect characterization in GaN and AlGaN. Proc SPIE 6473:64730
17. Tapajna M, Jurkovic M, Valik L, Hascik S, Gregusov D, Brunner F, Cho E-M, Kuzmik J (2013) Bulk and interface trapping in the gate dielectric of GaN based metal-oxide-semiconductor high-electron-mobility transistors. Appl Phys Lett 102:243509
18. Lagger P, Schiffman A, Pobegen G, Pogany D, Ostermaier C (2013) Very fast dynamics of threshold voltage drifts in GaN-based MIS-HEMTs. IEEE Electr Dev Lett 34:1112–1114
19. Van Hove M, Kang X, Stoffels S, Wellekens D, Ronchi N, Venegas R, Gennes K, Decoutere S (2013) Fabrication and performance of Au-free AlGaN/GaN-on-silicon power devices with Al_2O_3 and Si_3N_4/Al_2O_3 gate dielectrics. IEEE Trans Electr Dev 60(10):3071–3078
20. Binari SC, Klein PB, Kazior TE (2002) Trapping effects in GaN and SiC microwave FETs. Proc IEEE 90:1048–1058
21. Uren MJ, Möreke J, Kuball M (2012) Buffer design to minimize current collapse in GaN/AlGaN HFETs. IEEE Trans Electr Dev 59:3327–3333
22. Umeda H, Takizawa T, Anda Y, Ueda T, Tanaka T (2013) High-voltage isolation technique using Fe ion implantation for monolithic integration of AlGaN/GaN transistors. IEEE Trans Electr Dev 60(2):771–775
23. www.infineon.com
24. Uemoto Y et al (2007) Gate injection transistor (GIT)—a normally-off AlGaN/GaN power transistor using conductivity modulation. IEEE Elect Dev 54:3393–3399
25. www.epc-co.com
26. Radhakrishna U, Piedra D, Zhang Y, Palacios T, Antoniadis D (2013) High voltage GaN HEMT compact model: experimental verification, field plate optimization and charge trapping, IEEE Electronic Device Meeting (IEDM)
27. Koudymov A, Shur MS, Simin G (2007) Compact model of current collapse in heterostructure field-effect transistors. IEEE Elec Dev Lett 28:332–335
28. www.ansys.com
29. www.simetrix.co.uk
30. Liu Z, Huang X, Lee FC, Li Q (2014) Package parasitic inductance extraction and simulation model development for the high-voltage cascode GaN HEMT. IEEE Trans Power Electron 29
31. Huang X, Li Q, Liu Z, Lee FC (2013) Analytical loss model of high voltage GaN HEMT in cascode configuration, ECCE Conference, pp 3587–3594
32. Huang X, Dum W, Liu Z, Lee FC, Li Q (2014) Avoiding Si MOSFET avalanche and achieving true zero-voltage-switching for cascode devices, ECCE conference, pp 106–112
33. Lingxiao X, Zhiyu S, Boroyevich D, Mattavelli P (2015) GaN-based high frequency totem-pole bridgeless PFC design with digital implementation. APEC 2015:759–766
34. Zhou L, Wu Y, Honea J, Wang Z (2015) High-efficiency true bridgeless totem pole PFC based on GaN HEMT: design challenges and cost-effective solution. PCIM Europe 2015:1–8

第9章 >>

GaN基HEMT中限制性能的陷阱：从固有缺陷到常见杂质

Isabella Rossetto，Davide Bisi，Carlo de Santi，Antonio Stocco，Gaudenzio Meneghesso，Enrico Zanoni & Matteo Meneghini

最近，研究人员花费了大量的精力研究限制 GaN 基功率晶体管动态性能的缺陷特性，并将通过不同的深能级表征技术获得的结果与缺陷的微观起源相关联。正确地识别是非常重要的，因为它提供了有关生长工艺中需要改进的有用信息，从而可以提高器件的性能。

一些实验和理论问题使得不同论文之间的比较变得困难。深能级研究的结果在很大程度上取决于用于分析的技术，这主要是由于激发深能级和探测陷阱敏感参数所用的具体物理量和程序。此外，陷阱处的电场位置扮演着重要的角色，因为它可能通过 Poole–Frenkel 效应引起的发射势垒降低而导致激活能（E_a）被低估。俘获势垒的存在意味着另一个问题，与温度或电场相关测量期间陷阱填充的不同能级有关。出于这个原因，下面我们将把可能合理地引用相同深能级的报告分在同一组。

如果我们考虑到所有可能的生长工艺和使用的材料，可能的缺陷类型列表可归为以下类别：

● 本征缺陷：这些缺陷是由于其晶体结构而在体 GaN 中可能存在的缺陷。它们可以被归纳如下：空位，即在晶格中通常的位置缺少氮（V_N）或镓（V_{Ga}）原子；反位，当氮原子占据镓原子（N_{Ga}）的预期位置，或镓原子占据氮原子（Ga_N）的预期位置；以及间隙，由氮（N_i）或镓（Ga_i）原子在不应存在任何元素的位置引起的。

● 杂质：这些是氮化镓中的外来原子。如果它们分别位于 GaN 晶体的典型未占据位置或晶格中 Ga 或 N 原子的位置，则它们可以处于间隙位置或替代位置。它们可能是要掺杂的原子（镁、硅、铁、碳）、生长室中前驱体或流动气体（碳、氢）中使用的元素，或从大气中吸收的杂质（氢、氧）。尽管每种元素都有功能上的好处（比如掺杂剂），但它也会在禁带内产生不必要的允许能级。在研究杂质时，需要着重指出的是，由实际杂质类型引起的深能级和由于外部原子的存在而增加的内在缺陷所引起的深能级之间的差异。

• 扩展缺陷：这些是由不止一个原子产生的较大缺陷，其实际结构可能很复杂。它们可能是天然缺陷的二维或三维扩展，或源自特定的晶体结构，如堆叠层错和边缘或螺旋位错。扩展缺陷也可以由包含本征缺陷和/或杂质的簇和多个缺陷（甚至其他扩展的缺陷）的复合体或其他排列组成。

• 表面缺陷：可能是位于器件最外层的点缺陷或扩展缺陷。在晶格和非晶体材料的界面上，周期性结构突然完全终止，导致悬挂键、杂质键和环键的形成。分析这些缺陷是困难的，因为周期性缺失时能带图公式是不适用的。然而，表面缺陷的浓度通常可以通过适当的钝化和/或表面处理来降低。

下面，我们将描述与这些缺陷相关的主要深层能级，并参考了 80 多篇关于不同器件、生长方法和表征技术的论文的数据和解释。

氮空位是最常见的缺陷之一，据报道其表现为中浅层施主，几乎覆盖了从 $E_C - 0.089\mathrm{eV}$ 到 $E_C - 0.26\mathrm{eV}$ 的整个范围[1-15]。尽管它们通常以点缺陷的形式存在，但也有报告指出，在 $E_C - 0.19\mathrm{eV}$[6]，$E_C - 0.23\mathrm{eV}$[6,9] 和 $E_C - 0.25\mathrm{eV}$[4,16] 处的扩展缺陷行为可能是由于与位错的连接造成的。在 $E_C - 0.35\mathrm{eV}$[5] 和 $E_C - 0.613\mathrm{eV}$[7] 处的两个附加能级可能与 V_N 复合体有关。根据 Honda 等人的研究，$E_C - 0.24\mathrm{eV}$ 能级暂时与氮或镓空位相关[12]。通过与相关文献报道的结果进行比较，得出了第一个假设。

关于氮反位的报道是一致的，并把它们作为在 $E_C - 0.5\mathrm{eV}$ 到 $E_C - 0.664\mathrm{eV}$ 的狭窄范围内的电子陷阱[3,6,9,12,15-20]。没有对扩展的缺陷行为进行描述。

涉及氮间隙的论文很少。三个参考的能级在 $E_C - 0.76\mathrm{eV}$[21]、$E_C - 0.89\mathrm{eV}$[20] 和 $E_C - 1.2\mathrm{eV}$ 处[5]。

镓空位是 GaN 中另一种常见的缺陷，可能是由于与间隙原子和替代原子相比较低的形成能造成的。它们引入了几个允许的能级。$E_C - 0.24\mathrm{eV}$[12] 处的一个能级暂时与氮或镓空位有关，但如前所述，在其他参考文献中，这一能级显然与氮有关；因此，我们可以排除它与镓有关。另一组数据围绕 $E_C - 0.62\mathrm{eV}$[13,18]，可能与镓空位–氧复合体在 $E_C - 1.118\mathrm{eV}$[18] 的附加能级或位错有关，通过与其他论文的比较，这似乎是最有可能的假设。其他与氢的复合体产生的一个深能级在 $E_C - 2.49\mathrm{eV}$[22,23] 处，另一个在 $E_C - 2.62\mathrm{eV}$[11,14,24,25] 处，这可能与氢有关。与镓空位相关的最后一个能级是在 $E_C - 2.85\mathrm{eV}$[26]。

由于位错的扩展特性和复合体的形成，会在能隙的上半部分诱发大范围的深能级。在 $E_C - 0.18\mathrm{eV}$[2,6]、$E_C - 0.24\mathrm{eV}$[2,6,9] 和 $E_C - 0.27\mathrm{eV}$[2] 的三个系列的激活能可能是指相同宽度的能级，可能涉及氮空位[6,9]。另一组能级在 $E_C - 0.59\mathrm{eV}$ 至 $E_C - 0.642\mathrm{eV}$ 之间[2,14,18]。据报道，在 $E_C - 0.8\mathrm{eV}$[16] 处的一个单能

级可能与沿位错排列的本征缺陷有关，但其起源及 AlGaN 特有缺陷的可能特征尚不清楚。在 $E_C - 1eV$[5]、$E_C - 1.02eV$[27] 和 $E_C - 1.118eV$[18] 的一组能级也可能是指由位错引起的同一宽度的深能级。

图9.1 报告了由本征缺陷和位错在能隙引入的允许能级的图形描述。零能量对应于价带的上边界，黑色粗线对应于导带的下边界，蓝线对应于可接受的确定的深能级，而红色能级则被暂时归因于它们的特定原因。

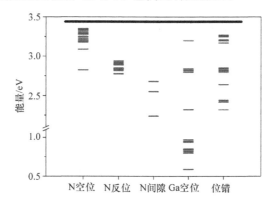

图9.1　由本征缺陷、位错及其复合体在 GaN 禁带内引入的允许能级。零能量对应于价带的上边界，黑色粗线对应于导带的下边界，蓝线对应于可接受的确定的深能级，而红色能级则暂时归因于它们的特定原因（彩图见插页）

氢通常存在于含有其他缺陷的复合体中。在 $E_C - 0.62eV$[27] 的能级与 Mg - H 复合体的形成有关。两个报道表示能级在 $E_C - 2.48eV$[23] 和 $E_C - 2.62eV$[11] 可能都涉及镓空位复合体中的氢；因此，它们可能是以 $E_C - 2.55eV$ 为中心的同一宽度的深能级的一部分。在 $E_C - 0.14eV$[28]、$E_C - 0.49eV$[28] 和 $E_C - 0.578eV$[29] 处的其他深能级暂时归因于氢或碳杂质。

因为在确保适当的生长条件和与大气隔离时，氧杂质的浓度很低，因此很少有关于氧相关能级的报告。当处于氮取代位置（O_N）时，氧在 $E_C - 0.44eV$[30] 时表现为施主。报道的一些与 V_{Ga} - 氧复合体或位错有关的能级是在 $E_C - 0.599eV$[18]、$E_C - 0.642eV$[18]，以及 $E_C - 1.118eV$[18]。

镁是实现 p 型掺杂的一种重要元素，由于 Mg - H 键很强，镁通常与氢结合。报道的一个与形成 Mg - H 复合体有关的缺陷在 $E_C - 0.62eV$[27]，该缺陷可能与参考文献［31］中报道的 $E_C - 0.597eV$ 时的状态相同。另一个由 Mg 引起的电子陷阱位于 $E_C - 0.355eV$ 处[1]。实际的受主能级接近 $E_C - 3.2eV$[11,32]。因此，报道的在 $E_C - 3.22eV$[25] 处的 C 或 Mg 相关缺陷可能是由镁引起的。

硅通常用作浅施主掺杂剂（GaN 中的电离能为 14 ÷ 30meV）。它在 $E_C -$

$0.37eV^{[2]}$、$E_C - 0.4eV^{[2]}$ 和 $E_C - 0.59eV^{[33]}$ 处产生了其他深能级。

氮化镓中常使用碳来补偿本征的 n 型电导率。碳的实际作用是相当复杂的，因为它具有受主和施主（两性）的双重特性，以及可能随之而来的自补偿机制。受主行为是通过碳在氮的取代位置（C_N）获得的，在 $E_C - 3.24eV$ 到 $E_C - 3.31eV$ 的区域形成一个带[1,11,14,23,26,34,35]。报道的与 C 或 Mg 相关的在 $E_C - 3.22eV^{[25]}$ 处的附加能级可能与镁有关，因为它略低于碳带，与其他镁能级密切匹配[11,32]。另一个由碳相关缺陷引起并归因于碳取代的能级位于 $E_C - 2.58eV$，这得到了混合函数计算的支持[12,36]。在间隙位置（C_i）的碳引起 $E_C - 1.28eV$ 到 $E_C - 1.35eV$ 之间的深能级[11,14,25,37]。C 相关施主位于 $E_C - 0.4eV^{[12]}$，暂时与镓取代位（C_{Ga}）中的碳有关。其他与碳或氢有关的施主能级位于 $E_C - 0.14eV^{[28]}$、$E_C - 0.49eV^{[28]}$、$E_C - 0.578eV^{[29]}$。

铁是另一种用来获得（半）绝缘 GaN 的物质。在 $E_C - 0.34eV^{[38]}$ 的一个能级与 $Fe^{3+/2+}$ 深受主有关，而 $E_C - 0.397eV^{[17]}$ 和 $E_C - 0.4eV^{[39]}$ 能级没有给出具体的跃迁，这两个能级很可能是相同的。铁引起的能级位于 $E_C - 0.5eV^{[24]}$ 而另一个暂时位于 $E_C - 0.57eV^{[40]}$。在 $E_C - 0.66eV$ 和 $E_C - 0.72eV$ 之间发现了一个与铁有关的缺陷[41]，其实际激活能取决于掺杂的浓度。在 $E_C - 0.94eV^{[39]}$ 处检测到最后一个能级。

图 9.2 在一个图形中描述了与杂质相关的所有深能级，如图 9.1 所示的本征缺陷和位错。

通过比较图 9.1 和图 9.2，几乎所有杂质都存在 $E_V + 2.85eV$ 的深能级。类似的能级也归因于空位、N 反位和位错。我们可以假设它可能是一种本征缺陷，其浓度随着杂质的存在而增加，可能与扩展的缺陷和/或复合体有关。

由于前面描述的理论局限性，表面态更难描述。在 n-GaN 中发现了一个深能级（$E_C - 0.12eV^{[15]}$）可能是由高能电子诱发的。其他报告描述了在 AlGaN/GaN HEMT 上获得的结果；因此，它们指的是 AlGaN 表面的陷阱。所描述的陷阱在 $E_C - 0.57eV^{[37]}$、$E_C - 2.3eV^{[34]}$、$E_V + 0.57eV^{[42]}$、$E_V + 2.3eV^{[43]}$ 和 $E_V + 0.578eV^{[43]}$ 的能级水平上表现出与之兼容的俘获和发射特性。

缺陷态的完整特征不仅由描述俘获/发射过程中依赖温度的激活能组成，而且还由典型的响应时间窗口组成，通常与表观俘获截面有关。图 9.3 中的 Arrhenius 图总结并比较了上述文献中的这两个量。通过将实验数据与该数据库进行比较，可以提取有关检测到的性能变化的可能物理原因的有用信息。

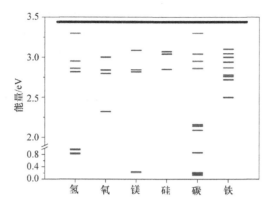

图 9.2　由本征缺陷、位错及其复合体引起的 GaN 禁带内的允许能级。
零能量对应于价带的上边界，黑色粗线对应于导带的下边界，蓝线对应于
可接受的确定的深能级，而红色能级则暂时归因于它们的特定原因（彩图见插页）

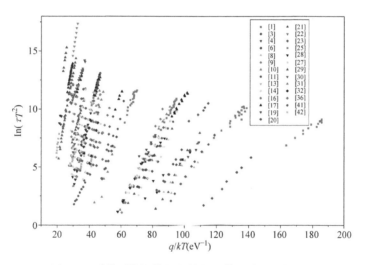

图 9.3　采集到的深能级的特征总结（彩图见插页）

9.1　表面相关的俘获

影响 GaN 高电子迁移率晶体管动态特性的关键问题之一是与表面态有关的
电荷俘获。在高电场关断态条件下，寄生电子可以从栅极金属注入到外延表面，
在那里它们很容易被表面态俘获。表面态包括在 AlGaN/GaN 界面形成 2DEG 所
需的施主态[44]。如果负电荷在表面俘获，则表面电势降低，无栅控区耗尽，从
而抑制 2DEG 载流子浓度并促进电流崩塌。这种现象在 21 世纪初被发现[45-47]，

在历史上被称为"虚拟栅极"[46]。大大缓解表面相关的电流崩塌的一个有效解决方案是在无栅控通道区域的顶部引入钝化层（通常是氮化硅）[48-51]。

在下文中，我们报告了用脉冲 $I-V$ 和漏电流瞬态光谱研究表面相关俘获的特征。

被测器件属于分片实验的晶圆，实现非钝化和钝化两种器件。被测器件是在碳化硅衬底上用金属有机化学气相沉积（MOCVD）生长的。外延结构由 20nm $Al_{0.36}Ga_{0.64}N$ 势垒层、0.7nm AlN 层、10nm GaN 沟道层、1μm 厚 $Al_{0.04}Ga_{0.96}N$ 背势垒层和 300nm $Al_{0.09}Ga_{0.91}N$ 层组成。栅极长度为 1μm，栅-漏和栅-源距离分别为 2μm 和 1μm。

当暴露在关断态偏压下时（见图 9.15 中的脉冲测量），非钝化器件的跨导显著降低，而阈值电压的偏移可以忽略不计。这种行为表明主要的电荷俘获机制发生在通道区域。由于钝化器件色散效应可以忽略不计（见图9.4），我们可以确认非钝化器件中的电流色散可归因于表面相关的电荷俘获。

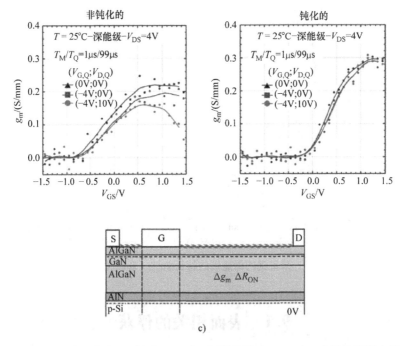

图 9.4 在 a) 非钝化和 b) 钝化 HEMT 上测量的脉冲 g_m-V_G。非钝化器件在处于非稳态静态偏压点时，跨导峰值变化明显并且无 V_{TH} 偏移

图 9.5 中的漏极电流瞬态光谱揭示了关于表面陷阱特征的有用信息。当非钝化 HEMT 在填充偏压下 $(V_{G,Q}; V_{D,Q}) = (-4V; 10V)$ 100s 后开启，漏极电流具有显著的恢复。这种恢复与器件表面俘获的载流子的发射有关，这决定了导

致漏极电流减小的虚拟栅极效应的逐渐减小。

对释放动力学的分析表明，载流子发射是一个缓慢的过程，主要时间常数在 100ms 左右，电流的恢复可以用下面的拉伸指数函数拟合

$$I_{DS}(t) = I_{DS,final} - Ae^{-\left(\frac{t}{\tau}\right)^{\beta}}$$

式中，拟合参数 A、τ 和 β 分别为检测到的电荷发射过程的振幅、典型时间常数和非指数拉伸因子。在本研究中，检测到相对拉伸指数动力学，拉伸因子 $\beta \approx 0.3$。这两个结果都与表面陷阱存在相关的电流崩塌机制一致[46]。此外，与温度相关的测量结果表明，从表面态释放电子的热激活程度很弱，激活能为 99meV（见图 9.5b）。较慢的释放瞬态和较低的激活能表明，热发射不是导致表面态俘获的电子释放的主要机制。在表面俘获的电子发射可以因为其他因素减缓，一旦器件开启（在填充脉冲之后），被俘获的电子可能通过表面或通过陷阱态快速到达接触点而离开表面[52-54]。在释放阶段，即当栅 - 漏电场相对较低时，这种机制可能会成为释放在栅 - 漏通道区俘获的电子的瓶颈。因此，释放动力学可能较长，并且时间常数可能具有相对较低的温度依赖性。

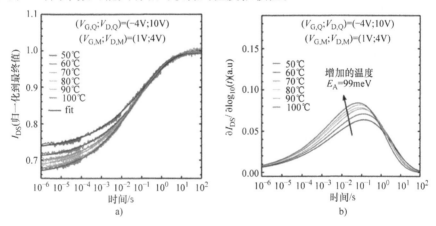

图 9.5　非钝化 HEMT 在多个温度下得到的 a）漏极电流瞬态特性和 b）相关光谱。高拉伸指数行为和非常低的热激活表明，控制表面态释放和恢复原始电学性能的主要机制不是 SRH 热电子发射，而是从表面陷阱态向栅/漏接触（通过表面传导）或朝向 2DEG（通过 AlGaN 势垒的陷阱辅助传输机制）的传输机制（彩图见插页）

9.2　Fe 掺杂的影响

在 2DEG 中较差的载流子约束是影响氮化镓（GaN）高电子迁移率晶体管（HEMT）的最具代表性的问题之一，这是由于场效应晶体管（FET）对短沟道效应和氮化镓本征 n 型掺杂的敏感性。在 2DEG 中载流子限制的增强，以及泄漏

电流（例如，垂直泄漏电流和穿通电流）的减少，使得器件的大功率和高频性能，以及夹断特性得到显著改善。为了实现这一目标，已经报道了如下几种生长技术：在半绝缘衬底上生长异质结构；使用2DEG以下的异质结结构（双异质结构）；以及使用具有高电阻或半绝缘GaN层的单一异质结构。后者可通过非故意的掺杂（u.i.d.，例如使用螺位错和/或非故意的杂质）引入深受主态，或有意引入受主掺杂剂，即铁（Fe）和碳（C）来实现[55-57]。

GaN缓冲层的受控铁掺杂证明了对载流子限制的显著影响，导致对泄漏电流显著的抑制和对夹断的更好控制[58-61]。Bougrioua等人[61]提出了一种使用Fe调制掺杂在蓝宝石或SiC衬底上生长高电阻GaN层的工艺，在降低位错密度、2DEG迁移率和夹断性能方面表现出良好的性能。Uren等人[60]进一步证明了适当的Fe掺杂设计（例如，Fe浓度、Fe掺杂深度、Fe掺杂分布）决定了相对于未掺杂样品的RF性能的变化可以被忽略。

然而，使用Fe掺杂的GaN缓冲层对电荷俘获效应有不可忽略的影响，因此限制了器件的动态性能[59]。在一项早期的研究中，Desmaris等人[59]声称，掺杂Fe的结构由于在GaN缓冲层中引入了俘获中心而产生了严重的漏极滞后。Fe掺杂导致的动态性能恶化主要在于电流崩塌的增加（即漏极电流的动态减小）和当器件处于负栅极电压和/或较高漏极电压时阈值电压的动态变化[62]。

9.2.1 深能级E2的特性及Fe掺杂的影响 ★★★

Fe掺杂通常与位于缓冲层中的深能级（以下简称E2）有关。如文献[40，41，62，63]中所述，E2陷阱在$E_C - 0.53 - 0.7eV$处产生允许的能量态，其表观俘获截面在$1 \times 10^{-13} \sim 1 \times 10^{-15}$。激活能和横截面不随Fe掺杂量的不同而改变[41,62]。使用不同的评估技术，即动态跨导频率扫描[41]、电容[17]和电流深能级光谱[62]报道的结果一致。

Meneghini等人[62]使用脉冲测量（即从俘获条件或静态偏置点同时施加脉冲到栅端和漏端）表明，与Fe掺杂相对应的俘获效应表明深能级主要位于栅极下方而非栅-漏通道区。电流崩塌确实对所施加的负栅极偏压和/或正漏极偏压很敏感，它主要归因于动态阈值电压偏移，在饱和区比膝电压区更为显著，而不是导通电阻的动态增加。Silvestri等人[41]通过仿真和动态跨导频率扫描评估也证明了类似的结果；测量是在低漏极电压水平下的亚阈区进行的，因此避免了欧姆区，并且表明检测到的陷阱位于栅极下方的区域。Silvestri等人[41]进一步指出，由于E2陷阱能级与Fe掺杂浓度相关，并且由于E2陷阱峰值频率与所施加的栅极偏压之间没有对应关系，因此E2陷阱能级位于缓冲层中。

通过宏观尺度电阻瞬态（RT）、纳米尺度表面势瞬态（SPT）和原子力显微镜（AFM）进行分析后，Cardwell等人[40]提出了一个稍不一致的假设。Cardwell

等人[40]通过 AFM 探针检测到的表面势反馈信号，确认 E2 陷阱位于缓冲层中；陷阱信号对 Fe 掺杂缓冲补偿的依赖进一步证实了这一点。此外，在有或没有 SiN 钝化和/或使用不同材料生长的势垒层的器件中检测 E2 陷阱，证实 E2 并不位于 AlGaN 势垒层或表面[40]。Cardwell 等人[40]认为 E2 能级位于漏极通道区域靠近栅极边缘附近。这一假设是由采用不同偏压点时通过电阻瞬态振幅测量的陷阱浓度提出的，并在相同的偏压点通过对 GaN 缓冲层和 AlGaN 势垒层中垂直电场的仿真计算得到了进一步支持。

发现 E2 陷阱能级受到 Fe 掺杂浓度的显著影响[17,40,41,62]。通过电学和光学测量，对半绝缘 GaN 薄膜进行了初步研究，其中 Fe 掺杂补偿了薄膜的下面部分[39,64]。Polyakov 等人[64]在铁掺杂补偿部分的半绝缘 GaN 薄膜中检测到了一个能量为 $E_C - 0.5\,eV$ 的陷阱能级（接近蓝宝石衬底，层厚只有 $0.5\,\mu m$）。激活能归因于固定在费米能级的主要陷阱能级的深度，而相应的陷阱浓度（通过 C – V 分析测量）被发现在薄膜的掺铁部分明显更高。Aggerstam 等人[39]通过时间分辨光致发光（PL）进一步研究了部分掺杂 GaN 薄膜中的载流子俘获。比较不同铁补偿的样品中的 PL 瞬态表明，发光衰减和 Fe 浓度之间有很强的相关性，因此，表明在所考虑的情况下，Fe 中心作为主要的非辐射复合沟道的重要性。

图 9.6 显示了利用拉伸指数技术[65]从漏极电流瞬态外推的时间常数谱，以及相应的被测器件上二次离子质谱（SIMS）测量的 Fe 掺杂浓度函数的陷阱振幅。图 9.6 所示，如 Meneghini 等人[62]证明的，E2 陷阱振幅与 GaN 缓冲层的 Fe 浓度密切相关。Silvestri 等人[41]报告了一致的结果，证明了陷阱电导峰值随 Fe

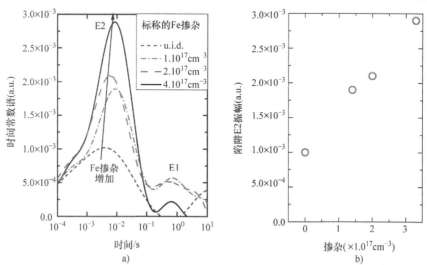

图 9.6　a）通过掺铁缓冲层的器件中漏极电流瞬态测量的时间常数谱；b）E2 陷阱振幅与 Fe 浓度的函数关系曲线。利用拉伸指数技术从漏极电流瞬态外推测量时间常数谱

掺杂补偿的显著变化。Cardwell 等人[40]通过比较不同 Fe 掺杂补偿的器件中宏观尺度电阻瞬态测量的陷阱振幅，进一步揭示了一致的结果。

此外，我们发现 E2 陷阱能级对 Fe 掺杂的分布非常敏感。Chini 等人[66]证明了 Fe 掺杂在 GaN 缓冲层的衰减以及在异质界面附近的 Fe 掺杂浓度对俘获效应的产生起着重要的作用。因此，Fe 掺杂分布的测量（如 SIMS）和仿真，原则上可以预测与 Fe 掺杂有关的俘获效应。

相反，Uren 等人通过数值仿真报告，在改变 Fe 掺杂分布的情况下，电流色散只有很小的变化。这一结果归因于 Fe 掺杂补偿导致带隙上半部分的费米钉扎形成弱 n 型缓冲层。

9.2.2　E2 陷阱的起源　★★★◀

E2 陷阱的起源一直是研究的热点。Silvestri 等人[41]初步认为 E2 位于缓冲层，是由 Fe 杂质引起的，这是由于 E2 振幅与 Fe 掺杂浓度有关而 E2 峰值频率与施加的栅极偏压之间没有相互关系。通过仿真不同 Fe 掺杂的 GaN 导带和 Fe 能级穿过费米能级的深度，进一步研究了不同 Fe 掺杂浓度与陷阱敏感信号大小的对应关系。

Meneghini 等人[62]最近的一项研究进一步揭示了陷阱 E2 的起源，并证明即使在没有 Fe 掺杂的样品中也可以存在这种深能级。E2 能级归因于 GaN 的本征缺陷或无意杂质，其浓度随缓冲层中 Fe 含量的增加而增加。这一假设是基于对采用不同工艺和/或没有 Fe 掺杂缓冲层补偿的器件上的 E2 陷阱能级的检测[1,3,6,11,20,29,32,68-70]：一些研究[20,69,70]确实将 E2 陷阱能级归因于氮-反位缺陷，而进一步的研究[70]将 E2 与一种本征的 GaN 缺陷联系起来。图 9.7 比较了不同研究中检测到的 E2 陷阱能级。E2 陷阱振幅与 Fe 掺杂缓冲层补偿之间的对应关系进一步确认了 E2 能级在 GaN 缓冲层中的位置。

填充时间对 E2 陷阱振幅的影响呈对数趋势。根据 Meneghini 等人[62]的研究，线性排列的缺陷源于沿位错聚集的点缺陷。Rudzinski 等人也给出了类似的推断[71]。通过缺陷选择性刻蚀（以观察缺陷）和扫描电子显微镜（评估缺陷密度），报道了铁对线位错的密度和生长过程中产生的缺陷数量的影响。通过光学测量，Mei 等人[72]进一步提供了 Fe 掺杂对器件形貌影响的详细分析结果。在不同生长阶段进行的高分辨率透射电子显微镜（HRTEM）证实了掺铁 GaN 层中存在大量的螺位错；原子力显微镜（AFM）一致地揭示了掺铁 GaN 层中具有螺旋小丘的粗糙特征。

E2 陷阱的俘获似乎受到涉及 GaN 缓冲层的偏置条件的影响。Meneghini 等人[62]证明了两种有助于 E2 俘获机制（见图 9.7）的主要现象。在关断态下，俘获受栅极泄漏电流的影响；在半导通态下，从 2DEG 注入的热电子对缓冲层有很大的贡献，导致电流崩塌（即漏极电流的动态减小）和与深能级 E2 相关的陷阱振幅的显著增加（见图 9.8）。第二种机制与电场分布相一致，在漏极侧靠近栅极边缘附近更为突出。热电子的贡献（见图 9.8）决定了俘获效应（由电流崩塌增加证明）和相应的 DC 漏极电流之间的次线性关系。

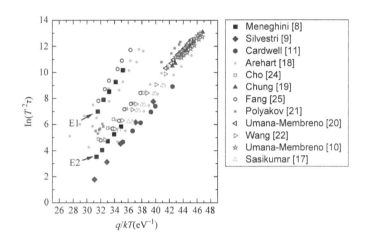

图 9.7　Meneghini 等人[62]检测到的深能级 E1 和 E2 的 Arrhenius 图。外推激活能分别为 0.82eV 和 0.63eV。Meneghini 等人[62]检测到的深能级与文献中报道的有意或无意掺杂铁的器件的研究进行比较（彩图见插页）

Wang 等人[73]和 Meneghini 等人[74]也报道了在半导通态促进的电荷俘获机制的实验证据，可能与热电子有关。Wang 等人[73]的结果与参考文献［62］一致，尽管是在带有碳缓冲层掺杂的器件上测量的。在参考文献［73］中，电流崩塌与导通电阻的变化一致，随着静态偏压的增大而增大。电流崩塌变化的钟形行为表明了热电子的影响。当栅极电压值接近阈值电压时，电子开始形成沟道。漏极电流的增加和电流崩塌之间的强烈相关性表明，当可能具有较高动能的电子开始在沟道中流动并注入陷阱态时，可以产生一个额外的俘获过程。Meneghini 等人[62]报告了在半导通态下测量的漏极电流和电流崩塌变化之间的次线性关系，考虑到热电子的影响不仅与它们的数量有关，而且与它们的平均能量有关，而平均能量会随着加速场的减小和电子散射的增加而减小。

9.2.3　电应力对俘获机制的影响　★★★ ◀

在参考文献[75，76]中，详细研究了 DC 应力对具有不同 Fe 掺杂缓冲层补偿的器件中俘获机制变化的影响。

Meneghini 等人[75]阐明了负偏压 DC 应力对泄漏电流的影响，以及具有不同

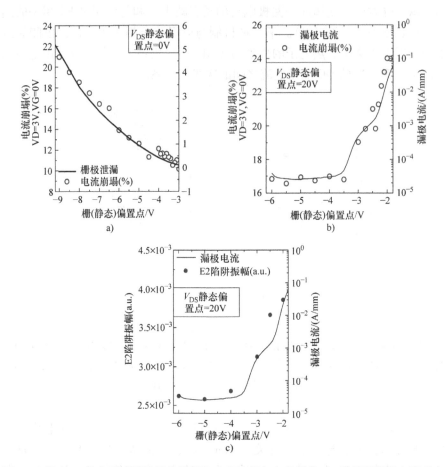

图9.8 具有 Fe 掺杂缓冲层补偿的器件的动态性能与在关断态 a) 测量的漏极电流或在关断态和半导通态 b) 估算的漏电流之间的关系。在关断和半导通态下测量的陷阱 E2 信号的增强 c)。电流崩塌定义为两个静态偏压点的电流变化与第一个静态偏压点测量的电流之比

Fe 掺杂补偿的器件中俘获机制的增加。反向偏压应力导致器件的静态和动态性能显著恶化，分别表现为 DC 泄漏电流和电流崩塌的显著增加。图9.9 显示了由拉伸指数技术[65]计算的时间常数谱，是在应力过程中定义的步骤后监测的漏极瞬态电流。陷阱 E1 和 E2 的性质，即激活能和表观俘获截面，在负偏置应力作用后的变化可以忽略（见图9.10）。然而，应力导致两个陷阱的振幅增加，从而表明与新器件上已检测到的陷阱相关的信号增强（见图9.9）。

Meneghini 等人[75]认为信号 E1 可能位于 AlGaN 势垒层，由于逆压电效应或高外加电场导致先前存在缺陷的增加而升高。相反，深能级 E2 位于缓冲层中，充电机制可能是由于静电效应或栅极泄漏电流。负偏压应力后泄漏路径的增加或

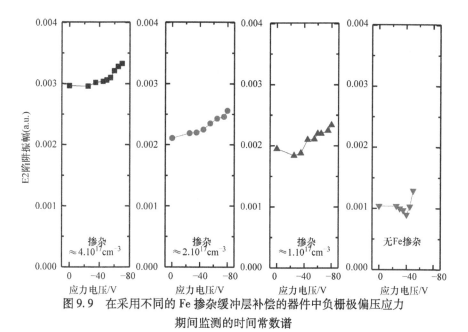

图 9.9　在采用不同的 Fe 掺杂缓冲层补偿的器件中负栅极偏压应力
期间监测的时间常数谱

产生都会导致电流崩塌的增加。因此，E2 陷阱信号的相应增加表明负偏压应力
导致位于缓冲层的 E2 陷阱态中俘获的电子浓度更高。

Bisi 等人[76]研究了 RF 测试对不同缓冲层掺杂，即铁和碳掺杂器件中俘获效
应的影响。经过 24h 的 RF 测试，器件经历了电流崩塌的变化。Bisi 等人[76]证明
了电流崩塌的变化和 RF 输出功率之间的良好相关性。Bisi 等人[76]指出，在夹断
特性较差和短沟道效应增强的器件中，RF 输出功率（P_{OUT}）的退化更为明显。
经历较高 P_{OUT} 退化的器件在亚阈斜率、漏极引起的势垒降低效应和源 – 漏泄漏
电流方面确实性能较差。RF 输出功率特性与初始亚阈值电流之间的良好相关性
表明，在具有非最佳缓冲层补偿的器件中，P_{OUT} 的退化是由俘获效应和先前存
在的缺陷密度的增加引起的。

9.3　C 掺杂的影响

碳是一种可以有效地补偿Ⅲ – 氮化物材料无意掺杂的材料，可以实现 GaN
基电子器件的高绝缘缓冲层。

金属化学气相沉积（MOCVD）中，由于金属有机前驱体的使用，材料中普
遍存在碳杂质。通过调节生长条件，包括压力、温度、Ⅲ/V 比、生长速率和 Al
含量，可以有效地控制 MOCVD Ⅲ – N 层中碳的掺入[77 – 82]。

与铁和镁相反，碳在生长系统和外延层堆叠中没有显示出偏析或记忆效应，

并且它允许精确控制掺杂分布并向无意掺杂的 GaN 沟道层的急剧转变。

从静态的角度来看，碳掺杂可以控制 GaN 薄膜的电阻率[79]，降低横向和垂直缓冲层的泄漏电流[82-85]，提高击穿电压[80,84,86]，以及抑制 GaN 基高电子迁移率晶体管（HEMT）的短沟道效应[76]。

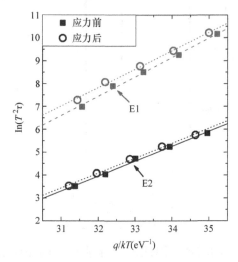

图 9.10　在采用 Fe 掺杂缓冲层补偿的器件中测量负偏置应力前后的激活能

作为一个缺点，碳被引入到了深能级并促进了与电荷俘获、电流崩塌和动态性能退化相关的寄生效应。一些研究工作报道了 C 掺杂的 AlGaN/GaN HEMT 的跨导（g_m）和导通电阻（R_{ON}）的退化[67,87-91]。

在这一节中，我们分析了与碳杂质有关的陷阱态的理论和实验证据，我们报告了这些深能级对 GaN 基 HEMT 动态性能的影响，我们介绍了多个研究小组提出的解决方案，以减轻 GaN 基晶体管的电流崩塌和动态 R_{ON} 增加。

正如第一性原理计算预测的那样[36,92]，GaN 中的碳具有两性性质。根据费米能级的不同，碳既可以在氮取代位置（C_N），表现为受主态，也可以在镓取代位置（C_{Ga}）或间隙位置（C_i），表现为施主态。

提出了两种假设来解释掺碳 GaN 半绝缘行为。在 21 世纪初，Wright 等人提出了具有相似形成能的 GaN 中的受主类型（C_N）和施主类型（如 C_{Ga} 或 C_i）的自补偿[92]（见图 9.11a）。十年后，Lyons 等人提出氮取代位置的碳（C_N）可以作为深受主模型，在 $E_V + 0.9eV$ 处具有（0/ -）跃迁能级[36,93]（见图 9.11b）；如果掺入足够的浓度，它将补偿无意的 n 型掺杂，将费米能级钉扎在 $E_V + 0.9eV$ 处，并在室温下实现半绝缘行为，具有小的空穴浓度和可忽略的 p 型导电率。

在实验研究中发现了与碳杂质有关的类施主和类受主的深能级。利用深能级光学光谱（DLOS）和深能级瞬态光谱（DLTS），Armstrong 等人报道了在 $E_C -$

0.11eV、$E_C - 1.35$eV、$E_C - 2.05$eV、$E_C - 3.0$eV、$E_C - 3.28$eV 和 $E_V + 0.9$eV 处的深能级，其浓度单调地跟随 MBE GaN 中的碳掺杂浓度变化[94]。根据 Wright 等人的理论预测[92]，$E_C - 0.11$eV 和 $E_C - 3.28$eV 能级分别归因于 C_{Ga} 和 C_N 缺陷。结果表明 $E_C - 1.35$eV 能级对线位错密度很敏感，初步归因于沿螺位错中优先掺入的碳间隙。在先前的 MOCVD GaN 研究中，也检测到 $E_C - 0.11$eV、$E_C - 1.35$eV 和 $E_C - 3.28$eV[70,95]。

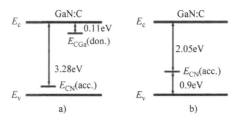

图 9.11　根据 a）自补偿模型（参见参考文献[92]）和 b）主要深受主模型（参见参考文献[36]）在 C 掺杂的 GaN 层中假设的能级示意图

利用透射电子显微镜（TEM）和 X 射线衍射（XRD），Wickenden 等人报道了在较低生长压力下生长的 MOCVD GaN 薄膜不仅碳浓度增加，而且晶粒尺寸减小，螺边缘位错密度增加[79]。基于 DLTS，Fang 等人在带有掺碳缓冲层的 AlGaN/GaN 肖特基势垒二极管（SBD）中检测到电子陷阱和空穴陷阱[96]。碳浓度越大，器件中电子陷阱的总密度越大，DLTS 信号对填充脉冲宽度有很强的依赖性，作者认为它们与扩展缺陷有关。

最近，Honda 等人报道了在 $E_V + 0.86$eV 处的空穴陷阱，其浓度直接受 MOCVD GaN 中碳浓度的影响[12]。这项工作为参考文献[93]中提出的在 $E_V + 0.9$eV 处可能存在的深受主态 C_N 提供了进一步的实验证据。

表观激活能在 0.71 ~ 0.94eV 的深能级特征（图 9.12 中的 Arrhenius）被认为是高电子迁移率晶体管中电流崩塌和动态 R_{ON} 增加的主要原因[87,89-91,97]。Rossetto 等人[89]和 Huber 等人[90]明确指出，陷阱密度随着 C 掺杂浓度的增加而增加。

参考文献	方法	E_A/eV	σ_c/cm^2
Honda 等人[12]	MCTS	0.86	1.6×10^{-13}
Uren 等人[97]	$g_m(f)$	0.83	1.0×10^{-14}
Meneghesso 等人[87]	I_D – DLTS	0.85	4.0×10^{-14}
		0.83	1.2×10^{-15}

(续)

参考文献	方法	E_A/eV	σ_c/cm^2
Rossetto 等人[89]	I_D - DLTS	0.71	1.7×10^{-14}
		0.94	1.8×10^{-14}
Rossetto 等人[89]	g_m (f)	0.83	3.5×10^{-13}
Bisi 等人[91]	I_D - DLTS	0.84	4.0×10^{-14}
Huber 等人[90]	I_D - DLTS	0.73/0.83	5.5×10^{-16}

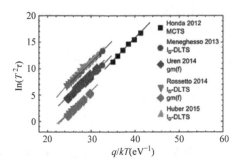

图 9.12　表观激活能为 0.71~0.94eV 的深能级特征被认为是高电子
迁移率晶体管中电流崩塌和动态 R_{ON} 增加的主要原因

在高电压关断态条件下，C 掺杂缓冲层中慢响应的深能级所储存的净负电荷可以作为虚拟背栅，降低 2DEG 浓度，促进漏极滞后和依赖于偏压历史相关的动态 R_{ON} 增加。

通过研究温度对 GaN HEMT 动态性能的影响，Bahat Ttreidel 等人通过实验指出，与掺杂铁的 GaN 或 u. i. d. AlGaN 背势垒相反，C 掺杂器件的动态 R_{ON} 增加与温度呈正相关[88]，如图 9.13 中 Bisi 等人也报告了类似的证据[98]，其中，如果基板温度从 40℃ （见图 9.14a）提高到 160℃ （见图 9.14b），C 掺杂的 AlGaN/GaN/AlGaN MIS - HEMT 的相对动态 R_{ON} 增加从 2% 恶化到 169%。

对 GaN 基电子器件来说，R_{ON} 增加的正温度相关性可能是一个严重的问题，因为这种器件应该是在高温条件下工作的。通过应力/恢复瞬态测量，我们报道了在 AlGaN 缓冲层中碳浓度大约为 10^{18} cm^{-3} 的 AlGaN/GaN/AlGaN MIS - HEMT 中随温度变化的电荷捕获和释放动力学[98]。由于观察到的效应是完全可恢复的，它可以被归因于电荷俘获效应，而不会引起永久性退化。

被测试的器件生长在直径 150mm 的 p 型 （111） 硅衬底上，外延结构由 150nm 厚的 AlN 中间层，由 Al 浓度分别为 70% 、40% 和 18% 的三层组成的 2μm 厚的 AlGaN 背势垒层，以及 150nm 的未掺杂 GaN 沟道层，10nm 的 $Al_{0.25}Ga_{0.75}N$

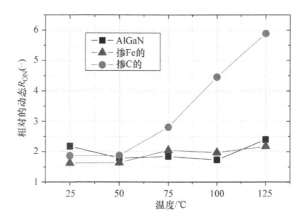

图 9.13　200V 下开关瞬态的相对动态 R_{ON} 随温度的变化。与掺 Fe GaN 或 u.i.d. AlGaN 背势垒层的器件相反，C 掺杂器件的动态 R_{ON} 随温度的升高而增加。来自 Rossetto 等人的数据[88]，由 E. Bahat Treidel 等人提供

势垒层上覆盖 10nm 原位 Si_3N_4，然后原子层沉积（ALD）15nm 的 Al_2O_3 组成[99]。

时间分辨应力/恢复 R_{ON} 瞬态通过采样瞬态测量获得：在 1ks 的应力期间，在线性区域（V_G；V_{DS}）=（0V；0.5V）用短脉冲重复对器件施加偏置，在此期间获得瞬时 I_{DS}，而相应的瞬时 R_{ON} 是外推的；在 1ks 的恢复过程中，器件偏置在线性区（V_G；V_{DS}）=（0V；0.5V）。

图 9.15a 和 b 描述了在（V_G；V_{DS}；V_B）=（-8V；25V；0V）条件下施加关断态应力偏置得到的应力/恢复瞬态。可以看出，温度对 R_{ON} 恢复率和 R_{ON} 增长率都有影响。这解释了为什么当暴露在更高的温度下时，器件会有更高的电流崩塌和动态 R_{ON} 增加。R_{ON} 增加和 R_{ON} 恢复的激活能分别为 0.90eV 和 0.95eV。

为了证实观察到的电流崩塌与缓冲层中的电荷俘获有关，而不是与表面电荷俘获有关，我们进行了辅助背栅极偏置测量。在应力阶段，在衬底端施加一个负电位（V_B = -25V），而在源端、栅端和漏端之间没有施加电位差（$V_G = V_D = V_S$ =0V）。在背栅极偏置情况下，因为在栅端和漏端之间没有施加偏压，并且形成的 2DEG 将屏蔽背栅极偏置引起的场效应对表面层的影响，因此表面俘获可以忽略不计。

结果表明，背栅偏置应力导致类似的应力/恢复瞬态，其动力学、时序和热激活与关断态应力期间获得的结果相似（见图 9.15c 和 d）。这表明，观察到的电荷俘获过程局限于缓冲区（见图 9.16），并且是在关断态下导致电流色散的主要原因。

正如 Uren 等人[67]预测的那样，导致与缓冲层俘获相关的动态 R_{ON} 增加的电

荷俘获并不位于栅极边缘，而是分布在整个栅-漏通道区。在这些结果中，动态 R_{ON} 的增加与栅-漏长度（L_{GD}）成正比，Meneghini 等人[35,100] 的实验也证明了这一点。

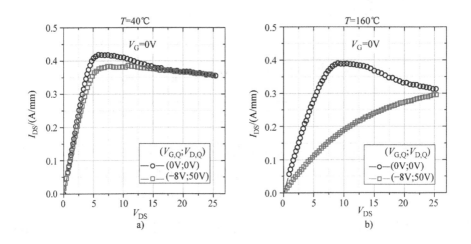

图 9.14 在 a）40℃和 b）160℃下获得的 AlGaN/GaN/AlGaN MIS-HEMT 的脉冲 I_{DS}-V_{DS} 特性。当暴露于关断态静态偏压点时，被测器件的动态 R_{ON} 增加。这种效应与温度正相关，因此对高温工作非常重要。来自 Bisi 等人的数据[98]

如图 9.15 所示，背栅偏置过程中 R_{ON} 增幅（高达 DC 值的 120%）比关断态过程（高达 DC 值的80%）高。在关断态应力下，形成的 2DEG 与衬底之间的高强度垂直电场被限制在栅-漏通道区，而在背栅偏置应力下，它影响整个源极到漏极的扩展。通过在 1ks 背栅偏置应力前后进行 I_{DS}-V_G 测量（见图 9.17），可以注意到不仅器件动态 R_{ON} 增加，而且 V_{TH} 还出现了正偏移（+1.43V），证明了由背栅偏压导致的缓冲层电荷俘获也发生在本征器件内部的栅极接触下方。

观察到的 R_{ON} 增加可以用两种不同的机制来解释。第一种考虑了电子陷阱的参与。当器件处于较高漏极偏压下时，电子可以通过高缺陷成核层[101,102]从硅衬底注入缓冲层，并且可能被缓冲层的深能级俘获。在这些假设下，R_{ON} 增加的强烈温度依赖性将与自由电子的可用性有关，因此与热激活衬底泄漏电流和/或所涉及陷阱的热激活俘获截面有关[103]。相反，R_{ON} 恢复的激活能可以解释为从陷阱态到导带的热发射。在参考文献[104-106]中报道了寄生垂直泄漏电流和缓冲层电荷俘获之间可能存在的关系。

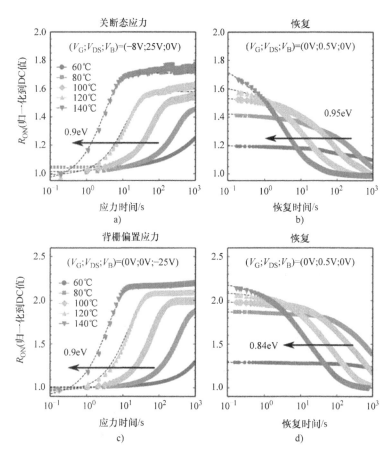

图9.15　在关断态和背栅偏置应力下的应力和恢复瞬态。电荷俘获和释放都是热激活的。关断态应力和背栅偏置应力导致了类似的应力/恢复瞬态，表明缓冲层内存在独特的电荷俘获机制。来自 Bisi 等人的数据[98]

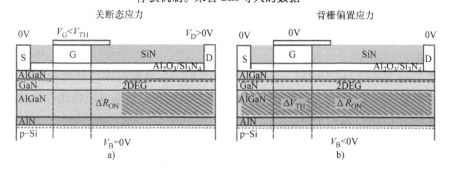

图9.16　a）在关断态下，主要的电荷俘获机制是由垂直的漏极到衬底电位导致的，位于外延缓冲层/背势垒层的栅－漏通道区，并导致动态的 R_{ON} 增加。b）在背栅偏置应力下，电荷俘获影响整个源极到漏极的长度，不仅促进了动态 R_{ON} 的增加，而且导致了阈值电压的偏移

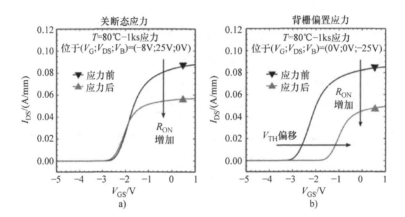

图 9.17　在 a）关断态应力和 b）背栅偏置应力前后得到的 $I_{DS} - V_{GS}$ 特性（$V_{DS} = 1V$）曲线。
当受到背栅偏置应力时，器件不仅动态的 R_{ON} 增加，而且 V_{TH} 还出现了 +1.43V 偏移，
证明了缓冲层电荷俘获也发生在本征器件区域，即栅极接触下方。来自 Bisi 等人的数据[98]

　　第二个假设考虑了深层受主的参与。根据 Lyons 等人假设预测的模型[36]，掺杂 C 的缓冲层和无意掺杂的 GaN 沟道之间的界面可以建模为 p-n 结，弱 p 型 C 掺杂 GaN 的费米能级被钉扎在深受主态附近（$E_V + 0.9eV$）[67,107]。在高电压关断态条件下，栅-漏通道区暴露在较高漏电势下，耗尽宽度将在 GaN 缓冲层内扩展。深受主对改变电荷状态改变的缓慢反应和缓冲层的低电导率会在开启-关断-开启转换到达静电稳定状态过程中导致较大的延迟。R_{ON} 增加对温度的强依赖性将解释为被俘获空穴的热发射导致的深受主态（0.9eV）的电离，而 R_{ON} 恢复的强温度依赖性则解释了中和深受主和恢复原始电荷平衡所需的自由空穴的可用性。

　　提出的防止和减缓碳相关动态 R_{ON} 增加的解决方案包括优化外延结构和器件结构。通过优化碳浓度、使用 u.i.d. GaN 沟道层、增加 C 掺杂缓冲层和 2DEG 之间的垂直间距[80,105]，以及使用超晶格缓冲层[108]，可以抑制与碳相关的动态 R_{ON} 增加。

　　由 Uren 等人[97]提出的另一种解决方案指出，在具有高密度活性缺陷的器件中，对抑制动态 R_{ON} 色散是有利的，其通过耗尽区的反向泄漏电流将允许浮动的弱 p 型缓冲层与 2DEG 保持平衡。

　　Kaneko 等人也提出通过引入空穴源以避免深陷阱态的负电荷的一个概念[109]。作者提出了一种在漏极旁边增加 p-GaN 区的 GaN 栅极注入晶体管（GIT）。参考文献[109]提出的器件虽然具有略大的关断态泄漏电流和类似的击穿电压，但其动态 R_{ON} 增加明显低于传统的 GIT。作者推测，辅助 p-GaN 漏极在关断态注入的空穴有效地释放了俘获的电子，防止了电流崩塌和动态 R_{ON} 退化。

9.4　金属绝缘体半导体高电子迁移率晶体管（MIS – HEMT）的俘获机制

设计的用于功率应用 GaN 高电子迁移率的晶体管要求具有较小的泄漏电流、较高击穿电压、较小的动态导通电阻和稳定的阈值电压等性能。抑制寄生栅极泄漏电流的一个有效解决方案是在栅极接触下插入介质层，即使用金属绝缘体半导体高电子迁移率晶体管（MIS – HEMT）[99,110 – 114]。这种方法对于功率应用非常有吸引力，因为它允许正常关断的器件的实现[115 – 119]。

然而，由于缺陷、螺位错、杂质（有意或无意）或表面态的存在，这些器件的性能受到俘获效应的限制[98]。栅极下介质层的存在导致 GaN MIS—HEMT 结构中的特殊俘获机制，其主要位于栅极下的介质中或介质/III – 氮化物界面处[98,120 – 124]。栅极下电荷俘获的存在导致了阈值电压（V_{TH}）的不稳定性，尤其是当处于正栅极偏压的情况下[98,120,124,125]。尽管已经研究了几种介电材料（例如，SiO_2，Al_2O_3，Si_3N_4，HfO_2）[126]，但介电层的本征缺陷以及与 III – 氮化物外延结构对应的界面的固有缺陷仍然是优化这些器件的一个重要问题。

9.4.1　正栅极偏压引起的俘获　★★★

在 GaN MIS – HEMT 中引起阈值电压不稳定性的机制仍在讨论中。

在早期的研究中，Mizue 等人[122]通过电容 – 电压（$C – V$）测量和仿真，详细描述了介质/AlGaN 界面的界面态和电荷俘获机制。作为 MIS – HEMT 结构的一个特殊特征，我们观察到一个具有两个台阶的 $C – V$ 曲线；在 $C – V$ 曲线中的两个台阶对应于在 AlGaN/GaN 和 Al_2O_3/AlGaN 界面的电子积累。通过仿真研究了 Al_2O_3 栅极介质中的固定电荷和不同的界面态密度。随着界面态密度的增加，正向偏压下的 $C – V$ 斜率逐渐减小，其变化趋势与实验结果更接近。$C – V$ 曲线的不同斜率（随着界面态密度的增加而获得）归因于介质/AlGaN 界面上的电子俘获，以及由于带负电荷的界面态而对 AlGaN 层中电位调制的抑制。当器件处于较高的反向栅极偏压时，界面（或介质中）的电子俘获机制保持不变。能带图的仿真（以及在介质/AlGaN 界面 AlGaN 的费米能级和价带的对应位置）确定了当施加一个负偏压时栅极电压对电子占据的影响可以忽略不计[120,122]。Johnson 等人[127]对 HfO_2/AlGaN 结构进行了类似的分析，他们认为陷阱位于界面内或界面附近，因为电荷被俘获时栅极泄漏电流没有发生偏移。

Lagger 等人[129]进一步报道了对确定 V_{TH} 不稳定性机制的详细研究。他们证实，当栅极偏压为正时，由于远离 2DEG 的介质/III – N 界面上的俘获，MIS – HEMT 显示出 V_{TH} 的偏移而跨导没有退化。在俘获/恢复测试过程中对 V_{TH} 偏移的分析表明，它与栅极偏置和时间常数的广泛分布有关，而与温度的关系可以忽略不计。

通过区分三种不同的状态来解释对栅极偏置的依赖性[128]。类似的区别如图 9.18所示。在图 9.18c 中，下文称为溢出条件（或区域），在介质/AlGaN 界面形成第二个电子沟道。如果在图 9.18c 所示的条件下施加更高的栅极电压，则电压降（$V_D - V_B$）没有变化；在介质/AlGaN 界面（或介质）俘获的电子由第二个沟道提供，并被认为是 ΔN_{it}（即界面上俘获的电子数）增加的原因。

Lagger 等人[124]根据 SiO_2/AlGaN MIS 结构的结果，进一步解释了捕获/发射时间常数分布广泛的证据，并讨论了几个假设。（i）根据 Shockley - Read - Hall 的观点，时间常数的广泛分布可以用介质/AlGaN 界面上单个缺陷的广泛而均匀的分布来解释。（ii）介质中边界陷阱的空间分布（Lagger 等人[124]提到的二氧化硅）：如果我们考虑从介质/AlGaN 界面到氧化物中的体缺陷（在所考虑的情况下）在隧穿过程中对时间常数的贡献，则一个广泛的分布可能是由于单个介质缺陷的隧穿距离的均匀分布。（iii）由于晶格弛豫效应（由于用于栅极介质的无序材料），存在激活能分布。（iv）存在多态缺陷和其状态转变的能量势垒的统计分布。（v）由于势垒起到了速率限制器的作用，所以时间常数受 AlGaN 势垒层贡献的影响。由于 AlGaN 中局部泄漏路径的性质，这种贡献可以是分散的。（vi）在应力过程中，势垒层对时间常数的贡献会受到介质/AlGaN 界面中电子积累的影响。

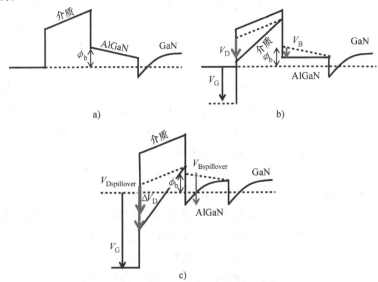

图9.18 不同正栅极偏压下的能带图变化。a）在热平衡时，沟道和界面之间没有净电子流。b）在正栅极偏压下，根据初始势垒的变化，可以观察到电子通过势垒流向Ⅲ-N界面。c）在较高的正栅极偏压下（Lagger 等人[128]称为溢出条件），在介质界面处产生第二个沟道。第二个沟道提供的电子可能会被缺陷态俘获

Rossetto 等人[130] 和 Meneghesso 等人[131] 阐明了 V_{TH} 偏移与栅极正向泄漏和偏置密切相关，与所使用的栅绝缘层无关。这一结果表明，正向栅极偏置的栅绝缘层中的电子注入促进了俘获。

有几种技术被用来研究介质中或介质/AlGaN 界面上的陷阱能级。为了研究快/慢陷阱时间常数和相应的激活能，使用了阈值电压瞬态[129-135]。Lagger 等人[129] 进一步指出，由于没有跨导变化，漏极电流和 V_{TH} 瞬态之间存在对应关系。由于时间常数分布广泛，Lagger 等人[129] 建议使用广泛用于 CMOS 器件的正偏置温度不稳定性研究的 CET（俘获发射时间）图[136]。

为了确定界面态的密度分布，也进行了卓有成效的讨论。最广泛采用的技术是动态电导色散技术[121,137-139]、频率和/或温度电容电压测量[140-142]、光电容光强度测量[143] 和光辅助 $C-V$ 分析[120]。

Capriotti 等人[144] 分析了电导法的局限性，旨在计算界面态密度。实验测量、不同界面状态密度（D_{it}）的仿真，以及 Yang 等人[141] 已经描述的一种改进模型（集总元件模型）方法支持了上述的讨论。该模型被应用于所谓的溢出区（即当介质/AlGaN 界面上形成第二个沟道时）的栅堆叠。这项工作的目的是为了讨论俘获机制与栅堆叠的本征响应之间的关系，从而证明目前使用的测量技术（如电导法）的局限性。俘获效应和栅堆叠的本征响应之间的相互依赖性解释了这两种机制（现象）可能导致类似的效应。通过仿真不同频率下随界面态密度（D_{it}）增加的 $C-V$ 曲线，研究了上述关系。通过仿真 D_{it} 在 $1 \times 10^9 \sim 1 \times 10^{14}$ 的电导 – 频率曲线，进一步证实了这一结果。这种方法的局限性通过电导峰值（电导 – 频率曲线测量的峰值和峰数）与 D_{it} 的非线性关系，以及对缺陷密度的可能低估得到了证明。

9.4.2　快俘获和慢俘获机理分析 ★★★

为了提供快俘获和慢俘获机制的分析，科研人员花费了大量的精力。

Wu 等人[133] 详细分析了原位双层（SiN/Al$_2$O$_3$）的 MIS – HEMT 在栅极正向偏压后慢陷阱和相应的阈值电压（V_{TH}）的不稳定性。0.7eV 的激活能是通过在几个环境温度下的俘获和恢复 V_{TH} 瞬态来计算得到的（由于类体缺陷的性质，考虑了 Shockley – Read – Hall 理论）。参考文献[145] 中已经报道了类似的陷阱状态，并将其归因于 MIS 结构。在仿真能带图的基础上，Wu 等人[133] 将相应的能级确定为位于 AlGaN 和栅极介质之间的界面上的类施主态。

Lansbergen 等人[135] 分析了 V_{TH} 偏移中不同的快速成分，并讨论了通过Ⅲ – V 表面处理可能进行的优化。AC 测量检测到的快速陷阱不依赖于所使用的栅极介质，其特征是发射/俘获时间常数在 $10\mu s$ 到 $10ms$ 之间；由于使用的积分时间较长，DC 测量无法检测到俘获效应。对 SiN 和 Al$_2$O$_3$ 栅绝缘层进行的比较表明，发现介质对探测到的快速俘获机制没有影响。Ma 等人[137]也报道了通过动态电容色散技术在 Al_2O_3 栅绝缘层的 MIS – HEMT 中快速俘获的证据。

9.4.3 提高俘获效应的材料和沉积技术 ★★★

为了优化 MIS – HEMT 结构并减少俘获效应，已经提出了几种材料和沉积技术。根据抑制漏电流所需的能带的偏移，在早期的研究中考虑了几种材料，即 SiO_2、SiN_x、Al_2O_3、HfO_2 和进一步考虑的高 k 电介质。由于栅绝缘层 SiO_2 具有较大的带隙（尽管介电常数很低），一些研究工作对其性能进行了讨论[146,147]；通过电导分析，Gaffey 等人[146]证明了其较低的状态密度（在 $E_C - 0.8eV$ 为 $5 \times 10^{10}eV^{-1}$，俘获截面为 2.4×10^{-17}）。使用 SiO_2 双层膜（SiO_2/Al_2O_3）改善 MIS – HEMT 结构已经得到了证明[148]。

SiN/GaN 结构提供了另一种解决方案[32,149]。相对于其他电介质（Al_2O_3，SiO_2）而言，SiN 具有较低的介电常数和较窄的带隙（或带排列）[150]，然而，原位沉积[151]的可能性使其成为一个非常有吸引力的解决方案。双层栅绝缘层（SiN/Al_2O_3）证明了其在俘获效应和阈值电压不稳定性方面得到了改善[99,152]。

由于较大的带隙、相对较高的介电常数和较高的击穿场强，Al_2O_3 表现出良好的性能[113,137,153,154]。已报道其具有较低的态密度（在 $E_C - 0.8eV$ 为 1×10^{11}）[155]。一些研究讨论了 Al_2O_3 薄膜中高密度固定电荷的证据，其来源仍然不清楚[156-161]。Choi 等人[159]认为，靠近导带的跃迁能级是由氧空位决定的，他们进一步把固定电荷归因于 Al 空位和间隙的存在。

进一步对 HfO_2[127,139,157,162]和高 k 电介质进行了详细的分析，证明其性能良好。

Lagger 等人[128]讨论了栅极介质堆叠的设计对俘获效应的影响。阈值电压不稳定性受势垒层厚度、介质厚度和所用介质材料的影响。更具体地说，Lagger 等人[128]解释了通过减小势垒厚度或增加介质厚度来改善 V_{TH} 不稳定性。与势垒层厚度的关系通过其对在势垒层和介质界面之间形成的第二个沟道所需的栅极电压的影响来证明（溢出电压）。V_{TH} 偏移最终因所使用的电介质不同而不同。

文献中报道的几项工作最终证明，通过表面处理[135,163]或不同的沉积技术可以改善俘获效应。等离子体增强的原子层沉积已经在 SiN 栅绝缘层上进行了详细的测试[116,130,131,140,164,165]。

Rossetto 等人[130]和 Meneghesso 等人[131]报道了不同沉积技术对 SiN MIS – HEMT 的影响。

图 9.19 报道了在大电容中进行的与频率相关的 $C – V$ 测量。研究了不同栅绝缘层（即 Al_2O_3 和 SiN）和沉积技术（等离子体增强原子层沉积和快速热化学

气相沉积）的影响。

$C-V$ 测量从耗尽到累积导致了阈值电压偏移，并证明了器件经历频率相关的电容色散。后者可归因于（i）AlGaN 层对栅极偏置的频率响应的影响[144]，和/或（ii）通过隧穿机制[166]在边界陷阱处俘获的电荷（de），和/或（iii）寄生传导机制和泄漏电流[167]。不同结构的比较表明，沉积工艺和绝缘介质层都会影响俘获机制。

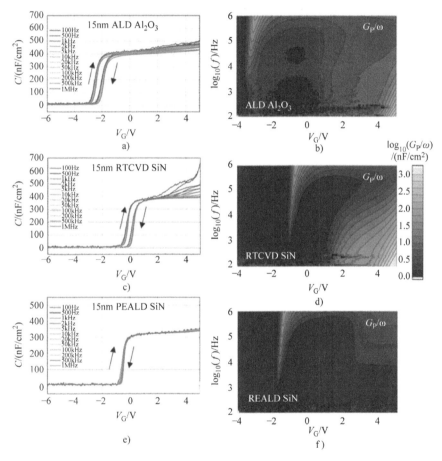

图 9.19 三个被测晶圆 a）~ c）$C-V-f$ 测量和 d）~ f）归一化平行电导随频率和栅极电压的函数变化。参考文献[131]转载需经@ 2015 Elsevier 有限公司许可（彩图见插页）

介质材料和沉积工艺对传导损耗的发生有着严重的影响，这种损耗随栅极电压呈指数变化的趋势。这种效应与高 DC 泄漏元件的存在相关，在具有 PEALDSiN 栅绝缘层的器件中显著降低。

脉冲测量得到的结果一致。所使用的沉积工艺和/或栅极介质对栅极泄漏电流和由正向栅极偏置引起的阈值电压不稳定性的严重程度有很大的影响。俘获效应主要表现为阈值电压偏移，而跨导峰值的减小几乎可以忽略不计。在所有的情况下（即 PEALD SiN、RTCVD SiN、ALD Al_2O_3），V_{TH} 偏移和栅极泄漏电流都显示出良好的相关性（见图 9.20）。如图 9.20 所示，具有 PEALD SiN 绝缘层的器件对栅极正偏置诱导的俘获效应的灵敏度较低；此外，在 PEALD SiN 器件中，反向偏置的影响可以忽略不计。这种改善部分归因于俘获效应的降低，部分归因于泄漏电流的降低及其与 V_{TH} 不稳定性的对应关系。

俘获/发射漏极电流（V_{TH}）瞬态证实了这一结果。实际上，相对于 RTCVD SiN 和 ALD Al_2O_3 器件，PEALD SiN 器件显示出了显著的改进和对正向栅极偏置较低的灵敏度。俘获/恢复瞬态进一步表明存在未经热激活的慢陷阱。

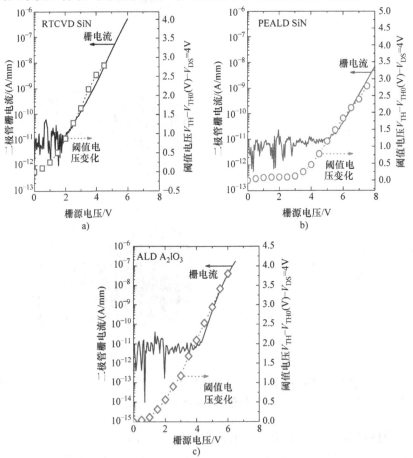

图 9.20 不同介质材料（SiN，Al_2O_3）和沉积技术（等离子体增强原子层沉积和快速热化学气相沉积）的阈值电压动态偏移（空心圈）和正向栅极泄漏电流（实线）之间的关系

参 考 文 献

1. Umana-Membreno GA, Dell JM, Hessler TP, Nener BD, Parish G, Faraone L, Mishra UK (2002) 60Co gamma-irradiation-induced defects in n-GaN. Appl Phys Lett 80(23):4354–4356
2. Soh CB, Chua SJ, Lim HF, Chi DZ, Liu W, Tripathy S (2004) Identification of deep levels in GaN associated with dislocations. J Phys Condens Matter 16(16):6305–6315
3. Chung HM, Chuang WC, Pan YC, Tsai CC, Lee MC, Chen WH, Chen WK, Chiang CI, Lin CH, Chang H (2000) Electrical characterization of isoelectronic In-doping effects in GaN films grown by metalorganic vapor phase epitaxy. Appl Phys Lett 76(7):897–899
4. Park YS, Lee M, Jeon K, Yoon IT, Shon Y, Im H, Park CJ, Cho HY, Han M-S (2010) Deep level transient spectroscopy in plasma-assisted molecular beam epitaxy grown Al 0.2 Ga 0.8 N/GaN interface and the rapid thermal annealing effect. Appl Phys Lett 97:112110
5. Look DC, Fang Z-Q, Claflin B (2005) Identification of donors, acceptors, and traps in bulk-like HVPE GaN. J Cryst Growth 281(1):143–150
6. Cho HK, Kim KS, Hong CH, Lee HJ (2001) Electron traps and growth rate of buffer layers in unintentionally doped GaN. J Cryst Growth 223(1–2):38–42
7. Johnstone D, Biyikli S, Dogan S, Moon YT, Yun F, Morkoc H (2005) Comparison of deep levels in GaN grown by MBE, MOCVD, and HVPE. Proc SPIE—Light Diodes Res Manuf Appl IX 5739:7–15
8. Fang Z, Look DC, Kim W, Fan Z (1998) Deep centers in n-GaN grown by reactive molecular beam epitaxy. Appl Phys Lett 72(18):2277–2279
9. Cho HK, Kim CS, Hong CH (2003) Electron capture behaviors of deep level traps in unintentionally doped and intentionally doped n-type GaN. J Appl Phys 94(3):1485–1489
10. Choi KJ, Jang HW, Lee JL (2003) Observation of inductively coupled-plasma-induced damage on n-type GaN using deep-level transient spectroscopy. Appl Phys Lett 82:1233–1235
11. Arehart AR, Corrion A, Poblenz C, Speck JS, Mishra UK, DenBaars SP, Ringel SA (2008) Comparison of deep level incorporation in ammonia and rf-plasma assisted molecular beam epitaxy n-GaN films. Phys Status Solidi Curr Top Solid State Phys 5(6):1750–1752
12. Honda U, Yamada Y, Tokuda Y, Shiojima K (2012) Deep levels in n-GaN doped with carbon studied by deep level and minority carrier transient spectroscopies. Jpn J Appl Phys 51:04DF04–1–04DF04–4
13. Cho HK, Khan FA, Adesida I, Fang Z-Q, Look DC (2008) Deep level characteristics in n-GaN with inductively coupled plasma damage. J Phys D Appl Phys 41:155314
14. Arehart AR, Homan T, Wong MH, Poblenz C, Speck JS, Ringel SA (2010) Impact of N- and Ga-face polarity on the incorporation of deep levels in n-type GaN grown by molecular beam epitaxy. Appl Phys Lett 96:242112
15. Chen S, Honda U, Shibata T, Matsumura T, Tokuda Y, Ishikawa K, Hori M, Ueda H, Uesugi T, Kachi T (2012) As-grown deep-level defects in n-GaN grown by metal-organic chemical vapor deposition on freestanding GaN. J Appl Phys 112:053513
16. Kindl D, Hubík P, Krištofik J, Mareš JJ, Vyborny Z, Leys MR, Boeykens S (2009) Deep defects in GaN/AlGaN/SiC heterostructures. J Appl Phys 105:093706
17. Umana-Membreno GA, Parish G, Fichtenbaum N, Keller S, Mishra UK, Nener BD (2007) Electrically active defects in GaN layers grown with and without Fe-doped buffers by metal-organic chemical vapor deposition. J Electron Mater 37(5):569–572
18. Stuchlíková L, Šebok J, Rybár J, Petrus M, Nemec M, Harmatha L, Benkovská J, Kováč J, Škriniarová J, Lalinský T, Paskiewicz R, Tlaczala M (2010) Investigation of deep energy levels in heterostructures based on GaN by DLTS. In: Proceedings of the 8th international conference on advanced semiconductor devices and microsystems (ASDAM), pp 135–138
19. Hacke P, Detchprohm T, Hiramatsu K, Sawaki N, Tadatomo K, Miyake K (1994) Analysis of deep levels in n-type GaN by transient capacitance methods. J Appl Phys 76(1):304–309

20. Fang ZQ, Polenta L, Hemsky JW, Look DC (2000) Deep centers in as-grown and electron-irradiated n-GaN. In: IEEE semiconducting and semi-insulating materials conference (SIMC), pp 35–42

21. Asghar M, Muret P, Beaumont B, Gibart P (2004) Field dependent transformation of electron traps in GaN p–n diodes grown by metal–organic chemical vapour deposition. Mater Sci Eng, B 113(3):248–252

22. Calleja E, Sánchez FJ, Basak D, Sánchez-García MA, Muñoz E, Izpura I, Calle F, Tijero JMG, Sánchez-Rojas JL, Beaumont B, Lorenzini P, Gibart P (1997) Yellow luminescence and related deep states in undoped GaN. Phys Rev B 55(7):4689–4694

23. Zhang Z, Hurni CA, Arehart AR, Yang J, Myers RC, Speck JS, Ringel SA (2012) Deep traps in nonpolar m-plane GaN grown by ammonia-based molecular beam epitaxy. Appl Phys Lett 100:052114

24. Polyakov AY, Smirnov NB, Govorkov AV, Shlensky AA, Pearton SJ (2004) Influence of high-temperature annealing on the properties of Fe doped semi-insulating GaN structures. J Appl Phys 95(10):5591–5596

25. Hierro A, Ringel SA, Hansen M, Speck JS, Mishra UK, DenBaars SP (2000) Hydrogen passivation of deep levels in n–GaN. Appl Phys Lett 77(10):1499–1501

26. Henry TA, Armstrong A, Kelchner KM, Nakamura S, Denbaars SP, Speck JS (2012) Assessment of deep level defects in m-plane GaN grown by metalorganic chemical vapor deposition. Appl Phys Lett 100:082103

27. Fang ZQ, Look DC, Kim DH, Adesida I (2005) Traps in AlGaNGaNSiC heterostructures studied by deep level transient spectroscopy. Appl Phys Lett 87:182115

28. Lee WI, Huang TC, Guo JD, Feng MS (1995) Effects of column III alkyl sources on deep levels in GaN grown by organometallic vapor phase epitaxy. Appl Phys Lett 67:1721–1723

29. Wang CD, Yu LS, Lau SS, Yu ET, Kim W (1998) Deep level defects in n-type GaN grown by molecular beam epitaxy. Appl Phys Lett 72(10):1211–1213

30. Caesar M, Dammann M, Polyakov V, Waltereit P, Bronner W, Baeumler M, Quay R, Mikulla M, Ambacher O (2012) Generation of traps in AlGaN/GaN HEMTs during RF-and DC-stress test. IEEE Int Reliab Phys Symp Proc CD 6.1–CD 6.5

31. Hacke P, Nakayama H, Detchprohm T, Hiramatsu K, Sawaki N (1996) Deep levels in the upper bandgap region of lightly Mg-doped GaN deep levels in the upper band-gap region of lightly Mg-doped GaN. Appl Phys Lett 68(10):1362–1364

32. Sasikumar A, Arehart A, Kolluri S, Wong MH, Keller S, Denbaars SP, Speck JS, Mishra UK, Ringel SA (2012) Access-region defect spectroscopy of DC-stressed N-polar GaN MIS-HEMTs. IEEE Electron Device Lett 33(5):658–660

33. Chen XD, Huang Y, Fung S, Beling CD, Ling CC, Sheu JK, Lee ML, Chi GC, Chang SJ (2003) Deep level defect in Si-implanted GaN n(+)-p junction. Appl Phys Lett 82(21):3671–3673

34. Sasikumar A, Arehart A, Ringel SA, Kaun S, Wong MH, Mishra UK, Speck JS (2012) Direct correlation between specific trap formation and electric stress-induced degradation in MBE-grown AlGaN/GaN HEMTs. IEEE Int Reliab Phys Symp Proc 2C 3.1–2C 3.6

35. Meneghini M, Bisi D, Marcon D, Stoffels S, Van Hove M, Wu T-L, Decoutere S, Meneghesso G, Zanoni E (2014) Trapping and reliability assessment in D-mode GaN-based MIS-HEMTs for power applications. IEEE Trans Power Electron 29(5):2199–2207

36. Lyons JL, Janotti A, Van de Walle CG (2014) Effects of carbon on the electrical and optical properties of InN, GaN, and AlN. Phys Rev B 89:035204

37. Arehart AR, Sasikumar A, Via GD, Winningham B, Poling B, Heller E, Ringel SA (2010) Spatially-discriminating trap characterization methods for HEMTs and their application to RF-stressed AlGaN/GaN HEMTs. Tech Dig Int Electron Devices Meet (IEDM) 464–467

38. Heitz R, Maxim P, Eckey L, Thurian P, Hoffmann A, Broser I, Pressel K, Meyer BK (1997) Excited states of Fe^{3+} in GaN. Phys Rev B 55(7):4382–4387

39. Aggerstam T, Pinos A, Marcinkevičius S, Linnarsson M, Lourdudoss S (2007) Electron and hole capture cross-sections of Fe acceptors in GaN: Fe epitaxially grown on sapphire. J Electron Mater 36(12):1621–1624

40. Cardwell DW, Sasikumar A, Arehart AR, Kaun SW, Lu J, Keller S, Speck JS, Mishra UK, Ringel SA, Pelz JP (2013) Spatially-resolved spectroscopic measurements of E_c − 0.57 eV traps in AlGaN/GaN high electron mobility transistors. Appl Phys Lett 102:193509

41. Silvestri M, Uren MJ, Kuball M (2013) Iron-induced deep-level acceptor center in GaN/ AlGaN high electron mobility transistors: Energy level and cross section. Appl Phys Lett 102:073501

42. Verzellesi G, Mazzanti A, Canali C, Meneghesso G, Chini A, Zanoni E (2003) Study on the origin of dc-to-RF dispersion effects in GaAs- and GaN-based heterostructure FETs. Reliab Work Compd Semicond 155–156

43. Auret FD, Meyer WE, Wu L, Hayes M, Legodi MJ, Beaumont B, Gibart P (2004) Electrical characterisation of hole traps in n-type GaN. Phys Status Solidi C Conf 201(10):2271–2276

44. Ibbetson JP, Fini PT, Ness KD, DenBaars SP, Speck JS, Mishra UK (2000) Polarization effects, surface states, and the source of electrons in AlGaN/GaN heterostructure field effect transistors. Appl Phys Lett 77(2):250–252

45. Binari SC, Ikossi K, Roussos JA, Kruppa W, Park D, Dietrich HB, Koleske DD, Wickenden AE, Henry RL (2001) Trapping effects and microwave power performance in AlGaN/GaN HEMTs. IEEE Trans Electron Devices 48(3):465–471

46. Vetury R, Zhang NQQ, Keller S, Mishra UK (2001) The impact of surface states on the DC and RF characteristics of AlGaN/GaN HFETs. IEEE Trans Electron Devices 48(3):560–566

47. Meneghesso G, Verzellesi G, Pierobon R, Rampazzo F, Chini A, Mishra UK, Canali C, Zanoni E (2004) Surface-related drain current dispersion effects in AlGaN-GaN HEMTs. IEEE Trans Electron Devices 51(10):1554–1561

48. Green BM, Chu KK, Chumbes EM, Smart JA, Shealy JR, Eastman LF (2000) The effect of surface passivation on the microwave characteristics of undoped AlGaN/GaN HEMT's. IEEE Electron Device Lett 21(6):268–270

49. Vertiatchikh AV, Eastman LF, Schaff WJ, Prunty T (2002) Effect of surface passivation of AlGaN/GaN heterostructure field-effect transistorl. Electron Lett 38(8):388–389

50. Koley G, Tilak V, Eastman LF, Spencer MG (2003) Slow transients observed in AlGaN/GaN HFETs: Effects of SiN_x passivation and UV illumination. IEEE Trans Electron Devices 50(4): 886–893

51. Tilak V, Green B, Kim H, Dimitrov R, Smart J, Schaff WJ, Shealy JR, Eastman LF (2000) Effect of passivation on AlGaN/GaN HEMT device performance. In: 2000 IEEE international symposium on compound semiconductors. Proceedings of the IEEE twenty-seventh international symposium on compound semiconductors (Cat. No.00TH8498), pp 357–363

52. Hasegawa H, Akazawa M (2009) Current collapse transient behavior and its mechanism in submicron-gate AlGaN/GaN heterostructure transistors. J Vac Sci Technol B Microelectron Nanom Struct 27:2048–2054

53. Kotani J, Tajima M, Kasai S, Hashizume T (2007) Mechanism of surface conduction in the vicinity of Schottky gates on AlGaN/GaN heterostructures. Appl Phys Lett 91:093501

54. Sabuktagin S, Moon YT, Dogan S, Baski AA, Morkoç H (2006) Observation of surface charging at the edge of a Schottky contact. IEEE Electron Device Lett 27(4):211–213

55. Heikman S, Keller S, Denbaars SP, Mishra UK (2002) Growth of Fe doped semi-insulating GaN by metalorganic chemical vapor deposition. Appl Phys Lett 81(3):439–441

56. Uren MJ, Nash KJ, Balmer RS, Martin T, Morvan E, Caillas N, Delage SL, Ducatteau D, Grimbert B, De Jaeger JC (2006) Punch-through in short-channel AlGaN/GaN HFETs. IEEE Trans Electron Devices 53(2):395–398

57. Uren MJ, Kuball M (2014) GaN transistor reliability and instabilities. In: 2014 10th International Conference on advanced semiconductor devices microsystems (ASDAM), Smolenice

58. Lee W, Ryou JH, Yoo D, Limb J, Dupuis RD, Hanser D, Preble E, Williams NM, Evans K (2007) Optimization of Fe doping at the regrowth interface of GaN for applications to III-nitride-based heterostructure field-effect transistors. Appl Phys Lett 90:093509

59. Desmaris V, Rudziński M, Rorsman N, Hageman PR, Larsen PK, Zirath H, Rödle TC, Jos HFF (2006) Comparison of the DC and microwave performance of AlGaN/GaN HEMTs grown on SiC by MOCVD with Fe-doped or unintentionally doped GaN buffer layers. IEEE Trans Electron Devices 53(9):2413–2417

60. Uren MJ, Hayes DG, Balmer RS, Wallis DJ, Hilton KP, Maclean JO, Martin T, Roff C, Mcgovern P, Benedikt J, Tasker PJ (2006) Control of short-channel effects in GaN/AlGaN HFETs. In: Proceedings of the 1st European microwave integrated circuits conference, pp 65–68

61. Bougrioua Z, Azize M, Lorenzini P, Laügt M, Haas H (2005) Some benefits of Fe doped less dislocated GaN templates for AlGaN/GaN HEMTs grown by MOVPE. Phys Status Solidi Appl Mater Sci 202(4):536–544

62. Meneghini M, Rossetto I, Bisi D, Stocco A, Chini A, Pantellini A, Lanzieri C, Nanni A, Meneghesso G, Zanoni E (2014) Buffer traps in Fe-doped AlGaN/GaN HEMTs: investigation of the physical properties based on pulsed and transient measurements. IEEE Trans Electron Devices 61(12):4070–4077

63. Umana-Membreno GA, Parish G, Fichtenbaum N, Keller S, Mishra UK, Nener BD (2008) Electrically active defects in GaN layers grown with and without Fe-doped buffers by metal-organic chemical vapor deposition. J Electron Mater 37(5):569–572

64. Polyakov AY, Smirnov NB, Govorkov AV, Pearton SJ (2003) Electrical and optical properties of Fe-doped semi-insulating GaN templates. Appl Phys Lett 83(16):3314–3316

65. Bisi D, Meneghini M, De Santi C, Chini A, Dammann M, Bruckner P, Mikulla M, Meneghesso G, Zanoni E (2013) Deep-level characterization in GaN HEMTs-Part I: advantages and limitations of drain current transient measurements. IEEE Trans Electron Devices 60(10): 3166–3175

66. Chini A, Di Lecce V, Soci F, Bisi D, Stocco A, Meneghini M, Meneghesso G, Zanoni E, Gasparotto A (2012) Experimental and numerical correlation between current-collapse and Fe-doping profiles in GaN HEMTs. IEEE Int Reliab Phys Symp Proc CD 2.1–CD 2.4

67. Uren MJ, Moreke J, Kuball M (2012) Buffer design to minimize current collapse in GaN/AlGaN HFETs. IEEE Trans Electron Devices 59(12):3327–3333

68. Polyakov AY, Smirnov NB, Govorkov AV, Markov AV, Sun Q, Zhang Y, Yerino CD, Ko TS, Lee IH, Han J (2010) Electrical properties and deep traps spectra of a-plane GaN films grown on r-plane sapphire. Mater Sci Eng B Solid-State Mater Adv Technol 166:220–224

69. Haase D, Schmid M, Kürner W, Dörnen A, Härle V, Scholz F, Burkard M, Schweizer H (1996) Deep-level defects and n-type-carrier concentration in nitrogen implanted GaN. Appl Phys Lett 69(17):2525–2527

70. Armstrong A, Arehart AR, Moran B, DenBaars SP, Mishra UK, Speck JS, Ringel SA (2004) Impact of carbon on trap states in n-type GaN grown by metalorganic chemical vapor deposition. Appl Phys Lett 84(3):374–376

71. Rudziński M, Desmaris V, Van Hal PA, Weyher JL, Hageman PR, Dynefors K, Rödle TC, Jos HFF, Zirath H, Larsen PK (2006) Growth of Fe doped semi-insulating GaN on sapphire and 4H-SiC by MOCVD. Phys Status Solidi Curr Top Solid State Phys 3(6):2231–2236

72. Mei F, Fu QM, Peng T, Liu C, Peng MZ, Zhou JM (2008) Growth and characterization of AlGaN/GaN heterostructures on semi-insulating GaN epilayers by molecular beam epitaxy. J Appl Phys 103:094502

73. Wang M, Yan D, Zhang C, Xie B, Wen CP, Wang J, Hao Y, Wu W, Shen B (2014) Investigation of surface- and buffer-induced current collapse in GaN high-electron mobility transistors using a soft switched pulsed I-V measurement. IEEE Electron Device Lett 35(11): 1094–1096

74. Meneghini M, Bisi D, Marcon D, Stoffels S, Van Hove M, Wu TL, Decoutere S, Meneghesso G, Zanoni E (2014) Trapping in GaN-based metal-insulator-semiconductor transistors: Role of high drain bias and hot electrons. Appl Phys Lett 104:143505

75. Meneghini M, Rossetto I, Bisi D, Stocco A, Cester A, Meneghesso G, Zanoni E, Chini A, Pantellini A, Lanzieri C (2014) Role of buffer doping and pre-existing trap states in the current collapse and degradation of AlGaN/GaN HEMTs. IEEE Int Reliab Phys Symp Proc 6C 6.1–6C 6.7

76. Bisi D, Chini A, Soci F, Stocco A, Meneghini M, Pantellini A, Nanni A, Lanzieri C, Gamarra P, Lacam C, Tordjman M, Meneghesso G, Zanoni E (2015) Hot-electron degradation of AlGaN/GaN high-electron mobility transistors during RF operation: correlation with GaN buffer design. IEEE Electron Device Lett 36(10):1011–1014

77. Parish G, Keller S, Denbaars SP, Mishra UK (2000) SIMS investigations into the effect of growth conditions on residual impurity and silicon incorporation in GaN and $Al_xGa_{1-x}N$. J Electron Mater 29(1):15–20

78. Koleske DD, Wickenden AE, Henry RL, Twigg ME (2002) Influence of MOVPE growth conditions on carbon and silicon concentrations in GaN. J Cryst Growth 242:55–69

79. Wickenden AE, Koleske DD, Henry RL, Twigg ME, Fatemi M (2004) Resistivity control in unintentionally doped GaN films grown by MOCVD. J Cryst Growth 260:54–62

80. Brunner F, Bahat-Treidel E, Cho M, Netzel C, Hilt O, Würfl J, Weyers M (2011) Comparative study of buffer designs for high breakdown voltage AlGaNGaN HFETs. Phys Status Solidi Curr Top Solid State Phys 8(7–8):2427–2429

81. Chen JT, Forsberg U, Janzén E (2013) Impact of residual carbon on two-dimensional electron gas properties in AlxGa1-xN/GaN heterostructure. Appl Phys Lett 102:193506

82. Gamarra P, Lacam C, Tordjman M, Splettstösser J, Schauwecker B, Di Forte-Poisson MA (2015) Optimisation of a carbon doped buffer layer for AlGaN/GaN HEMT structures. J Cryst Growth 414:232–236

83. Poblenz C, Waltereit P, Rajan S, Heikman S, Mishra UK, Speck JS (2004) Effect of carbon doping on buffer leakage in AlGaN/GaN high electron mobility transistors. J Vac Sci Technol B Microelectron Nanom Struct 22(3):1145–1149

84. Wang WZ, Selvaraj SL, Win KT, Dolmanan SB, Bhat T, Yakovlev N, Tripathy S, Lo GQ (2015) Effect of carbon doping and crystalline quality on the vertical breakdown characteristics of GaN layers grown on 200-mm silicon substrates. J Electron Mater 44(10): 3272–3276

85. Kim D-S, Won C-H, Kang H-S, Kim Y-J, Kim YT, Kang IM, Lee J-H (2015) Growth and characterization of semi-insulating carbon-doped/undoped GaN multiple-layer buffer. Semicond Sci Technol 30:035010

86. Bahat-treidel E, Brunner F, Hilt O, Cho E, Würfl J, Tränkle G (2010) AlGaN/GaN/GaN: C back-barrier HFETsWith breakdown voltage of over 1 kV and low RON×A. IEEE Trans Electron Devices 57(11):3050–3058

87. Meneghesso G, Mcneghini M, Zanoni E (2013) GaN-based power HEMTs, parasitic, reliability and high field issues. 224th ECS Meet

88. Bahat-Treidel E, Hilt O, Brunner F, Pyka S, Wurfl J (2014) Systematic study o f GaN based power transistors' dynamic on-state resistance at elevated temperatures. Int Symp Compd Semicond

89. Rossetto I, Rampazzo F, Meneghini M, Silvestri M, Dua C, Gamarra P, Aubry R, Di Forte-Poisson MA, Patard O, Delage SL, Meneghesso G, Zanoni E (2014) Influence of different carbon doping on the performance and reliability of InAlN/GaN HEMTs. Microelectron Reliab 54:2248–2252

90. Huber M, Silvestri M, Knuuttila L, Pozzovivo G, Andreev A, Kadashchuk A, Bonanni A, Lundskog A (2015) Impact of residual carbon impurities and gallium vacancies on trapping effects in AlGaN/GaN metal insulator semiconductor high electron mobility transistors. Appl Phys Lett 107:032106

91. Bisi D, Stocco A, Rossetto I, Meneghini M, Rampazzo F, Chini A, Soci F, Pantellini A, Lanzieri C, Gamarra P, Lacam C, Tordjman M, Di Forte-Poisson MA, De Salvador D, Bazzan M, Meneghesso G, Zanoni E (2015) Effects of buffer compensation strategies on the electrical performance and RF reliability of AlGaN/GaN HEMTs. Microelectron Reliab 55:1662–1666

92. Wright AF (2002) Substitutional and interstitial carbon in wurtzite GaN. J Appl Phys 92(5): 2575–2585

93. Lyons JL, Janotti A, Van De Walle CG (2010) Carbon impurities and the yellow luminescence in GaN. Appl Phys Lett 97:152108

94. Armstrong A, Arehart AR, Green D, Mishra UK, Speck JS, Ringel SA (2005) Impact of deep levels on the electrical conductivity and luminescence of gallium nitride codoped with carbon and silicon. J Appl Phys 98:053704

95. Armstrong A, Arehart AR, Moran B, DenBaars SP, Mishra UK, Speck JS, Ringel SA (2003) In 30th international symposium on compound semiconductor. San Diego, USA, p 42

96. Fang ZQ, Claflin B, Look DC, Green DS, Vetury R (2010) Deep traps in AlGaN/GaN heterostructures studied by deep level transient spectroscopy: effect of carbon concentration in GaN buffer layers. J Appl Phys 108:063706

97. Uren MJ, Silvestri M, Casar M, Hurkx GAM, Croon JA, Sonsky J, Kuball M (2014) Intentionally carbon-doped AlGaN/GaN HEMTs: necessity for vertical leakage paths. IEEE Electron Device Lett 35(3):327–329

98. Bisi D, Meneghini M, Van Hove M, Marcon D, Stoffels S, Wu TL, Decoutere S, Meneghesso G, Zanoni E (2015) Trapping mechanisms in GaN-based MIS-HEMTs grown on silicon substrate. Phys Status Solidi Appl Mater Sci 212(5):1122–1129

99. Van Hove M, Boulay S, Bahl SR, Stoffels S, Kang X, Wellekens D, Geens K, Delabie A, Decoutere S (2012) CMOS process-compatible high-power low-leakage AlGaN/GaN MISHEMT on silicon. Electron Device Lett IEEE 33(5):667–669

100. Bisi D, Meneghini M, Marino FA, Marcon D, Stoffels S, Van Hove M, Decoutere S, Meneghesso G, Zanoni E (2014) Kinetics of buffer-related R_{ON}-increase in GaN-on-Silicon MISHEMTs. IEEE Electron Device Lett 35(10):1004–1006

101. Pérez-Tomàs A, Fontseré A, Llobet J, Placidi M, Rennesson S, Baron N, Chenot S, Moreno JC, Cordier Y (2013) Analysis of the AlGaN/GaN vertical bulk current on Si, sapphire, and free-standing GaN substrates. J Appl Phys 113:174501

102. Zhou C, Jiang Q, Huang S, Chen KJ (2012) Vertical leakage/breakdown mechanisms in AlGaN/GaN-on-Si devices. In: Proceedings of the 24th international symposium on power semiconductor devices ICs 3–7 June 2012. Bruges, Belgium, pp 1132–1134

103. Tanaka K, Ishida M, Ueda T, Tanaka T (2013) Effects of deep trapping states at high temperatures on transient performance of AlGaN/GaN heterostructure field-effect transistors. Jpn J Appl Phys 52:04CF07–1–04CF07–5

104. Meneghini M, Vanmeerbeek P, Silvestri R, Dalcanale S, Banerjee A, Bisi D, Zanoni E, Meneghesso G, Moens P (2015) Temperature-dependent dynamic R_{ON} in GaN-based MIS-HEMTs: role of surface traps and buffer leakage. IEEE Trans Electron Devices 62(3):782–787

105. Moens P, Vanmeerbeek P, Banerjee A, Guo J, Liu C, Coppens P, Salih A, Tack M, Caesar M, Uren MJ, Kuball M, Meneghini M, Meneghesso G, Zanoni E (2015) On the impact of carbon-doping on the dynamic Ron and off-state leakage current of 650 V GaN power devices. Proc Int Symp Power Semicond Devices ICs 37–40

106. Kwan MH, Wong K, Lin YS, Yao FW, Tsai MW, Chang Y, Chen PC, Su RY, Wu C, Yu JL, Yang FJ, Lansbergen GP, Wu H, Lin M, Wu CB, Lai Y, Hsiung C, Liu P, Chiu H, Chen C, Yu CY, Lin HS, Chang M, Wang S, Chen LC, Tsai JL, Tuan HC, Kalnitsky A (2014) CMOS-compatible GaN-on-Si field-effect transistors for high voltage power applications. Electron Devices Meet (IEDM) IEEE Int 17.6.1–17.6.4

107. Uren MJ, Caesar M, Karboyan S, Moens P, Vanmeerbeek P, Kuball M (2015) Electric field reduction in C—doped AlGaN/ GaN on Si high electron mobility transistors. Electron Device Lett IEEE 36(8):826–828

108. Stoffels S, Zhao M, Venegas R, Kandaswamy P, You S, Novak T, Saripalli Y, Van Hove M, Decoutere S (2015) The physical mechanism of dispersion caused by AlGaN/GaN buffers on Si and optimization for low dispersion. 2015 IEEE Int Electron Devices Meet 35.4.1–35.4.4

109. Kaneko S, Kuroda M, Yanagihara M, Ikoshi A, Okita H, Morita T, Tanaka K, Hikita M, Uemoto Y, Takahashi S, Ueda T (2015) Current-collapse-free operations up to 850 V by GaN-GIT utilizing hole injection from drain. Proc Int Symp Power Semicond Devices ICs 41–44

110. Liu ZH, Ng GI, Arulkumaran S, Maung YKT, Teo KL, Foo SC, Sahmuganathan V (2010) Improved linearity for low-noise applications in 0.25-μm GaN MISHEMTs using ALD Al$_2$O$_3$ as gate dielectric. Electron Device Lett IEEE 31(8):803–805

111. Wu T, Marcon D, Zahid MB, Van Hove M, Decoutere S, Groeseneken G (2013) Comprehensive investigation of on-state stress on DMode AlGaN/GaN MIS-HEMTs. Reliab Phys Symp (IRPS), 2013 IEEE Int 3C.5.1–3C.5.7

112. Khan MA, Simin G, Yang J, Zhang J, Koudymov A, Shur MS, Gaska R, Hu X, Tarakji A (2003) Insulating Gate III-N heterostructure field-effect transistors for high-power microwave and switching applications. IEEE Microw Theory Tech 51(2):624–633

113. Imada T, Motoyoshi K, Kanamura M, Kikkawa T (2011) Reliability analysis of enhancement-mode GaN MIS-HEMT with gate-recess structure for power supplies. IEEE Int Integr Reliab Work Final Rep 38–41

114. Kordoš P, Heidelberger G, Bernát J, Fox A, Marso M, Lüth H (2005) High-power SiO2/AlGaN/GaN metal-oxide-semiconductor heterostructure field-effect transistors. Appl Phys Lett 87:143501

115. Hahn H, Benkhelifa F, Ambacher O, Brunner F, Noculak A, Kalisch H, Vescan A (2015) Threshold voltage engineering in GaN-based HFETs: A systematic study with the threshold voltage reaching more than 2 V. IEEE Trans Electron Devices 62(2):538–545

116. Choi W, Ryu H, Jeon N, Lee M, Cha H-Y, Seo K-S (2014) Improvement of Vth instability in normally-off GaN MIS-HEMTs employing PEALD-SiN$_x$ as an interfacial layer. Electron Device Lett IEEE 35(1):30–32

117. Saito W, Takada Y, Kuraguchi M, Tsuda K, Omura I (2006) Recessed-gate structure approach toward normally electronics applications. IEEE Trans Electron Devices 53(2):356–362

118. Oka T, Nozawa T (2008) AlGaN/GaN recessed MIS-Gate HFET with high-threshold-voltage normally-off operation for power electronics applications. IEEE Electron Device Lett 29(7): 668–670

119. Xu Z, Wang J, Cai Y, Liu J, Yang Z, Li X, Wang M, Yu M, Xie B, Wu W, Ma X, Zhang J, Hao Y (2014) High temperature characteristics of GaN-based inverter integrated with enhancement-mode (E-Mode) MOSFET and depletion-mode (D-Mode) HEMT. IEEE Electron Device Lett 35(1):33–35

120. Yatabe Z, Hori Y, Ma W-C, Asubar JT, Akazawa M, Sato T, Hashizume T (2014) Characterization of electronic states at insulator/AlGaN interfaces for improved insulated gate and surface passivation structures of GaN-based transistors. Jpn J Appl Phys 53(10):2014

121. Zhu JJ, Ma XH, Hou B, Chen WW, Hao Y (2014) Investigation of trap states in high Al content AlGaN/GaN high electron mobility transistors by frequency dependent capacitance and conductance analysis. AIP Adv 4:037108

122. Mizue C, Hori Y, Miczek M, Hashizume T (2011) Capacitance–voltage characteristics of Al2O3/AlGaN/GaN structures and state density distribution at Al2O3/AlGaN interface. Jpn J Appl Phys 50:021001

123. Ganguly S, Verma J, Li G, Zimmermann T, Xing H, Jena D (2011) Presence and origin of interface charges at atomic-layer deposited Al 2O3/III-nitride heterojunctions. Appl Phys Lett 99:193504

124. Lagger P, Reiner M, Pogany D, Ostermaier C (2014) Comprehensive study of the complex dynamics of forward bias-induced threshold voltage drifts in GaN based MIS-HEMTs by stress/recovery experiments. IEEE Trans Electron Devices 61(4):1022–1030

125. Guo A, Del Alamo JA (2015) Positive-bias temperature instability (PBTI) of GaN MOSFETs. IEEE Int Reliab Phys Symp Proc 6C51–6C57

126. Eller BS, Yang J, Nemanich RJ (2013) Electronic surface and dielectric interface states on GaN and AlGaN. J Vac Sci Technol A Vac Surf Film 31(5):050807

127. Johnson DW, Lee RTP, Hill RJW, Wong MH, Bersuker G, Piner EL, Kirsch PD, Harris HR (2013) Threshold voltage shift due to charge trapping in dielectric-gated AlGaN/GaN high electron mobility transistors examined in Au-free technology. IEEE Trans Electron Devices 60(10):3197–3203

128. Lagger P, Steinschifter P, Reiner M, Stadtmuller M, Denifl G, Naumann A, Muller J, Wilde L, Sundqvist J, Pogany D, Ostermaier C (2014) Role of the dielectric for the charging dynamics of the dielectric/barrier interface in AlGaN/GaN based metal-insulator-semiconductor structures under forward gate bias stress. Appl Phys Lett 105:033512

129. Lagger P, Ostermaier C, Pobegen G, Pogany D (2012) Towards understanding the origin of threshold voltage instability of AlGaN/GaN MIS-HEMTs. Tech Dig Int Electron Devices Meet (IEDM) 299–302

130. Rossetto I, Meneghini M, Bisi D, Barbato A, Van Hove M, Marcon D, Wu TL, Decoutere S, Meneghesso G, Zanoni E (2015) Impact of gate insulator on the dc and dynamic performance of AlGaN/GaN MIS-HEMTs. Microelectron Reliab 55:1692–1696

131. Meneghesso G, Meneghini M, Bisi D, Rossetto I, Wu TL, Van Hove M, Marcon D, Stoffels S, Decoutere S, Zanoni E (2015) Trapping and reliability issues in GaN-based MIS HEMTs with partially recessed gate. Microelectron Reliab 58:151–157

132. Lagger P, Schiffmann A, Pobegen G, Pogany D, Ostermaier C (2013) Very fast dynamics of threshold voltage drifts in GaN-based MIS-HEMTs. IEEE Electron Device Lett 34(9):1112–1114

133. Wu TL, Marcon D, Ronchi N, Bakeroot B, You S, Stoffels S, Van Hove M, Bisi D, Meneghini M, Groeseneken G, Decoutere S (2015) Analysis of slow de-trapping phenomena after a positive gate bias on AlGaN/GaN MIS-HEMTs with in-situ Si_3N_4/Al_2O_3 bilayer gate dielectrics. Solid State Electron 103:127–130

134. Capriotti M, Alexewicz A, Fleury C, Gavagnin M, Bethge O, Visalli D, Derluyn J, Wanzenbock HD, Bertagnolli E, Pogany D, Strasser G (2014) Fixed interface charges between AlGaN barrier and gate stack composed of in situ grown Si_3N4 and Al2O3 in AlGaN/GaN high electron mobility transistors with normally off capability. Appl Phys Lett 104:113502

135. Lansbergen GP, Wong KY, Lin YS, Yu JL, Yang FJ, Tsai CL, Oates AS (2014) Threshold voltage drift (PBTI) in GaN D-MODE MISHEMTs: Characterization of fast trapping components. IEEE Int Reliab Phys Symp Proc 6C 4.1–6C 4.6

136. Grasser T (2012) Stochastic charge trapping in oxides: From random telegraph noise to bias temperature instabilities. Microelectron Reliab 52:39–70

137. Ma XH, Zhu JJ, Liao XY, Yue T, Chen WW, Hao Y (2013) Quantitative characterization of interface traps in Al2O3/AlGaN/GaN metal-oxide-semiconductor high-electron-mobility transistors by dynamic capacitance dispersion technique. Appl Phys Lett 103:033510

138. Lu X, Ma J, Jiang H, May K (2014) Lau, "Characterization of in situ SiNx thin film grown on AlN/GaN heterostructure by metal-organic chemical vapor deposition". Appl Phys Lett 104:032903

139. Sun X, Saadat OI, Chang-Liao KS, Palacios T, Cui S, Ma TP (2013) Study of gate oxide traps in HfO2/AlGaN/GaN metal-oxide-semiconductor high-electron-mobility transistors by use of ac transconductance method. Appl Phys Lett 102:103504

140. Huang S, Jiang Q, Yang S, Tang Z, Chen KJ (2013) Mechanism of PEALD-Grown AlN passivation for AlGaN/GaN HEMTs: compensation of interface traps by polarization charges. IEEE Electron Device Lett 34(2):193–195

141. Yang S, Tang Z, Wong KY, Lin YS, Lu Y, Huang S, Chen KJ (2013) Mapping of interface traps in high-performance Al 2 O 3/AlGaN/GaN MIS-heterostructures using frequency- and temperature-dependent C–V techniques. Tech Dig Int Electron Devices Meet (IEDM) 6.3.1–6.3.4

142. Shih HA, Kudo M, Suzuki TK (2012) Analysis of AlN/AlGaN/GaN metal-insulator-semiconductor structure by using capacitance-frequency-temperature mapping. Appl Phys Lett 101:043501

143. Matys M, Adamowicz B, Hashizume T (2012) Determination of the deep donor-like interface state density distribution in metal/Al2O3/n-GaN structures from the photocapacitance-light intensity measurement. Appl Phys Lett 101:231608

144. Capriotti M, Lagger P, Fleury C, Oposich M, Bethge O, Ostermaier C, Strasser G, Pogany D (2015) Modeling small-signal response of GaN-based metal-insulator-semiconductor high electron mobility transistor gate stack in spill-over regime: Effect of barrier resistance and interface states. J Appl Phys 117:024506

145. Okino T, Ochiai M, Ohno Y, Kishimoto S, Maezawa K, Mizutani T (2004) Drain current DLTS of AlGaN-GaN MIS-HEMTs. IEEE Electron Device Lett 25(8):523–525

146. Gaffey B, Guido LJ, Wang XW, Ma TP (2001) High-quality oxide/nitride/oxide gate insulator for GaN MIS structures. IEEE Trans Electron Devices 48(3):458–464

147. Kanechika M, Sugimoto M, Soejima N, Ueda H, Ishiguro O, Kodama M, Hayashi E, Itoh K, Uesugi T, Kachi T (2007) A vertical insulated gate AlGaN/GaN heterojunction field-effect transistor. Jpn J Appl Phys 46(21):L503–L505

148. Kambayashi H, Nomura T, Ueda H, Harada K, Morozumi Y, Hasebe K, Teramoto A, Sugawa S, Ohmi T (2013) High quality SiO2/Al2O3 gate stack for GaN MOSFET. Jpn J Appl Phys 52:04CF09

149. Tang Z, Jiang Q, Lu Y, Huang S, Yang S, Tang X, Chen KJ (2013) 600-V normally off SiN$_x$/AlGaN/GaN MIS-HEMT with large gate swing and low current collapse. IEEE Electron Device Lett 34(11):1373–1375

150. Robertson J, Falabretti B (2006) Band offsets of high K gate oxides on III-V semiconductors. J Appl Phys 100:014111

151. Derluyn J, Boeykens S, Cheng K, Vandersmissen R, Das J, Ruythooren W, Degroote S, Leys MR, Germain M, Borghs G (2005) Improvement of AlGaN/GaN high electron mobility transistor structures by in situ deposition of a Si3N4 surface layer. J Appl Phys 98:054501

152. Van Hove M, Kang X, Stoffels S, Wellekens D, Ronchi N, Venegas R, Geens K, Decoutere S (2013) Fabrication and Performance of Au-Free AlGaN/GaN-on-silicon Power Devices with Al$_2$O$_3$ and Si$_3$N$_4$/Al$_2$O$_3$ Gate Dielectrics. IEEE Trans Electron Devices 60(10):3071–3078

153. Liu S, Yang S, Tang Z, Jiang Q, Liu C, Wang M, Chen KJ (2014) Al2O3/AlN/GaN MOS-channel-HEMTs with an AlN interfacial layer. Electron Device Lett IEEE 35:723–725

154. Kanamura M, Ohki T, Ozaki S, Nishimori M, Tomabechi S, Kotani J, Miyajima T, Nakamura N, Okamoto N, Kikkawa T, Watanabe K (2013) Suppression of threshold voltage shift for normally-Off GaN MIS-HEMT without post deposition annealing. Proc Int Symp Power Semicond Devices ICs 411–414

155. Hori Y, Mizue C, Hashizume T (2010) Process conditions for improvement of electrical properties of Al 2 O 3/n-GaN structures prepared by atomic layer deposition. Jpn J Appl Phys 49(8):080201

156. Esposto M, Krishnamoorthy S, Nath DN, Bajaj S, Hung TH, Rajan S (2011) Electrical properties of atomic layer deposited aluminum oxide on gallium nitride. Appl Phys Lett 99:133503

157. Son J, Chobpattana V, McSkimming BM, Stemmer S (2012) Fixed charge in high-k/GaN metal-oxide-semiconductor capacitor structures. Appl Phys Lett 101:102905

158. Choi M, Janotti A, Van De Walle CG (2013) Native point defects and dangling bonds in α-Al2O3. J Appl Phys 113:044501

159. Choi M, Lyons JL, Janotti A, Van de Walle CG (2013) Impact of native defects in high-k dielectric oxides on GaN/oxide metal-oxide-semiconductor devices. Phys Status Solidi Basic Res 250(4):787–791

160. Liu X, Kim J, Yeluri R, Lal S, Li H, Lu J, Keller S, Mazumder B, Speck JS, Mishra UK (2013) Fixed charge and trap states of in situ Al2O3 on Ga-face GaN metal-oxide-semiconductor capacitors grown by metalorganic chemical vapor deposition. J Appl Phys 114:164507

161. Weber JR, Janotti A, Van de Walle CG (2011) Native defects in Al2O3 and their impact on III-V/Al2O3 metal-oxide-semiconductor-based devices. J Appl Phys 109:033715

162. Fontserè A, Pérez-Tomás A, Godignon P, Millán J, De Vleeschouwer H, Parsey JM, Moens P (2012) Wafer scale and reliability investigation of thin HfO2·AlGaN/GaN MIS-HEMTs. Microelectron Reliab 52:2220–2223

163. Lin Y, Wong K, Lansbergen GP, Yu JL, Yu CJ, Hsiung CW, Chiu HC, Liu SD, Chen PC, Yao FW, Su RY, Chou CY, Tsai CY, Yang FJ, Tsai CL, Tsai CS, Chen X, Tuan HC, Kalnitsky A (2014) Improved trap-related characteristics on SiNx/AlGaN/GaN MISHEMTs with surface treatment. In: Proceedings of the 26th international symposium power semiconductor devices IC's, pp 293–296

164. Ronchi N, De Jaeger B, Van Hove M, Roelofs R, Wu T, Hu J, Kang X, Decoutere S (2015) Combined plasma-enhanced-atomic-layer-deposition gate dielectric and in situ SiN cap layer for reduced threshold voltage shift and dynamic ON-resistance dispersion of AlGaN/GaN high electron mobility transistors on 200 mm Si substrates Combined plasma-e. Jpn J Appl Phys 54:04DF02

165. Choi W, Seok O, Ryu H, Cha HY, Seo KS (2014) High-voltage and low-leakage-current gate recessed normally-Off GaN MIS-HEMTs with dual gate insulator employing PEALD-SiN$_x$/RF-sputtered-HfO$_2$. IEEE Electron Device Lett 35(2):175–177

166. Yuan Y, Wang L, Yu B, Shin B, Ahn J, McIntyre PC, Asbeck PM, Rodwell MJW, Taur Y (2011) A distributed model for border traps in Al$_2$O$_3$—inGaAs MOS devices. IEEE Electron Device Lett 32(4):485–487

167. Tang K, Negara A, Kent T, Droopad R, Kummel AC, Mcintyre PC (2015) Border trap analysis and reduction in AL D-high-k InGaAs gate stacks. Compound Semiconductors, St. Barbar (CA)

第10章 »

硅上共源共栅GaN HEMT：结构、性能、制造和可靠性

Primit Parikh

10.1 共源共栅 GaN HEMT 的动机和结构

由于 AlGaN – GaN 异质结构系统的极化电荷[1]，GaN HEMT 本质上是耗尽型（D 模式）或常开型器件。虽然 D 模式器件已成功地用于 RF 应用中[1]，但在电源开关应用中，当 GaN 功率器件和相关电路关断时，在没有输入或控制（栅）电压的情况下，为了安全和易于控制，通常首选"常关"器件。与成熟的 SiO_2 – Si 氧化物绝缘半导体系统不同，AlGaN – GaN 系统缺乏合适的天然氧化物阻碍了增强型（E 模式）或正常关断器件的发展。虽然已经证实了本征 E 模式 GaN 器件[2,3]，但在高压应用中能够以非常稳定的方式工作的可靠的高压器件一直是难以找到的。

共源共栅 GaN HEMT 将 D 模式高压 GaN HEMT 与低压 Si MOSFET 器件相结合，以实现有效的常关高压器件（本质上，即使是 Si 超结晶体管，也是内置的低压常关"栅控"区和高压常开"漂移/阻断区"的组合）。通过将 Si 器件的正常关断的栅控功能与 GaN HEMT 的高压能力相结合，共源共栅使得高可靠性、高性能的 GaN 产品被推向了市场[4,5]（见图 10.1）。

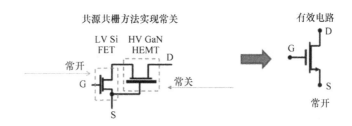

图 10.1　共源共栅高压 GaN HEMT 示意图

10.2 共源共栅 GaN HEMT 的功能和优点

共源共栅 GaN HEMT 的工作有效地利用了 Si "驱动器" FET 的正阈值电压和 GaN HEMT 的高关断态阻断的关键特性。参考图 10.2，注意 Si FET 的漏－源电压是 GaN HEMT 的栅－源电压。当零栅极电压施加到 Si FET 上时，Si FET 首先关断，而其漏－源电压（V_{DS1}）增加。由于这是 GaN HEMT 的栅－源电压（V_{GS2}），一旦这个电压比阈值电压更负，它就会关断。然后 HEMT 将阻断较高的关断态电压（V_{DS2}）。当正向栅极电压施加到 Si FET（$> V_{TH1}$）上时，它首先开启，这将使 V_{DS1} 和 V_{GS2} 降低到接近于零。因此，GaN HEMT 在栅－源电压高于其固有的负阈值电压时开启。为了在任何条件下都能有效地关断 GaN HEMT，应选择一个合适的 Si FET，其关断电压比 GaN HEMT 阈值电压更负。

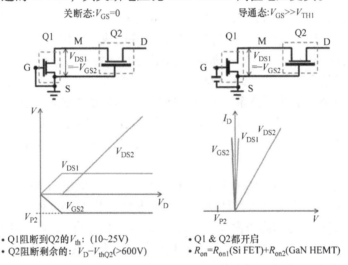

图 10.2 共源共栅 GaN HEMT 关断/导通态工作：Q1 为 Si FET，Q2 为 GaN HEMT

共源共栅 GaN HEMT 的最大优点之一是能够使用标准的商用 Si MOSFET 驱动器。与目前需要精确开启并且需要最大化的栅极电压保护的使用定制（即成本较高）驱动器的单芯片 E 模式 GaN 器件相比，这既具有显著的易用性，又具有成本效益（由于使用的是标准驱动器产品的缘故）。

由于低压 Si FET 速度快（Q_g 和 Q_{rr} 很低），所以与 600V Si 超结（SJ）MOSFET 相比，常关共源共栅器件的总栅电荷和反向恢复电荷非常少，如图 10.3 所示。总的来说，共源共栅 GaN 具有超低电阻、最小的 Miller 平台（共源共栅结构本身的一个特点）和在无二极管电桥中的快速开关工作（在第 10.3 节中解释）。

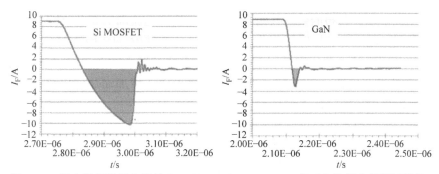

图 10.3　具有类似导通电阻的 Si MOSFET 和 GaN HEMT 的反向恢复电荷测试结果，
显示 Q_{rr} 是原来的 1/20

10.3　共源共栅 GaN HEMT 的关键应用和性能优势

10.3.1　无二极管半桥结构　★★★

桥式电路是电力电子转换器和逆变电路中最常见的组成模块。与最好的 Si - SJ MOSFET 相比，共源共栅 GaN HEMT 能够以少 20 倍的反向恢复电荷实现 3 象限工作，是实现无二极管硬开关桥式电路的关键。GaN HEMT 在桥式电路中的一个特殊优点是，它们可以传输整流电流，而不需要额外的反并联二极管。图 10.4 比较了传统的高压半桥和用 GaN 器件构成的半桥。在传统的半桥中，每个开关（此处显示为 IGBT）都与一个整流二极管配对。由于 HEMT 沟道存在于纯的、未掺杂的 GaN 中，因此没有寄生 p - n 结贡献的损耗，并且可以在沟道中实现多数载流子的双向流动。

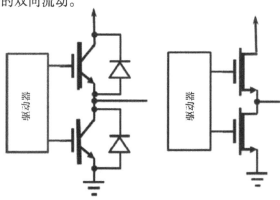

图 10.4　带反并联二极管的传统半桥（左）与只有两个 GaN 晶体管（每个都可以是共源共栅或 E 模式常关的）的无 GaN 二极管半桥（右）的比较

在 Transphorm 公司的共源共栅晶体管中，整流电流确实在 Si FET 的体二极管中流动的，但由于它是低压部分，注入的电荷非常少。图 10.5 显示了三种工作模式的电流路径。在反向传导模式下，可以通过增强的 Si FET（驱动 $V_{gs} > V_{th}$）来降低导通损耗。如图 10.5 所示，当栅极电压增加而反向电流为 5A 时，从源极到漏极的压降降低了约 0.8V。

一些晶体管技术包括可以起到整流二极管功能的结，MOSFET 的体二极管就是一个例子。然而，由于这些器件的反向恢复电荷远大于具有类似额定值的 GaN 晶体管，开关损耗将非常高，而无二极管工作是不实际的（见图 10.5）。

弗吉尼亚理工大学电力电子中心（CPES）在最近的一篇文章中也描述了关于 GaN HEMT 共源共栅器件的工作、开关和损耗最小化的详细分析[6]。

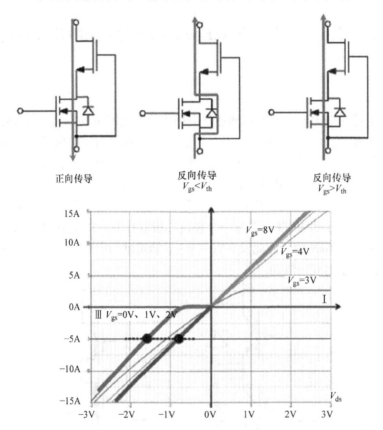

图 10.5　共源共栅 GaN 开关中三种工作模式的电流路径，以及相应的 I-V 特性曲线

10.3.2　栅极驱动的考虑　★★★

由于 GaN 晶体管在 100V/ns 量级上的高压摆率是正常的，因此在电桥应用

中，高边栅极驱动器必须具有良好的共模瞬态抗扰性。除此之外，对于与共源共栅 GaN 开关一起使用的高或低栅极驱动器没有特殊要求。与任何绝缘栅功率晶体管一样，栅极驱动电流应与期望的开启时间和总栅电荷一致。晶体管在栅 - 源电压大约 +8V 的情况下完全导通。由于许多栅极驱动芯片的欠电压保护阈值为 8V 或 9V，Transphorm 公司评估板通常使用 12V 辅助电源以避免误跳闸。在关断态下使用负栅极电压不是强制性的，但是对于增加噪声裕度是一个可行的选择。在应用中开关共源共栅 GaN HEMT 的另一个考虑因素是串联栅极电阻通常不如小铁氧体磁珠有用。选择驱动电流较小的栅极驱动器可以适当地降低 dI/dt。例如，使用输出电流为 0.5A 的驱动器已经得到了良好的效果。

10.4 市场上的产品

与同等额定值的最先进的 Si 超结（SJ）MOSFET 相比，Transphorm 公司的 GaN 器件显著降低了栅电荷、导通电阻、输出电容和反向恢复电荷。基于器件/模块尺寸，Transphorm 公司产品的导通电阻范围在 $250 \sim 30 m\Omega$，目前提供 TO - 220、TO - 247、PQFN 封装以及定制的模块（见图 10.6）。与成熟的 Si SJ MOSFET 相比，得到的 $R_{ON} \times Q_g$ 大约为 1nVs 和 $R_{ON} \times Q_{rr}$ 大约为 8.5nVs 的 FOM 明显得到了提高。此外，共源共栅器件具有 +2.1V 的栅阈值和 ±18V 的最大栅摆幅，易于由低成本 MOSFET 驱动器驱动。

规格	分离元件				模块
产品	TPH3006PS/PD	TPH3002PS/PD	TPH3006LS/LD	TPH3002LS/LD	TPH3215M
		Source Tab (PS) Drain Tab (PD)		Source Dap (LS) Drain Dap (LD)	常规模块
封装	TO220	TO220	PQFN88	PQFN88	常规模块
$R_{DS(ON)}Typ/\Omega$	0.15	0.29	0.15	0.29	0.031(31mΩ)
25°C I_D/A	17	9	17	9	70
$C_{o(er)}$/pF	56	36	56	36	400
$C_{o(tr)}$/pF	110	63	110	63	640
Q_g/ns	6.2	6.2	6.2	6.2	28
T_{rr}/ns	30	30	30	30	80
Q_{rr}/nC	54	29	54	29	260
V_{gs}/V（栅电压）	+/- 18	+/- 18	+/- 18	+/- 18	+/- 18

图 10.6 市场上可用的早期一代 600V GaN HEMT 产品（来自 Transphorm 公司），既符合 JEDEC 标准，又具有数百万小时本征寿命（当前产品网站：www.transphormusa.com）

如前所述，混合 GaN HEMT 也能够满足 3 象限工作，并且反向恢复电荷为最好的 Si - SJ MOSFET 的 1/20，这使得无二极管硬开关桥成为可能。开发的

600V 二合一模块的导通电阻为 30mΩ，其工作频率可达几百 kHz，比传统功率模块高出约 10 倍。

虽然先进的封装应该认为是半导体技术发展的一个方面，但它们并没有限制如今 GaN 的市场应用。传统的 TO2××/PQFN/模块封装不适合 GaN 的说法是不真实的。这些封装中 Transphorm 公司的产品在当今的最终用户应用中是可靠的并且性能优异的。这些产品也被设计到最终用户系统中，满足了所需的系统级电学、热学和机械可靠性要求。

10.5　应用和主要性能优势

由于对性能更好、可靠性更高的产品需求的推动，GaN HEMT 以其更高的效率、更低损耗和更小尺寸（紧凑）电源转换系统的可实施性而被广泛应用于从电源到 PV 逆变器的各种应用中。下面介绍一些关键示例。

10.5.1　图腾柱功率因数校正（PFC）电路 ★★★

无二极管运行加上超低的恢复电荷，使其成为真正的无桥 PFC 应用——图腾柱 PFC。由于电信和数据中心电源所需的非常高效的钛级电源的需求[7]，基于传统二极管桥式整流器输入级的 PFC 的损耗是不可接受的。在实现无桥 PFC 应用的各种方法中[8]，图腾柱 PFC 代表了一种简单而真实的无桥实现。然而，由于现有功率开关 MOSFET 的不足，实际的表现受到限制，高性能 GaN HEMT 的出现消除了这一障碍。基于 GaN HEMT 图腾柱 PFC 的效率高达 99%，显著优于相应的基于硅的实现，如图 10.7 所示[9]。

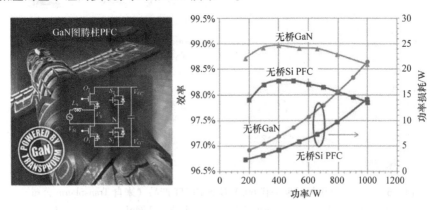

图 10.7　无二极管 GaN 实现的图腾柱 PFC 及其 1kW 应用电路实现的性能。更高功率的 3kW 应用也已成功的商业化[10]

10.5.2　PV 逆变器　★★★

虽然过去十年 PV 行业的注意力主要集中在太阳能电池和 PV 组件上，但 PV 安装材料清单中容易被忽视的一部分是 DC – AC 逆变器。传统的基于 IGBT 或 MOSFET 的逆变器通常在低于 20kHz 的脉冲宽度调制范围内工作，并且通常效率较低且体积庞大。GaN 具有理想的开关特性，使得可以用简单电路实现，否则将需要更多额外的更复杂的电路功能/组件与传统的基于硅 MOSFET 或 IGBT 的开关相结合的形式。传统教科书上具有较低的损耗，高频 GaN HEMT 的开关升压逆变器级由于减少了如外壳、散热器这样的系统组件和如电感/滤波器这样的无源组件，因此可以显著减小体积、降低损耗，从而降低系统成本。

高压 GaN HEMT 已成功的商业化应用于日本 Yaskawa 电机公司的 4kW PV 逆变器中。在系统级实现了 98% 以上的峰值效率，同时损耗和系统尺寸减小了 40%。无风扇，运行也相当平稳。对于这种大功率应用，GaN HEMT 开关被封装在半桥模块中以获得最佳的性能（见图 10.8）。

图 10.8　用于 4.5kW 家用 PV 逆变器的 GaN HEMT 功率模块
（图片和产品由 Yaskawa 电机提供）

10.5.3　带 GaN AC – DC PFC 和全桥谐振开关 LLC DC – DC 变换器的一体式电源　★★★

图 10.9 和图 10.10 所示为 200W 电源的原理图和电路板实物图，该电源比类似的最先进的额定 Si 基电源要小得多，并且效率也更高。紧凑型电路板设计为在 200kHz 下开关，以缩小尺寸并保持较高的效率，这充分展示了 GaN 器件在提供现有硅解决方案无法实现的小尺寸和高效率方面的优势。为了简单起见，共源共栅 GaN 器件在示意图中显示为单个电路器件。

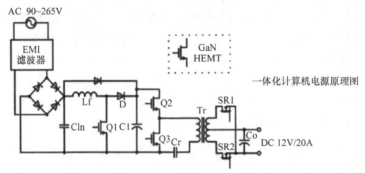

图 10.9　GaN HEMT 在具有谐振 DC – DC 开关级的 AC – DC 电源中的应用

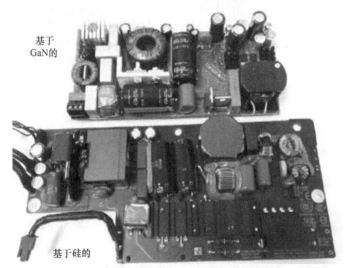

图 10.10　基于 GaN 与基于 Si MOSFET 的 250W 电源相比，其尺寸显著减小。共源共栅 GaN 允许使用工业标准的驱动器和控制器

对通用 AC 输入，连接 AC 230V 线路的一体化电源评估板可提供高达 20A、12V 的输出，峰值效率为 95.4%。共源共栅结构的一个主要优点是能够用标准的栅极驱动器来驱动器件，并且能够使用业界领先的控制器。一体化电源评估板

采用 PFC 和桥结构，使用 ON 公司的控制 IC（NCP4810、NCP1654、NCP1397 和 NCP432）和三个 Transphorm 公司 600V GaN 高电子迁移率晶体管（HEMT）。

10.6 共源共栅 GaN HEMT 的认证和可靠性

对于像 GaN 基功率转换解决方案这样的新技术来说，一个关键的任务就是全面了解产品的可靠性，这样相关的风险就不会比硅基器件的风险大。Transphorm 公司自成立以来，凭借其业界领先的性能，一直支持对其产品进行全面的可靠性测试，并在满足 600/650V GaN 产品的市场认证方面取得了行业第一的成绩。Transphorm 公司在将其 GaN 功率器件商业化之前采用了标准的 JEDEC 认证测试，之后继续扩大测试范围，以确定其产品的质量和 FIT 水平，以及长期可靠性，以确保 GaN 器件的质量满足客户对可靠性的期望。由于 JEDEC 测试最初是在硅技术上开发的，因此应该检查测试的基础假设，并确定这些测试为 GaN 产品提供的保护级别。此外，测试还应超出 JEDEC 测试的最低要求，在比最低要求更多的器件上进行测试（见图 10.11）。我们还将检查这些扩展测试对我们的 GaN 器件预测的 FIT 率的影响。

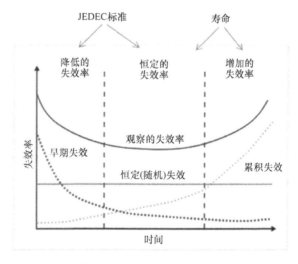

图 10.11　JEDEC 和长期测试适当地结合在一起，以确保 GaN 器件可靠的工作

除了初始质量外，我们还使用加速的测试来预测这些器件的使用寿命。由于器件在低电压下通过电流，温度会导致器件的退化，通常采用高温测试来预测器件寿命。器件的高压额定值与工作的阻断部分有关。在没有电流和高电压的情况下，使用高电场测试来评估这一部分。此外，通过在最大工作条件下延长器件的工作时间，来测试两种工作条件之间的转换。

10.6.1　JEDEC 认证　★★★

JEDEC 测试通常使用相当大数量的器件，并根据公认的标准对这些器件施加加速的应力。这些测试的目的是提供大量关于早期失效和统计失效的信息，同时也与硅等成熟技术的长期寿命相关。对于像 GaN 这样的新器件，需要验证/扩展这种相关性。然而，最低限度是确保通过 JEDEC 认证的条件，以确保 GaN 基本的可靠性水平。试验条件和结果见表 10.1。

表 10.1　基于 JESD 47 标准的 GaN HEMT 的 JEDEC 测试总结（最近测试扩展到 650V）

测试	符号	条件	样品	结果/通过
高温反向偏置	HTRB	$T_J = 150℃$ $V_{DS} = 480V$ 1000h	3 批 每批 77 个器件 总共 231 个器件	0 失效
高加速的温度和湿度测试	HAST	130℃，85% RH 33.3 PSI， Bias = 100V， 96h	3 批 每批 77 个器件 总共 231 个器件	0 失效
温度循环	TC	−55℃/150℃ 2 循环周期/h 1000 循环周期	3 批 每批 77 个器件 总共 231 个器件	0 失效
功率循环	PC	25℃/150℃ $\Delta T = 125℃$ 5000 循环周期	3 批 每批 77 个器件 总共 231 个器件	0 失效
高温存储寿命	HTSL	150℃ 1000h	3 批 每批 77 个器件 总共 231 个器件	0 失效

对任何半导体产品，除了以上这些电学测试之外，典型的还有标准的机械测试、芯片连接和键合线的强度测试。通过这套测试，我们可以很好地保证产品不存在任何可能对可靠性产生负面影响的"典型"缺陷。

对 GaN HEMT 器件来说，JEDEC 的两个认证都集中在浴缸曲线的前两个阶段，扩展认证和针对浴缸曲线后期阶段的累积失效/固有测试已经完成。

10.6.2　扩展的认证/可靠性测试　★★★

在任何认证测试中取样的器件越多，我们就越有可能取样到不合格的器件。受汽车质量要求影响较大的行业标准测试为三批测试，每批 77 件，通过测试的不合格品为零（3 ×0/77），总样本量为 231 个。该测试方案满足 JESD 47 规定的 <3% 批次公差百分比缺陷（LTPD）的质量水平，所有 Transphorm 公司产品在

出厂前必须满足该标准。到目前为止，这一标准为半导体行业提供了良好的服务，为新产品进入该领域进行了把关，但通常的做法是在较长的时间内运行较大的样本，以便更好地了解缺陷水平。

Transphorm 公司已经完成了 2000 多个器件的 HTRB 测试，历时 1000h，没有出现故障。通过在较长时间内测试许多批次，Transphorm 测试了其器件的固有性能，并测试了随着时间推移器件工作的稳定性。2000 个器件是在 12 个月的时间内生产的，以每批约 50 个零件为一批的样品。为了有 95% 的概率通过该测试，缺陷水平需要低于 0.003%。这比标准的 JEDEC 标准认证在质量上提高了一个数量级。这些扩展的样本足够大，可以检测出非常低的缺陷水平，而持续的测试和不断的改进将有助于确保它保持这种状态。此外，还对 GaN 器件进行了详细的 FIT 率估计[5]。

10.6.3　工作和本征寿命测试　★★★

在正常工作期间，器件可能同时暴露在许多 JEDEC 测试条件下。高温工作寿命试验（HTOL）仿真了应用中的硬开关条件，并提供了一个了解可能影响可靠性的交互作用的窗口。我们在作为升压转换器主开关的标准器件上进行了测试。器件在 175℃ 下运行，这高于数据手册中报告的 150℃。较高的温度会略微加速测试，但较高的温度也会导致测试电路中的外部器件退化，从而将最大结温限制在 175℃。图 10.12 的转换图显示了 HTOL 寿命期间器件的转换损耗。触点和外部器件的退化是 2000h 后转换损耗增加的原因；在 HTOL 之后测量，器件的性能没有明显变化。虽然该试验不能预测寿命，但在实际工作条件下，GaN 器件在最高额定温度下仍可稳定的延长使用时间（见图 10.12）。

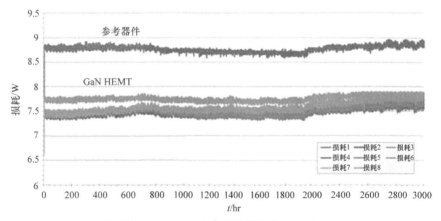

图 10.12　用于 HTOL 测试的 GaN HEMT 和参考器件均在 300kHz、175℃、400W、1∶2 升压开关条件下工作的损耗图。运行 3000h 后，未观察到性能和关键参数（前/后）有任何变化

寿命预测依赖于对累积过程的理解和建模，是基于对失效的加速测试。GaN 功率开关的工作条件允许分离主要的应力因素。在关断态下，器件在正常工作和加速的电压测试中，在没有电流流动的情况下通过开关阻断了一个很大的电压，允许进行高电场测试和寿命预测，而不会出现电流和/或温度极限的复杂情况。在导通态下，器件通过一个小电压传导电流，这与寿命预测所需的标称和高温工作都是相似的。对导通态和关断态测试的综合理解为累积预测的准确性提供了肯定。

我们首次报道了在 600V 下的 GaN 高电场相关寿命 $>1 \times 10^8$ h。高电压似乎代表了一个重要的可靠性问题，但器件设计已将电场强度限制在与 RF GaN 器件相似的水平，而 RF GaN 器件的研究更为广泛。

生产的标准的 600V 器件（共源共栅配置的 GaN HEMT 额定电流为 15A）用于高电场寿命的测试。三组器件在 1050V、1100V 和 1150V 的高漏极电压下处于关断态（Transphorm 公司 GaN 固有的高鲁棒性允许在高于千伏的电压下进行测试）。器件温度设定为 82℃ 以仿真预期的用途。在每个曲线图中，所有在加速的条件下测试的器件（包括多个样品组）都使用从上述曲线图中确定的物理参数预测的使用条件。Weibull 图将所有器件组合成一组，可以更详细地了解工艺的可变性，并预测器件的寿命。图 10.13（左）中的结果来自上述 3 个单独样品组的高电场测试。在 600V（或 480V，如图 10.13 所示）下的高电场寿命可直接从图中获得，不仅在 50% 的失效情况下（$>1 \times 10^8$ h），而且在低百分比如 10%（大约为 1×10^8 h）或 1%（大约为 1×10^7 h）时也能获得。多个样本组的相对陡峭的斜率表明了晶圆以及晶圆之间的工艺变化很小。95% 置信度限制保证了 1% 失

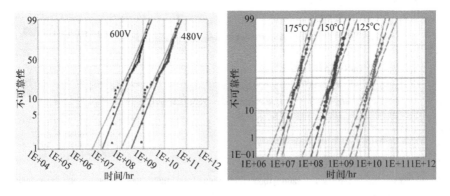

图 10.13 高压关断态（左）和高温导通态（右）在多电压（HVOS）和多温度（HTOS）下加速的试验，以确定这些累积机制下的固有寿命

效的预计寿命 $>1 \times 10^6$h。此外，第一次失效不会形成显著的尾部。缺少尾部意味着在器件的寿命期内，FiT 率将保持在较低水平。

与电场相关所使用的曲线类似，图 10.13（右）中温度相关的曲线显示了在 175℃的峰值额定结温下，中值寿命 $>2 \times 10^7$h。附加温度显示了限制器件温度对器件可靠性的好处。拟合线的陡坡和狭窄的 95% 置信度限制表明了该工艺的微小变化。器件和测试时间的可用性以及与报告值相匹配的激活能（1.8eV）有助于有限的样品组，也有助于我们对结果有效性的肯定。

GaN 可靠性寿命周期已经过实验研究，以解决人们认为的可靠性风险，这是 GaN 被广泛采用的主要障碍。通过 JEDEC 标准测试和 HTOL，设计和工艺的初始质量和鲁棒性足以加入到用户应用中。在额定工作条件下，导通态和关断态的预计平均寿命均大于 1×10^7hr，超过了已知的要求。HTRB 测试的 FiT 分析进一步预测了器件寿命内的低失效率，这是由在较高的加速的测试中看到的较小的变化所支持的。证明了 Transphorm 公司的 GaN 器件具有良好的质量和可靠性。至少，GaN 的可靠性与硅的可靠性是不相上下的。

10.7　卓越制造

为了满足大众市场的需求，需要有一个能够实现高质量大规模生产的制造工艺和供应链。本文所述的 GaN 产品已经经历了如此严格的工艺，目前已经大量的被商业化销售。

GaN 外延层是在多晶圆 MOCVD 生产平台上用 6in 硅衬底制造的，并且具有较低的缺陷密度、较高的 2DEG 迁移率和较高的电荷密度，从而实现较高的击穿电压和较低的沟道电阻。然后在标准硅工艺线的晶圆制造设备中使用无金和其他大规模硅制造步骤制备耗尽型 GaN HEMT。Transphorm 公司的合作伙伴 Fujitsu 半导体有限公司的 Aizu – Wakamatsu 晶圆制造厂已经商业发布了 GaN HEMT。该公司还为顶级汽车制造商提供硅基器件。

这些器件的设计和制造具有很大的可靠性裕度。例如，我们封装的额定 600V 器件的击穿电压通常超过 1000V，而高温泄漏电流比竞争对手的 Si – CoolMOS 器件要低。与流行的说法相反，设计良好和最佳制造的横向 GaN 器件的错位不会影响泄漏电流水平或可靠性。在工作中实现了超低的泄漏电流这一事实现在已经得到了充分的证明，并且在高压下具有严格的长期可靠性也得到了实验证明。此外，这里描述的所有 GaN 器件额定的峰值电压容限为 750V（见图 10.14）。

重要的是，实现这些特性不仅要在少数晶圆上，而且要在整个晶圆上，并且在所有制造的晶圆上都能重复。这是通过优化工艺和外延生长而系统地实现的。

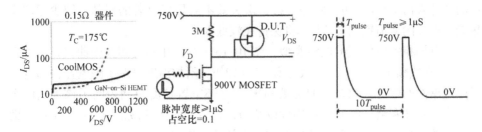

图 10.14 低泄漏电流、$V_{bd} > 1000V$ 而标准额定峰值为 750V 的 600V GaN HEMT

GaN HEMT 在制造过程中受到严格的统计的监测和控制。在自动化质量系统中，从 MOCVD 外延晶圆条件到晶圆工艺参数，再到单元和工艺中的器件监测，再到最终晶圆和产品参数，几百个参数都在 SPC 记录中。下面的图 10.15 仅显示了一个例子，详尽地说明了晶圆接触电阻测量（左）和工艺能力 >1 的超过 300 个晶圆封装的最终产品的动态导通电阻。

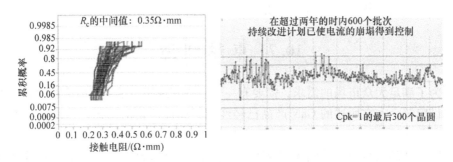

图 10.15 由 300 个晶圆上的电阻分布和动态导通电阻控制图显示了严格的统计工艺控制和重复性示例

10.8 单片上的 E 模式 GaN

虽然基于共源共栅的 GaN HEMT 给市场提供了一种高可靠性、高性能的产品，可以有效地在常关断态工作，单片 E 模式由于消除了一个管芯（硅驱动器 FET），因此也很有吸引力。EPC 公司已对提供低压亚 300V 的 E 模式单片器件[2]进行了商业化。Panasonic[11]等其他公司也宣布对更高电压/600V 级 E 模式 GaN 器件进行采样，但是还没有详尽的 JEDEC 认证和扩展的可靠性数据，包括寿命和相应的激活能。在美国能源部（DOE）资助的太阳能 ADEPT 项目下，Transphorm 公司也对其开发的更高电压的单片 E 模式 GaN 器件[12]进行了报道。为确保高压 GaN 的 E 模式器件的成功现场加入，提供该解决方案的公司被要求必须证明的关键不仅是优越的性能，而且是易于使用（标准驱动器）、稳定的电路运行和卓越的长期可靠性。

10.9　未来展望

10.9.1　下一代产品　★★★

尽管早期一代 GaN 产品已成功展示出在功率变换应用方面的关键优势，同时其性能优于硅基 MOSFET 和 IGBT（已接近或正在接近其物理性能的极限），但新一代 GaN 器件将进一步拉大 GaN 与传统硅基器件解决方案之间的差距。品质因数（电阻、电容和芯片尺寸）预计将随着封装技术的创新继续提供卓越的价值/成本性能，并继续从根深蒂固的硅解决方案中获取越来越多的电力电子应用的市场份额，同时也将成为新兴应用领域的先驱。

10.9.2　知识产权考虑　★★★

随着 GaN 功率市场的扩张，与 20 世纪 90 年代末以及 21 世纪初 GaN LED 市场爆发式增长的历史非常相似，拥有最强 IP 和向市场供应产品的公司将占据主导地位。整个 IP 的价值链从 Si 上 GaN 外延的生长、GaN 器件设计和制造，以及 GaN 的高速/高频封装直到电路专利，而 GaN 的应用将成为迫在眉睫的 GaN 产品快速商业化阶段的关键。有志于生产或销售这些 GaN 产品的公司必须能够成功地驾驭 GaN 领域领先企业现有的和不断增长的 IP 组合。

10.9.3　小结　★★★

高压 GaN 正在重新定义电源转换，提供具有成本竞争力且易于嵌入的解决方案，可将昂贵的能量损耗降低 50%，缩小尺寸，并简化电源和适配器、光伏逆变器、电机驱动器和电动汽车的设计和制造。高压 GaN（Transphorm 公司已经成功商业化）建立了下一个功率变换平台，展示了突破性的性能，并通过其 EZ－GaN 平台推出了全球首批 600/650V 的 GaN 产品。

随着 GaN 新型功率变换平台被业界广泛采用，我们期待着电力电子领域进入一个激动人心的阶段。准备好重新构思功率变换，为节能世界做好准备。

致谢：作者感谢 Transphorm 公司及其整个全球团队、合作伙伴、投资者和客户，感谢他们从成立到现在所取得的令人兴奋的进展，这一进展促成了高压 GaN HEMT 的首次商业化。特别感谢在本章中编写和整理材料的团队成员——YifengWu 博士（电路和应用）、Jim Honea 博士（无二极管共源共栅工作）、Kurt Smith 博士和 Ron Barr 博士（可靠性和寿命），Toshi Kikkawa 博士（制造结果）和 Peter Smith 博士为本章的详细校对提供的帮助。

参 考 文 献

1. Mishra UK, Parikh P, Wu Y-F (2002) AlGaN/GaN HEMTs—an overview of device operation and applications. In: Proceedings of IEEE

2. Lidow A, Strydom J, de Rooji M, Ma Y (2012) GaN transistors for efficient power conversion perfect paperback, 20 Jan 2012

3. Marcon D, Van Hove M, De Jaeger B, Posthuma N, Wellekens D, You S, Kang X, Li T, Wu MW, Stoffels S, Decoutere S (2015) Direct comparison of GaN-based e-mode architectures (recessed MISHEMT and p-GaN HEMTs) processed on 200 mm GaN-on-Si with Au-free technology. In: Proceedings of SPIE 9363, gallium nitride materials and devices, Mar 2015

4. Parikh P (2014) Commercialization of high 600 V GaN-on-silicon power devices. In: International solid state device and materials, Tsukuba, Japan

5. Smith K, Barr R (2016) Reliability lifecycle of GaN power devices. http://www.transphormusa.com/wpcontent/uploads/2016/02/reliability-lifcycle-at-transphorm.pdf

6. Cheng X, Liu Z, Li Q, Lee FC (2013) Evaluation and application of 600 V GaN HEMT in cascode structure. IEEE Trans Power Electron 29(5)

7. Definition of the 80 Plus Power Supply Standard, https://en.wikipedia.org/wiki/80_Plus

8. Huber L, Yungtaek J, Jovanovic MM (2008) Performance evaluation of bridgeless PFC boost rectifiers. IEEE Trans Power Electron 23(3):1381–1390

9. Mishra U, Zhou L, Wu Y-F (2013) True-bridgeless totem-pole PFC based on GaN HEMTs. In: PCIM conference and trade show, Nuremburg

10. Transphorm Inc. Application Resources, http://www.transphormusa.com/wp-content/uploads/2016/02/TDPS2800E2C1_AppNote_rev1.1.pdf

11. Panasonic Corporation news release, A 600 V gallium nitride (GaN) power transistor with its stable switching operations, Osaka, Japan, 19 Mar 2013

12. Heidel T (2014) Achieving high efficiency, high power density, high reliability and low cost. In: ARPA-E, APEC 2014 conference and trade show. http://www.apec-conf.org/wp-content/uploads/2014/03/06_ARPA-E_Initiatives_in_Power_Electronics_APEC2014_Plenary.pdf

第11章 »

栅注入晶体管：E模式工作和电导率调制

Tetsuzo Ueda

本章介绍了一种被称为栅注入晶体管（GIT）的增强模式（E模式）GaN晶体管，以及提高性能的各种技术。在总结已有的E模式GaN功率晶体管的基础上，介绍了GIT的工作原理及其最新的DC和开关性能。总结了包括电流崩塌在内的可靠性研究现状，并介绍了GIT在实际高效率功率开关电路中的应用结果。文中还介绍了可以提高性能和有挖掘潜力的未来技术。

11.1 GIT的工作原理

横向GaN功率开关晶体管是非常有前途的，这是由于材料独特的极化诱导电场在AlGaN/GaN异质界面上形成固有的高载流子浓度[1,2]。低寄生电容对现有Si功率器件无法实现的超高速开关提出了很高的期望。高载流子浓度和高电子迁移率有助于提供非常低的串联电阻，然而，这一直是实现功率开关系统安全运行所需的E模式工作的障碍。非常期望新型的栅极结构能够耗尽栅极下方的面电荷以实现E模式工作。虽然到目前为止已经提出了各种不同的方法，但大多数方法都有其技术问题，很难通过可预测的努力加以克服。图11.1是对已报道的技术方法的总结，包括实现GaN功率晶体管E模式工作的GIT[3-6]。虽然这些器件具有独特的栅极结构和正向的阈值电压，但仍存在不稳定的工作和/或制造的不可重复性。相比之下，采用p型栅极来耗尽栅区的GIT不存在栅极的不稳定性，因此很有希望在不久的将来能够实现GaN功率器件的商业化。GIT本身的结构与传统的结场效应晶体管（JFET）非常相似，除了通过实验发现在更高的栅极电压下存在电导率调制。电导率调制是AlGaN/GaN异质结注入空穴所导致的一个独特特性，它增加了漏极电流，使得E模式工作时导通电阻降低。图11.2显示了GIT栅极区的能带图，其中栅极下的二维电子气（2DEG）被p-AlGaN的高势垒耗尽。图11.3根据参考文献[3]总结了GIT的基本工作原理。在零栅极偏压下，栅极下的沟道被完全耗尽，从而实现E模式工作。通过将栅极电压增加到栅极 pn 结的内建电压，仅通过控制 2DEG 处的电势就可以增加漏极电流。这种工作方式是基于传统单极场效应晶体管中观察到的情况。一旦外加的栅极电压超过 GIT 的内建电压（通常在 3.5V 左右），空穴就开始从 p 型栅极注入到 2DEG。注入的空穴在 2DEG 处产生等量的电子，以保持电中性。注意，电子从沟道注入到栅极，受到 AlGaN/GaN 的异质势垒层的抑制。上述电导率调制产生的高迁移率的电子被施加的漏极偏压移动到漏极一侧，而注入空穴由于迁移率比电子低两个数量级而留在栅极附近。器件的工作使得漏极电流显著增大，以保持较小的栅极电流。图 11.4 显示了制造的 GIT 的 I_{ds}-V_{gs} 特性曲线，其中在较高栅极电压下跨导 g_m 的第二个峰值是提出的电导率调制的标志。图 11.5 所示的不同栅极电压下的电致发光（EL）图像也证明了所提出的工作原理。当栅极电压超过 5V 时，发光位置从栅边缘的漏极一侧移动到栅边缘的源极一侧[7]。这表明在较高的栅极电压下，空穴和电子的复合是由空穴注入实现的。

	p栅HFET(GIT)[3]	MIS-HFET[3]	F掺杂的栅[5]	共源共栅[6]
结构	p-AlGaN S G D AlGaN GaN 衬底	G S 绝缘体 D AlGaN GaN 衬底	氟等离子体处理的 S G D AlGaN GaN 衬底	D 常开GaN G 常关 Si-MOS S
优点	✓ 稳定的 V_{th} ✓ 高可靠性	✓ 低栅极电流 ✓ 较大的漏电流	✓ 低栅极电流 ✓ 可控的 V_{th}	✓ 较高 V_{th} ✓ 与Si器件兼容的栅驱动
挑战		✓ 可控的 V_{th} ✓ MIS界面的稳定性	✓ F掺杂区域的稳定性	✓ 较高的总制造成本 ✓ 不可集成 ✓ 有限的高速驱动

图 11.1　E 模式 GaN 功率晶体管技术方法总结

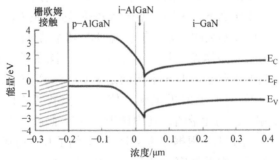

图 11.2　GIT 中 AlGaN/GaN 异质结上 p-AlGaN 栅极区的能带图

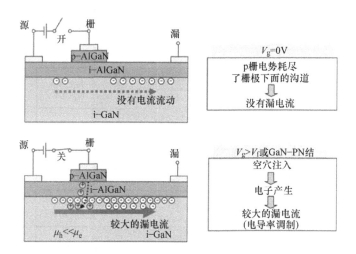

图 11.3　描述 GIT 基本工作原理的截面图

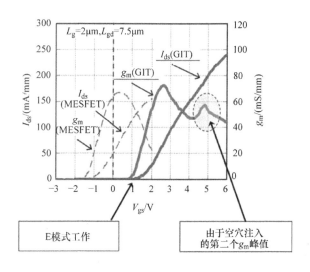

图 11.4　制备的 GIT 的 I_{ds} - V_{gs} 和 g_m - V_{gs} 特性曲线

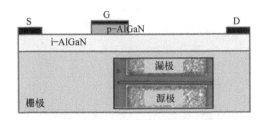

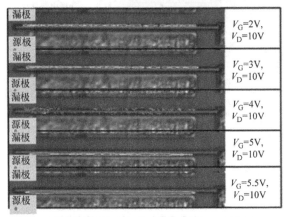

图 11.5　在不同栅极电压下，在制备的 GIT 上拍摄的 EL 图像

11.2　GIT 的 DC 和开关性能

GIT 的另一个特点是横向器件是在成本低廉的 Si 衬底上制作的。到目前为止，已经通过成熟的外延生长工艺在 6in Si（111）衬底上制备，以克服 GaN 和 Si 之间的晶格和热失配[8,9]。与现有的 Si 功率器件相比，在成本上具有竞争力的是在大直径

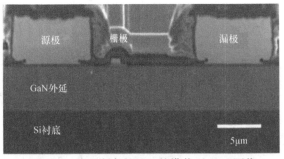

图 11.6　Si 上制备的 GIT 的横截面 SEM 图像

衬底上均匀且可重复的晶体生长。图 11.6 所示为 Si 上制备的 GIT 横截面的扫描电子显微镜（SEM）图像。在 Si 上外延生长 p - AlGaN/AlGaN/GaN 异质结构后，通过选择性地干法刻蚀形成 p 型栅。所采用的栅极金属和源/漏极金属分别是 Pd 和 Ti/Al。到目前为止，用于 600V GIT 的栅极长度 L_g 通常为 2.0μm。

图 11.7 总结了制造的 GIT 在导通态和关断态下的 $I_{ds} - V_{ds}$ 特性曲线。如下面章节所述，考虑到其电流崩塌和可靠性，额定阻断电压为 600V 的 GIT 的击穿电

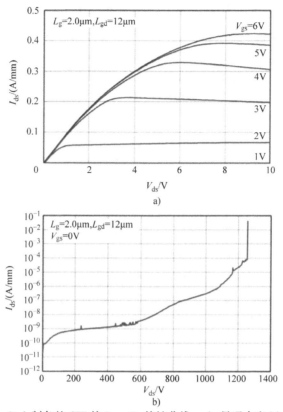

图 11.7 Si 上制备的 GIT 的 $I_{ds} - V_{ds}$ 特性曲线：a) 导通态和 b) 关断态

压超过 1000V。在击穿电压为 1260V 时，测量的特定的 GIT 的导通态电阻 R_{on} 低至 2.3m·Ω cm^2。如图 11.8 所示，随着 L_{gd} 的增加，Si 上 GIT 的击穿电压增加。在较长的 L_{gd} 上，击穿电压达到一定的饱和值，该值由 Si 上 GaN 的厚度决定。这是因为在较高的漏极电压下，导电 Si 衬底的垂直电场占主导地位。较宽栅极器件的导通态电阻 R_{on} 为 65mΩ，额定的漏极电流为 15A，而峰值电流

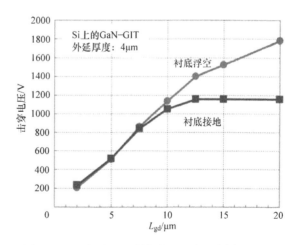

图 11.8 研究了 Si 上制备的 GIT 在 Si 衬底接地的情况下，不同 L_{gd} 对击穿电压的影响

超过30A。额定阻断电压为600V 的 GIT 的栅电荷 Q_g 为11nC，而作为高速开关的一个品质因数，$R_{on}Q_g$ 为700mΩ · nC，是最先进的超级结 Si MOSFET 的十三分之一。这些结果表明，GIT 在高频工作方面具有很大的潜力，能够实现非常紧凑的开关系统。表 11.1是目前可用于批量生产的 600V GIT 的 DC 性能总结。

表 11.1　当前可用 GIT 的 DC 性能总结

阈值电压 V_{th}	1.2V（E 模式）
阻断电压 BV_{ds}	600V
额定电流（连续的）I_d	15A
导通态电阻 R_{on}	65mΩ
栅电荷 Q_g	11nC

如前所述，较小的开关损耗是 GaN 器件的一个非常吸引人的特性。测量了制备的 GIT 的开关波形，并检测了封装的影响。与传统的具有长引线框架的 TO – 220 封装相比，倒装焊可有效降低寄生电感。图 11.9 显示了仿真的倒装芯片和 TO – 220 的寄生电感。根据仿真，倒装芯片键合的寄生电感从 TO – 220 封装的 24nH 降低到 2nH。图 11.9 中还显示了制造的 GIT 的开关波形，表明寄生电感的降低可以实现极高速的开关[10]。通过倒装芯片键合的 GIT 实现了 170V/ns 的高 dV/dt，因此 GIT 可以实现 600V 开关，时间周期为 ns 级。这些结果显示了 GIT 在小型高频开关系统中的巨大潜力。

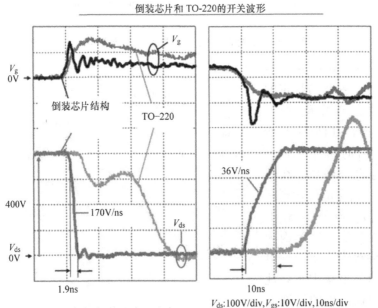

图 11.9　具有 a）倒装芯片封装和 b）TO – 220 封装的 GIT 的开关波形，其中还显示了寄生电感的仿真结果

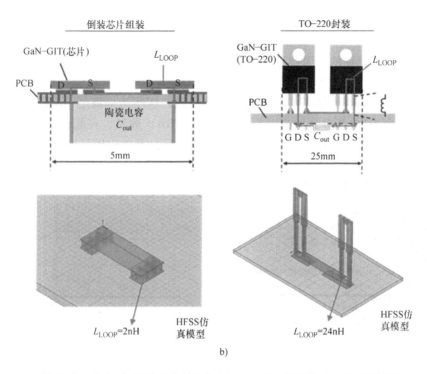

图11.9　具有 a）倒装芯片封装和 b）TO－220 封装的 GIT 的开关波形，
其中还显示了寄生电感的仿真结果（续）

11.3　关于 GIT 可靠性的最新研究

　　为了实现 GaN 功率开关晶体管的稳定工作，电流崩塌一直是需要克服的最严重的技术问题。在开关工作期间，GaN 晶体管中的载流子俘获导致漏极电流的显著降低，从而导致导通态电阻的增大[11]。图11.10 示意性地解释了 $I_{ds} - V_{ds}$ 特性和开关波形中的电流崩塌。导通态电阻的增大会使温度升高，从而可能导致器件的失效。同时还注意到在关断态较高的漏极电压下，导通态电阻的增大更为显著。除了如何消除电流崩塌外，关于电流崩坍的另一个讨论是如何表征这种现象，因为它受到测量条件的强烈影响，如关断态的持续时间和开启后的测量时间。图11.11 所示为待测 GIT 的电路图。试验采用带电感负载的多脉冲开关，如图所示。与传统的电阻负载相比，电感负载线会由于较大的漏极电流而产生更严重的偏压条件。由于电感开关的作用，崩塌变得更为严重，这意味着条件是令人满意的，看它是否能够被完全消除。到目前为止，界面和晶体质量的提高以及器件结构的改进已经成功地消除了上述的电流崩塌[12]。如图11.12 所示，通过使用电感负载和多脉冲进行测量，目前可用的 GIT 显示的无电流崩塌的开关工作的漏极电压可以达到850V。动态导通电阻的增大可能是由于施加的多个脉冲电流引起的温度升高导致的。因此，由于 E 模式和电流无崩塌地工作，目前在 Si 上的 GIT 仅为实际应用提供了一种可行的替代方案。

对 GIT 进行的更详细的可靠性测试见表 11.2。这些结果满足 JEDEC 认证标准，通过相当于 20 年寿命的高温反向偏压（HTRB）测试，在超过 10000 个器件中没有观察到失效。在 Si 上制备的 GIT 对于实际的开关应用是足够可靠的。

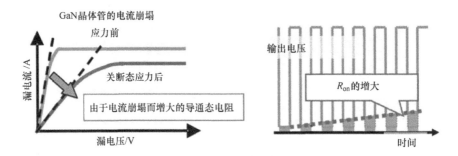

图 11.10　GaN 功率晶体管电流崩塌的图示说明

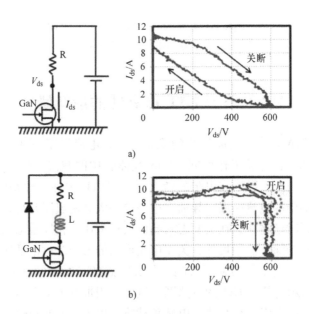

图 11.11　使用 a）传统电阻负载和 b）电感负载测量
GIT 电流崩塌的电路图

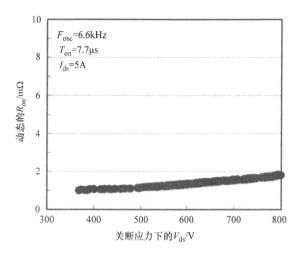

图 11.12 制备的 GIT 动态导通态电阻随施加的关断态漏极电压的变化曲线

表 11.2 最先进的 GIT PKG：T0220D 可靠性测试结果总结

	测试项	测试条件	测试结果（失效/测试的）
1	温度 湿度 反向偏压测试	$T_a = 85℃$, RH = 85%, $V_{ds} = 480V$, $t = 1000h$	0/231 (77×3 lot)
2	高温 反向偏压测试	$T_a = 150℃$, $V_{ds} = 480V$, $t = 1000h$	0/10k (500×20 lot)
3	高温栅偏压测试（正向）	$T_j = 150℃$, $V_{gs} = 4.0V$, $t = 1000h$	0/231 (77×3 lot)
4	高温栅偏压测试（反向）	$T_j = 150℃$, $V_{gs} = 12V$, $t = 1000h$	0/231 (77×3 lot)
5	高温存储测试	$T_a = 150℃$, $t = 1000h$	0/231 (77×3 lot)
6	温度循环测试	-65℃到150℃，100 个循环，每个循环 30min，气相	0/231 (77×3 lot)
7	焊料热阻测试	$T_a = 260℃$, $t = 10s$	0/231 (77×3 lot)
8	ESD 测试（HBM. CDM）	HBM: C = 100pF, R = 1.5kΩ, ±2000V, CDM = ±2000V	0/90 (30×3 lot)

11.4 GIT 在实际开关系统中的应用

GaN 功率器件由于其优越的材料特性，有可能获得比传统 Si 功率器件更好的功率开关系统的性能。以下描述了使用 E 模式 GIT 的高效工作的电源开关系统。介绍了 GaN 在逆变系统和各种电源电路中的应用前景。

在逆变器系统中，GaN 可以比传统的在电流 - 电压特性中有电压偏移的绝缘栅双极型晶体管（IGBT）实现更低的工作损耗，因为 GaN 不受偏移电压的影响。图 11.13 总结了与 IGBT 相比，GaN 在逆变器系统中的优势。通过进一步降低 GaN 的导通态电阻，可以期待更好的效率，特别是在低输出功率时。横向 GIT 的双向工作是另一个优点，因此可以消除与 IGBT 并联的快速恢复二极管（FRD）。在关断态，GIT 反向传导表现出的电流 - 电压特性与内建电压小至 1.5V 阈值电压的反向二极管类似。图 11.14 总结了 GIT 的正向和反向电流 - 电压特性，表明在反向电流流过时栅极的开启进一步降低了传导损耗。如图 11.15 所示，对反向 GIT 的所谓恢复特性进行了测量，这证实了 GIT 的恢复损耗明显小于传统 Si FRD 的较大的损耗。图 11.16 显示了使用在 Si 衬底上 GIT 的逆变器在不同输出功率下的转换效率[13]。同时还绘制了传统 IGBT 逆变器的效率曲线，以供比较。GIT 的效率高于 IGBT，在 1.5kW 时最高可达 99.3%。GIT 的低导通态电阻和降低的开关损耗，显著降低了较宽输出功率范围内的工作损耗。在输出功率较小并且受电压偏移影响的情况下，GaN 对效率的改善更为显著。如图 11.17 所示，与基于 IGBT 的逆变器相比，使用 GIT 的逆变器在 500W 时的工作损耗降低了 60%。

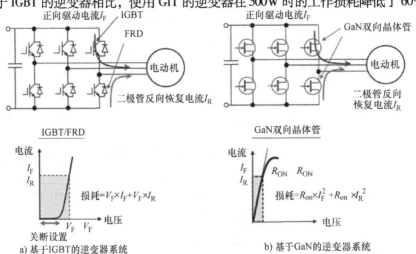

a) 基于IGBT的逆变器系统   b) 基于GaN的逆变器系统

图 11.13 描述了 a) 传统的 IGBT 逆变器系统和 b) 基于 GaN 的逆变器系统工作时正向和反向的传导损耗

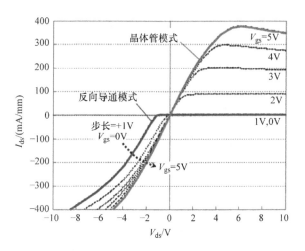

图 11.14 不同栅极电压下 GIT 的正向和反向 $I_{ds} - V_{ds}$ 特性曲线

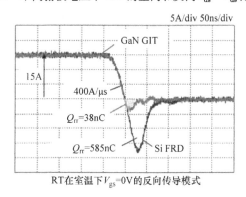

图 11.15 制备的 GIT 和常规 Si FRD 的反向传导二极管的恢复特性

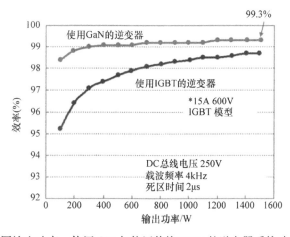

图 11.16 对于不同输出功率，使用 GIT 与使用传统 IGBT 的逆变器系统功率变换效率的比较

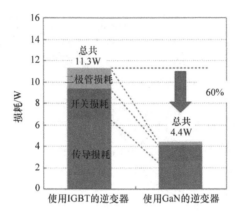

图 11.17 输出功率为 500W 时，使用 GIT 和 IGBT 的
逆变器系统工作损耗的详细情况

除了逆变器之外，电源也是 GaN 功率晶体管的一个很有前途的应用领域，因为高频工作可能会使用更小的无源元件来减小系统的尺寸。典型电源的详细电路图如图 11.18 所示，图中可以使用不同阻断电压的 GaN 晶体管。一个功率因数校正（PFC）电路和一个带变压器的隔离 DC-DC 变换器中采用的是 600V GaN 器件。谐振式 LLC 变换器是隔离式 DC-DC 变换器的一种典型电路拓扑结构，使用 GIT 来提高工作频率，从而使系统更小。图 11.19 显示了从制备的 LLC 变换器测量的效率与输出功率的函数关系曲线。实验结果表明，GIT 在 1MHz 下成功运行，在 1kW 输出时效率高达 96.4%。由于现有的 Si 功率器件不能在如此高的频率下工作，因此 GIT 在电源电路领域具有很大的潜力。

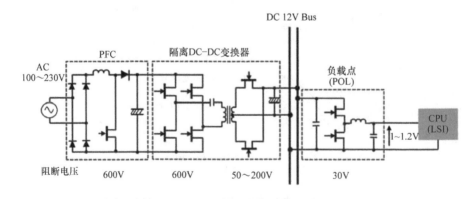

图 11.18 典型电源系统的电路图

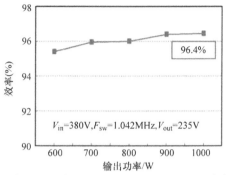

图 11.19　在 1MHz 下，使用 GIT 制造的谐振 LLC 变换器在不同输出功率下的工作效率

11.5　面向未来电力电子的先进 GIT 技术

如前所述，GaN 功率器件在实际开关应用中非常有前途。考虑到 GaN 与现有 Si 功率器件的竞争态势，GaN 功率器件的进一步创新技术也应考虑到未来的广泛应用。下面介绍了用于未来电力电子的先进 GaN 技术的演示。

横向 GaN 功率器件的特点是由于 AlGaN/GaN 异质结材料独特的极化特性而具有很高的面载流子浓度。进一步增加面载流子浓度会使串联电阻减小，导致导通态电阻减小。使用 InAlGaN 四元合金代替 AlGaN 有望提高薄膜面载流子浓度，因为它可以提高极化强度，保持与 GaN 良好的晶格匹配。图 11.20 显示了 InAl-GaN 材料系统的带隙是关于晶格常数的函数。在 GaN 上使用微应变 InAlGaN 比传统 AlGaN/GaN 薄膜面载流子浓度高出一倍以上。这个面载流子浓度为 $3 \times 10^{13} \mathrm{cm}^{-2}$ 的 InAlGaN/GaN 异质结应用于 p 型栅极的 GIT，其截面示意图如图 11.21 所示。如图 11.22[14] 所示，采用 InAlGaN/GaN 制备的 GIT 显示出更小的导通态电阻并增大了最大的漏极电流。注意，在 1.1V 的阈值电压下维持 E 模式工作状态。串联电阻的减小对实际开关工作中降低导通损耗有很大的帮助。

横向 GaN 晶体管的一个独特之处在于，多个 GaN 功率器件可以集成到一个芯片中，而传统的垂直 Si 功率器件则不能实现。集成有助于降低寄生电感，从而实现更快的开关速度。外围电路，如栅驱动器也可以集成在一起，从而通过单个芯片实现一个较小的高性能电源开关系统。

集成的一个例子是使用横向 GIT 的单片逆变器芯片。基于 GaN 的逆变器只需六个晶体管，而无需使用传统的基于 IGBT 的逆变器所需的快速恢复二极管[15]。

另一个例子是 DC-DC 变换器的栅极驱动器与 GIT 的集成[16]。在这里，由两个 GIT 构成的一个负载点（POL）与栅极驱动器集成为一个单片 POL。注意，POL 将 DC 电压从 12V 转换为 1.8V，而集成的 GIT 的阻断电压为 30V，栅极长度

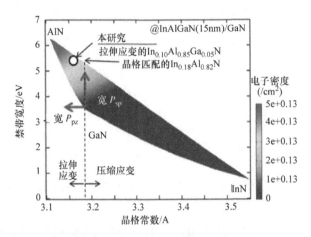

图 11.20　InAlGaN 四元合金系统的带隙与晶格常数的函数关系（彩图见插页）

缩短到 $0.5\mu m$[17]。栅极长度的缩短成功地将 $R_{on}Q_g$ 降低到 $19m\Omega nC$，是传统 SiMOSFET 的一半。栅极驱动器由一个 DCFL（直接耦合 FET 逻辑）和一个缓冲放大器组成，在栅极驱动中实现低功耗。集成器件的电路图和截面示意图分别如图 11.23 和图 11.24 所示。耗尽模式（D 模式）GaN 异质结场效应晶体管（HFET）也通过 E 模式 GIT 的部分工艺制备而成。图 11.25 所示为制备的具有

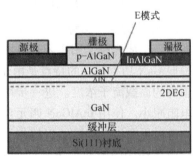

图 11.21　采用具有较高的面载流子浓度的 InAlGaN/GaN 异质结制备的 p 型栅极 GIT 的截面示意图

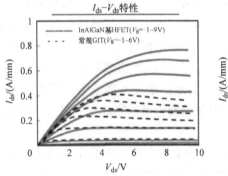

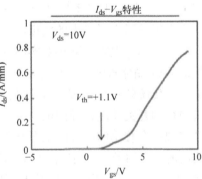

图 11.22　在 InAlGaN/GaN 上制备的 GIT 的 $I_{ds}-V_{ds}$ 和 $I_{ds}-V_{gs}$ 特性曲线，其中还显示了 AlGaN/GaN 上制备的传统 GIT 的 $I_{ds}-V_{ds}$ 曲线

高速栅极驱动器的 POL 芯片的照片。在 1～3MHz 下成功地实现了转换，其中在 2MHz 的峰值效率高达 88.2%。寄生电感的减小是集成的一个优点，这样可以在减小系统尺寸的同时实现高效的工作。

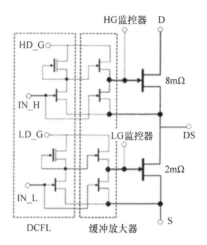

图 11.23　带栅极驱动器的 DC - DC 变换器（POL）芯片的电路图

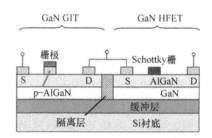

图 11.24　作为栅极驱动器一部分而集成在 POL 芯片中的 GaN 器件的横截面示意图

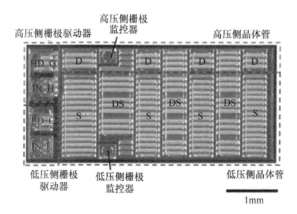

图 11.25　所制备的 POL 芯片的照片，其中两个 GIT 和两个栅驱动器集成到一个芯片中

11.6 结 论

本章综述了 Si 上基于 GaN 的 E 模式 GIT 的最新技术。GIT 通过 AlGaN/GaN 异质结构上的 p 型栅极实现了 E 模式工作，实验发现通过从栅极注入空穴增加漏极电流来实现电导率调制。电流崩塌这一严重的问题，在高达 850V 的 GIT 中已被成功地排除。使用 GIT 的不同电源电路如逆变器和隔离 DC – DC 转换器的测试证实了其性能远远优于 Si 功率器件。在 GIT 上展示的技术，包括充分挖掘了 GaN 的潜力并可以应用于未来高效的电源开关系统的先进技术。具有这些技术的 GIT 在未来的节能电力电子领域中是非常有前景的。

致谢：作者衷心感谢 Dr. Tsuyoshi Tanaka 和 Panasonic 公司其他成员在整个工作过程中提供的技术建议和帮助。同时感谢 Kyoto Institute of Technology 的 Daisuke Ueda 博士提出的技术建议。这项工作得到日本 New Energy and Industrial Technology Development Organization（NEDO）的部分支持，该组织为节能技术战略发展项目和节能创新技术开发战略发展项目提供支持。

参 考 文 献

1. Khan MA, Van Hove JM, Kuznia JN, Olson DT (1991) High electron mobility GaN/AlxGa1-xN heterostructures grown by low-pressure metalorganic chemical vapor deposition. Appl Phys Lett 58:2408
2. Ambacher O, Smart J, Shealy JR, Weimann NG, Chu K, Murphy M, Schaff WJ, Eastman LF, Dimitrov R, Wittmer L, Stutzmann M, Rieger W, Hilsenbeck J (1999) Two-Dimensional electron gases induced by spontaneous and piezoelectric polarization charges in N- and Ga-face AlGaN/GaN heterostructures. J Appl Phys 85:3222
3. Uemoto Y, Hikita M, Ueno H, Matsuo H, Ishida H, Yanagihara M, Ueda T, Tanaka T, Ueda D (2007) Gate Injection Transistor (GIT)—A normally-off AlGaN/GaN power transistor using conductivity modulation. IEEE Trans Electron Device 54:3393
4. Sugiura S, Kishimoto S, Mizutani T, Kuroda M, Ueda T, Tanaka T (2008) Normally-off AlGaN/GaN MOSHFETs with HfO2 gate oxide. Phys Status Solidi C 5:1923
5. Cai Y, Zhou Y, Chen KJ, Lau KM (2005) High-performance enhancement-mode AlGaN/GaN HEMTs using fluoride-based plasma treatment. IEEE Electron Dev Lett 26:435
6. http://www.irf.com/product-info/ganpowir/GaNAPEC.pdf
7. Meneghini M, Scamperle M, Pavesi M, Manfredi M, Ueda T, Ishida H, Tanaka T, Ueda D, Meneghesso G, Zanoni E (2010) Electron and hole-related luminescence processes in gate injection transistors. Appl Phys Lett 97:033506
8. Ishida M, Ueda T, Tanaka T, Ueda D (2013) GaN on Si technologies for power switching Devices. IEEE Trans Electron Device 60:3053
9. Ueda T, Ishida M, Tanaka T, Ueda D (2014) GaN transistors on Si for switching and high-frequency applications. Jpn J Appl Phys 53:100214
10. Morita T, Handa H, Ujita S, Ishida M, Ueda T (2014) 99.3 % Efficiency of boost-up converter for totem-pole bridgeless PFC using GaN gate injection transistors. PCIM Europe, Nuremberg, Germany, May 2014
11. Tanaka K, Ishida M, Ueda T, TanakaT (2013) Effects of deep trapping states at high temperatures on transient performance of AlGaN/GaN heterostructure field-effect transistors. Jpn J Appl Phys 52:04CF07

12. Kaneko S, Kuroda M, Yanagihara M, Ikoshi A, Okita H, Morita T, Tanaka K, Hikita M, Uemoto Y, Takahashi S, Ueda T (2015) Current-collapse-free operations up to 850 V by GaN-GIT utilizing hole injection from drain. In: International symposium on power semiconductor devices and ICs (ISPSD) 2015, Hong Kong, May 2015

13. Morita T, Tamura S, Anda Y, Ishida M, Uemoto Y, Ueda T, Tanaka T, Ueda D (2011) 99.3 % Efficiency of three-phase inverter using GaN-based gate injection transistors. In: Proceedings of 26th IEEE applied power electronics conference and exposition (APEC 2011), Fort Worth, USA, p 481, March 2011

14. Kajitani R, Tanaka K, Ogawa M, Ishida H, Ishida M, Ueda T (2014) A novel high-current density GaN-based normally-off transistor with tensile strained quaternary InAlGaN barrier. Extended abstract of international conference on solid state devices and materials, Tsukuba, Japan, E-3-2, September 2014

15. Uemoto Y, Morita T, Ikoshi A, Umeda H, Matsuo H, Shimizu J, Hikita M, Yanagihara M, Ueda T, Tanaka T, Ueda D (2009) GaN monolithic inverter IC using normally-off gate injection transistors with planar isolation on Si substrate. IEEE IEDM technical digest, Baltimore, USA, p 165, Dec 2009

16. Ujita S, Kinoshita Y, Umeda H, Morita T, Tamura S, Ishida M, Ueda T (2014) A compact GaN-based DC-DC converter IC with high-speed gate drivers enabling high efficiencies. International symposium on power semiconductor devices and ICs (ISPSD), Wikoloa, USA, B1L-A-1, June 2014

17. Umeda H, Kinoshita Y, Ujita S, Morita T, Tamura S, Ishida M, Ueda T (2014) Highly efficient low-voltage DC-DC converter at 2-5 MHz with high operating current using GaN gate injection transistors. PCIM Europe, Nuremberg, Germany, p 45, May 2014

第12章 »

氟注入E模式晶体管

Kevin J. Chen

12.1　简介：Ⅲ－氮化物异质结构中的氟：V_{th}鲁棒性控制

当通过四氟化碳（CF_4）等离子体处理将氟（F）离子引入势垒层时，在 AlGaN/GaN HEMT 中观察到 V_{th} 较大的正向偏移，于是发现了 F 等离子体注入方法，其主要作用是为 F 离子提供足够的能量以进入沿［0001］方向生长的Ⅲ－氮化物外延层的次表层[1,2]。GaN 及相关化合物中 F 离子注入技术的有效性源于 F 元素的强电负性和本征的Ⅲ－氮化物纤锌矿晶体结构。在 AlGaN/GaN 异质结构中，由于非常紧密的晶格结构（面内晶格常数 a 大约为3.2Å），注入的 F 离子在相邻原子（Al、Ga 或 N）的斥力作用下倾向于稳定在间隙位置。由于在所有化学元素中，第Ⅶ族 F 具有最强的电负性，因此在间隙位置的单个 F 离子有可能俘获一个自由电子而变成一个负的固定电荷。如图 12.1b 所示，这些负固定电荷随后调节局部电势并耗尽沟道中的 2DEG。注入时间可以很好地控制 V_{th} 偏移量，如图 12.2 所示。F 等离子体注入技术也首次实现了在 Si 上 GaN 的 E 模式 HEMT[3]。

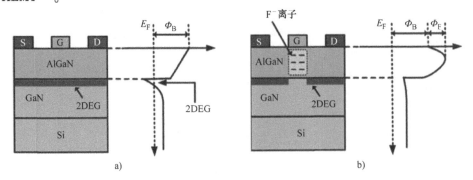

图 12.1　标准的 a）正常导通和 b）正常关断 AlGaN/GaN HEMT 的横截面和导带分布。
在正常关断的 HEMT 中，F⁻离子通过等离子体注入到 AlGaN 势垒层

RF 等离子体的功率是工艺优化过程中需要调整的另一个参数。虽然该功率需要超过一个下限（取决于所使用的特定等离子体系统，在 100 ~ 250W 的范围内）以引入显著的 V_{th} 偏移，但最好将该功率保持在尽可能低的范围内，以尽量减少等离子体引起的晶格损伤和穿透进入沟道区域的 F 离子数量。在 400℃ 以下退火已经证明可以有效地消除大部分等离子体引起的损伤。然而，离子注入工艺的特性表明，在 2DEG 沟道中有少量的 F 离子以杂质的形式出现，可能导致迁移率轻微的退化。通过工艺优化，2DEG 迁移率退化可降低到 10% ~ 20%。

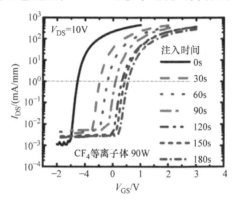

图 12.2 对不同 F 离子注入时间，AlGaN/GaN HEMT 的转移特性

12.2 氟注入的物理机制

12.2.1 F 等离子体离子注入的原子模型 ★★★

为了提供一个理论框架来理解物理机制并开发用于工艺设计和优化的建模工具，有必要开发一种能够预测离子或掺杂剂分布曲线，以及离子 - 固体相互作用影响的方法。

尽管 GaN 和相关化合物的原子密度很高，但低能量（0.1 ~ 1.0keV）F 离子能够穿透到 AlGaN/GaN 异质结构中的较浅深度，部分原因是 [0001] GaN 上较窄的开口通道，如图 12.3 所示。建立了分子动力学（MD）仿真框架[4]来研究 F 等离子体注入Ⅲ - 氮化物材料系统，因为 MD 仿真考虑了原子尺度上的离子 - 晶格相互作用，并且包含了其他更传统的注入仿真工具，如基于 Monte Carlo 方法的 SRIM（Stopping and Range of Ions in Matter）中缺少的晶格结构信息。MD 仿真还提供了原子坐标的时间和空间演化，类似于对 F 离子注入过程的实时观察。

所研究的衬底结构是标准的 C 平面 AlGaN/GaN HEMT 结构，具有 20nm 的 AlGaN 势垒层。用 CF₄ 等离子体将 F⁻ 离子注入到栅极下区域。在 MD 仿真中，采用规则的纤锌矿晶格结构来仿真 AlGaN 和 GaN 层。由于 AlGaN 势垒层厚度小（20nm），假定它在没有晶格弛豫的情况下应变。因此，在 MD 仿真中，考虑了应变 AlGaN 层引起的压电电荷极化和垂直晶格常数的微小变化。结果表明，电荷极化对氟掺杂分布的影响可以忽略不计。

图 12.3　a) Ga 面（0001）GaN 纤锌矿晶体和 b)（100）Si 晶体的俯视图。a) 和 b) 中使用相同的物理尺度。即使 Si 具有较大的晶格常数（5.43Å），沿入射方向也几乎没有开口

根据参考文献 [5]，CF_4 等离子体中存在的主要离子是 F^- 和 CF^{3+}。然而，CF_4 等离子体注入后，SIMS（二次离子质谱）测量的碳浓度没有明显变化，而检测到的碳已经存在于随之生长的样品中。造成这一现象可能有两个原因：①F^- 比 CF^{3+} 轻得多，质量比为 9∶33。在由两个驱动等离子体的电极上施加的射频信号决定的加速时间相同的情况下，大多数 F 离子移动足够的距离到达位于底部电极的样品。相反，只有很小一部分的 CF^{3+} 能在电场改变方向并将离子从样品中抽出之前到达样品表面；②在等离子体系统中，底部电极接地，顶部电极与射频源电容耦合。因此，在顶部电极处产生几百伏的负自偏压，吸引 CF^{3+} 并将其从样品中抽出。需要注意的是，样品中最好没有额外的 C 原子存在，因为 C 杂质对 AlGaN/GaN HEMT 有不利影响[6]。

通过 MD 仿真，计算并绘制了 AlGaN/GaN 异质结中 F 离子的一维分布图，以及 SIMS 测量的实验结果。在（100）Si 衬底下的仿真结果也作为参考对其进行了计算。对 AlGaN/GaN 异质结中 F 离子的情况，仿真结果与测量结果有很好的一致性。可见，与 Si 相比，在 AlGaN/GaN 中注入 F 离子可以获得更小的半峰宽度（FWHM）。这可以解释为 $Al_{0.3}Ga_{0.7}N$（5.19g/cm^3）比 Si（2.33g/cm^3）的密度更大。

在衬底表面附近的区域，即在 AlGaN 层中，F 浓度呈高斯分布。尽管 Al-GaN/GaN 中的原子密度较大，但 F 离子在 AlGaN/GaN 异质结中的穿透深度大于 (100) Si，表明 F 离子在Ⅲ－氮化物纤锌矿晶格结构中具有很强的沟道效应。

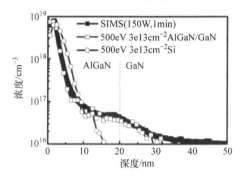

图 12.4　MD 方法仿真 AlGaN/GaN 和 Si 中的 F 分布。F 离子的注入能量为 500eV 而注入剂量为 $3 \times 10^{13} cm^{-2}$。用 SIMS 测量了注入 AlGaN/GaN 样品中的 F 分布，并将其绘制出来用于比较

从Ⅲ－氮化物纤锌矿晶格和 (100) Si 晶体结构的俯视图可以看出，GaN 中存在许多可供入射氟离子通过的沟道，而硅的立方晶格在注入方向上不提供这些开放通道。

仿真了 2－D 和 3－D 的 F 分布剖面，如图 12.5 所示。仿真工具考虑了所有可能的入射角的 F 离子。值得注意的是，穿透进入 AlGaN/GaN 结构的 F 离子能够沿注入路径诱导空位。经过长时间高温 (400℃) 退火，V_{th} 没有变化[7]，表明这些空位与阈值电压之间的相关性很弱。

12.2.2　AlGaN/GaN 异质结构中 F 离子的稳定性　★★★

与 Si 或其他化合物半导体不同，在这些材料的间隙区域，由于 F 较小的原子尺寸，F 离子显示出较差的热稳定性[8,9]，而报到的 AlGaN/GaN 异质结构中的 F 离子具有更好的热稳定性和电学稳定性[7,10]。AlGaN/GaN 中 F 离子的势能分布揭示了 F 离子的稳定性，并通过 MD 仿真进行了计算[11]。物理上可容纳 F 离子的三个局部稳定位置是（见图 12.6a）：间隙位置 I、取代Ⅲ族阳离子的位置 S（Ⅲ）和取代 V 族阴离子的位置 S（V）。由于大多数（>90%）注入的 F 离子在注入后最初位于 I 位置，因此计算的 I 位置与沿最小能量路径的这三个可能的邻近位置之间的势能分布如图 12.6b 所示。

从图 12.6 可以得出以下几个结论：

- 间隙 F 离子将稳定在 I 位，除非附近有 S（Ⅲ）位。
- 与 I 位相比，F 离子在 S（V）位显示出更高的势能，因为 N 空位周围的

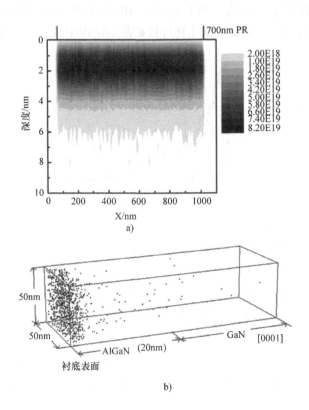

图 12.5 分子动力学仿真的 a) 2 - D 和 b) 3 - D 氟离子分布剖面。在 a) 中，栅极长度为 1μm 而保护掩膜（光刻胶）的高度为 700nm。在 b) 中，考虑的体积为 50nm × 50nm × 40nm

Ga 原子为 F 离子提供了强大的斥力，并有助于阻止间隙 F 离子移动到 N 空位。

• 在 Ga 空位周围，N 原子更小，对 F 离子的排斥力明显较弱。因此，间隙氟离子更容易移动到附近的 Ga 空位。

当没有连续的 S（Ⅲ）空位链时，F 离子将在 S（Ⅲ）位置被俘获，如图 12.7所示。GaN 中 F 离子的热稳定性如图 12.8 所示，而正电子湮没光谱实验揭示了 F - Ga 空位的相互作用，如图 12.9[12] 所示。

据报道，只要环境温度不超过栅极金属（例如，Ni 为 500℃）[7] 或栅极介质（SiN$_x$ > 800℃）的极限，F 注入的正常关断 GaN HEMT 具有优异的热稳定性。栅极金属或栅极介质的稳定性至关重要，因为它提供了一个保护层，防止在高温热激发下 F 离子从表面逸出。研究发现，只要不引入大量的缺陷和位错，例如通过逆压电效应，F 离子可以在高电场应力下保持稳定。

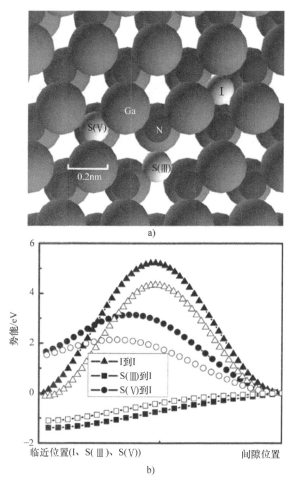

a)

图 12.6　a）具有三个可容纳 F 离子的可能位置的（0001）GaN 俯视图。

b）在 $Al_{0.25}Ga_{0.75}N$（空心符号）和 GaN（实心符号）中，从 I、S（Ⅲ）和 S（Ⅴ）位

到它们最近的 I 位的势能分布。$Al_{0.25}Ga_{0.75}N$ 是应变的并与 GaN 晶格匹配

12.2.3　F 离子周围的电子结合能　★★★

为了研究电子与 F 离子的结合能，用 Xe 灯和单色仪进行了光电导测量。图 12.10 绘制了作为激发波长函数的光电流。在注入和未注入 F 的样品中，随着波长从 750nm 逐渐减小（光子能量增加），光电流缓慢增加。当波长下降到 670nm 以下（相当于 1.85eV 光子能量），与未注入 F 的样品相比，注入样品开始呈现出更高的增长率，表明电子从某些深能级被激活。因此，AlGaN/GaN 中与 F 离子结合的电子结合能大约为 1.85eV[13]。

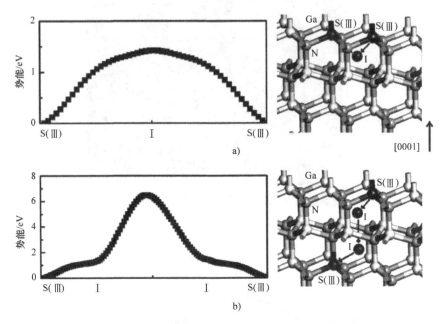

图 12.7 通过 S（Ⅲ）–I–S（Ⅲ）和 S（Ⅲ）–I–I–S（Ⅲ）
路径的势能分布。移动路径显示在右侧。黑色、深灰色和
浅灰色球分别是 F 位、N 原子和 Ga 原子

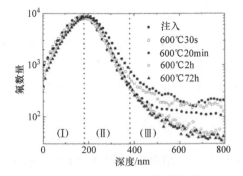

图 12.8 在 600℃ 下注入退火后氟沿深度的分布。本实验是在 180keV 的 F 离子，
注入剂量为 $1 \times 10^{15}/cm^2$ 的样品上进行的，因此 F 浓度的峰值位于体内部深处

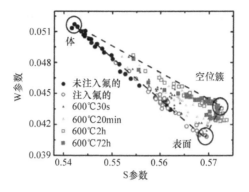

图 12.9　注入氟的样品在 600℃氮气气氛下退火 30s 到 72h 后的 S－W 曲线

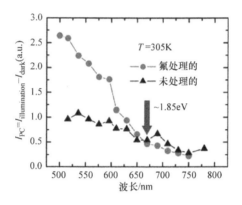

图 12.10　在有氟注入和没有氟注入的两个样品中测量到 2DEG 的两个欧姆接触之间的光电导电流

12.3　F 离子注入 E 模式 GaN MIS—HEMT

12.3.1　GaN MIS—HEMT　★★★

　　许多早期的正常关断 GaN FET 都是具有肖特基栅的 HEMT 器件，具有相对较小的阈值电压（<1V）和受肖特基栅正向开启电压（例如，<3V）限制的较小的栅极摆幅。在电源开关应用中，需要较大的正阈值电压（例如，>3V）和较大的栅极摆幅（例如，>10V），以防止电源开关因电磁干扰而误开启，并与目前用于硅基功率晶体管的栅极驱动设计相兼容。MIS－HEMT（金属－绝缘体－半导体 HEMT）在栅极金属和 III 族氮化物表面之间插入了栅极电介质，能够提高阈值电压和栅极摆幅。各种介电材料（如 Al_2O_3、SiO_2 和 SiN_x）已被用来将肖特基栅转换为 MIS 栅[14,15]。一些报告显示了具有较大的栅极摆幅的 GaN E

模式器件[16]。同时，低电流崩塌或低动态导通电阻（R_{on}）是在高压开关条件下实现高效功率转换的另一个必不可少的要求，而有效的器件钝化仍然需要更多的努力[17]。

器件结构与制造

所研究的样品是在 4in p 型（111）Si 衬底上生长了 21nm 的势垒层（带有 2nm GaN 帽层、18nm $Al_{0.25}Ga_{0.75}N$ 和 1nm AlN）和 4μm 的 GaN 缓冲层/过渡层。制造的 E 模式 MIS - HEMT 的横截面示意图如图 12.11 所示。依次用等离子增强原子层沉积（PE - ALD）4nm AlN 和等离子增强化学气相沉积（PECVD）50nm SiN_x，形成一个 AlN/SiN_x 钝化堆叠结构[18]。采用标准 F 离子注入实现了平面器件的电隔离。用低功率干法刻蚀钝化层，形成栅极窗口。然后用光刻胶作为等离子体注入掩模，在 200W 的射频功率下对栅区进行了 250s 的 CF_4 等离子体注入。在去除光刻胶并在 300℃ 下用远程 $NH_3/Ar/N_2$ 等离子体在 PE - ALD 系统中进行非原位表面清洁处理以有效去除表面有害的 Ga - O 键[19] 之后，立即通过 PECVD 生长第二层厚度为 17nm 的 SiN_x 薄膜，将其作为栅极绝缘层以减少栅极泄漏。在第二个 SiN_x 上沉积 Ni/Au，形成 1μm 长、0.5μm 高的栅电极。

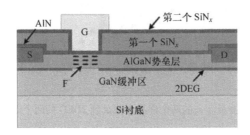

图 12.11　制造的 E 模式 MIS - HEMT 横截面示意图

测量结果及分析

在 $L_{GS}=1μm$、$(W/L)_G=10μm/1μm$、$L_{GD}=15μm$ 的器件上进行器件的表征（除非另做说明）。图 12.12 显示了 MIS - HEMT 的典型 DC 传输和输出特性。对于在同一晶圆上制造的 MIS HEMT 和肖特基栅控 HEMT，由线性外推法（即在峰值跨导点处漏电流线性外推的栅极偏压截距）确定的阈值电压 V_{th} 分别为 +3.6V 和 +1.2V。在 MIS HEMT 中 V_{th} 的正偏移主要是由于插入 SiN_x 栅介质而降低了栅与沟道间的电容。

使用脉冲 $I_D - V_{GS}$ 测量估计了在 SiN_x/势垒层界面处的陷阱密度约为 3×10^{12} cm^{-2}[20]。该器件的导通/关断电流比为 4×10^9，驱动电流为 430mA/mm。在正栅极偏压下，SiN_x 有效地抑制了栅极泄漏电流，可以得到 14V 的较高的栅极摆幅和 9.8Ωmm 的较低 R_{on}。考虑到有源区计算中每个欧姆接触（即源极和漏

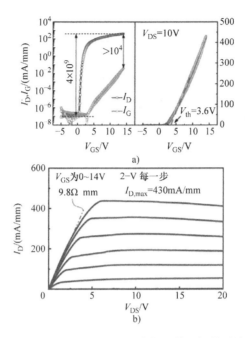

图 12.12　a）在漏极偏压为 10V 时，用正/负栅极偏压扫描测量的 DC $I_D - V_{GS}$ 和

$I_G - V_{GS}$ 特性曲线　b）DC $I_D - V_{DS}$ 特性曲线

极）的 1.5μm 传输长度，计算的 DC 特征电阻 R_{on} 为 2.1 mΩcm²。

　　MIS – HEMT 的关断态击穿/泄漏特性如图 12.13 所示。栅极和源极偏压为 0V 而衬底接地。可以观察到，泄漏电流主要来自漏极偏置 V_{DS} 高达 450V 时的源极注入电流，此时栅绝缘层 SiN_x 实质上抑制了关断态栅极泄漏电流。当 V_{DS} 继续增大直到接近 600V 时，栅极泄漏和垂直衬底泄漏电流都将增加到与源极注入电流相当的程度。测量的击穿电压（BV）为 604V，其定义为漏极泄漏电流为 1μA/mm 时的漏极偏压。

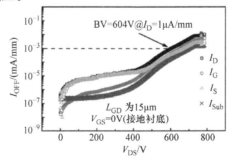

图 12.13　当 V_{GS} =0V 且衬底接地时，关断态的击穿/泄漏特性。

漏极泄漏电流为 1μA/mm 时，击穿电压为 604V（彩图见插页）

利用 AMCAD 脉冲 $I-V$ 测量系统进行电流崩塌评估。图 12.14a 显示了 $L_{GS} = 1\mu m$，(W/L) $G = 2 \times 50\mu m/1\mu m$，$L_{GD} = 10\mu m$ 的常关器件的脉冲 $I_D - V_{DS}$ 特性。静态偏置点设置为 $(V_{GSQ}, V_{DSQ}) = (0V, 60V)$。脉冲宽度和脉冲周期分别为 500ns 和 1ms。绘制的 DC 输出曲线以供参考。实验表明，AlN/SiN$_x$ 钝化能有效抑制电流崩塌，且在线性区域内 DC 漏极电流与脉冲漏极电流相差不大。自热效应的消除被认为是脉冲 $I-V$ 测量中获得较高漏极电流的原因。对于高压开关测量，使用 Agilent B1505A 功率器件分析仪/曲线测量仪进行片上慢开关测试。在 $V_{GS} = 0V$ 的关断态，高漏极偏压应力后，在 $V_{GS} = 12V$ 和 $V_{DS} = 1.5V$ 下测量动态 R_{on}，瞬态导通电流大约为 100mA/mm，如图 12.14b 所示。当漏极应力电压 V_{DS} 低于 200V 时，关断到导通的开关时间为 0.1s；而当 V_{DS} 高于 200V 时，关断到导通的开关时间为 2.7s。在关断态 650V 漏极偏压应力下，器件的动态 R_{on} 退化为 76%。

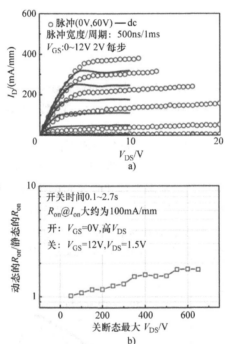

图 12.14　a) $L_{GS} = 1\mu m$，(W/L) $G = 2 \times 50\mu m/1\mu m$，$L_{GD} = 10\mu m$ 的 E 模式 MIS-HEMT 的脉冲 $I_D - V_{DS}$ 特性。b) 通过低速高压开关测量得到动态 R_{on} 和 DC 静态 R_{on} 的比值。该器件的 $L_{GS} = 15\mu m$，(W/L) $G = 10\mu m/1\mu m$，$L_{GD} = 15\mu m$

12.3.2　带有部分凹槽的 F 离子注入势垒层的 GaN MIS—HEMT★★★

对于具有金属-绝缘体-半导体（MIS）结构的 GaN 晶体管，其高温稳定性可能会面临介质/III - N 界面陷阱态的热电子发射引起的 V_{th} 不稳定性带来的挑战[21,22]。为了解决这个问题，我们提出了一种减薄的势垒层，使深界面陷阱能级在夹断时低于费米能级，从而使它们变得不活跃[22]。在这项工作中，我们利用氟离子注入/刻蚀技术来实现具有部分凹槽（Al）GaN 势垒层的常关 MIS - HEMT。部分凹槽的势垒层提高了热稳定性，而氟离子注入可以将器件从 D 模式转换为 E 模式，而不需要完全去除势垒层并牺牲高迁移率异质结的沟道[1]。

器件制造

正常关断的 MIS - HEMT 的横截面示意图如图 12.15 所示。利用 CF₄ 等离子体实现了氟离子注入和栅极的凹槽[23]。通过适当调整驱动氟等离子体的射频源的功率水平，可以获得两个理想的结果：①对栅极凹槽进行良好控制的慢干法刻蚀；以及②有效地将氟离子浅注入到 AlGaN 势垒层。在 200W 的较高射频功率水平下，氟等离子体注入导致了一个控制良好的慢刻蚀工艺，刻蚀速率为 2nm/min。同时，150W 的较低的射频功率对势垒层刻蚀是不显著的[1]。经过 6min 的氟注入/刻蚀，实现了约 12nm 的凹槽深度和光滑的刻蚀表面。在通过刻蚀去除另一个 2nm 的 AlGaN 后[24]，通过 ALD 原位氮化工艺沉积 20nm Al_2O_3[19]。

结果与讨论

部分凹槽的氟注入 E 模式 MIS - HEMT 在漏极电流为 10μA/mm 时显示出 +0.6V 的阈值电压（V_{th}），最大驱动电流为 730mA/mm，导通电阻为 7.07Ωmm（见图 12.16），并且以相对较快的扫描速率（0.7V/s）在上下 V_{GS} 扫描之间显示约 0.3V 的滞后。

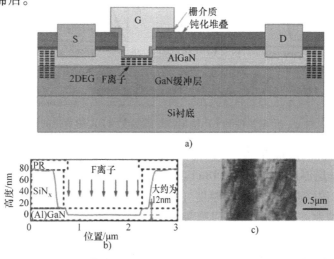

图 12.15 a）制造的 E 模式 MIS - HEMT 的横截面。b）F 注入后栅区侧壁轮廓（浅灰色实线）和 F 注入前的栅区轮廓。c）凹槽栅区的表面形貌

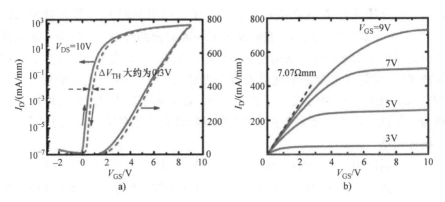

图 12.16　a）$L_G = 1.5\mu m$，$L_{GD} = 10\mu m$ 的 MIS – HEMT 的 a）传输特性曲线和 b）输出特性曲线

　　对与温度（T）相关的 MIS—HEMT 的转移和输出特性进行了表征（见图 12.17）。当温度从 25℃ 升高到 200℃ 时，由于缓冲层泄漏电流增加，观察到关断态泄漏电流增加了 3 个数量级，而漏电流则呈现下降（例如，在 $V_{GS} = 4V$ 时，从 240mA/mm 下降到 200mA/mm）。采用 10μA/mm 的 I_{DS} 电流标准，当 T 从 25℃ 增加到 200℃ 时，V_{th} 向负方向偏移 0.5V。

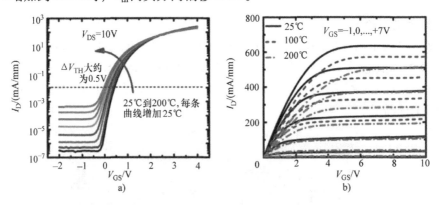

图 12.17　当温度从 25℃ 升高到 200℃ 时，$L_G = 1\mu m$，$L_{GD} = 2\mu m$ 的 MIS – HEMT 的 a）传输特性和 b）输出特性随温度（T）的变化曲线

　　根据最近的一份报告[22]，带有凹槽栅极的 MIS – HEMT 的热稳定 V_{th} 主要归因于薄的势垒层厚度（见图 12.18a）。如图 12.18 所示，V_{th} 随温度从 25℃ 升高到 200℃ 时的偏移取决于势垒层厚度（t_{BR}）。随着 t_{BR} 的降低，热诱导的 V_{th} 偏移可以被有效抑制。在夹断时，凹槽势垒层使深界面陷阱掩藏在费米能级以下（即 $\Delta E_3 < \Delta E_2 < \Delta E_1$），使其变得不活跃而不参与热敏发射（见图 12.18b）。界面陷阱稳定的电荷态将导致更稳定的 V_{th}。

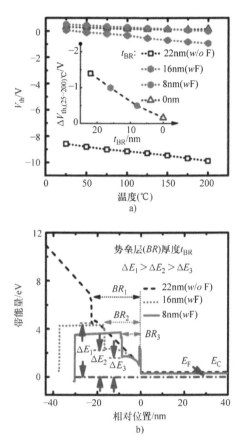

图 12.18　a）具有不同势垒层厚度和有/无氟（F）注入的 GaN MIS – HEMT 阈值电压随
温度 T 的变化。b）本文仿真了 MIS – HEMT 结构在夹断情况下的能带图（实线），并与
具有较厚势垒层的 MIS – HEMT 进行了比较。用一维泊松/薛定谔方程求解器对能带图进行了
仿真。为了简单说明，在 AlGaN 势垒层中使用均匀的氟浓度（产生 $1 \times 10^{13}/cm^2$ 的面密度）

12.3.3　GaN 智能功率芯片　★★★◀

虽然目前 GaN 功率器件技术的焦点是分立功率器件，但 GaN 功率电子器件
的高集成度可以带来许多与应用相关的好处，包括降低成本和提高可靠性。在一
个较为完整的电源转换模块中，除了核心功率器件（如开关和整流器）外，还
需要智能控制单元来实现不同负载条件下输出信号的精确调整，如图 12.19 所
示。最终，应该集成稳定的传感和保护单元，以实现对超温、过电流和过电压等
极端工作条件的全范围保护。因此，开发高集成度的 GaN 电力电子技术是很有
必要的，利用该技术，我们可以实现提供优化的性能，增加的功能和增强的可靠
性的片上功率调节/保护电路。

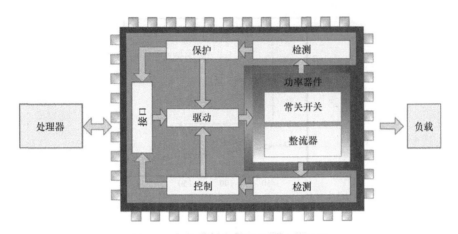

图 12.19　电源转换器模块的功能框图

异构集成平台

智能功率芯片技术需要一个能够集成高压器件和低压外围器件的平台（见图 12.20）[25,26]。高压开关由于其固有的故障安全工作方式，更喜欢采用常关型晶体管。对于数字芯片的发展，由于空穴迁移率较低，主流的类 CMOS 结构在 GaN 材料中的实现可能存在固有的困难。最近开始使用 AlGaN/GaN 来开发模拟集成电路。

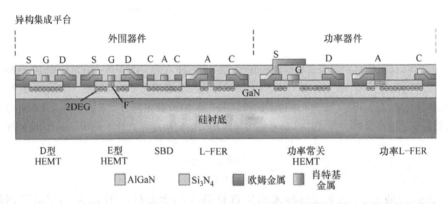

图 12.20　GaN 智能功率芯片技术平台示意图：低压外围器件与高压功率器件的集成

基于稳定的氟离子注入技术，开发了包括高压常关晶体管和横向场效应整流器在内的几个关键智能功率器件[27,28]。智能功率芯片技术还需要低压外围器件来实现数字和模拟模块。由于缺乏高性能 p 沟道 GaN 器件，GaN 数字电路最简单的电路结构是直接耦合 FET 逻辑（DCFL），它同时需要 E 模式和 D 模式 n 沟道 HEMT[29]。肖特基二极管和 L - FER 都表现出良好的温度依赖性，可用于温度传感和温度补偿。

横向场效应整流器（L‑FER）

除了晶体管，模拟电路通常还需要二极管。对于Ⅲ‑N 异质结，二极管可以通过三种方法实现，包括横向场效应整流器（L‑FER）[27]、异质结上的简单肖特基势垒二极管（SBD）或横向 SBD，从侧面形成的肖特基结到 2DEG 的沟道[30]。图 12.21 绘制了阳极‑阴极漂移区 L_D 长度为 10μm 的 L‑FER 的正向和反向特性。膝电压 V_k 被定义为正向电流为 1mA/mm 时的阳极偏压，在所建议的 L‑FER 中为 0.1V。图 12.22 显示了不同工作温度下 L‑FER 和 SBD 的正向 I-V 曲线。结果表明，由于 L‑FER 的传导电流主要由声子散射控制，所以其电流呈现负温度系数。对于直接在异质结上制作的 SBD，在正向偏压小于 1V 时，热电子发射控制正向电流，因此正向电流具有正的温度系数。

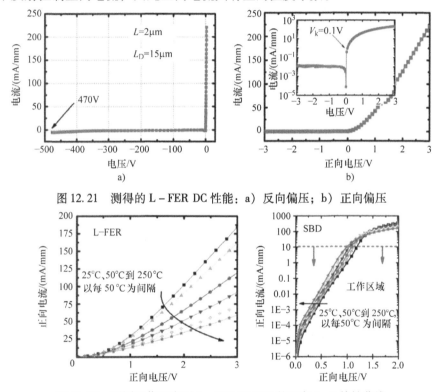

图 12.21　测得的 L‑FER DC 性能：a) 反向偏压；b) 正向偏压

图 12.22　不同工作温度下 L‑FER 和 SBD 的正向 I-V 特性曲线

基于 E/D 模式 HEMT 单片集成的 GaN 混合信号芯片

基于氟注入技术，实现了 E/D 模式 HEMT 的单片集成[29]。已经证明，17 级环形振荡器即使在 375℃下也能正常工作[31]。已经证明了各种混合信号的 GaN 集成电路，包括基准电压[32]、自举比较器[33]、2 位量化器和触发器[34]、温度传感器[35]和自启动电路[36]。

第一个使用单片集成 E/D 模式 HEMT 和 L – FER 的基于 GaN 的 PWM 电路如图 12.23 所示。该电路能够产生 1MHz 的 PWM 信号，占空比在较宽的范围内可实现线性调制。

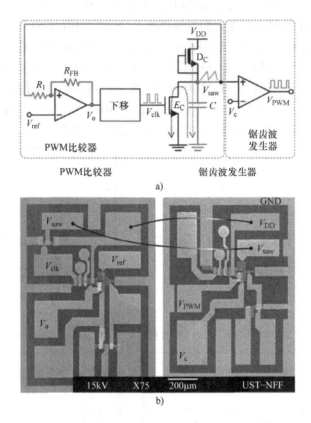

图 12.23　a) 基于 GaN 的 PWM 芯片的框图。锯齿波发生器使用三个片外无源元件（用浅灰线标记）。V_c 是从转换器输出采样的参考电压。b) 相邻芯片的扫描电子显微镜（SEM）图片（左边是锯齿波发生器；右边是 PWM 比较器）。Si 上 GaN 芯片是通过引线键合并安装在 PCB 上，PCB 上还包含三个片外无源元件

GaN 基脉冲宽度调制器包括两个功能模块，即锯齿波发生器和 PWM 比较器。锯齿波发生器产生锯齿信号（V_{saw}），而比较器（称为 PWM 比较器）通过比较从转换器输出采样的参考电压（V_c）与锯齿信号（V_{saw}）产生 PWM 信号（V_{PWM}）。V_{PWM} 的脉冲宽度由 V_c 调制，其频率由 V_{saw} 决定。在 5V 电源电压下，研究了高达 1 MHz 的电路性能。将产生的锯齿信号（V_{saw}）输入 PWM 比较器，与 V_c 进行比较，得到一个占空比由 V_c 调制的 PWM 信号。图 12.24 显示了电路在大约 1.08MHz 下工作时的 PWM 波形。PWM 信号的脉冲宽度可以在很宽的范围

内进行调制（通过将 V_c 从 1.3V 升高到 2.0V，V_{saw} 在 0.89V 和 2.18V 之间振荡）。

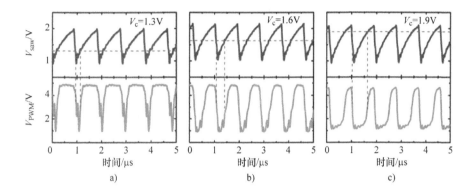

图 12.24　GaN PWM 电路的波形，$V_{DD} = 5V$，$I_{DD} = 5\ mA$。V_c（虚线）切断
V_{saw}（$f = 1.08MHz$，$V_{saw} = 0.89 \sim 2.18V$）并确定 V_{PWM} 的占空比。
a）$V_c = 1.3V$，b）$V_c = 1.6V$，c）$V_c = 1.9V$

12.4　结　　论

F 离子注入，特别是利用等离子体方法进行的低能注入，能够在 AlGaN/GaN 异质结中局部引入带负电荷的 F 离子。这些负的固定电荷为 2DEG 沟道中阈值电压的调节提供了一种灵活、稳定的方法，使 E 模式 GaN – HEMT 和 MIS – HEMT 在 D 模式 HEMT 平台上得以实现。基于分子动力学仿真的原子动力学建模表明，在（0001）C 面 AlGaN/GaN 沟道效应的辅助下，F 离子可以被合理地注入 AlGaN/GaN 异质结中，但由于 GaN 及其相关化合物的紧密晶格结构，F 离子可以稳定地被限制在晶体内。氟离子注入技术在同一技术平台上提供 GaN 功率器件（晶体管和整流器）和外围混合信号功能模块，为各种智能功率放大器和智能功率转换器最终的 GaN 片上系统解决方案提供了鲁棒性和灵活性。

致谢：作者要感谢他以前的学生和博士后为本章所述的工作做出的重要贡献。他们是 Yong Cai 博士、Ruonan Wang 博士、Li Yuan 博士、Maojun Wang 博士、Wanjun Chen 博士、Baikui Li 博士、King Yuen Wong 博士、Chunhua Zhou 博士、Alex Man Ho Kwan 博士、Shu Yang 博士、Cheng Liu 博士和 Hanxing Wang 博士。这项工作也得益于 Kei May Lau 教授和 Jiannong Wang 教授在香港科技大学的合作。

参 考 文 献

1. Cai Y, Zhou Y, Chen KJ, Lau KM (2005) High-performance enhancement-mode AlGaN/GaN HEMTs using fluoride-based plasma treatment. IEEE Electron Device Lett 26:435

2. Cai Y, Zhou Y, Lau KM, Chen KJ (2006) Control of threshold voltage of AlGaN/GaN HEMTs by fluoride-based plasma treatment: from depletion mode to enhancemend mode. IEEE Trans Electron Devices 53:2207

3. Jia S, Cai Y, Wang D, Zhang B, Lau KM, Chen KJ (2006) Enhancement-mode AlGaN/GaN HEMTs on silicon substrate. IEEE TransElectron Devices 53:1477

4. Yuan L, Wang MJ, Chen KJ (2008) Fluorine plasma ion implantation in AlGaN/GaN heterostructures: a molecular dynamics simulation study. Appl Phys Lett 92:102109

5. Segawa S, Kurihara M, Nakano N, Makabe T (1999) Dependence of driving frequency on capacitively coupled plasma in CF4. Jpn J Appl Phys 38:4416

6. Klein PB, Binari SC, Ikossi K, Wickenden AE, Koleske DD, Henry RL (2001) Current collapse and the role of carbon in AlGaN/GaN high electron mobility transistors grown by metalorganic vapor-phase epitaxy. Appl Phys Lett 79:21

7. Yi C, Wang R, Huang W, Tang WC-W, Lau KM, Chen KJ (2007) Reliability of enhancement-mode AlGaN/GaN HEMTs fabricated by fluorine plasma treatment. Technical digest. IEEE International Electron Device Meeting, p. 389

8. Robison RR, Law ME (2002) Fluorine diffusion: models and experiments. Technical digest. IEEE International Electron Device Meeting, p. 883

9. Hayafuji N, Yamamoto Y, Ishida T, Sato K (1996) Degradation mechanism of the AlInAs/GaInAs high electron mobility transistor due to fluorine incorporation. Appl Phys Lett 69:4075

10. Ma C, Chen H, Zhou C, Huang S, Yuan L, Roberts J, Chen KJ (2010) Reliability of enhancement-mode AlGaN/GaN HEMTs under ON-state gate overdrive. Technical digest. IEEE International Electron Device Meeting, p. 476

11. Yuan L, Wang M, Chen KJ (2008) Atomistic modeling of fluorine implantation and diffusion in III-nitride semiconductors.Technical digest. IEEE International Electron Device Meeting, p. 543

12. Wang MJ, Yuan L, Cheng CC, Beling CD, Chen KJ (2009) Defect formation and annealing behaviors of fluorine-implanted GaN layers revealed by positron annihilation spectroscopy. Appl Phys Lett 94:061910

13. Li BK, Chen KJ, Lau KM, Ge WK, Wang JN (2008) Characterization of fluorine-plasma-induced deep centers in AlGaN/GaN heterostructure by persistent photoconductivity. Phys Stat Sol C 5:1892

14. Khan MA, Hu X, Tarakji A, Simin G, Yang J, Gaska R, Shur MS (2000) AlGaN/GaN metal–oxide–semiconductor heterostructure field-effect transistors on SiC substrates. Appl Phys Lett 77:1339

15. Chen KJ, Zhou C (2011) Enhancement-mode AlGaN/GaN HEMT and MIS-HEMT technology. Stat Sol A 208:434

16. Wang R, Cai Y, Tang C-W, Lau KM, Chen KJ (2006) Enhancement-mode Si3N4/AlGaN/GaN MISHFETs. IEEE Electron Device Lett 27:793

17. Huang S, Jiang Q, Yang S, Zhou C, Chen KJ (2012) Effective passivation of AlGaN/GaN HEMTs by ALD-grown AlN thin film. IEEE Electron Device Lett 33:516

18. Tang Z, Jiang Q, Lu Y, Huang S, Yang S, Tang X, Chen KJ (2013) 600-V normally-off SiNx/AlGaN/GaN MIS-HEMT with large gate swing and low current collapse. IEEE Electron Device Lett 34:1373

19. Yang S, Tang Z, Wong K-Y, Lin Y-S, Liu C, Lu Y, Huang S, Chen KJ (2013) High-quality interface in Al2O3/GaN/AlGaN/GaN MIS structures with in situ pre-gate plasma nitridation. IEEE Electron Device Lett 34:1497

20. Lu Y, Yang S, Jiang Q, Tang Z, Li B, Chen KJ (2013) Characterization of VT-instability in enhancement-mode Al2O3-AlGaN/GaN MIS-HEMTs. Phys Stat Sol C 10:1397

21. Chu RM, Brown D, Zehnder D, Chen X, Williams A, Li R, Chen M, Newell S, Boutros K (2012) Normally-off GaN-on-Si metal-insulator-semiconductor field-effect transistor with 600-V blocking capability at 200 °C. Proceeding of 24th international symposium on power semiconductor devices and ICs, p. 237

22. Yang S, Liu S, Liu C, Chen KJ (2014) Thermally induced threshold voltage instability of III-Nitride MIS-HEMTs and MOSC-HEMTs: underlying mechanisms and optimization schemes. Technical digest. IEEE International Electron Device Meeting, p. 389

23. Liu C, Yang S, Liu S, Tang Z, Wang H, Jiang Q, Chen KJ (2015) Thermally stable enhancement-mode GaN metal-insulator-semiconductor high-electron-mobility transistor with partially recessed fluorine-implanted barrier. IEEE Electron Device Lett 36:318

24. Liu S, Yang S, Tang Z, Jiang Q, Liu C, Wang M, Chen KJ (2014) Al2O3/AlN/GaN MOS-channel-HEMTs with an AlN interfacial layer. IEEE Electron Device Lett 35:723

25. Wong K-Y, Chen W, Liu X, Zhou C, Chen KJ (2010) GaN smart power IC technology. Phys Stat Sol B 247:1732

26. Chen KJ, Kwan AMH, Jiang Q (2014) Technology for III-N heterogeneous mixed-signal electronics. Phys Stat Sol A 211:769

27. Chen W, Wong KY, Huang W, Chen KJ (2008) High-performance AlGaN/GaN lateral field-effect rectifiers compatible with high electron mobility transistors. Appl Phys Lett 92:253501

28. Chen W, Wong KY, Chen KJ (2009) Single-chip boost converter using monolithically integrated AlGaN/GaN lateral field-effect rectifier and normally-off HEMT. IEEE Electron Device Lett 30:430

29. Cai Y, Cheng Z, Yang Z, Tang WC-W, Lau KM, Chen KJ (2006) Monolithically integrated enhancement/depletion-mode AlGaN/GaN HEMT inverters and ring oscillators using CF4 plasma treatment. IEEE Trans Electron Devices 53:2223

30. Bahat-Treidel E, Hilt O, Zhytnytska R, Wentzel A, Meliani C, Würfl J, Tränkle G (2012) Fast-switching GaN-based lateral power schottky barrier diodes with low onset voltage and strong reverse blocking. IEEE Electron Device Lett 33:357

31. Cai Y, Cheng Z, Yang Z, Tang WC-W, Lau KM, Chen KJ (2007) High temperature operation of AlGaN/GaN HEMTs direct-coupled FET logic (DCFL) integrated circuits. IEEE Electron Device Lett 28:328

32. Wong K-Y, Chen WJ, Chen KJ (2010) Integrated voltage reference generator for GaN smart power chip technology. IEEE Trans Electron Devices 57:952

33. Liu X, Chen KJ (2011) GaN Single-polarity power supply bootstrapped comparator for high temperature electronics. IEEE Electron Device Lett 32:27

34. Kwan AMH, Liu X, Chen KJ (2012) Integrated gate-protected HEMTs and mixed-signal functional blocks for GaN smart power ICs. Technical digest. IEEE International Electron Device Meeting, p. 7.3.1

35. Kwan AM, Guan Y, Liu X, Chen KJ (2014) A highly linear integrated temperature sensor on a GaN smart power IC platform. IEEE Trans Electron Devices 61:2970

36. Jiang Q, Tang Z, Liu C, Lu Y, Chen KJ (2014) Substrate-coupled cross-talk effects on an AlGaN/GaN-on-Si smart power IC platform. IEEE Trans Electron Devices 61:762

37. Wang H, Kwan AM, Jiang Q, Chen KJ (2015) A GaN pulse width modulation integrated circuit for GaN power converters. IEEE Trans Electron Devices 62:1143

第13章 »

GaN高压功率晶体管的漂移效应

Joachim Würfl

13.1 简 介

半导体中的漂移效应会根据其电学、热和辐射处理的不同而改变其电学特性。与退化效应类似，它们对器件性能产生不利的影响。然而，与退化相反，漂移效应是完全可恢复的。这意味着可以通过某些处理，如在特定条件下的器件偏置，通过光照加热无偏压器件或通过这些步骤的组合，可以使器件的性能恢复到其初始状态。当然，器件漂移也可以由其他机制触发，如水分掺入或器件栅极通道区的化学物质吸附（化学传感特性）。但是，本节不考虑这一点，因为这可以通过封装和钝化技术来控制，并且不是功率器件本身的特性。

了解器件漂移效应对于预测实际系统环境中的器件性能至关重要。此外，正确识别漂移效应以及对技术背景的探索，有助于聚焦器件改进的技术对策的实现。

本章节结构如下：第13.2节介绍物理机制和依赖关系；第13.3节接着讨论在GaN电源开关晶体管中观察到的最重要的漂移现象及其对器件性能的影响；最后，第13.4节讨论经验证的降低器件漂移的技术概念。

13.2 漂移效应及其物理机制

13.2.1 概述 ★★★◀

大量的漂移效应会影响功率开关器件的性能，降低开关效率，影响可靠性。表13.1总结了最重要的可逆漂移机制。

通常，上述效应相互关联，从而导致各种各样的器件参数的变化。

表 13.1　重要动态效应的概述

效应类型	描述	对器件/系统性能的影响
导通态电阻 R_{on} 的动态增加	• 与静态值相比，动态器件工作增加了导通态电阻[1-3] • 影响程度取决于特定偏置和功率开关条件	• 增加功率开关导通阶段的损耗 • 降低整体的开关效率 • 可能由于过热导致器件烧毁
阈值电压漂移	• 根据器件的工作条件，阈值电压可能相对于其静态值发生偏移[4, 5]	• 改变器件的驱动特性 • 可能导致器件误开启
Kink 效应	• 减小线性器件区至膝区的漏极电流[6]	• 导致额外的导通损耗

13.2.2　基本物理理解 ★★★

在 GaN 功率开关晶体管中观察到的漂移效应，大多与工作在特定偏压条件下有源器件的沟道区附近电荷平衡的变化有关。电荷平衡可以通过俘获/释放过程[7,8]和/或存在具有极低迁移率的载流子的情况下通过静电耗尽来改变[2,9]。俘获的程度取决于陷阱态的可用性、能级和俘获截面、特定器件区域的电场和温度。电场分布和温度与器件运行模式密切相关，甚至取决于整个电子系统的具体任务[10]。因此，电压和电流水平、开关事件的时序，以及更多的参数最终决定了器件的特性。

图 13.1 给出了非常简单的肖特基栅 GaN 晶体管的横截面示意图，以解释导致可恢复漂移效应的物理机制。相关的基本物理原理甚至适用于更复杂的器件结构。在全导通态，理想的无陷阱 GaN 晶体管基本上是在有源区外延 GaN/AlGaN 层的组合所给出的最大 2DEG 电子浓度下工作的[11]。图 13.1a 描述了这种"理想"情况，即流过 2DEG 区域的电流不受任何俘获效应的影响。假设电子俘获发生在栅极和漏极之间的缓冲区，则会出现额外的负电荷。它们扰乱了其他电荷的平衡，如 2DEG 电子或表面/界面态。为了在这个特定的器件区域保持电中性，需要对它们进行补偿（见图 13.1b）。通常，通过减少陷阱附近的 2DEG 电子浓度来平衡过剩的负电荷。因此，靠近陷阱的 2DEG 区域的开启电阻局部增大。在器件端，可以测量到导通态电阻增加 ΔR_{on}。图 13.8b 描述了这种情况。俘获可以发生在外延层，钝化半导体界面甚至在不同钝化层之间的界面的不同地方。如果俘获发生在靠近漏极通道区域，则 2DEG 电子浓度降低并导致 R_{on} 增加。必须指出，俘获也可能发生在源极通道区（图 13.8b 中未示出）。在这种情况下，源极通道区也会导致 R_{on} 电阻的额外增加[7,8]。

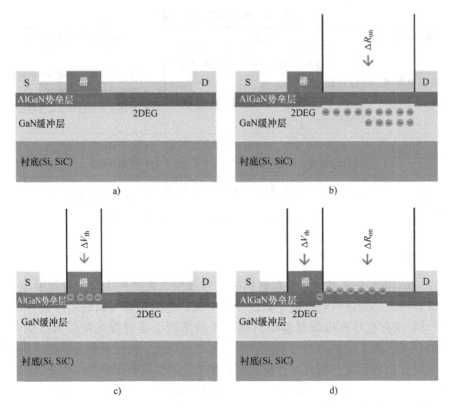

图 13.1 不同偏压和俘获条件下 AlGaN/GaN HEMT 的截面示意图。为了简单起见，只显示负电荷俘获。俘获可以解释为在一定的工作条件下，某些器件区域电荷平衡的净变化。为了维持整个系统的电荷平衡，必须立即平衡额外的电荷。通常，平衡是通过改变 2DEG 的电子密度来实现的。这种效应在器件开启后变得明显，然后导致导通态电阻的变化。如果负电荷在源极或漏极通道区附近被俘获，2DEG 电子密度将降低，从而导致导通态电阻增大。如果俘获局限于栅极下区域，则在负电荷俘获时会发生正的阈值电压偏移，而如果引入正电荷（例如，如果电子从施主陷阱发射出去），则阈值电压会向负方向偏移。a）在导通状态没有任何陷阱的理想器件：2DEG 充满了电子。b）在漏极通道区附近的电子俘获：例如，在较高的漏极偏压下从关断态切换到导通态后立即发生的这种情况。俘获的电子[8]（或耗尽的深层受主[9]）完全或部分耗尽 2DEG，从而阻碍电流流动。如果源极或漏极通道区受到俘获的影响，则导通态电阻会发生变化。这就产生了所谓的动态导通态电阻增加 ΔR_{on_dyn}。c）在栅极附近（在栅极下方）的电子俘获会导致栅极下方的沟道部分耗尽：由于这些电荷有助于沟道耗尽，因此需要较低的栅极电压来完全关断器件，阈值电压会向更大的正向偏移。d）在钝化层和阻挡层界面上的电子俘获：这会导致阈值电压偏移并在朝向漏极的界面上形成一个虚拟栅极降低 2DEG 电子浓度，增加 R_{on_dyn}。

如果电子俘获发生在栅极的正下方，为了保持电中性，在该区域 2DEG 沟道中的电子浓度降低（见图 13.1c）。换言之，这意味着当晶体管夹断时，完全关断沟道需要耗尽较少的电子。这会导致阈值电压向正向偏移。一般来说，栅极下方的电荷俘获，无论其物理来源如何，都会导致阈值电压发生偏移[7,8]，如果俘获导致负电荷过剩则会正向偏移（另请参见图 13.8b），反之则会负向偏移。

在某些情况下，这两种机制结合在一起导致阈值电压的偏移和导通态电阻的增加。图 13.1d 描述了这种特殊情况。如果电子从栅极靠漏一边注入到 AlGaN/钝化处的界面态（施主陷阱）以及 AlGaN 势垒层本身，则会发生关断态偏置[6,12]。此外，器件在半导通状态下（接近阈值电压）工作时，在栅极靠近漏一侧边缘的沟道区域中存在的热电子也可能被散射到靠近栅极的陷阱位置[13,14]。在这两种情况下，可以观察到阈值电压的正偏移和最大漏极电流的减小。

如果电子沿着漏极通道区注入到浅界面态，过剩的负电荷将首先耗尽沟道，在较低的漏极电压水平下导致漏极电流减小。然而，在较高的漏极电压下（存在更高的电场），电子从浅层陷阱发射，导致效应的恢复和漏极电流的增大[6]（另请参见图 13.8c）。这种效应称为 "Kink 效应"，将在第 13.3.3 节中详细讨论。

13.2.3　对器件工作条件的依赖性　★★★

实际上，所有的功率变换应用都依赖于功率晶体管在关断态和导通态之间的连续转换。在每个开关周期，器件内部电场分布和器件温度的变化特性都取决于器件的偏压和开关时序。图 13.2 通过半桥电路更详细地解释了这一点，半桥电路是现代功率开关系统的一种非常常见的架构[15]。功率晶体管以交替（反相位）的方式将负载 Z 连接到正偏压 $+V_D$ 和负偏压 $-V_D$。在转换过程中，器件的偏压点在条件 I 和 II 之间连续交替。

在硬开关结构中，器件在较高的漏极电压存在的情况下开启。在向晶体管施加一个正栅极脉冲后，内部漏/源极电容迅速放电。这导致漏极电流迅速增大到最大值。之后，漏极电流汇聚到导通态偏置点（II）。图 13.2b 显示了相应的负载线。

与硬开关相比，软开关结构只有在器件的漏极电压低得可以忽略的情况下才会开启。这大大减小了器件的应力。例如，可以在谐振结构中实现软开关。考虑到图 13.2a 所示的电路，例如，可以假设功率开关和负载阻抗 Z 构成谐振电路。如果晶体管以谐振方式开关，使得只有在连接点 L 的实际偏置为 $+V_D$（T_1 开启）或 $-V_D$（T_2 开启）时，器件才开启，则器件根据图 13.2c 的负载线工作，开关损耗大大减小。

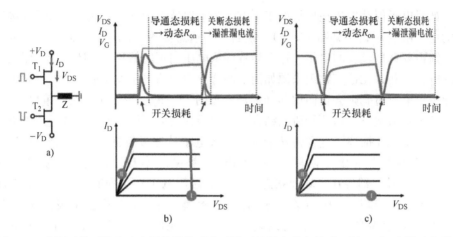

图 13.2　实际系统环境中功率晶体管的瞬态开关（另见参考文献［10］）。a）半桥功率开关
电路实例，这两个晶体管的开关与负载阻抗 Z 相反。b）硬开关器件：功率开关（顶部）
主负载（底部）产生的波形和损耗类型的标示。c）软开关器件：功率开关（顶部）
主负载（底部）产生的波形和损耗类型的标示

在任何情况下，硬开关和软开关的负载线都会显示施加不同应力时器件的不同工作条件。

功率开关周期的不同阶段以一种特有的方式对器件施加应力。此外，它们还决定了电源开关的总损耗，从而限制了整个系统的开关效率：

- 导通态阶段：器件中电流密度高，但电场很低。电流通过导通态电阻 R_{on} 产生损耗。如果这是动态增加的，导通态损耗将是整个损耗的主要部分。

- 关断态阶段：高的内部电场，由关断态漏极泄漏和较高的漏极电压引起的损耗。较高的内部电场会在器件中产生电荷俘获，进而导致在导通态下电阻的增大。

- 开关阶段：损耗取决于具体工作（硬开关或软开关）和开关事件的持续时间。在硬开关过程中，同时存在较高的电场和较高的电流密度，这会对器件造成特别大的应力。

总之，漂移效应取决于器件工作条件与器件本身的俘获机制之间相当复杂的相互作用。

13.3　GaN 功率开关晶体管中的漂移现象

13.3.1　导通态下的动态电阻（R_{on_dyn}）　★★★

在功率变换时，所谓的导通态下的动态电阻 R_{on_dyn} 可能比其静态值 R_{on} 高得多。这会产生额外的导通损耗，因此会影响最大的开关效率[1,2]。图 13.3a 显示了在动态工作时，当器件受到导通电阻增大的影响时，开关晶体管的电学特性是如何变化的。图 13.3b 中的具体示例显示了在长期偏压点上工作了很长一段时间之后，GaN 晶体管很短时间转换到某个偏压点的输出 IV 特性。在给定的系统中，探针脉冲持续时间为 $0.2\mu s$。然后，在开始下一个探测周期（占空比 $1:2500$）之前，系统停留在长期偏压点 $500ms$。如果探测脉冲时间远小于俘获或释放时间常数，则认为陷阱实际上是冻结的。这意味着短探测脉冲表征了长期偏压点实际存在的俘获状态。由于开关器件主要是从高漏极偏置的关断态偏置点切换到导通态偏置点，该表征提供了从关断态开启后器件在系统环境中如何工作的基本信息。根据图 13.3b，如果器件从增加的漏极偏置电平切换，则 IV 特性线性区域的开启斜率和漏极饱和电流都会减小。这种效应也被称为"电流崩塌"。开启斜率被定义为导通态电阻 R_{on}，当从更高的漏极偏压切换时，它会增加。在 GaN 功率开关器件中，导通态下的动态电阻 R_{on_dyn} 等于或始终高于其静态电阻。必须指出的是，图 13.3 中所示的特定器件是为演示目的而选择的，到目前为止，它并不代表优化用于高电压开关的现代 GaN 器件。如今，对于完美优化的器件来说，这种差别几乎可以忽略不计。

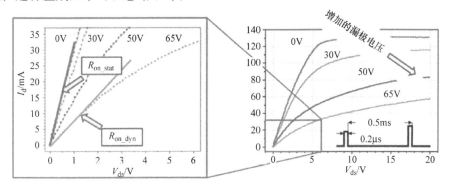

图 13.3　当器件从高漏极电压关断态偏压点切换到输出 IV 特性的任何点时，导通态下的动态电阻的增加，另请见参考文献 [16]

导通态电阻的动态增加取决于具体的器件工作条件和外部影响，如：
- 转换前关断态偏压的持续时间和大小[1-3,8,17,18]。
- 从关断态到导通态转换事件后 R_{on} 测量的时间延迟[8,17,18]。
- 系统环境中的开关模式（例如硬开关或软开关）[10,19]。
- 工作温度[7,8,20]。
- 电离辐射下的工作[21,22]。

13.3.1.1　关断态偏压点的功率转换
如上所述，导通态下动态电阻 R_{on_dyn} 是由开关从关断态切换后，在开关事件期间或在导通态工作期间靠近有源沟道的器件区域中临时的电荷俘获引起的。连续的器件开关是功率变换器的标准工作模式。根据图 13.4 的仿真显示了用于功率开关的典型 GaN HEMT 器件中的电场分布。在高漏极电压下的关断态偏置过程中，高电场峰值出现在栅极的靠漏极侧边缘，靠近漏极的栅极侧边缘并靠近钝化层中金属 gamma 栅极的漏极侧边缘。电场也深入到缓冲层中。如果假设缓冲层中有补偿受主（例如，由于 Fe 或 C 补偿掺杂或其他缺陷），则高电场可能导致该区域的静电耗尽。相应地，在高漏极电压下，释放的空穴将在缓冲层中留下一个带负电荷的空间电荷区。如果存在陷阱态，也会发生额外的电子俘获。当然，俘获并不局限于缓冲层，它也可能发生在栅极的漏极侧边缘的钝化层或 AlGaN 表面与钝化层的界面处。最后，器件中可能存在如图 13.1 所示的俘获情况。如果器件从关断态切换到开启态，电场立即下降而陷阱将根据其自身的时间常数而释放。此外，从受主态（空间电荷区）静电释放的空穴将缓慢向后移动。通常，释放时间常数远大于器件的开启时间常数。因此，一旦器件开启，电中性就要求在受陷阱影响的器件区域附近 2DEG 电子数量减少。因此，2DEG 沟道不能立即完全打开，而电子传输受到阻碍，直到所有寄生电荷被中和。

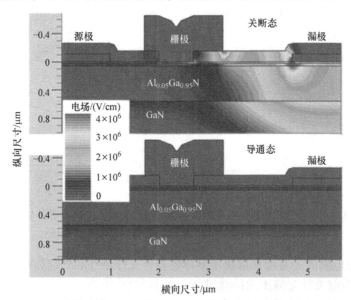

图 13.4　GaN 功率晶体管从关断态切换到导通态后内部电场的可视化分布
（另参见文献［2，16］）：关断态条件：反向偏置和漏极电压为 300V 时 GaN HFET 的
电场分布仿真。2DEG 完全耗尽。导通态条件：稳态导通态（漏电压 0V）下电场分布的仿真。
在这种情况下，2DEG 是完全导电的（彩图见插页）

图 13.5 显示了俘获机制是如何影响功率开关的。在理想的情况下，漏极电

压应在晶体管栅极开启后立即下降到器件静态开启电阻给定的值。根据图 13.5，在低于 300V 的较低的漏极电压下进行转换时，也是这种情况。在较高的漏极电压下进行转换会在开关事件发生后立即在器件上产生明显的电压降。这个电压降是由于导通态电阻 R_{on} 在其静态值（$R_{on\_dyn} = R_{on\_stat} + \Delta R_{on}$）上的动态增加所导致的。电压下降的程度取决于开关前器件的漏极电压和开关后经过的时间。R_{on_dyn} 通常随着工作电压的增加而增加，并且可以超过静态值两个数量级[2,23]。这里没有显示的是，R_{on_dyn} 还依赖于关断态偏置的时间[24]。这意味着对于不同供应商的器件，在导通态下的动态电阻数据会进行公平的基准测试，所有这些边界条件必须已知并保持恒定。

对 R_{on_dyn} 的时间依赖性的更为复杂的研究揭示了衰减的细节，如图 13.5b 所示。从关断态转换后，R_{on} 迅速减小，然后趋于平缓。它在几秒钟后达到其初始值（图中未显示）。有趣的是，R_{on} 并不是真的呈指数下降。此外，在较高时间分辨率下的测量结果表明，R_{on_dyn} 按照多个时间常数呈指数函数衰减。认为这种行为与不同的陷阱态有关，这些陷阱态有助于充放电机制。

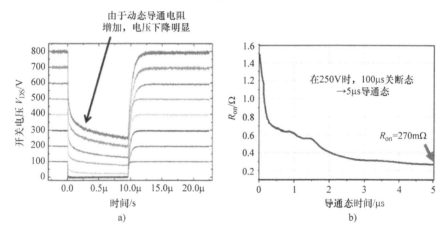

a)

b)

图 13.5　根据文献 [2，16]，动态导通态电阻增加对 GaN 功率器件开关性能的影响：a) GaN HFET 动态开关特性的一个例子，显示在漏极偏压大于 300V 时开关后，导通态下动态电阻的显著增加。该器件是在一个重掺杂 C 的缓冲结构上制造的，因此显示出非常明显的 R_{on_dyn}。b) 对于静态导通态电阻为 100mΩ 的器件，在 250V 开关时形成关断态的偏置：在开关后的前 5μs 内，R_{on} 以涉及多个时间常数的相当复杂的方式衰减到 270MΩ。R_{on} 完全恢复到静态值需要几秒钟时间[2]

在这方面进行了更详细的测量[3,20,24-26]。分析了俘获对关断态偏置应力持续时间的依赖性。漏极电流是在开关事件（电流瞬态测量[27,28]）后长时间测量的。测量涵盖了 10^{-5}s 和 1000s 之间的时间常数；因此，可以识别快俘获中心和慢俘获中心，并将其归因于某些缺陷能级。为了直接表征导通态动态电阻对时间的依赖性，器件工作在关断状态下并反复脉冲到 IV 特性的线性区域，以进行 R_{on} 测量。这就得到了一个描绘导通态下电阻随关断态应力时间的增加而增加的曲线图（见图 13.6）。可以清楚地看到，即使在相对较低的 45V 的关断态漏极偏置下，在室温下偏置持续约 100s 后，导通态电阻开始显著增大。

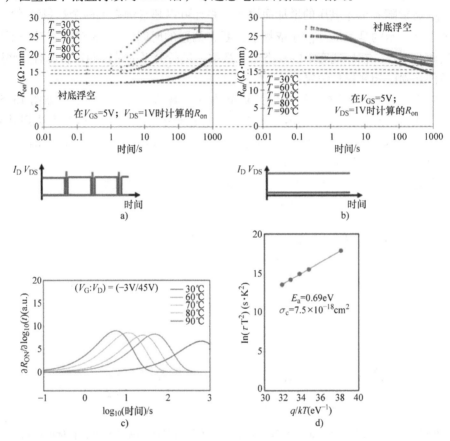

图 13.6　器件在不同工作条件下的导通态电阻的变化。a）和 b）中图表下方的插图显示了所使用的特定表征序列。a）俘获条件：器件在 45V 关断态漏极偏压下工作，在 $V_{GS}=5V$；$V_{DS}=1V$，持续 50ms 下进行中间脉冲 R_{on} 测量。从 30℃ 到 90℃ 的温度相关性测量。b）释放条件：器件在 $V_{GS}=5V$；$V_{DS}=1V$ 下工作，在 $V_{GS}=5V$；$V_{DS}=1V$，持续 50ms 下进行中间脉冲 R_{on} 测量。从 30℃ 到 90℃ 的温度相关性测量。c）根据 a）的俘获曲线的导数。d）根据 a）中温度相关测量值测定的陷阱激活能（彩图见插页）

提高工作温度不仅会使沟道中的电子散射产生更高的静态 R_{on}，而且会使俘获时间常数变短。在 90℃ 时，在 1s 的关断态应力后可以观察到 R_{on} 的急剧增大。

这一过程是完全可逆的：在释放条件下，超过 1000s 后达到 R_{on} 的起始值。利用俘获和释放的温度依赖关系，可以得到所涉及陷阱的俘获截面和激活能。在这种情况下，可能在缓冲层中发现激活能为 0.69eV 的深受主陷阱。这一点得到了以下事实的支持，如果衬底相对于晶圆正面的栅极、漏极和源极是正偏置的，那么导通态下动态电阻的增大实际上可以忽略不计。在反向偏置下，与浮动工作条件相比，R_{on} 的增大甚至更高。

　　上面所示的特征提供了一个关于特定器件技术如何影响俘获特性的思路。在 GaN 晶体管中观察到的陷阱的各种不同的时间常数和激活能被总结在参考文献 [25] 中。可以给出以下更一般的陈述：

- 关断态偏置期间的俘获时间常数随漏极电压和温度的增大而减小[8,20]。
- 背栅测试（此处未显示）表明，导致动态 R_{on} 增大的陷阱主要发生在缓冲层，负衬底偏压往往会增加俘获，而正偏压则会产生相反的影响[24]。特别是，掺杂 Fe^+ 和 C^+ 的缓冲层结构依赖于深受主，这在器件工作期间会产生俘获效应[9,26]。
- 动态 R_{on} 增大通常与价带上方 0.63eV 处的受主型陷阱状态相关[26]，这与 GaN 缓冲层中的点缺陷有关[8,25]。因此，材料质量和预先存在的缺陷起着决定性的作用。
- 缓冲层俘获似乎与垂直泄漏[20]和栅极泄漏[29]的程度相关。

　　在根据图 13.6a 进行长期的俘获实验之后，导通态电阻增大到特定的饱和值，见参考文献 [27]。这可能是因为在长期的俘获之后，所有的陷阱态都被占据了。然而，由于测量序列总是包含一个短的释放阶段来表征关断态下的 R_{on}，饱和也可能与在 R_{on} 测量期间在关断态下俘获和释放平衡效应的结果有关。为了更详细地研究这种影响，我们测试了另一个测量序列。这包括在一定时间内连续俘获，接着完全释放，然后继续进行俘获实验以达到目标时间值（见图 13.7a 和 b）。在初始测量点之后可以观察到一个非常明显的 R_{on} 增大，这表明了短期的俘获效应。在有限的增加或甚至轻微的减少到大约 100s 之后，R_{on} 会在 1000s 的时间范围内持续增加，但不会达到饱和。在任何情况下，这种影响都是完全可逆的，这意味着在每个释放周期（见图 13.7b）之后，R_{on} 恢复到其初始值[30]。在参考文献 [18] 中也进行了类似的测量。

　　对于在实际系统环境中工作的晶体管，这种行为意味着与在关断状态下相对较短的时间后开启该器件的情况相比，在存在高漏极电压的情况下，长时间关断该器件可能导致再次开启该器件后导通态电阻要大得多。如果 R_{on} 过大，这甚至会在第一次开启后损坏器件。

　　在功率开关工作中，观察到的俘获和释放时间常数的不对称性非常重要，并且会根据具体的工作条件如开关电压、开关频率和开关占空比而改变器件的性能。根据图 13.7c，导通态电阻随开关频率的增加而逐渐增大。由于可以在这些特定的实验中排除热效应，因此提出了一种与俘获效应和释放效应平衡有关的机制。显然，在较低的频率下，在导通态的释放更为重要，导致在相当低的开关频率下达到平衡。在较高的频率下，可以观察到 R_{on} 的饱和。

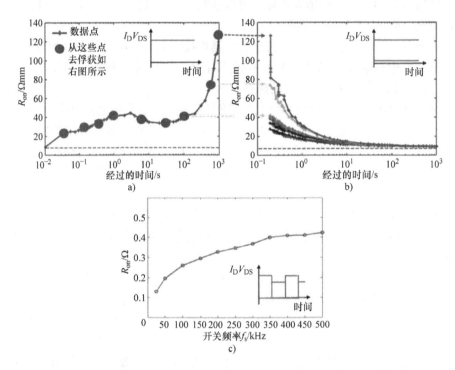

图 13.7　在关断态和周期性转换下进行连续俘获的俘获实验。插图显示了各自的测量过程。a）在 200V 漏极偏压下进行的连续俘获实验：在每个测量点之后，器件被完全释放，然后进行另一个不同持续时间的俘获实验。测量条件：常关 p‑GaN 栅 GaN HFET，基板温度 90℃。b）在 a）中用"圆点"表示的选定关断态偏置持续时间后的释放曲线。释放条件：$V_{DS} = 1V$，$V_{GS} = +1V$，基板温度 90℃。c）在 80V 关断态漏极偏置和直到 500kHz 的不同频率下电源转换时 R_{on} 的变化。测量条件：导通态漏极电流 4A 的漏极偏置，占空比 0.5，开启后 250ms 测量。被测器件：常关 p‑GaN 栅 GaN HFET，静态导通态电阻为 75mΩ

13.3.1.2　导通态工作期间的俘获效应

如果电子在沟道区域或缓冲层被俘获，在导通态条件下也可能产生负电荷[28]。在这种情况下，晶体管面临最大漏电流的减小（R_{on} 增大）。如果俘获发生在栅极下方，这种效应可能伴随着阈值电压正的偏移。如果器件在接近阈值电压的半导通态下工作，则电子散射进入到栅极附近或栅极下方的陷阱态是很明显的。在这种情况下，在栅极的漏侧边缘的高电场与相当高的电子密度同时存在，导致电子在高电场区的相当大的加速度，因此电子不能在那里热化。这些所谓的热电子是有相当能量的，可能会散射到 AlGaN 势垒层的陷阱态和缓冲层中。热电子甚至有可能产生额外的陷阱态，从而导致永久性的器件退化[13]。在硬开关工作期间（见图 13.2 和参考文献 [10]），晶体管在短时间内同时面临较大电流和较高漏极电压，这是产生热电子的理想条件。然而，根据参考文献 [28] 中的实验，这种情况不一定会导致 R_{on} 的显著增大。认为在硬开关事件中还会发生碰撞电离。因此，产生额外的空穴基本上平衡了被俘获的电子。参考文献 [10] 的研究还表明，软开关会比硬开关产生更明显的俘获。这与在软开关的关断态阶段电子注入到栅极和漏极通道区域有关。

这里必须指出的是，迄今为止，在这一主题上开展的工作和发表的文献还不够多。因此，还不可能建立一个关于 GaN 器件在硬开关或软开关工作中如何反应的一般规则。然而，上述结果表明，在性能上确实存在差异，这可能取决于具体测试过的特定的 GaN 器件技术。

13.3.2　阈值电压偏移　★★★

根据图 13.1c 和 d，阈值电压偏移与栅极下方或附近电荷平衡的临时变化有关。已知的多种物理效应导致栅极附近的俘获效应：

- 反向栅极偏压下肖特基栅结构的电子注入[8,28]。
- 电子注入到栅极隔离结构[5,31]。
- 在 AlGaN 势垒层中热电子诱导的俘获[13,14]。
- 与电离辐射的相互作用[21,22]。

任何阈值电压的变化都会改变器件的驱动条件。假设开启的栅极电压保持恒定，阈值电压负向偏移会导致晶体管驱动增强，而阈值电压正向偏移则会相反。在前一种情况下，由于需要更高的负栅极驱动电压，晶体管也可能无法正常关断。在系统环境中，这可能会增加器件对伪启动的敏感度[32,33]。在后一种情况下，在给定的栅极电压下，导通电阻显著减小，从而导致更大的开关损耗。在任何情况下，都需要避免阈值电压偏移以保证系统的可靠运行。

为了更好地解释阈值电压偏移，图 13.8 显示了具有肖特基栅的 GaN 晶体管的脉冲传输特性。对三种不同的脉冲条件进行了比较：第一种是零栅极电压和零漏极电压（$V_{GS} = 0V$ 和 $V_{DS} = 0V$）下的情况，即无俘获的器件情况，条件 $V_{GS} = -7V$ 和 $V_{DS} = 0V$ 指的是所谓的栅滞后条件，因为电场仅限于栅极区域，而 $V_{GS} = -7V$ 和 $V_{DS} = 30V$ 反映了在相当高的漏极偏压下的关断态条件，并在栅极的靠漏极边缘甚至在漏极附近提供高电场。脉冲持续时间和占空比的选择使得陷阱在长期偏压条件下被冻结，而仅在测量脉冲期间探测输出 IV 特性（另请参见

图 13.3）。图 13.8a 所示的传输特性是根据 $V_{DS}=10V$ 时的输出特性数据计算出来的。

所研究的器件没有显示出显著的栅极滞后，这意味着图 13.8c 的机制在这里不是很明显。相反，在施加漏极滞后条件（$V_{GS}=-7V$；$V_{DS}=30V$）后，可以观察到明显的偏移。在这种情况下，由于靠近栅极区域的外加电场要高得多，因此可能会有更多的电子被困在 AlGaN 势垒中，它们甚至可能会克服势垒而被困在栅下方的缓冲层区域。这些额外的电荷可以解释观察到的阈值电压的偏移。

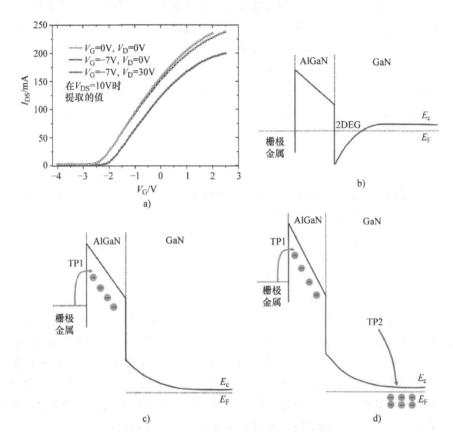

图 13.8 阈值电压漂移和漏极电流退化的实例和物理解释：从不同漏极和栅极点开始的传输特性的脉冲测量。传输特性是由电压间隔密集的栅极电平下测量的输出 IV 特性计算的。该图表示 $V_{DS}=10V$ 时的传输特性。偏压点（$V_{GS}=V_{DS}=0V$）没施加器件应力；（$V_{GS}=-7V$；$V_{DS}=0V$）栅极区施加应力；（$V_{GS}=-7V$；$V_{DS}=30V$）栅极和漏极区施加应力。b）完全释放的和无偏压器件的能带图（$V_{GS}=V_{DS}=0V$）。c）负栅极偏压下（$V_{GS}=V_{DS}=0V$）的能带图，电子占据 AlGaN 层的能量态。d）在负栅极偏压和高漏极偏压（器件被栅极关断）（$V_{GS}=-7V$；$V_{DS}=30V$）时的能带图；电子被困在 AlGaN 层、缓冲层中的栅极下和漏通道区（图中未显示）的能量态

13.3.3　Kink 效应　★★★

Kink 效应主要与输出 *IV* 特性的低压部分的电流崩塌有关,见图 13.8c。它通常表现出强烈的滞后效应,因为它的出现取决于漏极电压的扫描方向。在漏极电压的"正向"扫描过程中,Kink 效应是可见的[6]。如果在反向方向测量 *IV* 特性 (例如,在给定的栅极电压下,从最大漏极电压开始下降),Kink 完全消失。同时此外,*I/V* 测量的持续时间也会影响 Kink 效应的出现。如果输出特性的测量进行得很快,就会观察到明显的 Kink 效应;然而,在缓慢地测量 (测量点之间间隔几秒钟) 时,Kink 效应实际上消失了[34]。

Kink 效应通常与靠近栅极的漏极边缘区域 (见图 13.1d)[6] 或缓冲区 (见图 13.1b)[35] 中的陷阱态或界面态的电子俘获有关。如果电子被困在一个从栅极到漏极的区域,就会形成一个所谓的虚拟栅极。由于与虚拟栅极形成相关的负电荷,2DEG 中的电子密度耗尽,从而降低了漏极电流。当俘获的电子发射后,虚拟栅极消失而沟道电导率完全恢复。在较低的漏极电压下,在表面、界面或靠近沟道的其他位置的浅能态电子俘获被认为是主要的效应。如果漏极电压或温度升高,陷阱态的电子发射成为主要机制,陷阱被清空而漏极电流恢复到原来的值。作为较高漏极电压下 Kink 恢复的可能机制,Kunihiro 等人讨论了弱碰撞电离产生的空穴共存现象[34]。它们可以补偿带负电荷的陷阱态。通常 Kink 效应也与阈值电压偏移有关[35]。在这种情况下,栅极下方的区域还受到俘获的影响 (见图 13.9)。

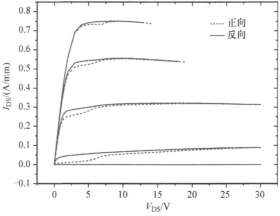

图 13.9　GaN 功率开关器件中出现 Kink 效应:在输出特性的测量过程中,器件在较低漏极电压下的漏极电流与 *IV* 测量方向有显著的依赖关系。如果漏极电压从 0 扫描到 V_{DS_max},在较低漏极电压下可以观察到一个明显的 Kink 效应;当反向测量时,Kink 效应消失

13.4　技术对策

实际上，所有的漂移效应或电流崩塌效应最终都是由高电场和预先存在的浅能级和深能级陷阱态共同触发的。真正的退化机制是在内部器件区域增加额外的陷阱态，从而增强漂移效应。

技术对策旨在解决这一问题的根源，从而解决以下问题：

● 理解和改进外延材料，尤其是与内建深陷阱能级有关的外延材料。特别与包含显著减少的深俘获中心的缓冲层结构，以及通过设计使深陷阱中心远离沟道区域的外延层堆叠有关[2,26,36−38]。

● 减少器件中的临界电场分布：这可以通过优化外延层结构、钝化层和场板结构来实现，从而将高电场拥挤，尤其是在栅极的漏极侧边缘的高电场拥挤降至最低[23,39−46]。

● 优化处理，尤其是与控制界面态和陷阱态的钝化层或栅极绝缘体层相关[31,47−51]。

13.4.1　优化的外延缓冲层设计　★★★

缓冲层结构的设计和组成对其动态性能有很大的影响。对于高压功率开关器件，已经开发出缓冲层结构，可以避免栅极下沟道区电子的穿通效应，从而提高器件的击穿电压。此外，必须通过优化缓冲层的厚度和成分来防止通过有源器件区和衬底之间的缓冲层结构的垂直击穿。为了避免穿通效应，缓冲层结构必须通过合适的势垒将电子限制在沟道区域，即使在较高的漏极偏压下也是如此[37,52−55]。由低 Al 摩尔分数的 AlGaN 和依赖于 C^+ 或 Fe^+ 掺杂的补偿缓冲层结构组成的背势垒缓冲层已经得到了应用[36,52,56,57]。

在对高击穿器件进行初始缓冲层优化后，已经获得了 $170V/\mu m$ 的高击穿强度值[36]。然而，最初由于较大的 R_{on_dyn}，这些器件并不适用于开关应用。因此，我们对不同的外延缓冲层概念进行了系统的比较和优化，以寻求击穿强度和动态导通态电阻增大之间的最佳折中。图 13.10 描述了这一折中关系：随着 C 浓度的增大，缓冲层中深碳受主的存在明显地增加了器件（栅极/漏极）击穿强度，但代价是 R_{on_dyn} 的增大。根据 Verzellesi 等人的研究[58]，动态特性很大程度上取决于碳在 GaN 晶格中的结合方式。根据外延生长技术，碳可以分别在镓和氮位上占据自补偿的施主/受主态，也可以与深受主能级结合。在前一种情况下，可以实现几乎无色散的结构，而在后一种情况下，可以观察到具有较长时间常数的色散效应。掺 Fe 的缓冲层和 AlGaN 背势垒层结构是减小 R_{on_dyn} 的另一种选择，然而，这只能在比击穿强度显著降低到只有 40 或 50V/μm 的情况下为代价来实现[52,54,57]。文献［9, 59］基于仿真对缓冲层掺杂 Fe 和 C 的 GaN 晶体管动态效应的影响进行了详细的概述。将 AlGaN 势垒层和 C 掺杂结合起来，使 Al-GaN 势垒层靠近沟道，可以在击穿强度和最佳动态性能之间获得很好的折中，而 C 掺杂的缓冲层则位于在开关过程中不容易发生较大的电场变化的区域（在图 13.10 中表示为"复合 GaN∶C"）。该组合的击穿强度为 80V/μm，在 65V 开关条件下，R_{on_dyn} 仅增加了 10%。对于 600V 的工作，R_{on_dyn} 的增加降低到 25%。

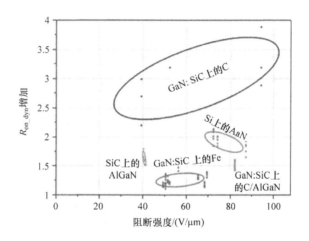

图 13.10　为了设计出最佳的高电压和实际无色散缓冲层，动态导通态电阻
增大与器件击穿强度之间的折中取决于不同的技术测量[36,57]。测量
是通过从 65V 的关断态偏置点到 200ns 的导通态脉冲进行的，然后在 1∶2500
的占空比下回到原始静态偏置点

13.4.2　减小关键器件区域的电场　★★★

高电场会引起俘获效应，从而降低器件的性能。在 GaN HFET 中，最高的电场出现在栅极附近，尤其是靠近漏极的栅极边缘，并且在较高的漏极电压下，也出现在靠近栅极的漏极边缘（见图 13.4）。目标是降低在高场区电子俘获的概率。靠近栅极或漏极的场板解决了这些问题。参考文献［39 - 41, 45, 60, 61］中讨论了各种适当的结构。图 13.11 显示了一种可能的场板结构，这些结构已经成功地证明了电场在栅极附近和向漏极区域扩展并更均匀地分布。因此，它们减少了色散或电流崩塌效应。

场板是 GaN 微波器件技术中的一个重要组成部分，特别是 S 波段大功率晶体管。它们通常由一个非对称栅极组成，其栅翼延伸至漏极侧，与单个源极连接的场板和漏极侧栅翼交叠一定尺寸。对于 50V 左右的漏极偏置水平，这是一种被证明非常成功的方法。更高的漏极电压需要一种更复杂的技术使电场沿着漏极通道区域分布，而不会在特定器件区域造成电场拥挤。图 13.11 描述了各种技术的可能性。GaN 功率开关器件通常采用源极交错连接的场板，其向漏极方向明确地延伸[39]（见图 13.11a）。为了实现适当的电场分布，必须考虑、仿真和测试场板的尺寸，即漏极延伸部分的交叠，以及钝化层和金属化层的厚度。与增加栅漏反馈电容 C_{rss} 的栅极连接的场板不同，源极连接的场板增加了漏源电容（C_{oss}），这对器件稳定性的危害较小。当然，根据图 13.11a 设计的源极连接场板要增加栅源电容。例如，根据 Xie 等人的研究[60]，这也可以通过应用空气桥型场板设计来显著降低。

多格栅场板（MGFP）提供了另一种非常有效的扩展电场的可能性。由于高压 GaN 晶体管的漏极通道区的结构尺寸通常为 $15 \sim 20\mu m$，因此在其之间放置小金属线并将其连接到栅极或源极电位上相对容易。这种方法如图 13.11b 所示，其中，例如，靠近栅极的 MGFP 连接到栅极电位，其他连接到源极电位。在参考文献 [41] 中给出了对 MGPF 的详细分析。

随着场板与沟道区之间的几何距离逐渐增大，倾斜的场板避免了场板末端的高电场。完全不同的结构调整是可能的。例如，如图 13.11c 所示，栅极结构可以在漏极侧边缘倾斜[42,43,46]，另外，进一步朝向漏极放置的其他场板结构可以朝附加钝化层的顶部倾斜，以确保电场逐渐减小[16]。

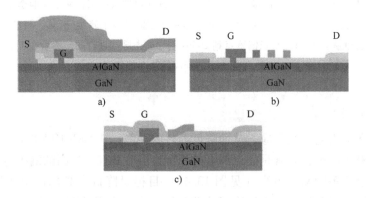

图 13.11 用于提高击穿电压和降低色散效应的不同场板方法（根据参考文献 [16]）：
a) 与对称的 T 型栅极结构相结合的源极连接的场板堆叠；b) 可在不同电位下进行偏置的多级场板；c) 倾斜的场板结构

致谢：作者非常感谢德国柏林莱布尼茨研究所和费迪南德布劳尼研究所的同

事们对这项工作的支持。特别感谢 Olof Bengtsson 博士，Oliver Hilt 博士，Eldad Bahat Treidel 博士，Przemyslaw Kotara 博士，Sergei Shevchenko 博士和 Rimma Zhytnytska 博士分享他们的研究成果以及成果丰硕的科学讨论，并感谢柏林理工大学的 Sibylle Dieckerhoff 教授和 Jan Böcker 教授对 GaN 功率器件进行的特殊测量。

参 考 文 献

1. Moens P, Vanmeerbeek P, Banerjee S, Guo A, Liu C, Coppens P, Salih A, Tack M, Caesar M, Uren MJ, Kuball M, Meneghini M, Meneghesso G, Zanoni E (2015) On the impact of carbon-doping on the dynamic Ron and off-state leakage current of 650 V GaN power devices. In: 2015 Proceedings on IEEE 27th international symposium on power semiconductor devices and IC's (ISPSD), pp 37–40
2. Würfl J, Hilt O, Bahat-Treidel E, Zhytnytska R, Kotara P, Brunner F, Krueger O, Weyers M (2013) Techniques towards GaN power transistors with improved high voltage dynamic switching properties. In: 2013 Proceedings on IEEE international electron devices meeting (IEDM), pp 6.1.1–6.1.4
3. Meneghesso G, Meneghini M, Zanoni E, Vanmeerbeek P, Moens P (2015) Trapping induced parasitic effects in GaN-HEMT for power switching applications. In: 2015 Proceedings on international conference on ic design and technology (ICICDT), pp 1–4
4. DasGupta S, Sun M, Armstrong A, Kaplar RJ, Marinella MJ, Stanley JB, Atcitty S, Palacios T (2012) Slow detrapping transients due to gate and drain bias stress in high breakdown voltage AlGaN/GaN HEMTs. IEEE Trans Electron Devices 59(8):2115–2122
5. Lagger P, Ostermaier C, Pobegen G, Pogany D (2012) Towards understanding the origin of threshold voltage instability of AlGaN/GaN MIS-HEMTs. In: 2012 Proceedings on IEEE international electron devices meeting (IEDM), pp 13.1.1–13.1.4
6. Kaushik JK, Balakrishnan VR, Panwar BS, Muralidharan R (2013) On the origin of Kink effect in current-voltage characteristics of AlGaN/GaN high electron mobility transistors. IEEE Trans Electron Devices 60(10):3351–3357
7. Meneghini M, Zanoni E, Meneghesso G (2014) Gallium nitride based HEMTs for power applications: high field trapping issues. In: 2014 Proceedings on 12th IEEE international conference on solid-state and integrated circuit technology (ICSICT), pp 1–4
8. Meneghesso G, Meneghini M, Chini A, Verzellesi G, Zanoni E (2014) Trapping and high field related issues in GaN power HEMTs. In: 2014 IEEE international electron devices meeting (IEDM), 15–17 Dec 2014, pp 17.5.1, 17.5.4
9. Uren MJ, Möreke J, Kuball M (2012) Buffer design to minimize current collapse in GaN/AlGaN HFETs. IEEE Trans Electron Devices 59(12):3327–3333
10. Joh J, Tipirneni N, Pendharkar K, Krishnan S (2014) Current collapse in GaN heterojunction field effect transistors for high-voltage switching applications. In: 2014 Proceedings on IEEE international reliability physics symposium, pp 6C.5.1–6C.5.4
11. Ambacher O, Smart J, Shealy JR, Weimann NG, Chu K, Murphy M, Schaff WJ, Eastman LF, Dimitrov R, Wittmer L, Stutzmann M, Rieger W, Hilsenbeck J (1999) Two-dimensional electron gases induced by spontaneous and piezoelectric polarization charges in N- and Ga-face AlGaN/GaN heterostructures. J Appl Phys 85(6):3222–3233
12. Zanoni E, Meneghini M, Chini A, Marcon D, Meneghesso G (2013) AlGaN/GaN-based HEMTs failure physics and reliability: mechanisms affecting gate edge and Schottky junction. IEEE Trans Electron Devices 60(10):3119–3131
13. Meneghini M, Stocco A, Silvestri R, Ronchi N, Meneghesso G, Zanoni E (2012) Impact of hot electrons on the reliability of AlGaN/GaN high electron mobility transistors. In: 2012 IEEE international reliability physics symposium (IRPS), pp 2C.2.1–2C.2.5

14. Zanoni E, Meneghini M, Meneghesso G (2012) Hot electrons and time-to-breakdown induced degradation in AlGaN/GaN HEMTs. In: 2012 19th international conference on microwave radar and wireless communications (MIKON), vol 2, pp 593–598

15. Nomura T, Ishii S, Masuda M, Yoshida S, Yamate T, Sudo Y, Takeda J (2006) High temperature operation at 225 °C of a half bridge module using GaN HFETs. In: 2006 Proceeding on IEEE vehicle power and propulsion conference, pp 1–5

16. Würfl J (2016) GaN high-voltage power devices. In: Medjdoub F (ed) Gallium nitride (GaN): physics, devices, and technology. CRC Press, Boca Raton, pp 1–44

17. Würfl J, Hilt O, Bahat-Treidel E, Zhytnytska R, Kotara P, Krüger O, Brunner F, Weyers M (2013) Breakdown and dynamic effects in GaN power switching devices. Phys Stat Sol C 10(11):1393–1396

18. Wespel M, Dammann M, Polyakov V, Reiner R, Waltereit P, Weiss B, Quay R, Mikulla M, Ambacher O (2015) High-voltage stress time-dependent dispersion effects in AlGaN/GaN HEMTs. In: 2015 Proceedings on IEEE international reliability physics symposium (IRPS), pp CD.2.1–CD.2.5

19. Lu B, Palacios T, Risbud D, Bahl S, Anderson DI (2011) Extraction of dynamic on-resistance in GaN transistors: under soft- and hard-switching conditions. In: 2011 Proceedings IEEE compound semiconductor integrated circuit symposium (CSICS), pp 1–4

20. Meneghini M, Silvestri R, Dalcanale S, Bisi D, Zanoni E, Meneghesso G, Vanmeerbeek P, Banerjee A, Moens P (2015) Evidence for temperature-dependent buffer-induced trapping in GaN-on-silicon power transistors. In: 2015 Proceedings on IEEE international reliability physics symposium (IRPS), pp 2E.2.1–2E.2.6

21. Koehler AD, Anderson TJ, Weaver BD, Tadjer MJ, Hobart KD, Kub FJ (2013) Degradation of dynamic ON-resistance of AlGaN/GaN HEMTs under proton irradiation. In: 2013 Proceedings on IEEE workshop on wide bandgap power devices and applications (WiPDA), pp 112–114

22. Sasikumar A, Zhang Z, Kumar P, Zhang EX, Fleetwood DM, Schrimpf RD, Saunier P, Lee C, Ringel SA, Arehart AR (2015) Proton irradiation-induced traps causing VT instabilities and RF degradation in GaN HEMTs. In: 2015 Proceedings on IEEE international reliability physics symposium (IRPS), pp 2E.3.1–2E.3.6

23. Saito W, Nitta T, Kakiuchi Y, Saito Y, Tsuda K, Omura I, Yamaguchi M (2007) Suppression of dynamic on-resistance increase and gate charge measurements in high-voltage GaN-HEMTs with optimized field-plate structure. IEEE Trans Electron Devices 54(8):1825–1830

24. Bisi D, Meneghini M, Marino FA, Marcon D, Stoffels S, Van Hove M, Decoutere S, Meneghesso G, Zanoni E (2014) Kinetics of buffer-related RON-increase in GaN-on-silicon MIS-HEMTs. IEEE Electron Device Lett 35(10):1004–1006

25. Bisi D, Meneghini M, de Santi C, Chini A, Damman M, Brueckner P, Mikulla M, Meneghesso G, Zanoni E (2013) Deep-level characterization in GaN HEMTs-part I: advantages and limitations of drain current transient measurements. IEEE Trans Electron Devices 60(10):3166–3175

26. Meneghini M, Rossetto I, Bisi D, Stocco A, Cester A, Meneghesso G, Zanoni E, Chini A, Pantellini A, Lanzieri C (2014) Role of buffer doping and pre-existing trap states in the current collapse and degradation of AlGaN/GaN HEMTs. In: 2014 Proceedings on IEEE international reliability physics symposium, pp 6C.6.1–6C.6.7

27. Meneghini M, Rossetto I, Bisi D, Stocco A, Chini A, Pantellini A, Lanzieri C, Nanni A, Meneghesso G, Zanoni E (2014) Buffer traps in Fe-doped AlGaN/GaN HEMTs: investigation of the physical properties based on pulsed and transient measurements. IEEE Trans Electron Devices 61(12):4070–4077

28. Joh J, del Alamo JA (2011) A current-transient methodology for trap analysis for GaN high electron mobility transistors. IEEE Trans Electron Devices 58(1):132–140

29. Bisi D, Stocco A, Meneghini M, Rampazzo F, Cester A, Meneghesso G, Zanoni E (2014) Characterization of high-voltage charge-trapping effects in GaN-based power HEMTs. In: 2014 Proceedings on 44th European solid state device research conference (ESSDERC), pp 389–392

30. Würfl J, Troppenz M, Hilt O, Bahat-Treidel E, Badawi N, Böcker J, Dieckerhoff S (2015) Dynamics of drift effects in GaN power switching transistors. In: Proceedings WOCSDICE 2015, pp 61–64

31. Lagger P, Reiner M, Pogany D, Ostermaier C (2014) Comprehensive study of the complex dynamics of forward bias-induced threshold voltage drifts in GaN based MIS-HEMTs by stress/recovery experiments. IEEE Trans Electron Devices 61(4):1022–1030

32. Wang J, Chung HS-H (2013) New insight into the mechanism of the spurious triggering pulse in the bridge-leg configuration. In: 2013 Proceedings on 5th international conference on power electronics systems and applications (PESA), pp 1–6

33. Wang J, Chung HS-H (2015) A novel RCD level shifter for elimination of spurious turn-on in the bridge-leg configuration. IEEE Trans Power Electron 30(2):976–984

34. Kunihiro K, Kasahara K, Takahashi Y, Ohno Y (1999) Experimental evaluation of impact ionization coefficients in GaN. IEEE Electron Device Lett 20(12):608–610

35. Meneghesso G, Zanon F, Uren MJ, Zanoni E (2009) Anomalous Kink effect in GaN high electron mobility transistors. IEEE Electron Device Lett 30(2):100–102

36. Hilt O, Bahat-Treidel E, Cho E, Singwald S, Würfl J (2012) Impact of buffer composition on the dynamic on-state resistance of high-voltage AlGaN/GaN HFETs. In: 2012 Proceedings on 24th international symposium on power semiconductor devices and ICs (ISPSD), pp 345–348

37. Bahat-Treidel E (2012) GaN based HEMTs for high voltage operation; design, technology and characterization. Ph.D., Technical University Berlin, Germany

38. Ando Y, Takenaka I, Takahashi H, Sasaoka C (2015) Correlation between epitaxial layer quality and drain current stability of GaN/AlGaN/GaN heterostructure field-effect transistors. IEEE Trans Electron Devices 62(5):1440–1447

39. Huili X, Dora Y, Chini A, Heikman S, Keller S, Mishra U (2004) High breakdown voltage AlGaN-GaN HEMTs achieved by multiple field plates. IEEE Electron Device Lett 25(4):161–163

40. Dora Y, Chakraborty A, McCarthy L, Keller S, DenBaars SP, Mishra U (2006) High breakdown voltage achieved on AlGaN/GaN HEMTs with integrated slant field plates. IEEE Electron Device Lett 27(9):713–715

41. Bahat-Treidel E, Hilt O, Brunner F, Sidorov V, Würfl J, Tränkle G (2010) AlGaN/GaN/AlGaN DH-HEMTs breakdown voltage enhancement using multiple grating field plates. IEEE Trans Electron Devices 57(6):1208–1216

42. Li Z, Chu R, Zehnder D, Khalil S, Chen M, Chen X, Boutros K (2014) Improvement of the dynamic on-resistance characteristics of GaN-on-Si power transistors with a sloped field-plate. In: 2014 Proceedings on 72nd annual device research conference (DRC), pp 257–258

43. Chiu H-C, Yang C-W, Wang H-C, Huang F-H, Kao H-L, Chien F-T (2013) Characteristics of AlGaN/GaN HEMTs with various field-plate and gate-to-drain extensions. IEEE Trans Electron Devices 60(11):3877–3882

44. Xie G, Xu E, Lee J, Hashemi N, Ng WT, Zhang B, Fu FY (2012) Breakdown voltage enhancement for power AlGaN/GaN HEMTs with air-bridge field plate. In: 2012 Proceedings on 24th international symposium on power semiconductor devices and ICs (ISPSD), pp 337–340

45. Li Z, Chu R, Zehnder D, Khalil S, Chen M, Chen X, Boutros K (2014) Improvement of the dynamic on-resistance characteristics of GaN-on-Si power transistors with a sloped field-plate. In: 2014 Proceedings of 72nd annual device research conference (DRC), pp 257–258

46. Kuzuhara M, Tokuda H (2015) Low-loss and high-voltage III-nitride transistors for power switching applications. IEEE Trans Electron Devices 62(2):405–413

47. Lin S, Wang M, Xie B, Wen C, Min P, Yu Y, Wang J, Hao Y, Wu W, Huang S, Chen KJ, Shen B (2015) Reduction of current collapse in GaN high-electron mobility transistors using a repeated ozone oxidation and wet surface treatment. IEEE Electron Device Lett 36(8):757–759

48. Chevtchenko SA, Kurpas P, Chaturvedi N, Lossy R, Würfl J (2011) Investigation and reduction of leakage current associated with gate encapsulation by SiN$_x$ in AlGaN/GaN HFETs. In: 2011 Proceedings international conference on compound semiconductor manufacturing technology (CS ManTech 2011), pp 237–240

49. Choi W, Ryu H, Jeon N, Lee M, Cha H-Y, Seo K-S (2014) Improvement of Vth instability in normally-off GaN MIS-HEMTs employing PEALD-SiNx as an interfacial layer. IEEE Electron Device Lett 35(1):30–32

50. Liu ZH, Ng GI, Zhou H, Arulkumaran S, Maung YKT (2011) Reduced surface leakage current and trapping effects in AlGaN/GaN high electron mobility transistors on silicon with SiN/Al$_2$O$_3$ passivation. Appl Phys Lett 98(11):113506

51. Lee Y-C, Kao T-T, Merola JJ, Shen S-C (2014) A remote-oxygen-plasma surface treatment technique for III-nitride heterojunction field-effect transistors. IEEE Trans Electron Devices 61(2):493–497

52. Würfl J, Bahat-Treidel E, Brunner F, Cho M, Hilt O, Knauer A, Kotara P, Weyers M, Zhytnytska R (2012) Device breakdown and dynamic effects in GaN power switching devices: dependencies on material properties and device design. ECS Trans 50(3):211–222

53. Würfl J, Hilt O, Bahat-Treidel E, Zhytnytska R, Klein K, Kotara P, Brunner F, Knauer A, Krüger O, Weyers M, Tränkle G (2013) Technological approaches towards high voltage, fast switching GaN power transistors. ECS Trans 52(1):979–989

54. Bahat-Treidel E, Brunner F, Hilt O, Cho M, Würfl J, Tränkle G (2010) AlGaN/GaN/GaN: C back-barrier HFETs with breakdown voltage of over 1 kV and low RON × A. IEEE Trans Electron Devices 57(11):3050–3057

55. Bahat-Treidel E, Hilt O, Brunner F, Würfl J, Tränkle G (2010) Punchthrough-voltage enhancement of AlGaN/GaN HEMTs using AlGaN double-heterojunction confinement. IEEE Trans Electron Devices 55(12):3354–3359

56. Uren MJ, Nash KJ, Balmer RS, Martin T, Morvan E, Caillas N, Delage SL, Ducatteau D, Grimbert B, De Jaeger JC (2006) Punch-through in short-channel AlGaN/GaN HFETs. IEEE Trans Electron Devices 53(2):395–398

57. Würfl J, Bahat-Treidel E, Brunner F, Cho M, Hilt O, Knauer A, Kotara P, Weyers M, Zhytnytska R (2012) Device breakdown and dynamic effects in GaN power switching devices: dependencies on material properties and device design. ECS Trans 41(8):127–138

58. Verzellesi G, Morassi L, Meneghesso G, Meneghini M, Zanoni E, Pozzovivo G, Lavanga S, Detzel T, Haberlen O, Curatola G (2014) Influence of buffer carbon doping on pulse and AC behavior of insulated-gate field-plated power AlGaN/GaN HEMTs. IEEE Electron Device Lett 35(4):443–445

59. Uren MJ, Silvestri M, Casar M, Hurkx GAM, Croon JA, Sonsky J, Kuball M (2014) Intentionally carbon-doped AlGaN/GaN HEMTs: necessity for vertical leakage paths. IEEE Electron Device Lett 35(3):327–329

60. Xie G, Xu E, Lee J, Hashemi N, Ng WT, Zhang B, Fu FY (2012) Breakdown voltage enhancement for power AlGaN/GaN HEMTs with air-bridge field plate. In: 2012 24th international symposium on power semiconductor devices and ICs (ISPSD), pp 337–340

61. Petru A (2010) Breakdown voltage enhancement in lateral AlGaN/GaN heterojunction FETs with multiple field plates. In: 2010 10th IEEE international conference on solid-state and integrated circuit technology (ICSICT), pp 1344, 1346

第14章 »

额定电压650V的GaN功率器件的可靠性问题

Peter Moens，Aurore Constant & Abhishek Banerjee

14.1 简　　介

GaN 器件有望成为下一代节能应用中功率器件的备选器件。尽管许多研究论文已经证明了 GaN 功率器件惊人的性能，但其在市场上的广泛应用仍然受到以下因素的阻碍：①成品率和重复性；②成本；③可靠性。这三个因素都需要考虑，但要说服客户在他们的下一代产品中采用 GaN 功率器件，必须验证器件和产品的可靠性。

本章将重点讨论 GaN 功率器件主要的本征可靠性机制。它将涵盖栅极欧姆接触可靠性、栅极介质可靠性和缓冲层堆叠可靠性。强调需要根据大面积功率晶体管（100⁺mm 栅宽）的统计数据而不是小面积测试结构进行可靠性研究。讨论了加速模型和统计分布模型（Weibull）。

14.2　无 Au 欧姆接触的可靠性

14.2.1　欧姆接触可靠性简介　★★★◀

由于在漏极区产生高电场和自加热，欧姆接触的退化会影响器件的寿命[1]。在 GaAs 和 InGaAs 基 HEMT 中，在升高的温度下 Au 接触是一个重要的可靠性问题[2]。在 AlGaN –/GaN 基 HEMT 中，具有标准 Au 金属化的欧姆接触似乎保证了在一定极限情况下的高温寿命试验下足够的稳定性。Ti/Al/Pt/Au 欧姆接触经受 48h 的阶跃应力，在 300℃（估计）结温下出现了边缘退化。超过 300℃时，自加热由于欧姆接触的退化而导致器件性能下降[3]。

在储热试验后，也观察到类似的退化现象，其结温相当于电应力试验[4]。已经报道了 Ti/Al/Ni/Au 基欧姆接触在高达 340℃的温度下进行了超过 2000h 的老化试验后，出现了不稳定性。在 340℃下，由于富 Au 晶粒的生长在钝化层中产生裂纹，观察到接触电阻以及表面粗糙度都有所增加。已经确定了两种退化机制：在高温下 Au 在金属层内的互扩散和 Ga 从 AlGaN 外扩散到金属层中。已经证实，在金属化过程中使用难熔金属和阻挡层可以防止相互扩散，从而提高可靠性。事实上，Ti/WSiN/Au 欧姆接触在步长为 20min、温度高达 800℃ 的应力作用下表现相当稳定[5]。此外，具有 WSiN 阻挡层的 Ti/Al/Ti/Au 欧姆接触在高达 500℃ 的 120h 热应力后表现出边缘退化[6-8]。

虽然在硅 CMOS 晶圆厂中大规模生产 AlGaN/GaN HEMT 器件需要无 Au 工艺，但基于 Au 的金属化是欧姆接触可靠性研究中应用最广泛的。对于无 Au 欧姆接触在电应力作用下的稳定性问题还未得到彻底的研究，金属化方案固有的失效机制仍不清楚。关于无 Au 欧姆接触的鲁棒性和可靠性的报道很少[9,10]。

14.2.2 无 Au 欧姆接触件的加工 ★★★

使用 CMOS 生产线，在 6in（111）Si 晶圆上生长的非掺杂 AlGaN/GaN 异质结上制备了无 Au 欧姆接触[10]。高质量的原位生长 SiN 用作帽层。接触宽度 W 和长度 L_c 为 100μm，接触间距 L 为 2~18μm。TLM 和 Van der Pauw 结构测量的 2DEG（R_{DEG}）方块电阻大约为 450Ω/sq。在沟道中电子的迁移率和 2DEG 密度分别为 1750cm²/Vs 和大约 9×10^{12} cm⁻²。在欧姆接触金属化之前，没有完成 AlGaN 势垒层凹槽。接触的形成是通过溅射沉积 Ti，AlCu$_{0.5\%}$ 和 TiN 层，然后在 N₂ 环境下快速热退火炉中完成的。在室温下，典型接触电阻 R_c 的值低于 0.7Ω·mm。

14.2.3 应力和测量顺序 ★★★

无 Au 欧姆接触的可靠性是在电应力和温度应力下使用传输线法（TLM）结构评估的，见图 14.1。在室温下测得的典型 $I-V$ 特性如图 14.2 所示。从图 14.2 可以看出，TLM 结构的电学特性随接触的间距变化而变化，饱和电流随接触间距的增加而增大。为了在合理的应力时间（通常为 104 s）内产生可测量的退化，必须在饱和状态下对 TLM 结构施加应力。由于每个 TLM 间距的饱和电流不同，因此在恒定功率下（$V_{stress} \times I_{stress}$ 保持恒定）对结构施加应力是一个很好的做法[10]。监控饱和电流并随着时间的推移不断调整应力电压，以在应力测量期间保持恒定的功率。总电阻是在线性范围内提取的，由于比应力条件低得多的电压/功率比，因此测量总电阻会导致最小的退化。总电阻是 2DEG 电阻加上两个接触的电阻 $R_{2DEG} + 2R_c$（见图 14.1）。2DEG 电阻取决于接触的间距，而接触电阻不是。

评估欧姆接触可靠性时的一个固有问题是，在 DC 应力下，退化表现为可恢复的退化部分和永久的退化部分[10,11]。可恢复的退化部分归因于 SiN/AlGaN 界面处的电荷俘获而导致的接触之间的表面耗尽[12,13]，而永久的退化部分被认为位于金属/AlGaN 界面的边缘，并且归因于结构的自加热[14]。这两种效应都是热加速的[11]。为了区分永久的和可恢复的退化，在每个应力步骤之后都要执行一个恢复步骤，从而可以几乎完全消除与表面界面相关的俘获。应力恢复顺序见图14.3。恢复时间从30℃时的 10^4s 到200℃时的 200s，与应力功率和接触间距无关。最后的电阻变化被定义为"永久性"退化，不受电荷俘获的影响。典型结果如图14.4 所示。

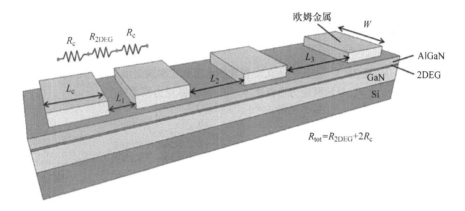

图14.1　AlGaN/GaN 上具有不同接触间距（L_1、L_2、L_3…）的 TLM 结构示意图。电阻和其他尺寸如正文中所述

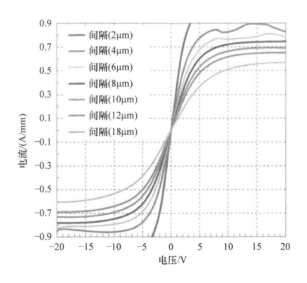

图14.2　在室温下测量的不同间距（2～18μm）的 TLM 结构的电学特性（彩图见插页）

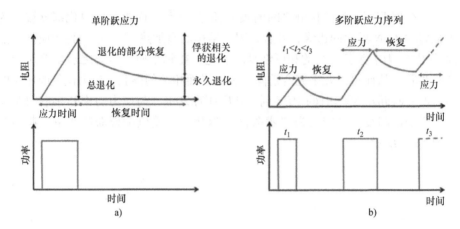

图 14.3 进入"永久"退化的电阻和功率演变示意图
a) 单阶跃应力恢复顺序　b) 多阶跃应力恢复顺序

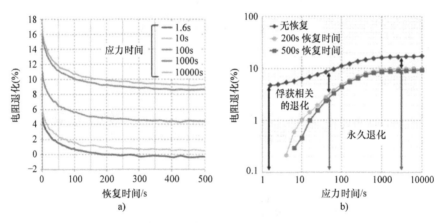

图 14.4　a) 在 1.25W 恒定功率应力下，恢复时间内总电阻随应力阶跃时间的变化
b) 应力时间内总电阻随恢复时间的相应时间演化（125℃ 时，6μm 的接触间距）（彩图见插页）

14.2.4　无 Au 欧姆接触的可靠性评估　★★★

14.2.4.1　作为接触间距函数的退化

图 14.5a 显示了在 125℃、1.55W 恒定功率应力作用下，TLM 在 6μm、10μm 和 18μm 间距下测量的永久总电阻随时间的变化。随着应力时间的延长，永久电阻迅速退化，随后出现 10% 左右的硬饱和。具有更大间距的 TLM 只会使退化曲线移向更长的应力时间，但曲线的整体形状不变。图 14.5b 显示，对于给定的功率应力，$\log(t_{\text{fail}})$（任意选择达到永久总电阻变化 2% 的时间）随着接触间距的减小而减小。

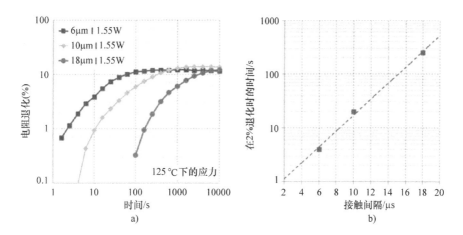

图14.5　a）在125℃、1.55 W恒定功率应力作用下，对于6μm、10μm和18μm的接触间距，永久总电阻退化的时间演化　b）作为接触间距的函数，在2%退化时提取的时间

14.2.4.2　作为应力功率函数的退化

图14.6a显示了在125℃下，在18μm间距的TLM上测量的不同恒定功率应力下永久总电阻退化的时间演变。对于所有应力功率，退化的时间演化是相同的，并且较高的应力功率会将曲线移向较短的时间。同样，所有的退化曲线都在10%左右饱和。虽然不同功率下的饱和电流是相似的，但TLM工作在更高的功率应力和更高的电压下（见图14.2）。这是一个强有力的证据，说明在给定间距的TLM应力期间，电压而不是饱和电流是主要的退化驱动因素。图14.6b显示了作为应力功率函数的log（t_{fail}）。数据用两个模型拟合：指数模型［见式（14.1）］和幂律模型［见式（14.2）］。

$$t_{\mathrm{fail}}(P) = t_0 e^{-\gamma \cdot P} \tag{14.1}$$

$$t_{\mathrm{fail}}(P) = k_0 P^{-n} \tag{14.2}$$

式中，t_{fail}是失效时间；t_0、k_0、γ；n是常数；P是应力功率。

为了将永久电阻退化作为接触间距和应力功率的函数进行寿命预测，提取了10%退化时的失效时间作为所有应力条件的失效准则。达到预定失效标准的时间，如永久电阻变化10%的时间如图14.7所示。从数据可以估算出每个应力功率和接触间距下的平均失效时间。寿命外推是基于对实验数据的指数模型和幂律模型的拟合。两种模型都很好地拟合了加速数据。然而，利用指数模型在零功率外加应力条件下预测有限的失效时间，这是不现实的。因此，幂律模型估计更接近实际。因此，可以将失效时间外推到较低的功率，对18μm间距、125℃、0.4W的工作功率下，在10%的水平上可以保证10年的使用寿命。

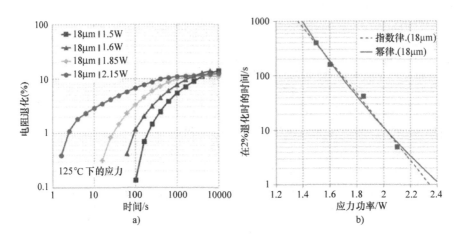

图 14.6 a）在 125℃、18μm 接触间距上测量的永久总电阻退化随恒定功率应力的变化 b）作为恒定应力功率的函数，在 2% 退化时提取的时间。数据拟合采用幂律（实线）和指数律（虚线）

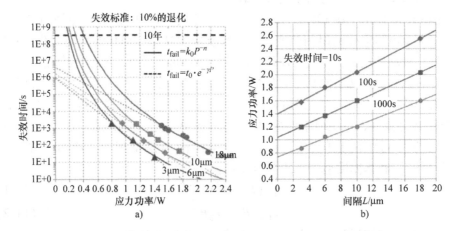

图 14.7 a）在 125℃，不同接触间距下在 10% 的退化条件下提取的失效时间随恒定应力功率的变化。用幂律（实线）和指数律（虚线）拟合数据 b）对外推的失效时间为 10s、100s 和 1000s 情况下应力功率与接触间距的关系

14.2.4.3 温度依赖性和激活能

研究了 6μm 间距、1.25W 应力下，在不同温度的黑暗条件下，温度和功率的相互作用效应。图 14.8a 显示了随着卡盘温度从 30℃升高到 200℃，永久总电阻退化随时间的变化。虽然所有曲线都在大约 10% 饱和，但发生不可逆退化的失效时间强烈地依赖于温度，并且所有退化曲线均沿应力–时间轴移动，这种移动由温度决定。对于一阶退化曲线的斜率是相同的；另一方面，紧随应力后

（因此没有恢复）的电阻退化曲线显示出不同的趋势，如图 14.8b 所示。所有曲线似乎都达到了大约 20 % 的最大退化，但退化速度（即达到饱和前的退化曲线斜率）随温度升高而增加。此外，从 $T = 200℃$ 的数据中可以清楚地看出，电阻退化在达到最大值后有所下降。很明显，表面陷阱效应的动力学比永久退化更为复杂。

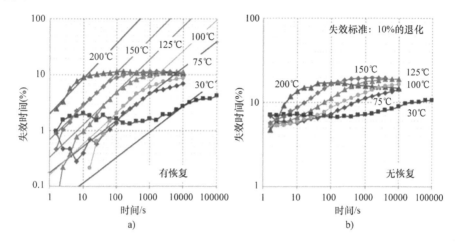

图 14.8　在 1.25W 的恒定功率、6μm 接触间距下的总电阻退化随卡盘温度的变化
a）永久性退化，即恢复后　b）应力之后，即不恢复

假设失效时间是应力功率的幂律函数，则总永久电阻退化的失效时间可写成 [见式（14.3）]：

$$t_{\text{fail}}(P,T) = k_0(T) P^{-n} e^{E_a/kT_{\text{eff}}} \qquad (14.3)$$

式中，t_{fail} 是失效时间；k_0 和 n 是常数；P 是应力功率；E_a 是激活能；T_{eff} 是有效温度；k 是玻耳兹曼常数。为了评估激活能，接触下的有效温度可估算为 $T_{\text{eff}} = R_{\text{th}}P + T_{\text{chuck}}$ [15]。有效温度取决于施加的功率 P、热阻 R_{th} 和卡盘温度 T_{chuck}。热阻大致可近似为 $R_{\text{th}} = R_{\text{L,th}} + 2R_{\text{c,th}} \approx 1/(2k\sqrt{LW}) + 2R_{\text{c,th}}$，其中，$k$ 是热导率；$R_{\text{L,th}}$ 是沿沟道的热阻；$R_{\text{c,th}}$ 是通过欧姆接触的热阻 [15]。卡盘温度从 30℃ 升高至 200℃，导致有效温度从 225℃ 升高到 450℃，这取决于 TLM 结构的功耗。

图 14.9a 外推了达到预定失效标准的时间，如在不同有效温度下电阻变化 10%。将平均失效时间数据与有效温度的倒数进行拟合，得出无电荷俘获影响的"永久"退化激活能为 1.04eV。当考虑俘获相关的退化时，发现激活能为 0.90eV。这两种激活能之间相对较大的差异主要是由于俘获相关退化所引入的复杂性。由于陷阱存在于 SiN/AlGaN/GaN 内不同的能级和位置，因此很难解释混合了俘获效应的数据中得到的激活能。然而，永久性电阻退化的激活能与文献中报道的在类似技术条件下进行的实验得到的数值 0.84 ~ 0.91eV 非常吻合 [11]。

图 14.9b 显示了不同应力功率下的平均失效时间与有效温度倒数的关系。对于永久退化，提取了相同的激活能，证明了方法的有效性。

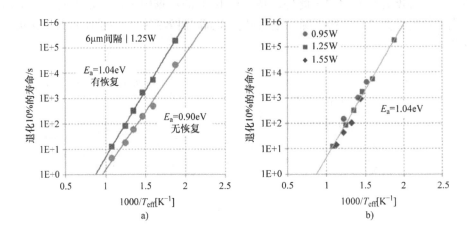

图 14.9 a）Arrhenius 图：对于 6μm 接触间距，1.25W 应力后，在有恢复和无恢复阶跃应力下提取的平均失效时间与有效温度的倒数关系曲线；b）Arrhenius 图：对于 6μm 接触间距，在 0.95W、1.25W 和 1.55W 的阶跃应力及恢复阶跃后提取的平均失效时间与结温的倒数关系曲线

14.2.4.4 失效机制

如上所述，由于电流的永久性退化，当受到恒定功率应力时，TLM 结构显示出总电阻的增加。对不同接触间距的 TLM 结构进行了发射显微镜（EMMI）研究。如图 14.10a 所示，通过在 18μm 的接触间距上将功率从 2.4W 增加到 2.6W，电致发光（EL）显示出热点位于施加电压的金属接触边缘。沿金属的发射不规律最有可能是由于位于接触边缘的缺陷造成电场分布不均匀。相反，对于较小的接触间距，在功率为 2.3 ~ 2.5W 时，EL 在两个金属接触的边缘都出现了热点（见图 14.10b ~ e）。此外，随着接触间距从 18μm 减小到 6μm，热点尺寸和数量都有所增加。除了沟道中的自加热外，高电场下电流沿着 AlGaN/欧姆接触区产生电阻加热。这种局部电流密度和相关的加热被认为会在接触的边缘形成缺陷，导致总电阻的退化。

14.2.5 结论 ★★★

用饱和恒定功率应力法对 GaN 上无 Au 欧姆接触的可靠性进行了评估。总电阻的退化（接触电阻 + 2DEG 方块电阻）包含可恢复部分和永久部分，分别归因于 SiN/AlGaN 和金属/AlGaN 界面的退化。作为应力时间的函数，永久退化与应力时间呈幂律关系，在大约 10% 的退化时完全饱和。永久退化的激活能为 1.04eV，与应力功率无关。

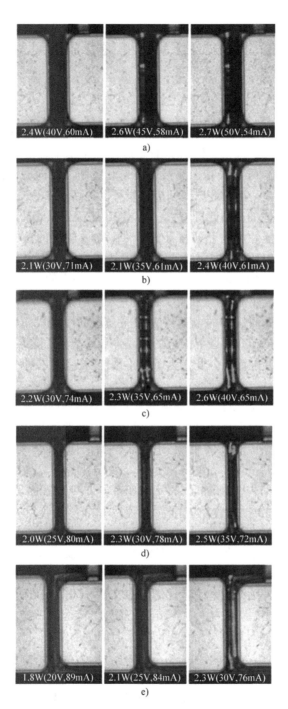

图 14.10　在室温下，18μm、12μm、10μm、8μm 和 6μm 接触间距的 TLM 结构在不同应力功率下 150 ~ 300s 的电致发光特征。电压施加在左边接触处；右边接触处于地电位

14.3 MIS—HEMT 栅极介质的可靠性

14.3.1 简介 ★★★

氮化镓（GaN）基器件应表现出较小的栅极泄漏电流，特别是在较高的环境/工作温度下[16,17]。这些器件的标准栅极设计是基于金属 - 绝缘体 - 半导体（MIS）结构，以抑制导通（正向栅极偏压）和关断（反向栅极偏压）状态下的栅极泄漏电流。因此，正确地选择栅极介质可以提高器件的性能和可靠性。由于其与（Al）GaN 晶体的晶格匹配特性，MOCVD 原位生长 SiN 成为目前最理想的选择。此外，GaN 器件本质上是常开的器件，需要较大的负栅极偏压来关断它们。负偏压（阈值电压）的大小直接取决于栅极介质的厚度。较厚的介质层将使 HEMT 具有非常负的阈值电压 V_{TH}，这通常是不理想的，特别是在共源共栅结构中，因为它可能会驱动低压 Si MOSFET 进入雪崩条件[18]。此外，SiN 会受到记忆效应的影响，介质层中的电荷俘获量将与层的厚度成正比[19]；另一方面，在介质较薄的情况下，介质层上的电场过高，导致载流子隧穿穿过介质层，从而导致较大的栅极泄漏电流。因此，为了获得最佳的性能，栅极介质和结构的选择都是同样重要的。

在 14.3.2 节中，利用在较大的偏压和温度范围内的栅极电流特性，讨论了正向和反向偏压下通过金属/SiN/AlGaN 栅极介质堆叠的导电机理。此外，本节内容还演示了几种拟合泄漏电流的导电模型，如 Poole - Frenkel（P - F）、Fowler - Nordheim（F - N）等的实现。14.3.3 节重点研究了上述栅介质堆叠在正向偏压条件下的 TDDB 测量和对特定工作寿命下的工作电压的提取。

14.3.2 实验 ★★★

用于分析的带有原位 SiN 和 TiN/Al/TiN 栅极金属的栅极电容尺寸为 $150\mu m \times 150\mu m$（即 0.0225 mm²），如图 14.11 所示，而 2DEG 通过 Ti/Al/TiN 基欧姆接触实现。外延结构和工艺的细节在文献［20］中进行了概述。

在 25 ~ 200℃温度范围内，电容结构上测量的典型栅极电流密度是关于栅极电场的函数，如图 14.12 所示。在正向和反向偏压条件下，栅极电流密度随温度的升高而增大。注意，x 轴被标记为"电场"，因为确切的栅极电场不是预先知道的。原因如图 14.13a 和 b 所示，这是分别在正向和反向偏置条件下对栅极电容结构进行 TCAD 仿真的结果。在正向偏压下（见图 14.13a），在 AlGaN 势垒层（极化电场）上有一个固定的电场，而整个电压降是发生在 SiN 介质上。然而，在反向偏压条件下，电压降分布在 SiN、AlGaN 势垒层和下面的 GaN 层（耗尽

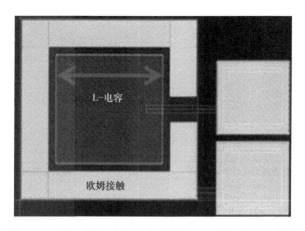

图 14.11　用于栅极泄漏电流分析的 MIS 栅极电容示意图

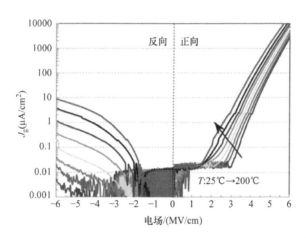

图 14.12　在栅极电容结构上测得的随环境温度变化的 $J_g - E_g$ 曲线

之间。确切的电场分布取决于具体的施主态电离和栅极偏压 V_G 条件。当 $V_G \leqslant V_{TH}$（接近沟道夹断）时，SiN 和 AlGaN 势垒层上的电场保持恒定，而 GaN 层上的电位下降。由于存在许多未知数，对反向偏压数据的分析和结论不能利用电场。然而，仍然可以得出以下重要的结论：

● 在正向偏压条件下，来自 2DEG 的电子将注入 AlGaN 势垒层和 SiN 层中。2DEG/AlGaN 和 AlGaN/SiN 之间的能量势垒较小。因此，在栅极金属中测量的任何电流都是由 SiN 介质本身的泄漏电流引起的。

● 在反向偏压条件下，电子从栅极金属注入到 SiN 介质中。由于存在较大的能量势垒，电子要么隧穿通过势垒（Fowler - Nordheim 隧穿）要么通过势垒注入（热电子发射）。之后，电子在欧姆接触处被收集之前，将沿着一定的泄漏路径通过 SiN、AlGaN 和 GaN。

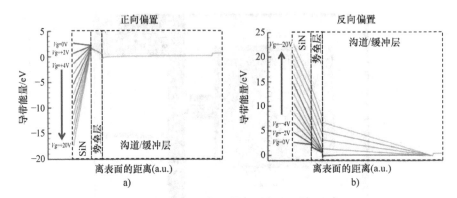

a)　　　　　　　　　　　　　　b)

图 14.13　a）正向偏压和 b）反向偏压下的导带（E_C）的能带图

14.3.3　正向偏置条件下对泄漏电流的分析 ★★★

在正向偏压下，电压降完全落在 SiN 上，因此，可以很容易地估计电场。图 14.14 绘制了 Poole – Frenkel（P – F）图中的正向偏压下的电流密度，即 $\ln(J/E)$ 与 sqrt(E) 的关系曲线，如式（14.4）[20,21] 所示。

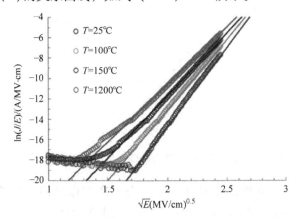

图 14.14　不同环境温度，正向偏压条件下的 Poole – Frenkel（P – F）曲线。符号表示实验数据，实线表示 PF 模型的拟合，通过电容结构上得到的数据（见图 14.11）（彩图见插页）

$$J_{PF} = AE \exp\left[-\frac{q\left(\phi_B - \sqrt{qE/\pi\varepsilon_S}\right)}{kT} \right] \tag{14.4}$$

式中，A 是拟合常数；ϕ_B 是 AlGaN 和 SiN 之间的三角形势垒高度/导带偏移；ε_S 是 SiN/AlGaN 组合堆叠介质的有效介电常数。式（14.4）可以重新排列如下：

$$\ln\left(\frac{J_{PF}}{E} \right) = B \sqrt{E} + C \tag{14.5}$$

其中

$$B = \frac{q}{kT}\sqrt{\frac{q}{\pi \varepsilon_S}} \tag{14.6}$$

而

$$C = -\frac{q\phi_B}{kT} + \ln(A) \tag{14.7}$$

利用式（14.5），可以得到一条直线，其斜率 B 随温度升高而减小。对实验数据进行自洽拟合［即使用 ε_S 值和实验的 T 根据式（14.6）计算斜率］，模型与实验数据之间取得了非常好的一致性，证实了在正向偏压条件下，导电机理是 P - F 发射这一事实。图 14.15 显示了通过绘制 $\ln(J/E)$ 与 q/kT 的关系曲线，在选定电场中实现激活能的提取。可以注意到，所提取的激活能 E_a 随电场的增加而降低，这与 P - F 模型提出的电场相关势垒降低是一致的。图 14.16 绘制了激活能 E_a 与 sqrt(E) 的关系曲线，显示了预期的线性相关性［式（14.8）］。电场相关激活能 $E_a(E)$ 可使用以下公式计算：

$$E_a = \phi_B - \sqrt{\frac{q}{\pi \varepsilon_S}}\sqrt{E} \tag{14.8}$$

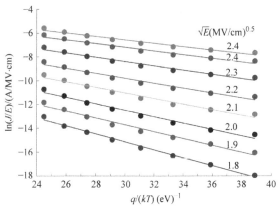

图 14.15　不同栅极电场下 $\ln(J/E)$ 与温度的关系，正向偏压条件，通过电容结构得到的数据

将式（14.8）外推到零电场，可以得到陷阱的势垒高度或陷阱能级。从图 14.16 中提取的陷阱能量为 0.89eV。作为一致性检验，E_a 相对于 sqrt（E）的斜率，即 - 0.309，可以与理论预期斜率 - sqrt（$q/\pi\varepsilon$）= - 0.27 进行比较，同样是相当一致的。

14.3.4　反向偏压条件下对泄漏电流的分析　★★★

在反向栅极偏压下，电场分布在多个介质层（SiN、AlGaN、GaN）上。在

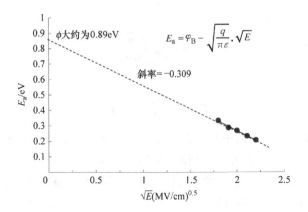

图 14.16 提取的激活能 E_a（见图 14.15）与 $\sqrt{E}$ 的关系。正向偏压条件下
通过电容结构得到的数据

反向偏压（$-15\text{V}\rightarrow0\text{V}$）下的 $J-V$ 特性显示出强烈的电场和温度依赖性，表明 Fowler - Nordheim（FN）传导伴随着显著的温度辅助泄漏成分。$J_{FN}-E$ 关系由以下公式表示[21,22]：

$$J_{FN} = AE^2 \exp\left[-\frac{8\pi\sqrt{2m_e^*(q\phi_R)^3}}{3qhE} \right] \qquad (14.9)$$

式中，A 是 F - N 常数；m_e^* 是电介质中的有效电子质量；h 是普朗克常数；ϕ_R 是有效势垒高度。

对于 F - N 传导，$\ln(J_{FN}/E^2)$ 与 $1/E$ 的关系曲线必须是一条直线。图 14.17 显示实验数据与 F - N 传导理论模型一致。

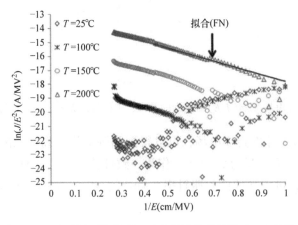

图 14.17 在不同环境温度，反向偏压条件下的 F - N 曲线。
符号表示实验数据，实线表示 FN 模型

在某些选定的栅极偏压条件下，即变化的栅极电场，绘制栅极电流密度 J 与温度的关系图，可以清楚地观察到提取的激活能 E_a 与电场无关，如图 14.18 所示。这强烈地暗示了一个热电子发射过程，激活能 $E_a = 0.7\text{eV}$。提取的 E_a 为 0.7eV，远低于根据栅极金属和 SiN 膜的电子亲和势估算的值。一些文献报道了 SiN 薄膜的不同电子亲和势（$e.a.$）在 2~3eV 之间。对于该计算，使用的 $e.a.$ 值为 2eV。根据 TiN 和 SiN 的功函数和电子亲和势分别为大约 4eV 和大约 2eV，估算出反向偏压条件下的势垒差大约为 2eV，表明 SiN 薄膜中存在缺陷/陷阱态。

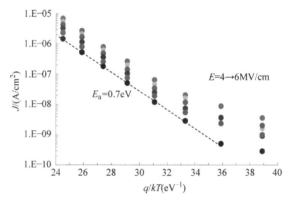

图 14.18 栅极电容在反向偏压条件下，在不同的栅极电场下测量的栅极电流密度 J 与环境温度的关系

14.3.5 体 SiN 缺陷态分析 ★★★

制备了几种不同 SiN 膜厚度的 MIS 电容，并对其 $J-(V)$ 特性进行了比较。图 14.19a 所示的比较数据仅是 25℃ 和 200℃ 条件下的。对于较厚的 SiN 层，在 200℃ 的正向偏压条件下，可观察到泄漏电流的减少（约两个数量级）。对于较厚的 SiN，电子通过 SiN/AlGaN 界面梯形势垒层的隧穿在低电场下占主导地位。因此，P-F 传导的开始被延迟（即，仅在较高的电压下发生，比在图 14.19 中考虑的情况下高出约 4V）。相反，在反向偏压条件下，即使在 200℃ 下也只观察到很小的降低，这表明 MOCVD SiN 薄膜的本征特性受到限制。在这种情况下，由于金属中的电子注入到 SiN 中而引起的泄漏电流与 SiN 的厚度无关。有关体 SiN 薄膜中缺陷态的一些文献研究表明，来自导带的缺陷能量在 1.6eV 和 1.9eV（分别为 Si⁰ 施主和 Si⁻ 受主能量）之间。基于栅极金属（TiN 的功函数约为 4eV）和 SiN（电子亲和势约为 2eV）的本征特性进行反向计算，结果表明，在 SiN 体中，缺陷能量为从导带 E_C 起大约 1.3eV。缺陷能量与之前报道的相当一致[23,24]。图 14.19b 显示了 SiN 薄膜中估算的缺陷能量状态。

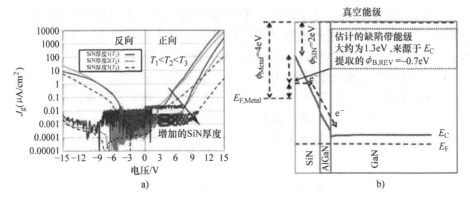

图 14.19　a）在三种不同的 SiN 厚度下，栅极电容上测得的随温度变化的 $J_g - E$ 曲线。蓝色线表示在 25℃ 下测量的数据而红色线表示在 200℃ 下测量的数据　b）显示 SiN 薄膜内估算的本征缺陷能量的能带图（在这个计算中，MOCVD SiN 薄膜的电子亲和势假设大约为 2eV）

14.3.6　TDDB 研究 ★★★

在 SiN 介质中建立了电流传导机制之后，就可以进行介质的应力实验：恒定电场应力（TDDB）。在 $W > 100$mm 的大功率器件上进行测量。除非另有规定，测量温度保持在 150℃。图 14.20 描述了两个不同的栅极应力电场（正向栅极应力）下的栅极电流与应力时间的关系。注意到与预期相反，电流随应力时间增加而增加。这被认为是由于应力期间在 SiN 介质或 SiN/AlGaN 界面中产生了额外的缺陷，增加了 P-F 迁移率（更多缺陷 = 更快的跳跃）。图 14.21 显示了 5 个不同应力电场下的 Weibull 分布。整条线表示 Weibull 模型拟合，使用 P-F 模型进行电场加速。电场加速因子为 γ。采用的电场加速模型如下：

$$t_{BD} \propto E \exp \left(-\gamma \sqrt{E} \right) \tag{14.10}$$

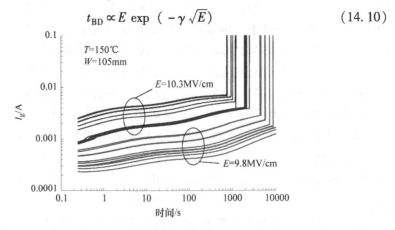

图 14.20　在 $W = 105$mm 功率晶体管上测得的 I_g 时间曲线特性。恒定的正向栅极电场应力（TDDB），$T = 150$℃

使用 P - F 模型进行的寿命外推计算表明，对于在 100ppm 下计算的纯 SiN 介质，在 $T = 150℃$ 下工作 10 年的工作电压大约为 5V。将所有数据归一化到一个应力电场的结果，如图 14.22 所示。很明显，所有数据都是一条斜率 $\beta = 2.35$ 的 Weibull 曲线，不同电场的数据分布良好，支持了我们的模型和假设的有效性。在不同温度下也进行了正向电压应力分析。图 14.23 显示了在三种不同温度下，三种不同应力电场的 TDDB 数据。观察到的温度加速很小。

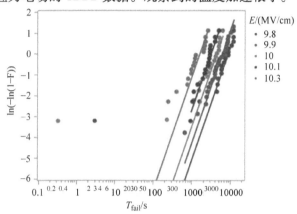

图 14.21　在 $T = 150℃$ 时，五个不同的栅极应力电场（正向传导）的 Weibull 分布和模型拟合。使用的电场外推模型是 P - F（彩图见插页）

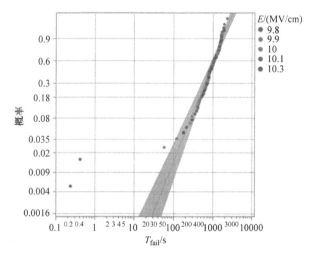

图 14.22　使用 P - F 电场加速模型将图 14.21 的 TDDB 数据归一化为一个应力电场。Weibull 斜率 $\beta = 2.35$（彩图见插页）

14.3.7　结论 ★★★

利用基于 TCAD 的能带图测量了通过栅极介质/AlGaN 势垒层的泄漏电流，

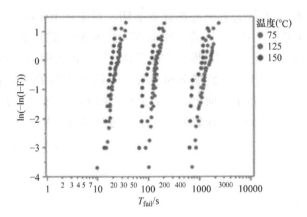

图 14.23   三种不同环境温度下三种不同应力电场（正向栅极应力）的 TDDB 数据（彩图见插页）

并提出了可能的导电机制。在正向栅极偏压条件下，通过 SiN 中零电场的激活能约为 0.89eV 的陷阱，电流遵循 P - F 发射而在介质中传导；另一方面，在反向偏压并伴有热辅助部分的条件下，Fowler - Nordheim 传导是主要的传导机制。提取的势垒为 0.7eV，归因于 SiN 薄膜中的缺陷状态，这是一个固有的问题。

在正向偏压条件下，SiN 栅介质的 TDDB 数据呈现出 Weibull 分布。TDDB 数据是电场加速的，但温度加速很小。使用 P - F 电场加速模型将 TDDB 数据归一化到一个应力电场，表明所有数据点都收敛在一条曲线上，从而验证了基于 P - F 的加速模型。提取的 Weibull 斜率约为 2.35。

14.4   缓冲层堆叠可靠性——关断态高压漏极应力

14.4.1   简介   ★★★

人们正在积极研究 100 ~ 650V 的下一代功率器件，AlGaN/GaN 基 HEMT。阻碍其在市场上广泛应用的一个关键问题是它们的可靠性，特别是在高温下的长期关断态应力（HTRB）。在 HTRB 条件下，2DEG 被耗尽而 GaN 堆叠表现为电介质，其中螺位错作为泄漏路径。在 HTRB 条件下，观察了 100V Si 上 GaN 器件在 100 ~ 130V 的电压加速测试[25]。参考文献 [26] 显示了缓冲外延层堆叠对 600V Si 上 GaN 器件的关断态应力的重要性，但没有报告任何电压加速数据或模型。因此，研究 AlGaN/GaN 基高压功率器件中电压加速机制具有重要意义。

在后面的章节中，将看到由于未掺杂 GaN 堆叠中电流传导机制的特殊性质，在 420 ~ 850V 的 HTRB 应力作用下，器件没有出现电压加速的退化。这是因为 GaN 缓冲层堆叠在某个临界电压（陷阱填充能级 V_{TFL}）以上变成了电阻，从而使得俘获的电荷被泄漏出去。强调了缓冲层陷阱（尤其是 C_N 受主陷阱）的重要作用。

14.4.2　电流传导机制　★ ★ ★

实验在 6in Si 上 AlGaN/GaN 晶圆上加工的功率器件上进行。这些器件是 $100m\Omega$ 功率晶体管，额定电流约为 20A[27]。在 Si 上生长 GaN 会产生约 $10^9 cm^{-2}$ 的螺位错，这些位错是通过缓冲层堆叠的泄漏路径。这意味着每一个几平方毫米的功率器件都有 $>10^6$ 个位错，或垂直电流传导的潜在路径，即顶部欧姆接触和硅衬底之间的电流。图 14.24 显示了在正向传导下，通过 GaN 堆叠的垂直泄漏电流随温度的变化，这意味着硅衬底接地而顶部欧姆接触为正偏压。$J-V$ 特性对于空间电荷限制（SCL）的电流或通过金属溢出在介质中传导是典型的[28]。V_{TFL} 是缓冲层中的陷阱电离的电压，因此准费米能级不再钉扎而向上移动到带边，因此，电流随电压急剧增加（$J \sim V^n$ 行为）。当 C 原子在 $E_V + 0.85eV$ 的 N 位上时，这些陷阱是用电流 DLTS 来识别的[27]。在 V_{TFL} 以上，垂直电场变大，足以激发电场增强的 Poole-Frenkel 电流传导，使 C_N 受主中存储的电荷被泄漏出去。结果，GaN 缓冲层变为电阻而不是电容[29]，并且缓冲层中不存储电荷。从而 V_{TFL} 可以很好地估计陷阱的数量[28]。在这个特定情况下，估计 C_N 陷阱的数量为 $10^{18} cm^{-3}$。

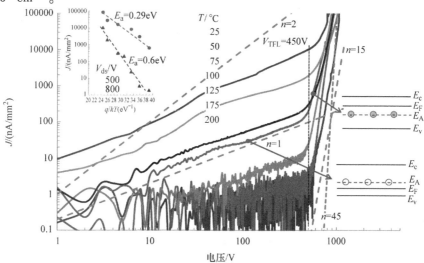

图 14.24　垂直泄漏电流 $\ln(J)-\ln(V)$ 特性是关于温度的函数。陷阱填充电压 V_{TFL} 是所有受主陷阱电离的电压（见参考文献 [28]），导致费米能级的变化。注意欧姆传导（$n=1$）直到 $V=V_{TFL}$。在 V_{TFL} 以上，通过缓冲层的电流迅速增加。电子通过热离子发射从 Si 衬底注入，$E_a = 0.6eV$（彩图见插页）

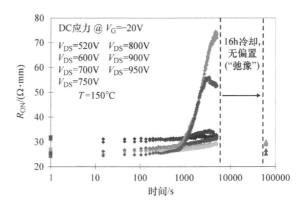

图 14.26　在 520 ~ 950V 和 T = 150℃ 的不同 V_{ds} 应力条件下，R_{on} 随应力时间的函数变化。应力在 6000s 后停止，之后器件冷却（弛豫）。弛豫 16h 后器件完全恢复。注意 V_{ds} = 900V 和 950V 时静态 R_{on} 的动态行为，显示出即使在关断状态应力下也有部分恢复（彩图见插页）

14.4.4　高压关断态漏极应力　★★★

由于 GaN 堆叠表现为电介质，可以施加高压 TDDB，在此期间 GaN 缓冲层堆叠在高压下处于关断状态直到失效。参考文献［30，31］报道了高压功率晶体管的高压关断态应力。在参考文献［30］中，在 RT、对大面积器件施加 V_{ds} = 700V 和 V_{ds} = 750V 的应力直至失效。在参考文献［31］中，大面积功率晶体管在 T = 80℃ 下，施加 V_{ds} = 1100V 和 1150V 的应力。场加速采用逆幂律。

将源极和衬底接地、栅极在夹断电压以下、漏极置于高电压的应力条件并施加到大面积功率晶体管（W > 100mm）。图 14.27 绘制了 V_{ds} = 900V、925V 和 950V 时的失效时间分布图。为了在合理的测量时间内诱发 GaN 堆叠的失效，必须将温度升高到 200℃。数据符合 Weibull 分布（与电介质的预期一样），尽管明显获得了双模型分布。这是由于缓冲层堆叠中的晶圆内部和晶圆间的不均匀性造成的。图 14.27 还绘制了使用模型：E、$1/E$ 和 Poole - Frenkel 数据外推到 V_{ds} = 600V 时的曲线。根据 14.4.2 节中的讨论，应采用 Poole - Frenkel 模型。

14.4.5　结论　★★★

在 V_{TFL}（450V）以上的电压下，动态 R_{on} 以及静态 R_{on} 在 HTRB 应力下的退化与应力电压无关，这是 SCL 电流传输的结果。只有在极端电压下（> 900V），才能观察到静态 R_{on} 的变化，这是可恢复的。从数据中可以看出，在 V_{TFL} 以上，缓冲结构变成了电阻，抑制了 C_N 受主陷阱中的电荷存储。对处于关断状态的功率器件施加应力直至失效，需要高压（V_{ds} > 900V）和高温（T > 150℃），得到了双模型 Weibull 分布。

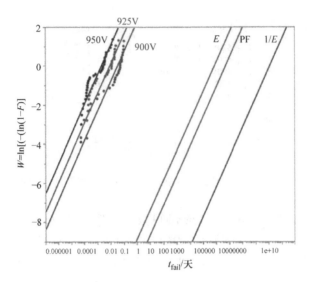

图 14.27 在 $T=200℃$ 时，在 $100mΩ$ 功率晶体管上，$V_{ds}=900V$、$925V$ 和 $950V$ 时的高压关断状态应力。数据绘制在 Weibull 图上；使用了三种不同的外推模型：E、$1/E$ 和 Poole – Frenkel，外推到 $V_{ds}=600V$（彩图见插页）

参 考 文 献

1. Meneghesso G, Meneghini M, Tazzoli A, Ronchi N, Stocco A, Chini A, Zanoni E (2010) Reliability issues of gallium nitride high electron mobility transistors. Int. J. Microw Wireless Technol 2:39–50

2. Meneghesso G, Magistrali F, Sala D, Vanzi M, Canali C, Zanoni E (1998) Failure mechanisms due to metallurgical interactions in commercially available AlGaAs/GaAs and AlGaAs/InGaAs HEMTs. Microelectron Rel 38:497–506

3. Chou YC, Leung D, Smorchkova I, Wojtowicz M, Grundbacher R, Callejo L, Kan Q, Lai R, Liu PH, Eng D, Oki A (2004) Degradation of AlGaN/GaN HEMTs under elevated temperature lifetesting. Microelectron Rel 44:1033–1038

4. Piazza M, Dua C, Oualli M, Morvan E, Carisetti D, Wyczisk F (2009) Degradation of TiAlNiAu as ohmic contact metal for GaN HEMTs. Microelectron Rel 49:1222–1225

5. Daumiller L, Kirchner C, Kamp M, Ebeling KJ, Kohn E (1999) Evaluation of the temperature stability of AlGaN/GaN heterostructure FETs. IEEE Elec Dev Lett 20:448–450

6. Wurfl J, Hilsenbeck J, Nebauer E, Trankle G, Obloh H (1999) Technology and thermal stability of AlGaN/GaN HFETs", proc. GaAs Appl Symp (GAAS), pp 430–434

7. Hilsenbeck J, Nebauer E, Wurfl J, Trankle G, Obloh H (2000) Aging behaviors of AlGaN/GaN HFETs with advanced ohmic and schottky contacts. Elec Lett 36:980–981

8. Wurfl J, Hilsenbeck J, Nebauer E, Trankle G, Obloh H, Osterle W (2000) Reliability of AlGaN/GaN HFETs comprising refractory ohmic and schottky contacts. Microelectron Rel 40:1689–1693

9. Wu TL, Marcon D, Stoffels S, You S, De Jaeger B, Van Hove M, Groeseneken G, Decoutere S (2009) Stability evaluation of Au-free Ohmic contacts on AlGaN/GaN HEMTs under a constant current stress. Microelectron Rel 49:1222

10. Constant A, Cano J-F, Banerjee A, Coppens P, Moens P (2015) Reliability of Au-free ohmic contacts for high-voltage AlGaN/GaN power devices. In: proceedings of the reliability of compound semiconductors (ROCS) (to be published)

11. Wu Y, Chen C-Y, del Alamo JA (2014) Activation energy of drain-current degradation in GaN HEMTs under high-power DC stress. Microelectron Rel 54:2668–2674

12. Kuzmik J, Bychikhin S, Pogany D, Gaquiere C, Morvan E (2006) Current conduction and saturation mechanism in AlGaN/GaN ungated strcutures. J Appl Phys, 99, pp 123720-1-7

13. Hu C-Y, Hashizume T, Ohi K, Tajima M (2010) Trapping effect evaluation of gateless AlGaN/GaN heterojunction field-effect transistors using transmission-line-model method. Appl Phys Lett 97:222103-1-3

14. Benbakhti B, Rousseau M, Soltani A, De Jaeger J-C (2006) Analysis of thermal effect influence in gallium-nitride-based TLM structures by means of a transport–thermal modeling. IEEE Trans Elect Dev 53:2237–2242

15. Cahill DG, Braun PV, Chen G, Clarke DR, Fan S, Goodson KE, Keblinski P, King WP, Mahan GD, Majumdar A, Maris HJ, Phillpot SR, Pop E, Shi L (2014) Nanoscale thermal transport. II 2003–2012. Appl Phys Rev, 1, pp 011305-1-45

16. Treu M, Vecino E, Pippan M, Haberlen O, Curatola G, Deboy G, Kutschak M, Kirchner U (2012) The role of silicon, silicon carbide and gallium nitride in power electronics. In: proceedings of the IEEE international electron devices meeting (IEDM), pp 711–714

17. del Alamo JA, Joe J (2009) GaN HEMT reliability. Microelectron Rel 49:1200–1206

18. Huang X, Du W, Liu Z, Lee FC, Li Q (2014) Avoiding Si MOSFET avalanche and achieving true zero-voltage-switching for cascode devices. In: proceedings of the IEEE energy conversion congress and exposition (ECCE), pp 106–112

19. Vianello E, Driussi F, Blaise P, Palestri P, Esseni D, Perniola L, Molas G, De Salvo B, Selmi L (2011) Explanation of the charge trapping properties of silicon nitride storage layers for NVMs—Part II: atomistic and electrical modeling. IEEE Trans Elec Dev 58:2490–2499

20. Moens P, Liu C, Banerjee A, Vanmeerbeek P, Coppens P, Ziad H, Constant A, Li Z, De Vleeschouwer H, Roig-Guitart J, Gassot P, Bauwens F, De Backer F, Padmanabhan B, Salih A, Parsey J, Tack M (2014) An industrial process for 650 V rated GaN-on-Si power devices using in-situ SiN as a gate dielectric, ISPSD'14: Proceedings of the 26th IEEE international symposium on power semiconductor devices and ICs, pp 374–377

21. Turuvekere S, Karumuri N, Rahman AA, Bhattacharya A, Dasgupta A, DasGupta N (2013) Gate leakage mechanisms in AlGaN/GaN and AlInN/GaN HEMTs: comparison and modelling. IEEE Trans Elec Dev 60:3157–3165

22. Sze SM (2001) "MIS diode and charge-coupled devices", physics of semiconductor devices, 2nd edn. Wiley, New York, pp 402–407

23. Ko C, Joo J, Han M (2006) Annealing effects on the Photoluminescence of Amorphous Silicon Nitride films. J Korean Phys Soc 48:1277–1280

24. Li D, Huang J, Deren Y (2008) Electroluminescence of silicon–rich silicon nitride light-emitting devices. In: Proceedings of the 5th IEEE international conference on group IV photonics, pp 119–121

25. Lidow A, Strittmatter R, Chunhua Z, Yanping M (2015) Enhancement mode gallium nitride transistor reliability. In: Proceedings of the IEEE international reliability physics symposium (IRPS), pp 2E11–2E15

26. Kwan MH, Wong KY, Lin YS, Yao FW, Tsai MW, Chang YC, Chen PC, Su RY, Wu CH, Yu JL, Yang FJ, Lansbergen GP, Wu H–Y, Lin M–C, Wu CB, Lai Y-A, Hsiung C-W, Liu P-C, Chiu H-C, Chen C-M, Yu CY, Lin HS, Chang MH, Wang S-P, Chen LC, Tsai JL, Tuan HC, Kalnitsky A (2014) CMOS–compatible GaN–on–Si field–effect transistors for high voltage power applications. In: proceedings of the IEEE international electron devices meeting (IEDM), pp 1761–1764

27. Moens P, Vanmeerbeek P, Banerjee A, Guo J, Liu C, Coppens P, Salih A, Tack M, Caesar M, Uren MJ, Kuball M, Meneghini M, Meneghesso G, Zanoni E (2015) On the impact of carbon-doping on the dynamic R_{on} and off-state leakage current of 650 V GaN power devices, ISPSD'15: Proceedings of the 27th IEEE international symposium on power semiconductor

devices and ICs, pp 37–40

28. Lampert MA (1956) Simplified theory of space-charge-limited currents in an insulator with traps. Phys Rev 103:1648–1656

29. Uren M, Silvestri M, Casar M, Hurkx GAM, Croon JA, Sonsky J, Kuball M (2014) Intentionally carbon-doped AlGaN/GaN HEMTs: necessity for vertical leakage paths. IEEE Elec Dev Lett 35:327–329

30. Briere MA (2014) Commercially viable GaN-based power devices. In: Proceedings of the applied power electronics conference and exposition (APEC)

31. Kikkawa T, Hosoda T, Shono K, Imanishi K, Asai Y, Wu Y, Shen L, Smith K, Dunn D, Chowdhury S, Smith P, Dunn D, Chowdhury S, Smith P, Gritters J, McCarthy L, Barr R, Lal R, Mishra U, Parikh P (2015) Commercialization and reliability of 600 V GaN power switches. In: Proceedings of the IEEE international reliability physics symposium (IRPS), pp 6C11–6C16

第 15 章

GaN晶体管的开关特性：系统级问题

Fred Lee, Qiang Li, Xiucheng Huang & Zhengyang Liu

GaN 器件的发展势头越来越强劲，最近市场上出现了许多新的应用领域，如负载点（POL）转换器、离线开关电源、电池充电器和电机驱动。与 Si MOSFET 相比，GaN 器件具有更低的栅电荷和更低的输出电容，因此能够在 10 倍于硅器件的开关频率下工作。这会显著影响功率变换器的功率密度、尺寸外形，甚至是设计和制造。为了实现 GaN 器件因工作频率的显著提高而带来的好处，必须解决许多问题，例如转换器拓扑、磁学、控制、封装和热管理。本章研究了高压 GaN 器件的开关特性，包括与共源共栅 GaN 相关的一些具体问题。对基于降压变换器的共源共栅 GaN 在硬开关和软开关两种模式下的性能进行了评估，说明了在高频下共源共栅 GaN 器件软开关的必要性。讨论了与 GaN 器件更高的开关速度相关的高 dv/dt 和 di/dt 相关的栅极驱动问题，并提出了许多重要的设计考虑。此外，本章列举了 GaN 一系列新的应用。

15.1 E 模式和共源共栅 GaN 的开关特性

理解 GaN 开关的开关特性对于正确有效地使用 GaN 器件进行电路设计至关重要。在下一节中，我们将首先解释和比较 E 模式和共源共栅 GaN 的开关损耗机制。然后详细说明封装对 GaN 器件开关性能的影响；同时，还针对共源共栅 GaN 器件提出了一种芯片堆叠封装，以尽量减小封装寄生电感对开关性能的影响。最后，对 GaN 器件的软开关工作和硬开关工作进行了比较，结果表明零电压开关（ZVS）是充分发挥 GaN 器件潜力所迫切需要的。

15.1.1 开关损耗机制 ★★★

在硬开关转换器中，器件的漏极和源极之间的电压和电流交叠会在开关过程中导致显著的功率损耗。为了更好地说明高压 GaN 开关的开关特性，图 15.1 显示了在一个降压变换器顶部开关的典型开关波形。在开启过程中，底部开关的结电容电荷会引起一个较大的电流过冲。由于共源共栅结构中低压 Si MOSFET 的反向恢复使得共源共栅 GaN 具有额外的电荷。在开启过程中，电压和电流的积分会产生几十 μJ 显著的功率损耗。然而与具有相同击穿电压和相同导通电阻的 Si MOSFET 相比，开启的开关损耗要小得多。

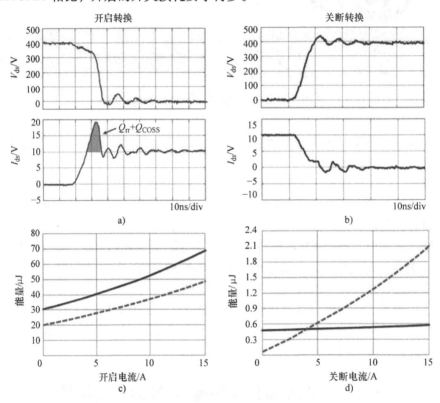

图 15.1　高压 GaN 开关的开关特性：a）开启波形，b）关断波形，c）开启能量（实线共源共栅 GaN；虚线 E 模式 GaN），d）关断能量（实线共栅 GaN；虚线 e 模式 GaN）

另一方面，漏 – 源电压和电流在关断转换过程中的交叉时间很短，能量损耗小于几 μJ。造成如此小的功耗的主要原因是 GaN 器件的高跨导。此外，由于本征电流源驱动机制，共源共栅 GaN 在较大的电流条件下具有较小的关断损耗[1,2]。共源共栅结构最大限度地减少了关断过程中的密勒效应，因此损耗对关断电流不敏感。

具有相同导通电阻的 600V E 模式 GaN 和共源共栅 GaN 的开关能量如图 15.1c、d 所示。一般来说，开启损耗远高于关断损耗。利用了无反向恢复电荷的特性，E 模式 GaN 具有较小的开启损耗。然而，由于其结构上的优点，共源共栅 GaN 在较大的关断电流下具有较小的关断损耗。

15.1.2　封装影响　★★★

　　E 模式 GaN 器件和共源共栅 GaN 器件都具有很高的开关速度。然而，由较大的封装引入的寄生电感成为一个限制因素，导致较大的开关损耗和开关转换过程中的剧烈振荡。

　　关于封装的影响，人们花费大量的精力来研究具有单片结构的 Si MOS-FET[3-5]。众所周知，共源极电感（CSI）是最关键的寄生源，它被定义为功率环路和驱动环路共享的电感。CSI 作为负反馈，在开关转换期间降低驱动器的速度，从而延长电压和电流的交叉时间，并显著增加开关的损耗。

　　类似的理论也适用于 E 模式 GaN 器件。图 15.2 显示了典型通孔封装（TO-220）和典型表面贴装封装（PQFN）相关的寄生电感，而基于实际器件的电感见表 15.1。在这里，电感值是在 Ansoft Q3D 中通过 FEA 仿真提取的。通过比较可以看出表面贴装封装是降低寄生电感值的有效方法，而 Kelvin 连接（K）可以使电源回路与驱动回路解耦，使得源极电感不再是共源极电感。

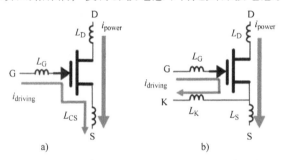

a)　　　　　　　　　　　　　　　b)

图 15.2　E 模式 GaN 封装的相关寄生电感分布

a）TO-220 封装　b）PQFN 封装

表 15.1　封装相关的寄生电感值

	L_G/nH	L_D/nH	L_S/nH	L_K
TO-220	3.6	2.3	3.9	N/A
PQFN	2.4	1.3	0.9	1.3nH

　　与 E 模式 GaN 器件不同，共源共栅 GaN 器件具有非常复杂的寄生电感分布，CSI 的确认并不简单[6,7]。正如参考文献 [6，7] 所提出的，第一步是分别分析低压 Si MOSFET 和高压 GaN HEMT 的 CSI。对于 Si MOSFET（见图 15.3a），L_{int3} 和 L_S 是 Si MOSFET 的 CSI；而对于 GaN HEMT（见图 15.3b），L_{int3} 和 L_{int1} 是 GaN HEMT 的 CSI。因此，对于共源共栅 GaN 器件（见图 15.3c），由于 L_{int3} 是 GaN HEMT 和 Si MOSFET 的 CSI，所以它是最关键的寄生电感。L_{int1} 是第二个最关键的电感，因为它是高压 GaN HEMT 的 CSI，具有最显著的开关损耗。最后，L_S 是

第三个最关键的电感。

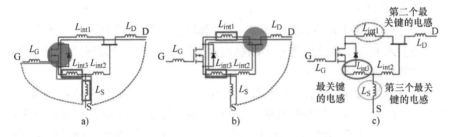

图15.3 共源共栅GaN器件中共源极电感的分布

a）在Si器件中 b）在GaN器件中 c）在共源共栅结构中

仿真模型被用来验证这一分析。针对工作在连续电流模式硬开关条件下的降压变换器设计进行了电路级仿真。硬开关条件下的开关损耗是首要考虑的问题。由于开启损耗是主要的损耗，所以选择400V/10A条件下的开启能量进行比较。仿真的开启损耗如图15.4所示。基于TO-220的封装在400V/10A下的总开启能量为23.6μJ。通过消除L_D、L_{int2}或L_G的影响，开启损耗的降低可以忽略不计（约为23.6μJ的1%）；另一方面，当去除临界寄生电感如L_S、L_{int1}或L_{int3}时，开启损耗显著降低（分别为23.6μJ的9%、15%和22%）。因此，仿真结果定量地验证了理论分析，即L_{int3}、L_{int1}和L_S是最关键的封装寄生电感。

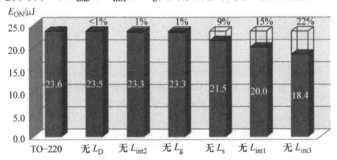

图15.4 400V/10A下器件开启损耗的比较

分析表明，传统封装对器件的开关性能有显著影响。芯片堆叠封装是为了解决封装相关问题而提出的[5,8-10]。

对于TO-220封装，有三种共源极电感：L_{int3}、L_{int1}和L_S。然而，芯片堆叠封装能够消除所有的共源极电感。如图15.5b所示，在共源共栅GaN器件的芯片堆叠封装中，Si MOSFET（漏极压焊点）直接安装在GaN HEMT（源极压焊点）的顶部。通过这种方法，两个芯片之间的互连被最小化，因此，芯片堆叠封装被认为是优化的共源共栅GaN器件的封装。

芯片堆叠封装是与TO-220封装在相同的方式构建和测试的。实验结果表明，芯片堆叠封装在硬开关方面有显著的改善。

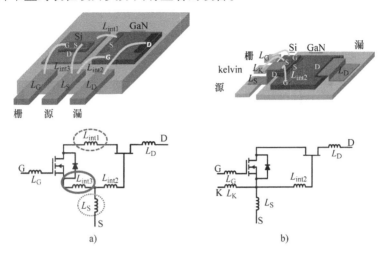

图 15.5   共源共栅 GaN HEMT 封装键合示意图 a）TO－220 和 b）芯片堆叠

图 15.6 显示了400V/5A 条件下的开启波形。根据前面的分析，芯片堆叠封装比 TO－220 封装具有更快的开关转换速度。dv/dt 从 90V/ns 增加到 130V/ns，而主要的转换时间和开启能量分别从 6ns 和 15.0μJ 降低到 4ns 和 10.5μJ。在这种情况下，可以节省 30% 的开启能量。

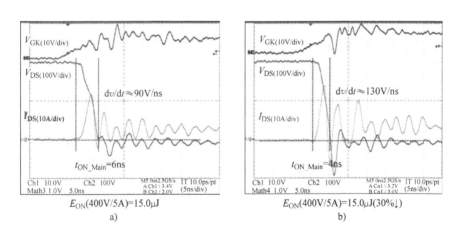

图 15.6   a）TO－220 封装和 b）芯片堆叠封装开启波形比较

图 15.7 显示了在不同负载电流条件下测量的开关能量。在所有负载范围内，芯片堆叠封装的开启能量显著降低。

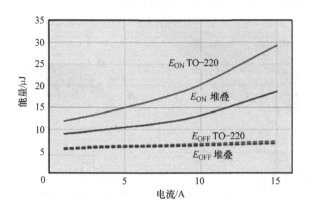

图 15.7　不同封装的开关能量

15.1.3　硬开关与软开关的比较　★ ★ ★

即使有更好的封装，高压 GaN 开关在硬开关条件下的开启损耗在高频应用中是显著的和主要的，例如，在 500kHz 工作时损耗可能是 10 ~ 20W。ZVS 的开启是充分发挥 GaN 开关的潜力所迫切需要的。临界导通模式（CRM）工作是实现 ZVS 开启的最简单有效的方法，在中、低功率应用中有着广泛的应用。

图 15.8a 显示了使用 GaN 器件的软开关和硬开关降压变换器效率的比较。在 6A 输出时的开关频率设计为 500kHz。图 15.8b 显示了 6A 输出的损耗明细。图中清楚地显示了 ZVS 的开启损耗最小，只引入了一点传导损耗。传导损耗的增大是由于用于实现 ZVS 的循环能量。

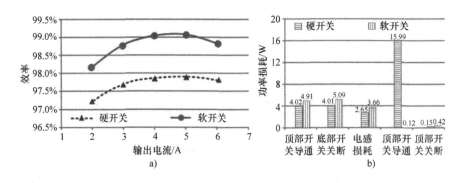

图 15.8　软开关与硬开关的 a）效率比较和 b）在 6A 时的损耗明细

15.2 共源共栅 GaN 的特殊问题

共源共栅结构通常应用于一个常开的 GaN 器件，使其成为一个常关器件。然而，高压常开 GaN 与低压 Si MOSFET 之间的相互作用可能会导致不希望出现的特性。为了避免可靠性问题，并提高开关性能，应合理设计 MOSFET 和常开 GaN 开关之间的互连寄生电感和结电容比。

15.2.1 封装对栅极击穿的影响 ★★★

由于 GaN 器件的开关转换非常快，可以观察到很高的 dv/dt（200V/ns）和 di/dt（10A/ns）。当共源共栅 GaN 器件在较高的 di/dt 条件下开关时，发现了一种器件的失效模式。

器件失效机制如图 15.9 所示。例如，如果 Si MOSFET 的漏 - 源击穿电压为 30V，而 Ga NHEMT 的栅 - 源击穿电压为 - 35V，那么 Si MOSFET 的雪崩将 V_{SD_Si} 箝位在 30V，起着防止 GaN HEMT 栅极击穿的作用。

由于高 di/dt 和封装相关的寄生电感，Si MOSFET 提供的保险失效。在关断转换中，由于 Ldi/dt 机制，会出现电压尖峰和寄生振铃，导致 V_{GS_GaN} 上低于 - 35V 的下冲，并可能导致器件的退化和失效。

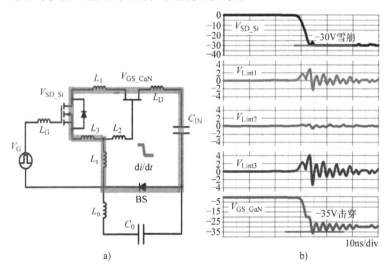

图 15.9 栅极击穿机制

a）电路中 di/dt 回路 b）仿真波形

提出的芯片堆叠封装可以解决这个问题[7]。由于 L_1 和 L_3 被完全消除，在 GaN 内部驱动回路中几乎没 $di -/dt -$ 引起的电压尖峰。因此，V_{GS_GaN} 紧跟

$V_{\text{DS\_Si}}$，或者换句话说，Si 雪崩保护变得非常有效。图 15.10 显示了在 400V/15A 条件下所测得的芯片堆叠封装的关断波形。从上至下的第二条曲线显示 $V_{\text{GS\_GaN}}$ 被箝位在 −30V，而没有观察到电压下冲。

15.2.2　电容失配的影响　★★★

在共源共栅 GaN 器件中，经常发生高压 GaN 的结电容电荷高于低压 Si MOS-FET 的结电容电荷的情况。当 GaN 和 Si MOSFET 的电荷不匹配时，可能会产生一系列的后果。Si MOSFET 可能在关断转换时达到雪崩，这将导致额外的损耗和可靠性问题。即使共源共栅 GaN 的外部波形看起来像 ZVS，GaN 开关也不能实现 ZVS 开启[11,12]。最坏的情况是共源共栅 GaN 在大电流关断条件下可能发生发散振荡。

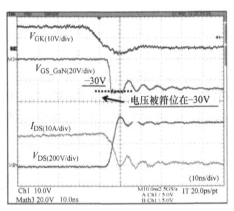

图 15.10　提出的共源共栅 GaN 芯片堆叠封装的关断波形

15.2.2.1　Si 雪崩

GaN 开关和 Si MOSFET 在关断转换过程中的电压分布主要由结电容电荷决定。关断转换期间的关键波形和等效电路如图 15.11 所示。

Si MOSFET 在 t_1 时完全关断。Si MOSFET 的漏 − 源电压也是反向极性 GaN 的栅 − 源电压，由外部电流源通过 GaN 沟道充电。$V_{\text{DS\_Si}}$（ − $V_{\text{GS\_GaN}}$）达到 $V_{\text{TH\_GaN}}$ 时，在 t_2 时 GaN 沟道被夹断。然后，$V_{\text{DS\_Si}}$ 与 $V_{\text{DS\_GaN}}$ 同时增加。$V_{\text{DS\_Si}}$ 在 t_3 时被驱动到雪崩，而 $V_{\text{DS\_GaN}}$ 只上升到 V_{1_GaN}，比稳态值低很多。在第二阶段，存储在 $C_{\text{OSS\_Si}}$ 和 $C_{\text{GS\_GaN}}$ 中的电荷总量被定义为 Q_{II}。因为它们在电流路径上是串联的，所以存储在 $C_{\text{DS\_GaN}}$ 中的电荷量是相同的。在第三阶段，$C_{\text{DS\_GaN}}$ 通过 Si MOSFET 的雪崩路径独立充电，如图 15.11c 所示，$V_{\text{DS\_GaN}}$ 从 V_{1_GaN} 上升到稳态值。在第三阶段，存储在 $C_{\text{DS\_GaN}}$ 中的电荷总量被定义为 Q_{III}。这部分电荷流经雪崩路径，并在每个开关周期中造成额外的损耗，其计算公式如下：

$$P_{av} = V_{av} \times Q_{\text{III}} \times f_s \tag{15.1}$$

根据式（15.1），P_{av} 与开关频率成正比。这是不可取的，尤其是在高频应用中。

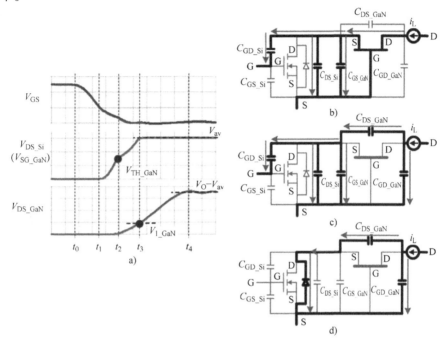

图 15.11　共源共栅 GaN 关断转换过程中的电压分布

a）Si MOSFET 达到雪崩　b）阶段Ⅰ：$t_1 - t_2$　c）阶段Ⅱ：$t_2 - t_3$　d）阶段Ⅲ：$t_3 - t_4$

15.2.2.2　未能实现 ZVS

图 15.12 显示了 ZVS 开启转换过程中的关键波形和等效电路。利用负电感电流对结电容放电实现 ZVS。

在 t_0 时，C_{DS_GaN}、C_{OSS_Si} 和 C_{GS_GaN} 通过负电感电流放电。由于 GaN 开关中存储的电荷远大于 Si MOSFET 中的电荷，所以在 t_1 时，V_{DS_GaN} 只会在 V_{DS_Si} 减小到 V_{TH_GaN} 时才降低到 V_{2_GaN}。GaN 开关的沟道在第二阶段是导电的，如图 15.12b 所示。C_{DS_GaN} 的剩余电荷，即 Q_{III} 直接通过沟道耗散，这会导致与开关频率成正比的额外开启损耗。在第二阶段，C_{DS_GaN} 和 C_{GD_GaN} 的电压下降斜率是一致的。大部分电感电流流过 C_{GD_GaN}，电路满足以下方程：

$$\begin{cases} v_{DS\_GaN} + v_{DS\_Si} = v_{GD\_GaN} \\ C_{GD\_GaN} \dfrac{dv_{GD\_GaN}}{dt} = i_L \\ C_{DS\_GaN} \dfrac{dv_{DS\_GaN}}{dt} = g_{f\_GaN} \left(-v_{DS\_Si} - v_{TH\_GaN} \right) \end{cases} \tag{15.2}$$

式中，g_{f_GaN}是 GaN 开关的跨导。V_{DS_Si}的小幅度降低会导致 GaN 开关位移电流的大幅度增加，从而导致电压下降斜率增加。因此，V_{DS_Si}在这一阶段几乎保持恒定，以保持一致的电压斜率，如图 15.12a 所示。V_{DS_GaN}的波形使得共源共栅 GaN 器件的终端波形呈现 ZVS 开启。然而，存储在 C_{DS_GaN} 中的大部分能量实际上是由于电荷不匹配而在内部耗散的。无论采用何种 ZVS 技术，这种现象总是会发生。内部开关损耗与失配电荷有关。

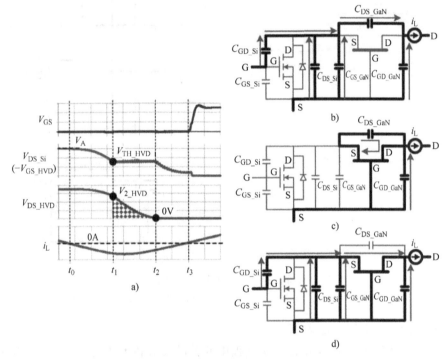

图 15.12　共源共栅 GaN 在 ZVS 开启转换过程中的电压分布

a）GaN 内部开启　b）阶段 I：t_0-t_1　c）阶段 II：t_1-t_2　d）阶段 III：t_2-t_3

15.2.2.3　发散振荡

在大电流关断条件下，电容的失配可能会导致共源共栅 GaN 产生发散振荡问题。回路电感和结电容所形成的电压振铃可能会超过阈值，从而触发 GaN 内部的开启机制，从而导致发散振荡。

关断过程与图 15.10 所示相同。V_{DS_Si} 达到雪崩，而 V_{DS_GaN} 只增加到 V_{1_GaN}。然后，Si MOSFET 保持在雪崩区，而 V_{DS_GaN} 通过雪崩路径被充电到峰值 V_{peak}。

当 V_{DS_GaN} 达到 V_{peak} 后，关断转换结束，而共源共栅 GaN 器件的结电容随环路电感 L_P 振荡。V_{DS_GaN} 和 V_{DS_Si} 的初始电压分别为 V_{peak} 和 V_{av}。L_P 的初始振荡

电流为0A。未考虑阻尼效应的 V_{DS_GaN} 和 i_{Lp} 的理想振荡波形如图 15.13 中的虚线所示。理想的振荡幅度为 V_{peak}。具体操作如下：

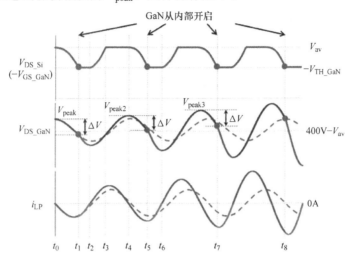

图 15.13　发散振荡示意图

$[t_0 - t_1]$：L_p 与两个电容支路发生谐振。一个电容支路是 C_{DS_GaN}，它与 C_{DS_GaN} 和 C_{GS_GaN} 串联；另一个电容支路是 C_{GD_GaN}。等效电路如图 15.14a 所示。在这一阶段，C_{DS_GaN} 通过部分回路电感电流 i_{LP} 与 C_{DS_GaN} 和 C_{GS_GaN} 串联放电。在 t_1 时，V_{GS_GaN} 达到 V_{TH_GaN}，而 V_{DS_GaN} 下降 ΔV，小于理想的共振峰值幅度。在此期间，被 i_{LP} 去除的电荷定义为 ΔQ。

$[t_1 - t_2]$：t_1 后，GaN 内部开启而 C_{DS_GaN} 直接被 GaN 沟道旁路。因此，环路电感 L_p 只与 C_{GD_GaN} 谐振，等效电路如图 15.14b 所示。由于电容较小，谐振周期缩短。此外，由于用 i_{LP} 对 C_{GD_GaN} 放电，V_{GD_GaN} 的压降比理想振荡时要大。在这一阶段，V_{GD_GaN} 几乎保持不变，原因见 15.2.2.2 节。虽然在这一阶段 C_{DS_GaN} 不参与振荡，但 V_{DS_GaN} 和 V_{GD_GaN} 仍然满足 KVL。$V_{DS\_GaN} = V_{GD\_GaN} - V_{TH\_GaN}$。因此，$V_{DS\_GaN}$ 的压降也大于理想情况。在 t_2，i_{LP} 达到 0A，而 V_{DS_GaN} 到达谷点。

$[t_2 - t_3]$：在 t_2 之后开始下一个振荡周期。在 t_2 时的 V_{DS_Si}、V_{DS_GaN} 和 i_{LP} 的值成为下一个振荡周期的初始条件。需要注意的是，V_{DS_GaN} 的初始条件低于理想的情况。V_{DS_Si} 在 t_3 时达到雪崩，而在此期间存储在 C_{DS_GaN} 中的电荷为 ΔQ，与 $t_0 - t_1$ 期间移除的电荷相同。

$[t_3 - t_4]$：V_{Ds_Si} 保持在雪崩区，而 V_{DS_GaN} 继续增加，直到达到峰值 V_{peak2}。由于初始条件，V_{peak2} 应大于 V_{peak}。同样，谐振电流也比理想情况下大。

$[t_4 - t_5]$：此阶段与 $[t_0 - t_1]$ 阶段相似。V_{DS_Si} 和 V_{DS_GaN} 同时减小，在 t_5 时

谐振电流消除 ΔQ，$V_{\text{DS\_Si}}$ 达到 $V_{\text{TH\_GaN}}$。由于 V_{peak2} 高于 V_{peak}，GaN 内部开启时间早于 $[t_0 - t_1]$ 阶段。这允许在下一阶段有更大的谐振电流对 $C_{\text{GD\_GaN}}$ 放电，因此 $V_{\text{DS\_GaN}}$ 下降到更低的值。因此，在接下来的振荡周期中，GaN 在每个周期内从内部开启，并且每个开启瞬间都比前一个周期早。$V_{\text{DS\_GaN}}$ 和 i_{LP} 的振铃振幅随周期增加而增大，振荡最终发散。

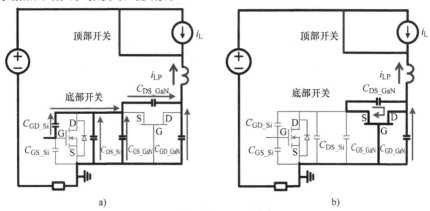

图 15.14　等效电路：a）$t_0 - t_1$ 等效电路和 b）$t_1 - t_2$ 等效电路

15.2.2.4　解决电容失配问题的解决方案

导致上述三个问题的最大贡献因素是共源共栅结构中 Si MOSFET 和 GaN 之间的电容失配。根据 GaN 开关的结电容大小选择结电容较大的合适的 Si MOSFET，是一种简单易行的电容匹配方法。然而，这样做意味着 Si MOSFET 的总栅电荷也将增加，这将显著增加高频下的驱动损耗。此外，由于强烈的密勒效应，$C_{\text{GD\_Si}}$ 的增加会延长 Si MOSFET 的关断转换，增加开关损耗。

根据 15.2.2 节的分析，共源共栅器件中的总失配电荷为 Q_{III}。因此，如图 15.15 所示，添加一个额外的电容 C_X 与 Si MOSFET 的漏 – 源端并联，以补偿电荷失配。所需的 C_X 最小值应保证 $C_{\text{DS\_GaN}}$ 在 Si MOSFET 达到雪崩之前达到其稳态电压。

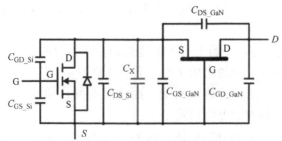

图 15.15　在共源共栅器件中增加一个额外的电容

因此，C_X 的表达式如下：

$$C_{\mathrm{X}} \geqslant \frac{Q_{\mathrm{III}}}{V_{\mathrm{av}} - V_{\mathrm{TH\_GaN}}} \tag{15.3}$$

Si MOSFET 漏 – 源端之间并联的 C_{X} 不会增加其驱动损耗，并且由于共源共栅结构的优点，关断损耗仍然很小，如参考文献 [1，2] 中所述。

15.2.2 节中讨论的问题可能不会发生在低压条件下，例如工作在 200V 以下的应用中。建议的解决方案可能会降低器件的开关速度，但关断损耗的增加非常有限。一般来说，提出的解决方案是针对 600 ~ 1200V 额定电压的共源共栅器件的问题，通常用于 400 ~ 800V 的应用中。

15.3　GaN 器件的栅极驱动器设计

GaN 器件比 Si MOSFET 具有更少的栅电荷和更低的输出电容，因此能够在 10 倍于 Si MOSFET 的开关频率下工作。同时，根据 $\mathrm{d}v/\mathrm{d}t$ 和 $\mathrm{d}i/\mathrm{d}t$ 表示的开关速度，GaN 器件是 Si MOSFET 的 3 ~ 5 倍[13]。为了设计出充分利用 GaN 器件特性的电路，需要对这些条件进行充分的理解和恰当的处理。

15.3.1　$\mathrm{d}i/\mathrm{d}t$ 问题　★★★

在 MHz 级应用中使用 GaN 器件，特别是当 CRM 用于实现软开关时，大电流的关断会导致较高的 $\mathrm{d}v/\mathrm{d}t$ 和 $\mathrm{d}i/\mathrm{d}t$ 问题。

当 GaN 开关关断时，下降的 $\mathrm{d}i/\mathrm{d}t$ 斜率在 CSI 上产生负电压。这个负电压将在 GaN 的栅 – 源上产生一个相反的电压，用来开启器件。

图 15.16 显示了一个带有共源共栅 GaN 开关的降压变换器的例子。总的共源极电感 L_{S} 由器件封装中的共源极电感和 PCB 印制线的寄生电感组成。当高压侧开关关断时，较高的 $\mathrm{d}i/\mathrm{d}t$ 将在 L_{S} 上产生反向电压。如图 15.17 所示，顶部开关栅极信号端上出现 7V 的尖峰。如果内部栅极信号达到其阈值

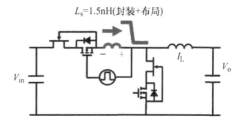

图 15.16　$\mathrm{d}i/\mathrm{d}t$ 对栅极驱动环路的影响

电压并导致击穿，则该尖峰可能会导致器件的误开启。

提高 $\mathrm{d}i/\mathrm{d}t$ 抗扰度的最好方法是通过改进封装和 PCB 布局来最小化 CSI。用 Kelvin 连接分离栅极和电源回路有助于减少 CSI。GaN 器件的内部源极电感也应尽量减小。图 15.18 显示了具有更好封装和布局的实验波形。电压尖峰的抑制比在图 15.17 中更明显。

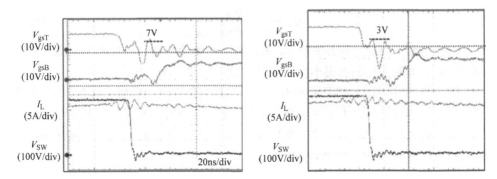

图 15.17 较高的 di/dt 在 CSI 上引起电压尖峰   图 15.18 具有较小的 CSI 的较小电压尖峰

15.3.2 dv/dt 问题 ★★★

与 dv/dt 相关的驱动问题比 di/dt 问题更为复杂和困难。在大多数情况下，电平转换器或隔离器用于高压侧驱动器。该部分的寄生电容是开关节点 dv/dt 产生的共模电流的高频噪声路径。对于正的 dv/dt 事件，电容 C_{IO} 上的高压摆率产生的共模电流流入回路，如图 15.19 所示。该共模电流在 PWM 输入侧引起接地反弹，并可能导致逻辑状态的变化。对于一个负的 dv/dt 事件，共模电流顺时针流动并可能使 PWM 信号恶化，如图 15.20 所示。

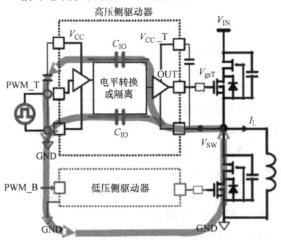

图 15.19 较高的 dv/dt 在电平转换器或隔离器的寄生
电容上引起共模电流（以共源共栅 GaN 为例）

一般来说，自举 IC、光耦、驱动变压器和数字隔离器是典型的高边驱动器。在这四个候选方案中，数字隔离器具有最小的寄生电容和最小的传输延迟。这些特性使其适合于 GaN 的应用。高边数字隔离器和高速驱动器的电源通常是来自隔离的电源模块。然而，隔离的电源体积庞大，更重要的是由于电容相对较大而易受噪声的影响。可使用自举二极管简化数字隔离器和驱动器高压侧的电源，如图 15.21 所示。去耦电容应尽可能靠近自举二极管和 $\mathrm{d}v/\mathrm{d}t$ 噪声源的接地端，以减小共模电流环路。为了进一步提高 $\mathrm{d}v/\mathrm{d}t$ 的抗扰性，可以在输入 PWM 端使用负偏压电路和 RC 滤波器。

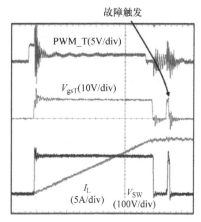

图 15.20　较高的 $\mathrm{d}v/\mathrm{d}t$ 会使 PWM 信号恶化

PCB 布局对提高高压侧驱动器的 $\mathrm{d}v/\mathrm{d}t$ 抗干扰能力也起着重要作用。避免 PCB 布局在地和高压侧的交叠可以有效地降低寄生电容。改进后的驱动电路和 PCB 布局得到的实验波形如图 15.22 所示。PWM 信号上的电压振铃减至最小，$\mathrm{d}v/\mathrm{d}t$ 抗干扰性超过 120V/ns。

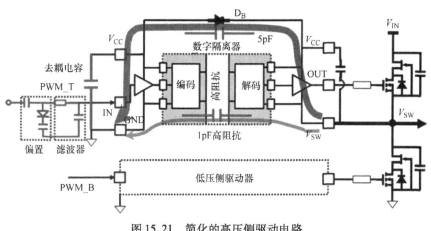

图 15.21　简化的高压侧驱动电路

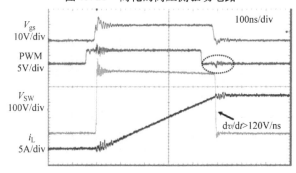

图 15.22　高压侧驱动器改进的 $\mathrm{d}v/\mathrm{d}t$ 抗扰性实验波形

15.4   系统级影响

性能改进和尺寸减小是功率变换技术进步的关键驱动因素和衡量标准。半导体器件的改进是满足现代系统要求的第一步。新出现的 GaN 器件，其特性有了很大的改进，为工作频率进入到 MHz 范围打开了大门。在本章和其他出版物中列举了大量的设计示例，显示了令人印象深刻的效率和功率密度方面的改进。此外，GaN 的潜在影响超出了效率和功率密度的简单测量。在更高的频率下，用一种更高集成度的方法来设计一个系统是可行的，因此，更容易实现自动化制造。这将大大降低电力电子设备的成本，并挖掘出许多以前因成本过高而被排除在外的新应用。

15.4.1   3D 集成的负载点变换器 ★★★◀

非隔离 DC—DC 变换器广泛应用于许多不同的应用场合中，如通信、计算、便携式电子、汽车等领域。这些非隔离 DC/DC 变换器通常位于负载附近，因此也被称为 POL 变换器。这些 POL 变换器通常由分立元件构成，工作频率相对较低。因此，像电感之类的无源元件体积很大，在主板上占据了相当大的空间。由于 POL 变换器的功率需求和主板有限的面积，POL 变换器必须做得比过去小得多。要实现这些目标，必须同时做到两件事：一是大幅提高开关频率，以减小电感和电容的尺寸和重量；二是将无源元件，特别是磁性元件与有源元件集成，以实现所需的功率密度。POL 变换器输入电压通常为 5V 或 12V。因此，通常用低压（12 ~ 30V）Si 功率 MOSFET 来制造这些 POL 变换器。由于 Si 功率 MOSFET 的限制，工业界只能实现极低功率 POL 变换器的高频（ >2MHz）工作，即 1 ~ 5W 的水平。为了解决计算机和电信行业对高功率密度 POL 变换器的强烈需求，我们还需要将大功率（ >20W）POL 变换器的开关频率提高到 1MHz 以上。然而，由于开关损耗过大，采用目前 Si 功率 MOSFET 的大功率 POL 变换器很难将开关频率提高到 1MHz 以上。

在不同的集成功率变换器方法中，三维（3D）集成是一种比较有前途的方法，它使用磁性元件作为衬底来获得非常高的功率密度[14,15]。图 15.23 显示了这种三 D 集成的概念图。3D 集成的基本概念是以垂直方式集成整个变换器。首先，在整个变换器中采用非常低轮廓的无源层作为基底，在无

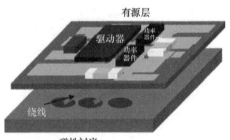

图 15.23   三 D 集成概念

源层之上构建有源层，以实现空间的节省和充分利用。

最近，通过使用 GaN HEMT，电力电子系统中心（CPES）成功地演示了几种功率密度高达 $1000W/in^3$ 的 3D 集成 POL 变换器[16-18]。

图 15.24a 显示了一个带有 EPC GaN 器件的 2MHz 的 3D 集成 POL 变换器的原型。图 15.24b 显示了效率测试结果。第三代原型采用了横向高频功率环路的设计，而第四代原型采用了垂直高频功率环路的改进设计。由此可见，有源层的设计对提高变换器的效率是至关重要的。通过使用屏蔽层来降低寄生电感，第三代原型的效率可以提高 1% ~ 2%。第四代原型具有垂直高频功率环路，寄生电感非常小。因此，没有屏蔽层的第四代原型可以具有类似的满载效率，但比有屏蔽层的第三代原型的轻载效率更好。

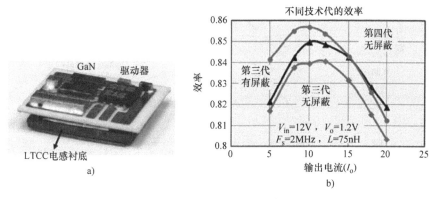

图 15.24　采用 EPC GaN 器件的 3D 集成 POL 变换器：
a）3D 集成 POL 变换器的原型和 b）变换器效率的测试结果

图 15.25 显示了两个带有 IR GaN 器件的 5MHz 3D 集成 POL 变换器的原型。图 15.25a 为输出电流为 10A 的单相型；图 15.25b 所示为输出电流为 20A 的两相型；图 15.25c 显示了不同频率下单相 POL 变换器的效率。在 2MHz 时，该集成的 POL 变换器的峰值效率超过 91%；在 5MHz 时，其峰值效率仍高达 87%。单相型的变换器面积只有 $85mm^2$。对于单相变换器，设计了一系列工作频率为 1 ~ 5MHz 的 LTCC 电感衬底。这些电感有相同的面积，但有不同的磁心厚度，以实现电感的设计。在 5MHz 工作频率下，电感磁心厚度仅为 0.9mm。利用这种超薄电感衬底，3D 集成 POL 变换器在 5MHz 时的功率密度高达 $800W/in^3$。两相模块采用反向耦合电感。

由于 DC 磁通抵消效应，反向耦合电感比非耦合电感具有更高的电感密度。因此，反向耦合电感的磁心厚度比非耦合电感的要薄。在 5MHz 时，反向耦合电感的磁心厚度只有 0.4mm。因此，两相 POL 变换器比单相 POL 变换器具有更高的功率密度。在 5MHz 时，它可以实现功率密度高达 $1000W/in^3$。

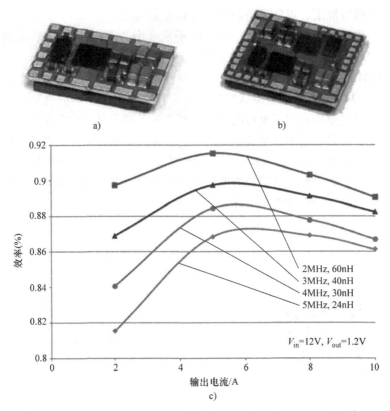

图 15.25　带 IR GaN 器件的 3D 集成 POL：a）单相型、b）两相型和 c）单相型的效率

15.4.2　隔离的 DC—DC 变换器 ★★★

15.4.2.1　48→12V DCX

中间总线结构（IBA）是 CPU 和电信应用中常用的一种结构。在 IBA 中，第一级采用标称 48V 输入，并逐步降低至 8～12V 的范围。这使得小型、高效的 POL 变换器能够将第二级电压调节到最终输出。

最先进的 IBA 设计的缺点包括仅限于在低频（几百 kHz）下使用；笨重的无源元件；变压器的漏电感大，这会导致占空比损耗、体二极管损耗和较大的瞬态电压峰值。

在参考文献［19］中提出了一种改进的高频拓扑结构，如图 15.26 所示。该拓扑结构采用谐振技术，利用变压器的磁化电感和漏电感与小电容的谐振实现 ZVS，限制关断电流，消除体二极管传导，从而降低开关损

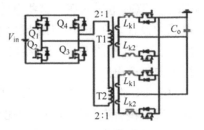

图 15.26　高频准谐振变换器

耗并解决振铃问题。改进后的拓扑结构允许在较高的开关频率下实现较高的效率。

GaN 晶体管进一步促进了总线变换器的高频工作。因此，高频变压器的设计成为提高效率的瓶颈。传统的变压器设计由于涡流和邻近效应，漏电感和导通损耗大，不适合 MHz 级的高频工作。

提出的高频变压器设计使用分布式变压器，降低了电阻和漏电感。为了进一步降低分布式变压器的磁心损耗，提出了一种磁通抵消的磁心集成方法。

图 15.27[20] 中显示了一个 1.6 MHz GaN 变换器，其 $V_{in} = 48V$，$V_o = 12V$，$I_o = 30A$。功率密度达到 $900W/in^3$，是最先进的 Si 基设计的 2 倍。其效率如图 15.28 所示。

图 15.27　带 GaN 晶体管的 48→12V，1.6 MHz 隔离降压变换器

15.4.2.2　400→12V DCX

为了展示 GaN 器件的高频性能及其对电路设计的影响，制作了一个 400→12V LLC（谐振变换器），如图 15.29 所示。在一次侧采用一个 600V GaN 器件，频率提高至 1MHz。因此，可以使用矩阵变压器和 PCB 绕组[21]。

该设计取代了传统的单心利兹线（litz）绕制结构，将四个变压器集成为两个磁心和 PCB 绕组。每个变压器的匝数比仅为 4:1，使得绕组结构比传统结构简单得多。此外，由于所提出的设计方案与二次绕组并联，而不是并联的 SR，所

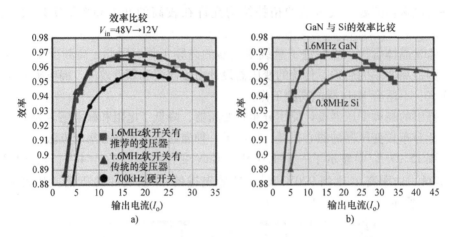

图 15.28　a）硬开关/软开关和 b）GaN 晶体管与 Si MOSFET 的效率曲线比较

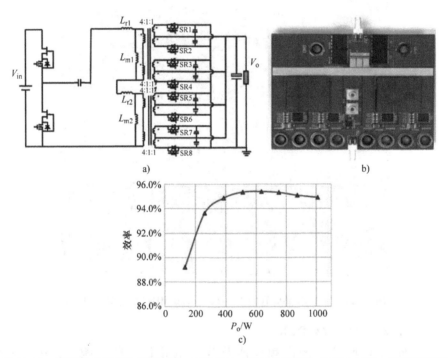

图 15.29　带矩阵变压器的 1kW 400→12V LLC（谐振变换器）的拓扑结构、原型和效率

a）电路图　b）原型　c）测量的效率

以均流效果更好。

　　矩阵变压器有助于减小漏电感和绕组的 AC 电阻，从而采用磁通抵消法来减小磁心尺寸和损耗。同步整流器（SR）和输出电容集成到二次绕组中，以消除

端接相关的绕组损耗和通孔损耗，并降低漏电感。所有变压器绕组仅使用一个四层 PCB，不使用利兹线（litz）。

综合所有这些优点，采用该设计的变换器的峰值效率为 95.5%，而实现的功率密度为 700 W/in^3，比最先进的行业做法高 5 ~ 10 倍。同时，它具有非常低的轮廓，以及自动化制造能力。

图 15.30 显示了该 1 kW LLC 的进一步改进设计。将八个变压器集成在四个磁心中，一次侧采用一个 E 模式 GaN 器件，并改进了磁性设计，在相同的 700W/in^3 功率密度下，峰值效率达到 97.1%。

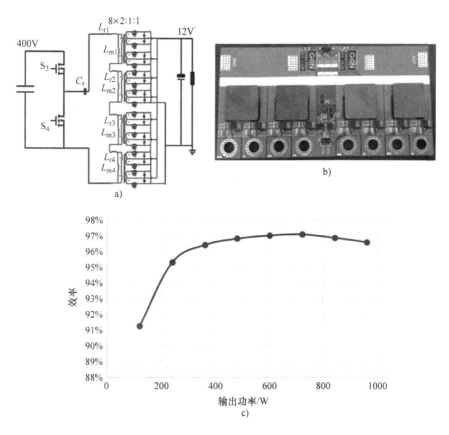

图 15.30 带矩阵变压器的 1kW LLC 的进一步改进设计

a）电路图 b）原型 c）测量的效率

15.4.3 MHz 级图腾柱 PFC 整流器 ★★★

随着 600V 氮化镓（GaN）功率半导体器件的出现，图腾柱无桥功率因数校正（PFC）整流器[22,23]，这一几近废弃的拓扑结构突然成为两级高端适配器、服务器和电信电源，以及车载电池充电器等应用的一个热门前端候选。这主要归因于与 Si MOSFET 相比，GaN HEMT 的性能有了显著的改善，尤其是更好的性能因数和更小的体二极管反向恢复效应。

参考文献［24］介绍了一种基于 GaN 的硬开关图腾柱 PFC 整流器的设计。由于 GaN HEMT 的反向恢复电荷比 Si MOSFET 小得多，所以在图腾柱桥结构中进行硬开关操作是可行的。通过将开关频率限制在 100 kHz 左右或以下，1kW 级单相 PFC 整流器的效率可以达到 98% 以上。虽然简单的拓扑结构和高效率是很有吸引力的，但由于开关频率仍然与 Si 基的 PFC 整流器的开关频率相似，因此系统级的优势是有限的。

基于先前的研究，可以得出软开关确实有利于共源共栅 GaN HEMT 的结论。由于共源共栅 GaN HEMT 具有较大的开启损耗，以及电流源关断机制导致的极小的关断损耗，因此采用 ZVS 的临界模式（CRM）工作非常适合 GaN 器件。一种基于 MHz GaN 的 CRM 升压 PFC 整流器被证明具有显著的系统优势，因为升压电感和 DM 滤波器的体积显著减小[25,26]。

基于类似的系统级观点，将共源共栅 GaN HEMT 应用于图腾柱 PFC 整流器，同时将工作频率提高到 1MHz 以上。着重讨论了几个在低频时不太重要而在高频时非常重要的高频问题，并提出了相应的解决方案并进行了实验验证[27]。其中包括为了消除非 ZVS 谷值开关引起的开关损耗的 ZVS 扩展，提高功率因数的可变导通时间控制，特别是传统的恒定导通时间控制引起的过零失真，以及消除输入电流纹波的交错控制。

一个 1.2kW 的双相交错 MHz 图腾柱 PFC 整流器具有 99% 的峰值效率和 $200W/in^3$ 的功率密度，如图 15.31[27] 所示。在这种整流器中，电感比最先进的行业做法中使用的电感小 80%。

通过将频率推到几 MHz 并使用两相交错配置，DM 滤波器的体积显著减小[29]。在 100kHz 到 1MHz 的工作频率下，一个简单的单级滤波器就足以抑制噪声，使得 DM 滤波器的体积减小了 50%。然后，从单相 PFC 过渡到具有良好交错性的两相 PFC，体积又减小了 50%。总的来说，1MHz PFC DM 滤波器仅为 100kHz PFC 体积的四分之一，如图 15.32 所示。因此，高频操作对 PFC 电路和 EMI 滤波器都有实质性的影响。

15.4.4　高密度插墙式适配器　★★★

对所有形式的便携式电子产品，适配器受到效率和功率密度的强烈影响。大多数适配器只能在相对较低的频率（<100kHz）下工作，最先进的效率高达 91.5%。但是，低频工作将适配器功率密度限制在 $6 \sim 9W/in^3$。在这个特定应用

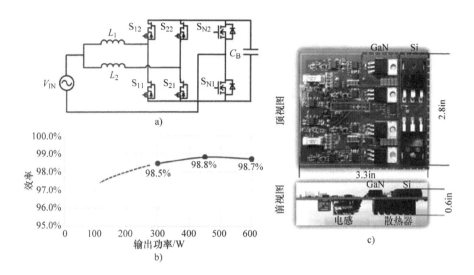

图 15.31　基于 GaN 的 MHz 图腾柱 PFC 的 a）拓扑结构、b）测量的效率和 c）原型

图 15.32　DM 滤波器尺寸比较

中，新兴 GaN 器件被视为改变规则的器件，具有更高的效率和显著减小的尺寸。

反激变换器由于其结构简单、成本低廉而成为低功耗适配器应用的主流拓扑结构。采用有源箝位电路，可以回收泄漏能量，并使电压振铃最小化。通过合理的设计，可以实现主开关和箝位开关的 ZVS。传统的反激式变压器是手工制作的，这是一项劳动密集的制造过程。制造成本是一个问题，参数变化是另一个电路设计问题。基于 PCB 绕组的变压器因为它更少的匝数和更小的磁心尺寸，只有在开关频率超过几百 kHz 时才是可行的。印制电路板制造商可以很好地控制变压器的漏电感和寄生电容。此外，屏蔽可以很容易地集成到 PCB 绕组中，以降低 CM 噪声[30]。

图 15.33 所示为一个 MHz 有源箝位反激式前端变换器的原型。图 15.34 和图 15.35 显示了关键的实验数据。反激变压器、EMI 滤波器和输出滤波器的尺寸

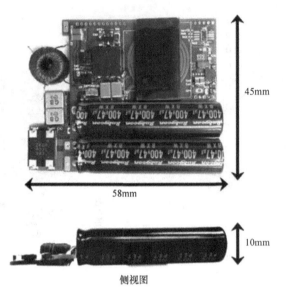

侧视图

图15.33 MHz反激变换器原型

显著减小，开关频率比行业做法高10倍。除外壳外，其功率密度超过40W/in³，比目前最先进产品高两倍。在较宽的输入电压范围内实现了ZVS，并且在主关断期间没有电压尖峰，有利于提高EMI噪声。在较宽的输入范围内测得的满载效率比最先进的产品高1%~2%。

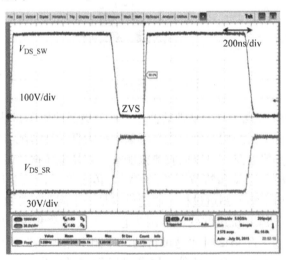

图15.34 有源箝位反激变换器的ZVS实现

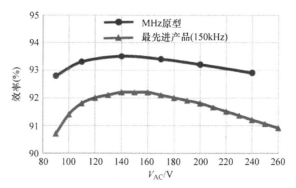

图 15.35　MHz 原型与最先进产品的效率比较

15.5　结　论

GaN 器件比 Si MOSFET 具有更优的性能，但为了更好地理解和利用 GaN 器件进行电路设计，还有几个问题需要解决。对高压 GaN 器件的开关特性进行了评估，分析表明软开关是高频应用的理想选择。共源共栅 GaN 由于其双器件结构而具有特殊的问题。更好的封装和均衡的电容可以解决这些问题并充分挖掘共源共栅 GaN 的潜力。为了解决高 dv/dt 和 di/dt 问题，讨论了高速 GaN 器件的一些设计考虑。同时给出了几个系统设计的实例，包括基于 GaN 的 5MHz POL、1.6MHz 48→12V DCX、1MHz 400→12V LLC DCX、1MHz 两相 PFC 和 1MHz 反激插墙式适配器。

所有这些设计实例表明，GaN 器件对电力电子的影响远远超出效率和功率密度的提高。它改变了更高开关频率系统设计的方法。尽管 GaN 仍处于开发的早期阶段，但它可能是一种改变规则的器件，其影响程度仍有待确定。

参 考 文 献

1. Huang X, Liu Z, Li Q, Lee FC (2014) Evaluation and application of 600 V GaN HEMT in cascode structure. IEEE Trans Power Electron 29(5):2453–2461
2. Huang X, Li Q, Liu Z, Lee FC (2014) Analytical loss model of high voltage GaN HEMT in cascode configuration. IEEE Trans Power Electron 29(5):2208–2219
3. Ren Y, Xu M, Zhou J, Lee FC (2006) Analytical loss model of power MOSFET. IEEE Trans Power Electron 21(2):310–319
4. Yang B, Zhang J (2005) Effect and utilization of common source inductance in synchronous rectification. In Proceedings of IEEE APEC, pp 1407–1411
5. Jauregui D, Wang B, Chen R (2011) Power loss calculation with common source inductance consideration for synchronous buck converters. TI application note. Available online www.ti.com
6. Liu Z, Huang X, Lee FC, Li Q (2014) Package parasitic inductance extraction and simulation model development for the high-voltage cascode GaN HEMT. IEEE Trans Power Electron 29(4):1977–1985
7. Liu Z, Huang X, Zhang W, Lee FC, Li Q (2014) Evaluation of high-voltage cascode GaN HEMT in different packages. In: Proceedings of IEEE APEC, pp 168–173

8. Zhang W, Huang X, Liu Z, Lee FC, She S, Du W, Li Q. A new package of high-voltage cascode gallium nitride device for megahertz operation. IEEE Trans Power Electron (early access)

9. She S, Zhang W, Huang X, Du W, Liu Z, Lee FC, Li Q. Thermal analysis and improvement of cascode GaN HEMT in stack-die structure. In: Proceedings of IEEE ECCE, pp 5709–5715

10. She S, Zhang W, Liu Z, Lee FC, Huang X, Du W, Li Q (2015) Thermal analysis and improvement of cascode GaN device package for totem-pole bridgeless PFC rectifier. Appl Therm Eng

11. Huang X, Liu Z, Lee FC, Li Q (2015) Characterization and enhancement of high-voltage cascode GaN devices. IEEE Trans Electron Devices 62(2):270–277

12. Huang X, Du W, Lee FC, Li Q, Liu Z. Avoiding Si MOSFET avalanche and achieving zero-voltage-switching for cascode GaN devices. IEEE Trans Power Electron (early access)

13. Zhang W, Huang X, Lee FC, Li Q (2014) Gate drive design considerations for high voltage cascode GaN HEMT. In: Proceedings of IEEE APEC, pp 1484–1489

14. Li Q, Lee FC (2009) High inductance density low-profile inductor structure for integrated point-of-load converter. In: 2009 IEEE applied power electronics conference and exposition (APEC), Washington, District of Columbia, 15–19 Feb 2009, pp 1011–1017

15. Li Q, Dong Y, Lee FC, Gilham D (2013) High-density low profile coupled inductor design for integrated point-of-load converters. IEEE Trans Power Electron 28(1):547–554

16. Reusch D, Lee FC, Gilham D, Su Y (2012) Optimization of a high density gallium nitride based non-isolated point of load module. In: Proceedings of IEEE ECCE, pp 2914–2920

17. Ji S, Reusch D, Lee FC (2013) High frequency high power density 3D integrated gallium-nitride-based point of load module design. IEEE Trans Power Electron 28(9):4216–4226

18. Su Y, Li Q, Lee FC (2013) Design and evaluation of a high-frequency LTCC inductor substrate for a three-dimensional integrated DC/DC converter. Special issue: "power supply on chip. IEEE Trans Power Electron 28(9):4354–4364

19. Ren Y, Xu M, Sun J, Lee FC (2005) A family of high power density unregulated bus converters. IEEE Trans Power Electron 20(5):1045–1054

20. Reusch D, Lee FC (2012) High frequency isolated bus converter with gallium nitride transistors and integrated transformer. In: 2012 IEEE energy conversion congress and exposition (ECCE), pp 3895, 3902

21. Huang D, Ji A, Lee FC (2014) LLC resonant converter with matrix transformer. IEEE Trans Power Electron 29(8):4339–4347

22. Su B, Zhang J, Lu Z (2011) Totem-pole boost bridgeless PFC rectifier with simple zero-current detection and full-range ZVS operating at the boundary of DCM/CCM. IEEE Trans Power Electron 26(2):427–435

23. Marxgut C, Krismer F, Bortis D, Kolar JW (2014) Ultraflat interleaved triangular current mode (TCM) single-phase PFC rectifier. IEEE Trans Power Electron 29(2):873–882

24. Zhou L, Wu Y-F, Mishra U (2013) True bridgeless totem-pole PFC based on GaN HEMTs. PCIM Europe 2013, pp 1017–1022

25. Liu Z, Huang X, Mu M, Yang Y, Lee FC, Li Q (2014) Design and evaluation of GaN-based dual-phase interleaved MHz critical mode PFC converter. In Proceedings of IEEE ECCE, pp 611–616

26. Yang Y, Liu Z, Lee FC, Li Q (2014) Analysis and filter design of differential mode EMI noise for GaN-based interleaved MHz critical mode PFC converter. In: Proceedings of IEEE ECCE, pp 4784–4789

27. Liu Z, Lee FC, Li Q, Yang Y (2015) Design of GaN-based MHz totem-pole PFC rectifier. In: Proceedings of IEEE ECCE

28. Mu M, Lee FC (2014) Comparison and optimization of high frequency inductors for critical model GaN converter operating at 1 MHz. In: 2014 international power electronics and application conference and exposition (PEAC), pp 1363–1368

29. Yang Y, Mu M, Liu Z, Lee FC, Li Q (2015) Common mode EMI reduction technique for interleaved MHz critical mode PFC converter with coupled inductor. In: Proceedings of IEEE ECCE

30. Yang Y, Huang D, Lee FC, Li Q (2013) Transformer shielding technique for common mode noise reduction in isolated converters. In: Proceedings of IEEE ECCE, pp 4149–4153